KATALYSE
VOM STANDPUNKT DER CHEMISCHEN KINETIK

VON

GEORG-MARIA SCHWAB
PRIVATDOZENT FÜR CHEMIE AN DER UNIVERSITÄT
MÜNCHEN

MIT 39 FIGUREN

BERLIN
VERLAG VON JULIUS SPRINGER
1931

Softcover reprint of the hardcover 1st edition 1931

ISBN-13: 978-3-642-47290-9 e-ISBN-13: 978-3-642-47722-5
DOI: 10.1007/ 978-3-642-47722-5

Vorwort.

Die Bedeutung des katalytischen Moments im chemischen Geschehen rückt in neuerer Zeit immer mehr in den Vordergrund des Interesses, angeregt besonders durch die Entwicklung der Technik von der einen, der wissenschaftlichen Biologie von der anderen Seite her. Mit dem damit zunehmenden Bedürfnis nach einer wissenschaftlichen Behandlung der Katalyse hat die Ausbildung der notwendigen Grundlagen der physikalischen Chemie im allgemeinen Schritt gehalten. Insbesondere die chemische Kinetik bildet schon auf dem heutigen Stande ihrer rasch fortschreitenden Entwicklung einen recht tragfähigen Unterbau. Zwar tauchen gerade jetzt in vermehrter Zahl hinter den gelösten alten die vertieften neuen Probleme auf, aber eben deshalb scheint ein Versuch lohnend, die Katalyse vom Standpunkt der chemischen Kinetik zusammenfassend abzuhandeln.

Es hätte hierbei weder dem verfügbaren Spielraum in Zeit und Raum, noch wohl einem Bedürfnis entsprochen, eine irgendwie umfassende oder gar erschöpfende Sammlung des Tatsachenmaterials in seiner erdrückenden Fülle zu geben. Ebensowenig sollen etwa alle älteren und neueren Deutungsversuche und Theorien katalytischer Erscheinungen referierend wiedergegeben werden. Es wurde vielmehr der Plan verfolgt, die für die Katalyse überhaupt und ihre verschiedenen Abarten geltenden Gesetzmäßigkeiten herauszuarbeiten und an ihnen die Prinzipien und Mechanismen zu erläutern und zu erhärten, nach denen katalytische Geschwindigkeitsbeeinflussungen möglich sind und vor sich gehen. Natürlich sind unsere Kenntnisse gerade hierüber vielfach noch unabgeschlossen, und so kommt es, daß auf vielen Teilgebieten nicht fertige Erkenntnisse, sondern offene Probleme der Forschung im Vordergrund stehen. Es sollte eben im ganzen der gegenwärtige Stand der Fragen dargestellt werden. Wenn dabei einige theoretische Ansätze aus neuester Zeit nur mehr andeutungsweise erwähnt wurden, so soll damit nur gesagt sein, daß ihre Verbindung mit dem Experiment noch nicht abschließend vollzogen ist.

Überhaupt kann eine Behandlung der allgemeinen Grundlagen der Katalyse nur im engsten Zusammenhang mit den experimentellen Tatsachen erfolgen, und daher wurde das Schwergewicht auf die den Überlegungen zugrunde liegenden Beobachtungen gelegt. Das Tatsachenmaterial wurde nach dem Gesichtspunkt ausgewählt, in welchem Umfang es zur Klärung der prinzipiellen Fragen des jeweiligen Teilgebietes beizutragen geeignet ist. Ein Werturteil über die große Masse nicht berücksichtigten Materials ist darin natürlich nicht enthalten. Um die

Darstellung nicht mit zu vielen Einzelheiten des Experiments (und auch der formalen Theorie) zu belasten, wurde in einem ausführlichen Register die benutzte Originalliteratur zusammengestellt.

Formelmäßige Darstellungen und Ableitungen wurden nach Möglichkeit nur dort verwandt, wo damit grundlegende und feststehende oder anders nicht formulierbare Gesetze ausgedrückt werden mußten. Im übrigen wurde versucht, die formale Theorie durch ihren begrifflichen Inhalt zu ersetzen. Dasselbe gilt von den Ergebnissen der theoretischen Physik, deren Aussagen über das elementare molekulare Geschehen ja immer stärker auf die Begriffe der Kinetik einwirken. Insbesondere konnten die Ergebnisse der modernen Quantenmechanik nur in dieser Weise verarbeitet werden.

Die spezielle Darstellung wird durch die homogene Gaskatalyse eingeleitet. Dieses früher recht kleine Gebiet, seit Erforschung der Kettenreaktionen äußerst rasch gewachsen, ist voller unbeantworteter Fragen und in steter Umbildung. Ein Querschnitt, wie er hier gelegt wird, ist notwendig zeitgebunden, und so kommt es, daß manches, was im Text als noch fraglich hingestellt wurde, heute bereits genauer bekannt ist. Um Ungleichmäßigkeiten zu vermeiden, wurde indes in diesem wie allen Teilen daran festgehalten, die Literatur nur bis ungefähr Herbst 1930 zu berücksichtigen.

Auf dem älteren Gebiet der Lösungskatalyse sind die Bahnen der Entwicklung bereits ruhiger geworden. Auch hier wurde vollständig auf die Originale zurückgegangen. Es erwies sich dabei, daß die Verschiedenartigkeit der Gesichtspunkte verschiedener Forscher auf diesem Gebiet eine Vergleichung ihrer Resultate oft erschwert. Immerhin wurde ein Kompromiß angestrebt, das die Vorarbeit zu einer später wohl leichter möglichen Synthese sein möge.

Fast die Hälfte des Buches nimmt die heterogene Katalyse ein. Hier konnte noch am meisten auf schon geleistete kompilatorische Arbeit aufgebaut werden. Die grundsätzlichen Fragen der Aktivierung durch den Katalysator, die auch für die homogene Katalyse in gleicher Weise gelten, haben gerade bei der heterogenen die weitestgehende Beantwortung gefunden und stehen daher neben der Struktur der Grenzflächen im Vordergrund der Behandlung. Eine gewisse Subjektivität des Standpunkts besonders in diesem Abschnitt möge als sachlich unvermeidbar entschuldigt werden.

Der letzte Abschnitt gibt einen ganz kurzen Überblick über die Katalyse durch Enzyme und im Organismus, soweit sie vom Standpunkt der Kinetik zu betrachten und kinetisch mit der Katalyse in vitro verknüpft ist. Dieser Abschnitt kann naturgemäß nur Andeutungen und Hinweise bringen, aber keine wirkliche Besprechung des Materials, zumal Bücher erster Autoren über die Gebiete vorliegen. Hinsichtlich der Rolle der Katalyse in der Technik endlich wurde auch auf eine solche kurze Übersicht verzichtet, da sie nicht in den logischen Rahmen des Buches gehören würde. Auch hier kann auf mehrere neueste Spezialwerke deutscher und englischer Sprache (H. Brückner, Hilditch, Taylor-Rideal) verwiesen werden.

Vorausgesetzt wird bei dem Leser die Beherrschung der Chemie und auch der Prinzipien der physikalischen Chemie, einige Physik und elementare mathematische Kenntnisse. Auf diesem Boden hofft der Verfasser, sich sowohl Chemikern und Physikern, wie auch Biologen auf diesem gemeinsamen Grenzgebiet verständlich gemacht zu haben. Möge das Buch allen, die an der Katalyse, sei es als Spezialgebiet, sei es als Nebenerscheinung auf andern Gebieten, interessiert sind, die gesuchten physikalisch-chemischen Aufschlüsse liefern und damit Nutzen stiften! Für etwaige Anregungen, Wünsche und Verbesserungen werde ich den Herren Fachgenossen stets dankbar sein.

Den Herren Dr. U. HEYDE und Dr. L. RUDOLPH, die mich bei Herstellung des Literaturverzeichnisses aufopfernd unterstützten, sei an dieser Stelle herzlichst gedankt.

München, den 2. Juni 1931.

GEORG-MARIA SCHWAB.

Inhaltsverzeichnis.

Geschichtliches.

Es ist bei der sehr allgemeinen Bedeutung der Katalyse für chemische Vorgänge eigentlich eine befremdliche Tatsache, daß sich historisch die Kenntnis der Katalyse nicht entfernt so weit und so geschlossen zurückverfolgen läßt, wie die chemischer Tatsachen überhaupt. Das älteste chemische Experiment der Menschheit ist die Erzeugung des Feuers gewesen, das erst die ganz junge Erkenntnis von der reaktionsvermittelnden Rolle des Wasserdampfs in der Flamme in die Zahl der katalytischen Vorgänge eingereiht hat. Wenn wir deshalb vom Feuer absehen, so sind die zuerst bekannt gewordenen und gewollt ausgeführten Katalysen enzymatische Vorgänge gewesen, nämlich die Weinbereitung und die Essigbildung aus alkoholischen Flüssigkeiten, also Vorgänge, bei denen die Natur selbst dem ahnungslosen Menschen den Katalysator lieferte. Besonders die alkoholische Gärung tritt gleichzeitig mit den ersten Kulturdokumenten überhaupt, also in der Zeit der Chinesen, Assyrer und Ägypter auf, ohne daß selbst die letzteren trotz ihrer sonst guten chemischen Kenntnisse ihre Natur erkannt hätten. Den ersten Fall, wo ein Katalysator künstlich dem Reaktionssystem zugesetzt wurde, finden wir dann erst in der bekanntlich von Abu Musa Dschabir (vulgo Geber, geb. 702) entdeckten Bildung von Äther aus Alkohol durch Schwefelsäure. Aber auch hier ist das Wesen der Wirkung noch nicht erkannt worden; hielt sich doch noch sehr lange die Ansicht, der „Schwefeläther" enthalte Schwefel.

Um so verwunderlicher und durch keinerlei praktische Erfahrung erklärbar ist es demnach, daß wir in der Folgezeit, im alchemistischen Mittelalter, den Gedanken der Katalyse in einer das chemische Denken geradezu beherrschenden Rolle antreffen. Dies scheint bezeichnend für eine Epoche, in der als Quelle naturwissenschaftlicher Theorienbildung philosophische und metaphysische Lehren vor dem Experiment den Vorrang genossen. Der Aristoteliker mußte in einer, wie wir heute sagen, „stofflichen" Veränderung eine bloße Veränderung der „Form" sehen, bei der der „Stoff", die „Materia" erhalten bleibt. Von diesem Standpunkt aus, besonders wenn er durch Einführung von Formprinzipien (der aristotelischen: Feuer, Wasser, Luft, Erde, oder der alchemistischen: Sal, Sulfur, Mercurius) spezifiziert wurde, mußte eine Metallumwandlung als etwas ebenso a priori Mögliches und Natürliches erscheinen, wie irgendein anderer chemischer Vorgang. Hinzu kamen Erfahrungen, wie etwa die Bildung von Bronze aus Kupfer und Zinn. Da der Satz galt: „Forma educitur de potentia materiae" (1) (was etwa heißt: Die Umsetzungen gehen in der Richtung einer Verminderung der freien Energie vor sich), sind solche Formveränderungen, wenn sie überhaupt eintreten können, *freiwillig* verlaufende Vorgänge. Daß man gerade darauf verfiel, solche Vorgänge durch Hinzufügen eines *Stoffes* (den wir Katalysator nennen würden) unterstützen zu wollen, scheint an der seinerzeit so engen Beziehung der Chemie zur Heilkunde zu liegen, wo man längst wußte, daß Medizinen das Bestreben der Natur unterstützen. Es ist bezeichnend, daß derselbe Stoff, der „Stein der Weisen" oder die „Quinta essentia", sowohl Gesundheit und langes Leben verleihen, als auch unedle Metalle in Gold verwandeln sollte.

Wir sehen so in dem Gedanken vom Stein der Weisen weitgehend die moderne Definition eines Katalysators enthalten. Auch das weitere Kennzeichen der Katalyse, daß beliebig kleine Mengen des Katalysators beliebig große Umsätze bewerkstelligen können, spiegelt sich merkwürdig genau in den alchemistischen Arbeitsvorschriften wieder. So wird von einer Golddarstellung des PARACELSUS berichtet (2):

„Sagt einmal: Franz, wir haben nicht Geld, gab mir einen rheinischen Gülden, sprach: Gehe herfür in die Apotecken, laß dir ein pfund Mercurii abwägen und bringe mir ihn her. Ich tät das, brachte ihm den samt dem übrigen Gelde (denn damals war der Mercurius nicht theuer). Da satzte er vier Ziegel auf dem Herde zusammen, daß die Luft unten ein geringes herumgehen konnte und schüttete den Mercurium in ein Tiegel, setzte ihn zwischen die vier Ziegel, hieß mich Kohlen darum schütten, darnach auch lebendig Feuer, und wieder Kohlen darauf, und ließens also fein mählich angehen, gingen in die Stuben, denn es die Zeit kalt war. Über eine gute Weile sprach er: unser servus fugitivus möcht uns draußen entfliehen, wir müssen sehen, was er macht. Wie wir kamen, wollte er schon rauchen und wegfliehen. Sprach er: sehe hin, nimm das Keulgen zwischen die Kluft, und halte es eine kleine Weile hinein, es wird bald zergehen. Wie dann geschah. Nun sprach er: Nimm die Kluft wieder heraus und decke den Tiegel und gib ihm gut Feuer und laß stehen. Wir gingen davon in die Stuben, hatten das im Tiegel vergessen. Über eine halbe Stunde sprach er: Wir müssen traun sehen, was uns Gott beschert hat. Heb die Stürze vom Tiegel. Das vollbracht ich. Es war aber das Feuer gar abgegangen und im Tiegel alles gestanden. Sprach er: Wie siehet es? Ich sprach, es siehet geel wie Gold. Ja. Gold sollte es auch sein, sprach er. Ich hub es heraus, es war Gold ... *Es wog ein Pfund weniger ein Loth* ... *Es* (der Katalysator. Der Verf.) *war ein Keulichen einer ziemlichen Haselnuß groß*, in roth Siegelwachs eingemacht ..."

Und von anderer Seite (3): „Der Herr Theophrastus schickte seinen Kammerdiener, den er erstlich vor wenig Tagen angenommen, zu dem Hofmeister, daß er demselben ein *kleines Papierlein*, darinnen ein Blutrothes Pülverlein war, sollte zustellen, mit Befehl, daß er dasselbe zu dem geschmolzenen Bley in den Tiegel schütten und wohl umrühren sollte ... Ließ darauf seinen Wirth bitten, daß er dieses gemachte Gold zum Müntz-Meister des Ortes bringen möchte, welcher ... *etliche tausend Gülden* ihme dafür bezahlet hat."

Diese Beispiele mögen genügen, um zu zeigen, in wie merkwürdiger Weise die mittelalterlichen Phantasien vom Stein der Weisen unserer heutigen Kenntnis von den Katalysatoren entsprochen haben. Sie muten an wie eine Allegorie für die vielen tausend Gülden, die heute durch katalytische Reaktionen verdient werden!

Der so in den Träumen der Alchemisten bereits schlummernde katalytische Gedanke wurde aber erst durch die Entstehung einer exakten chemischen Forschung gegen Ende des 18. Jahrhunderts zu praktischem Leben erweckt. Damals nahm die Zahl der als solche erkannten katalytischen Reaktionen, der vertieften chemischen Einsicht folgend, rasch zu. 1781 entdeckte PARMENTIER die Verzuckerung der Stärke durch Säure, die dann in der Folge unter anderen besonders von DÖBEREINER untersucht und schließlich von KIRCHHOFF 1812 in ihrer Bedeutung voll erkannt wurde. DE SAUSSURE faßte 1818 wohl als erster den Begriff der Reaktionsbeschleunigung bei der Verzuckerung durch Kleber, blieb aber, wie wir sehen werden, zunächst ohne Anhänger oder Nachfolger. Auch die ersten Untersuchungen von Grenzflächenkatalysen fallen in jene Zeit: VAN MARUM untersuchte 1796 die Dehydrierung von Alkohol durch Metalle, DEIMANN, VAN TROOSTWIJK, LAUWRENBERG und BOND 1797 seine Dehydratisierung durch Ton; zwischen 1817 und 1823 fanden und untersuchten die beiden DAVYS und DÖBEREINER die Glüherscheinungen an Metallen in Gemischen von Luft und brennbaren Gasen (DÖBEREINERsches Feuerzeug!), 1823 entdeckte DÖBEREINER die Braunsteinkatalyse der Kaliumchloratspaltung, THENARD 1813 die Ammoniakspaltung durch Metalle, 1818 die des Hydroperoxyds, und 1825 führte FARADAY die erste Ammoniaksynthese aus den Elementen aus (4).

Dies waren die ältesten und wichtigsten aus einer großen Zahl von Einzeltatsachen, die bekannt sein mußten, damit BERZELIUS um 1836 seinen genialen synthetischen Griff tun konnte, sie unter einem neuen Sammelbegriff, eben dem der „Katalyse", zusammenzufassen. Er schreibt (5):

„Solange uns ... ihr gegenseitiger Zusammenhang (derjenige der „neuen Kraft zur Hervorrufung chemischer Tätigkeit" mit den „gewöhnlichen elektrochemischen Beziehungen der Materie". Der Verf.) verborgen bleibt, *erleichtert es unsere Forschungen*, sie vorläufig noch als eine Kraft für sich zu betrachten, gleichwie es auch unsere Verhandlungen darüber erleichtert, wenn wir einen eigenen Namen dafür haben. Ich werde sie daher, um mich einer in der Chemie wohlbekannten Ableitung zu bedienen, die katalytische Kraft der Körper und die Zersetzung durch dieselbe Katalyse nennen ...

„Die katalytische Kraft scheint eigentlich darin zu bestehen, daß Körper durch ihre bloße Gegenwart, nicht durch ihre Verwandtschaft, die bei dieser Temperatur schlummernden Verwandtschaften zu erwecken vermögen, so daß infolge derselben in einem zusammengesetzten Körper die Elemente sich in solchen anderen Verhältnissen ordnen, durch welche eine größere elektrochemische Neutralisierung hervorgebracht wird." (Es folgen einige programmatische Sätze, in denen im wesentlichen die Fragen der heute so genannten selektiven Katalyse bereits klar aufgeworfen werden.)

Man kann sich des Eindrucks nicht erwehren, daß in dieser Konzeption der „katalytischen Kraft", die die schlummernden Verwandtschaften (potentia materiae des Mittelalters) erweckt, der immanent fortlebende Kataylsebegriff der Alchemie zur Auswirkung gekommen ist, zu einer Auswirkung freilich, die ganz bewußt und im Sinne modernster Erkenntnistheorie lediglich als eine rein heuristische Setzung, eine „Erleichterung unserer Forschungen und Verhandlungen“ aufgefaßt wird. Dieses Ziel ist zweifellos erreicht worden, denn so wenig wir auch heute noch an einer funktionellen Einheitlichkeit aller katalytischen Phänomene festhalten können, ist doch die große heuristische Tat BERZELIUS’ der Ausgangspunkt des wissenschaftlichen Interesses an der Katalyse und ihrer Erforschung geworden.

Ungefähr gleichzeitig, freilich nicht ganz so ohne den Versuch einer mechanistischen Deutung, hat auch MITSCHERLICH (6) eine Reihe derartiger Erscheinungen unter dem Namen „Kontaktwirkung“ zusammengefaßt. Die zeitlich nächste Folge dieser Begriffsaufstellungen ist freilich noch nicht die Entstehung einer neuen experimentellen Forschungsrichtung gewesen, sondern eine lange Epoche, angefüllt mit Versuchen, dem neuen allgemeinen Begriff eine allgemeine „Erklärung“ unterzulegen, die „katalytische Kraft“ theoretisch zu deuten. Anschließend an die heftige Opposition LIEBIGS gegen die „katalytische Kraft“ (die er wohl allzusehr als einen Erklärungsversuch wertete), sind in den folgenden 60 Jahren die allerverschiedensten Theorien der Katalyse ausgesprochen worden, großenteils Vorstellungen, die sich in weitem Umfange später als richtig erwiesen haben, wie die der molekularen Kraftfelder oder der Zwischenreaktionen. Da jedoch erst die neuere Zeit gezeigt hat, daß die Suche nach *einer* umfassenden Theorie unfruchtbar bleiben mußte, ist der eigentliche Erkenntnisfortschritt auf diesem Wege zunächst gering gewesen.

Anders wurde dies erst, als Ende des 19. Jahrhunderts die junge *physikalische* Chemie sich des noch immer rätselvollen Begriffes bemächtigte und ihre quantitative Methodik in seine Erforschung hineintrug. W. OSTWALD ist dies gelungen, indem er als das *Maß* der katalytischen Wirkung die *Geschwindigkeit* der Umsetzung einführte. Die alte, jetzt physikalisch-chemisch vertiefte Erkenntnis, daß in katalytischen Reaktionen nur die an sich schon vorhandenen Affinitäten der Stoffe zur Wirksamkeit gelangen, zusammen mit der Überlegung, daß diese sich grundsätzlich auch ohne den Katalysator, nur viel langsamer, auswirken können, führte OSTWALD (7) zu seiner klassischen *Definition der Katalyse*:

„*Ein Katalysator ist jeder Stoff, der, ohne im Endprodukt einer chemischen Reaktion zu erscheinen, ihre Geschwindigkeit verändert.*“

Mit dieser Einführung der Reaktionsgeschwindigkeit in das Problem war mit einem Schlage der empirisch aufgestellte Begriff BERZELIUS’ in eine strenge Definition eingefangen und durch Angabe einer zu messenden Größe zu einem Objekt neuer exakter Forschung geworden. Von diesem Augenblick an datiert denn diejenige Erforschung der katalytischen Erscheinungen, der wir unsere heutigen genaueren Kenntnisse verdanken.

Es hat sich dabei herausgestellt, daß die Einschränkung in der OSTWALDschen Definition, daß der Katalysator nicht im Endprodukt erscheine, also nicht in die Reaktionsgleichung eingehe, präzisiert werden mußte. So sagt BREDIG (8):

„*Hierbei können die sogenannten Katalysatoren unverändert bleiben oder sich auch verändern, sie werden aber im letzteren Fall doch auch so-lange noch als Katalysatoren zu betrachten sein, als keine stöchiometrisch ganzzahlige Beziehung zwischen der eventuell umgewandelten Menge des sogenannten Katalysators und der Menge der anderen umgewandelten Substanzen, der sogenannten Substrate, besteht.*"

Und ABEL (9) geht sogar so weit, zu postulieren: „Nicht Stoffe, nur Reaktionen katalysieren." Daß dieser letzte Ausspruch der OSTWALD-schen Definition nicht widerspricht, wird aus dem weiteren hervorgehen. Es kommt aber in dieser letzten Epoche nicht mehr so sehr auf die Aufstellung einer strengen Definition an, nachdem einmal eine fruchtbare gefunden war, sondern vielmehr darauf, daß jetzt eine Fülle von experimenteller Arbeit uns die Geschwindigkeitsverhältnisse einer kaum übersehbaren Menge von Katalysen kennengelehrt und damit Einblick in ihren Ablauf geliefert hat.

Das Resultat ist gewesen, daß wir auch heute nicht vor einer einheitlichen Theorie der Katalyse stehen, sondern vor einem Gebiet, dessen Reiz gerade in seiner Mannigfaltigkeit liegt, mit der die verschiedensten Prinzipien teils in verschiedenen Vorgängen, teils auch in ein und demselben tätig sind. Mit der steigenden wissenschaftlichen Durchdringung hat auch die *Technik* in steigendem Maße von den hier gebotenen Möglichkeiten Besitz ergriffen und so ihrerseits wieder der Wissenschaft Probleme spezieller, aber auch ganz grundlegender Natur gestellt. Noch ist das „Rätsel der Katalyse" im allgemeinen ungelöst; wir wissen meist nicht, *warum* dieser Stoff jene Reaktion katalysiert. Wir wissen aber oft, *wie* es geschieht, und sehen in diesem Wissen Besitz und Ziele der Forschung.

Bei der Vielseitigkeit der Erscheinung hat auch hier Spezialisierung Platz gegriffen, und die Teilgebiete sind vielfältig auseinander gegangen. Die neuere Entwicklung der Teilgebiete soll jedoch nicht mehr in diesem geschichtlichen Teil behandelt werden, dem nur zukam, die Entwicklung des katalytischen *Gedankens* bis zu seiner exakten Erfassung zu verfolgen.

Allgemeines.

Die soeben gezogene etwas resignierte Folgerung aus dem heutigen Besitz der Forschung, daß es „den“ Mechanismus der Katalyse nicht gibt, schließt natürlich nicht aus, daß über eine Reihe von Punkten ganz allgemein für alle hierher gehörigen Erscheinungen ausgesagt werden kann. Diese sollen hier vorangestellt werden, damit wir uns im weiteren darauf beziehen können. Ebenso ist hier einiges über die Stoffabgrenzung vorauszuschicken, die eine Frage der zweckmäßigen Auslegung der vorhandenen Definitionen ist.

Wir sehen mit OSTWALD (s. S. 4) in der Katalyse die Wirkung eines *Stoffes*, der die Reaktionsgeschwindigkeit verändert. Damit ist zunächst ihre Gebundenheit an Stoffe betont. In diesem Sinne wollen wir hier nur Katalysen durch stoffliche Katalysatoren betrachten und etwa Reaktionsbeschleunigungen, die durch Energiezufuhr, wie elektrische Entladungen, Lichteinstrahlung, Stoß u. dgl. hervorgebracht werden, ausschließen, auch wenn sie freiwillig verlaufende Prozesse angehen. Insbesondere auch gehört die Reaktionsbeschleunigung durch Temperaturerhöhung nicht in das Gebiet der Katalyse; sie ist allen, spontanen und katalysierten, Reaktionen gemeinsam.

Die zu behandelnden Stoffe bewirken eine Veränderung der Reaktionsgeschwindigkeit. Was heißt hier „Veränderung“? Sie kann sowohl positiv als negativ sein, Beschleunigung oder Verzögerung bedeuten. Wir sprechen dementsprechend von „*positiver Katalyse*“ oder Katalyse schlechthin und „*negativer Katalyse*“ oder „*Hemmung*“. Man hat oft die letztere als eine untergeordnete oder sekundär zu deutende Erscheinung aus der Definition der Katalyse ausschalten wollen, weil es schwer zu verstehen ist, wie ein Stoff durch seine Anwesenheit eine an sich gegebene Reaktionsmöglichkeit „verbieten“ könne. Wir dürfen dies jedoch definitionsgemäß nicht tun. Auch kennen wir unter den mannigfach verschiedenen Mechanismen der positiven Katalyse einige, zu denen die negative Katalyse so sehr das direkte Gegenstück bildet, daß ihre Abtrennung den Tatsachen Gewalt antäte. Aus den einzelnen hierauf bezüglichen Kapiteln wird das hervorgehen.

Ferner tritt die Frage auf, und in neuerer Zeit von namhafter Seite (10), ob die (positive) Katalyse tatsächlich immer eine Geschwindigkeits„veränderung“ bedeute in dem Sinne, daß die betreffende Reaktion auch schon ohne den Katalysator eine endliche Geschwindigkeit besäße. Es häufen sich die Fälle, wo durch Katalysatoren, z. B. in der Technik oder im Organismus, Reaktionen bewirkt werden, zu denen dieselben Substrate (als *Substrate* pflegt man die Ausgangsstoffe katalytischer Reaktionen zu bezeichnen) *ohne* den Katalysator *überhaupt nicht* befähigt scheinen. Man ist versucht, den Katalysatoren die Fähigkeit der *Auslösung neuer Reaktionen* zuzuschreiben.

Phänomenologisch ist dies zweifellos berechtigt. Eine Abänderung der OSTWALDschen Definition aus diesem Grunde erscheint aber vermeidbar. Was bedeutet es denn, wenn eine Reaktion spontan, d. h. ohne Katalysator, gar nicht verläuft? Hier haben wir zwei Fälle zu unterscheiden. Entweder es handelt sich um einen Vorgang, der thermodynamisch gar nicht verlaufen *darf*, weil er eine Entfernung des Systems vom Gleichgewicht bedeuten würde. Selbst wenn es möglich ist, einen solchen Vorgang durch Anwesenheit eines andern Stoffes zu erzwingen (z. B. die Bildung von Ozon aus Sauerstoff durch weißen Phosphor), so werden wir diesen Vorgang doch nicht als „Katalyse" bezeichnen. Wir kommen hierauf zurück. Ist die Reaktion dagegen eine *freiwillige*, d. h. eine Gleichgewichtseinstellung, so ist die Aussage, daß sie spontan nicht abläuft, ja nur quantitativ zu verstehen, und eine unmeßbar kleine Geschwindigkeit, die katalytisch zu einer meßbaren erhöht wird, kann man solchen Vorgängen prinzipiell immer zuschreiben. Zwischen der Chlorknallgasvereinigung, die spontan wohl im Laufe von Monaten einsetzt, und der Knallgasvereinigung, bei der dies nicht beobachtbar ist, läßt sich eine scharfe Grenze nicht ziehen. Insofern ist auch die Lenkung eines Systems in „neue" Reaktionsbahnen durch einen Katalysator nichts anderes als ein Erhöhen der Geschwindigkeit auf dieser an sich schon möglichen Bahn bis in den Bereich der Meßbarkeit.

Wir haben uns weiterhin mit der Eigenschaft der Reaktionen zu befassen, die verändert werden soll, mit ihrer *Geschwindigkeit*. Es kann hier nicht unsere Aufgabe sein, die ganze Theorie der chemischen Reaktionsgeschwindigkeiten in den verschiedenen später zu behandelndn Systemen zu entwickeln, vielmehr sei auf die einschlägigen Lehrbücher [EGGERT (11), insbesondere auch HINSHELWOOD (12)] verwiesen. Wir können nur, um uns später in der Nomenklatur darauf beziehen zu können, einige Grundtatsachen in Erinnerung bringen.

Wir haben zunächst zu unterscheiden zwischen *zusammengesetzten* und *einfachen* Reaktionen. Durch Aufnahme der „*Geschwindigkeitsgleichung*", d. h. der Abhängigkeit der Geschwindigkeit von den Konzentrationen der anwesenden Stoffe läßt sich diese Unterscheidung häufig durchführen. Unter den zusammengesetzten Reaktionen sind wieder Folge- und Nebenreaktionen zu unterscheiden. Z. B.:

Folgereaktionen: 1) $A + B = C$,
2) $C + D = E$.

Nebenreaktionen: 1) $A + B = C$,
2) $A + D = E$.

Die einzelnen, nicht weiter auflösbaren Reaktionen, die also wirklich die Vorgänge zwischen den Molekeln darstellen, nennen wir *Elementarreaktionen* oder *Urreaktionen*. Sie können entweder Additionen ($A + B = AB$) oder (bevorzugt) Substitutionen ($A + BC = AC + B$) sein. Sie sind in der Mehrzahl bimolekular, da trimolekulare Reaktionen (Dreierstöße) selten sind. Einige Elementarreaktionen, besonders Zerfallsreaktionen größerer Molekeln, sind auch monomolekular. Allgemein lautet eine Geschwindigkeitsgleichung:

$$\frac{dx}{dt} = k \cdot f(c_1, c_2 \ldots).$$

$f(c)$, die Konzentrationsfunktion, ist nun nach dem zuletzt gesagten bei Elementarreaktionen immer eine ganzzahlige Potenz von c, und zwar meist die erste (Reaktion erster Ordnung) oder die zweite, bzw. das Produkt zweier c (Reaktion zweiter Ordnung)[1].

Bei *monomolekularen Reaktionen* gilt für k, die *Geschwindigkeitskonstante,* die Gleichung:

$$k = \text{const} \cdot e^{-q/RT},$$

wo T die absolute Temperatur, q aber die zum Umsatz notwendige Energie, die *Aktivierungswärme,* bedeutet. Letztere hat nichts mit der Wärmetönung zu tun, indem oft auch exotherme Reaktionen einer Aktivierung bedürfen. Je kleiner sie ist, um so rascher verläuft bei derselben Temperatur die Reaktion. Der temperaturunabhängige Faktor „const" enthält verschiedene Größen: Die Wahrscheinlichkeit, daß die Molekel die Energie q enthält, also eine Funktion der in ihr vorhandenen *Freiheitsgrade* der Translation, Rotation und besonders der Schwingung, die Wahrscheinlichkeit, daß diese Energie durch innere Schwingungen auf die zu spaltende Bindung (Freiheitsgrad) übergeht, und die Wahrscheinlichkeit, daß diese bei einem gegebenen Energieinhalt aufspaltet, sind seine nicht oder fast nicht temperaturabhängigen Bestandteile.

Für die Konstante *bimolekularer Reaktionen* gilt eine ganz analoge Gleichung:

$$k = Z \cdot e^{-q/RT}.$$

Z bedeutet hier die Zahl der Zusammenstöße zwischen den Molekeln bei Einheitskonzentrationen. Gewöhnlich gibt diese Formel die bimolekularen Elementarreaktionen ausreichend wieder. Das bedeutet dann, daß nur zwei Freiheitsgrade beider Molekeln zur Aktivierungsenergie beisteuern. Bisweilen jedoch gehen in Z auch analoge Wahrscheinlichkeiten ein, wie bei monomolekularen Reaktionen.

Viel verbreiteter als diese einfachsten Typen sind jedoch, besonders auch bei der Katalyse, die *zusammengesetzten* Reaktionen. Für sie gilt das Prinzip der unbeeinflußten *Koexistenz* der Einzelreaktionen. Das enthält alles Notwendige für Nebenreaktionen, für Folgereaktionen aber sind die Konsequenzen verwickelter. Zunächst ist einzusehen, daß unter Folgereaktionen stets die *langsamste* den Gesamtvorgang limitiert, „geschwindigkeitsbestimmend" ist, weil die andern Teilvorgänge quasi auf sie „warten müssen". So werden z. B. monomolekulare Gasreaktionen bei geringen Drucken bimolekular, weil jetzt die bimolekulare Aktivierung der Molekeln durch Stöße geschwindigkeitsbestimmend wird.

[1] Unter „Reaktionen erster Ordnung" verstehen wir alle, auch zusammengesetzte Reaktionen, die diese Funktion aufweisen; unter „monomolekularen Reaktionen" nur Elementarreaktionen, die wirklich auf eine Molekel beschränkt sind.

Einzelne Typen von Folgereaktionen, insbesondere solche mit „vorgelagerten Gleichgewichten", bei denen der erste Schritt zu einem reversibeln Gleichgewicht führt, werden später eine eingehendere Besprechung finden.

Ein allgemeines Prinzip sei noch erwähnt: Sobald die Reaktion stationär geworden ist, werden von jeder Zwischenstufe in der Zeiteinheit ebensoviele Molekeln entstehen, wie verschwinden müssen; die *Konzentration der Zwischenstufen ist stationär*, bzw. die Summe der Wahrscheinlichkeiten ihres Verschwindens ist Eins (s. S. 40).

Besonders wichtig ist dieses Prinzip bei den sog. *Kettenreaktionen*. Das sind exotherme Vorgänge, bei denen neben der Entstehung des Endprodukts jedesmal soviel Energie frei wird, daß neue Ausgangsmolekeln zum Durchlaufen derselben Reaktionsfolge aktiviert werden können. Der Weg dazu ist entweder eine direkte Übertragung von Schwingungsenergie vom Reaktionsprodukt auf Ausgangsstoffe (*Energiekette*) oder die intermediäre Bildung energiereicher, reaktionsfähiger Zwischenstoffe (*Stoffkette*), für die dann das erwähnte Prinzip der stationären Konzentration gilt. Jede Kettenreaktion, die stationär ist, enthält irgendeine Teilreaktion, die die Kette *abbricht*, da sonst Explosion eintreten würde. Dadurch wird die Zahl der Kettenglieder oder Kettenschritte, die durch *eine* Aktivierung ausgelöst werden, die „*Kettenlänge*", eine endliche Zahl.

Durch Anwendung solcher Überlegungen erhält man auch für zusammengesetzte Reaktionen Geschwindigkeitsgleichungen. In ihnen haben die Konstanten nicht mehr die einfache Bedeutung wie bei Elementarreaktionen, sondern bestehen meist aus mehreren Konstanten solcher Reaktionen. Auch ist die Konzentrationsfunktion nicht auf einfache Potenzen beschränkt, sondern kann verwickelter gestaltet sein.

Diese vorausgeschickte Übersicht über die Geschwindigkeiten, mit denen wir zu tun haben werden, ist zunächst reichlich abstrakt und formal und wird ihre Erläuterung erst an den praktischen Einzelfällen finden. Wir haben sie aber hier vorangestellt, einmal, um Begriffsbestimmungen nicht jeweils an Ort und Stelle verstreut einfügen zu müssen, und dann, um uns zu fragen, wie nun ein Katalysator allgemein auf die Reaktionsgeschwindigkeit Einfluß nehmen kann. Wir sehen ja, daß die Geschwindigkeit durch die Konstanten und die Zueinanderordnung der einzelnen Elementarvorgänge eindeutig festliegt. Es ist deshalb nicht anzunehmen, daß die „katalytische Kraft" eine geheimnisvolle Fernwirkung ist, durch die irgendein Stoff diese Konstanten verändert. Vielmehr müssen wir dem Katalysator einen *direkten Eingriff in das Reaktionsgetriebe* zuschreiben. Das Auftreten neuer Geschwindigkeiten bedeutet wegen deren an sich eindeutiger Festgelegtheit einfach das Auftreten neuer Elementarreaktionen oder neuer Zuordnungen zwischen ihnen unter Teilnahme des Katalysators. Es wird also meist nicht die Geschwindigkeit der alten Reaktionen erhöht, sondern der Katalysator schafft einen *neuen Reaktionsweg*, der eine größere Geschwindigkeit ermöglicht. Dieser neue Weg ist dadurch an die Anwesenheit des Katalysators gebunden, daß dieser an den Reaktionen *teilnimmt*.

Die Forderung, daß er „im Endprodukt der Reaktion nicht auftritt“, wird dadurch verwirklicht, daß er schließlich wieder *regeneriert* wird. Z. B.

$$\begin{array}{lr} 1) & A + K = AK \\ 2) & AK + B = AB + K \\ \hline \text{In Summa:} & A + B = AB \quad \text{unter Katalyse durch } K. \end{array}$$

In diesem Beispiel haben wir eine Katalyse durch eine *Zwischenverbindung* vor uns. Die meisten positiven Katalysen sind auf diese Weise deutbar. Wir werden später sehen, welche Forderungen man an eine Verbindung Katalysator-Substrat stellen muß, um sie als reaktionsvermittelnde Zwischenverbindung der Katalyse ansprechen zu dürfen (S. 54). Jedoch darf der Begriff „Verbindung“ hier nicht zu eng gefaßt werden. Erstens kann die Zwischenverbindung so instabil sein, daß sie wohl als Zwischenstadium einer Reaktionsfolge oder Kettenreaktion intermediär und stationär auftreten kann, aber nicht als isolierbarer Körper. Zweitens braucht die Verbindung nicht den Gesetzen der Stöchiometrie zu unterliegen. Das gesamte Gebiet der heterogenen Katalyse beruht auf Oberflächenverbindungen, die meist weder stöchiometrisch noch isolierbar sind. Faßt man den Begriff der Zwischenverbindung so weit, so ist er in der Tat die fruchtbarste Deutung für die meisten Katalysen.

Warum ist nun die Reaktion unter Beteiligung des Katalysators *rascher*, bzw. bei Folgereaktionen, warum ist die langsamste unter den katalysierten Reaktionen immer noch rascher als die unkatalysierte Reaktion? Die Veränderung der Faktoren const bzw. Z macht wenig aus; dagegen bedeutet eine Verringerung von q, eine *Erniedrigung der Aktivierungswärme*, meist eine große Beschleunigung, wie aus der Formel hervorgeht. Stellen wir uns vor, unser Reaktionssystem müsse, um zu reagieren, über einen „Energieberg“ von der Höhe q steigen. Die Rolle des Katalysators ist nun die eines ortskundigen Führers: Unter seiner Beteiligung wird ein Paß gefunden, der ins jenseitige Tal leitet, ohne daß die volle Höhe q erklommen werden muß. Daher geht der Übergang rascher.

Es sei aber betont, daß dieser Mechanismus zwar der häufigste, doch nicht der einzige ist.

Von *„idealer Katalyse“* sprechen wir dann, wenn nach der Reaktion die Menge des Katalysators völlig unverändert geblieben ist. Viele landläufige Definitionen sehen denn auch dies als das wesentliche Merkmal der Katalyse an. Indessen ist einzusehen, daß das streng nicht der Fall zu sein braucht. Die Reaktionen, an denen der Katalysator teilnimmt, müssen ja alle bis zu einem Gleichgewicht führen, und selbst wenn dieses weitgehend auf der Seite des unveränderten Katalysators liegt, wird doch eine gewisse Menge des Katalysators durch die übrigen Stoffe gebunden oder verbraucht werden, d. h. die Rücklieferung durch die Gleichung $AK + B \rightleftarrows AB + K$ ist theoretisch nicht vollständig. Auch können in dem katalysierten System noch Seitenreaktionen auftreten, die Katalysator verbrauchen, ohne daß wir deshalb die Hauptreaktion nicht mehr als Katalyse zu bezeichnen hätten (z. B. Abnahme der Enzymmenge durch thermische Zerstörung). So wurde es notwendig, die OSTWALDsche Definition so zu erweitern, wie dies BREDIG (S. 5) getan hat. Als Merkmal der Katalyse sehen wir es jetzt an, daß die Menge des Katalysators, die verändert ist, in *keinerlei festem Verhältnis* steht zu der Menge Substrat, die in der gleichen Zeit umgesetzt wurde. So ist das Bleikammerverfahren eine Katalyse, obgleich ein Teil des Katalysators Salpetersäure als NO verlorengeht, weil eben diese Menge von den Umständen abhängt, also keine Relation besteht zwischen der angewendeten Salpetersäure und der Menge Schwefelsäure, die man insgesamt damit erzeugen kann.

Wir verstehen übrigens jetzt auch, warum ABEL (S. 5) erklärt, daß nicht Stoffe, sondern nur Reaktionen katalysieren. Das bedeutet eben, daß nur Stoffe, die in irgendeiner Weise mitreagieren, die normale Form der Katalyse ausüben, und daß es eigentlich gelingen müsse, die Wirkung des Katalysators auf die irgendeiner von ihm eingegangenen Zwischenreaktion zurückzuführen (wie dies ABEL in einigen Fällen tatsächlich konnte; S. 59ff.). Diese Reaktion liefert eben Energie, so daß die thermische Aktivierungsenergie geringer sein kann.

Wenn die von der Zwischenreaktion gelieferte Energie aber zur Bestreitung einer *unfreiwilligen* Gesamtreaktion verwendet wird, so haben wir *keine* Katalyse vor uns. Dann steht auch keine Energie mehr zur Verfügung, um den Katalysator, der ja freiwillig in die Reaktion eingegriffen hat, unter Arbeitsleistung wieder zurückzuliefern. In solchen Fällen besteht also eine bestimmte Relation zwischen Katalysatorverbrauch und Substratverbrauch, was unserem Katalysebegriff zuwiderläuft. Solche Vorgänge bezeichnen wir als *„induzierte“ oder „gekoppelte“ Reaktionen* und wollen sie aus unserer Darstellung ausschließen. Ein Beispiel ist die Oxydation der arsenigen Säure durch Bromsäure, die an sich wegen des notwendigen Verbrauchs freier Energie nicht verläuft, aber durch Anwesenheit von schwefliger Säure erzwungen werden kann, indem deren freiwillige Oxydation die nötige freie Energie liefert. Dabei wird jedoch schweflige Säure, und zwar eine energetisch bestimmte Mindestmenge, *irreversibel oxydiert.* Ein solcher Vorgang ist also nicht als Katalyse zu werten.

Immerhin ist die Unterscheidung nicht scharf. Man kann ja auch die zu einer freiwilligen Reaktion führende Aktivierung als deren unfreiwilligen (endothermen) Anfangsschritt deuten und daher ihre Beschleunigung durch eine Reaktion des Katalysators als eine ebensolche Induktion auffassen. Der Unterschied ist nur, daß eine Folgereaktion, die freiwillige (exotherme) Fertigreaktion, dann soviel Energie liefert, daß der Katalysator ganz oder doch teilweise wieder in den Ausgangszustand zurückkehrt. Solche Fälle wären, da hier die verbrauchte Katalysatormenge von den Umständen abhängt und im Grenzfall vom energetischen Standpunkt aus auch Null werden darf, als Katalysen zu betrachten. Doch wird man es zweckmäßig nicht tun, wofern der Katalysatorverbrauch dem des Substrats kommensurabel bleibt. In dieser Weise auf der Grenze steht z. B. die von WIELAND und FRANKE (13) studierte Beschleunigung der Autoxydationen von Sulfit oder organischen Molekeln durch Ferro-Ionen. Hierbei ist zweifellos die Reaktion selbst freiwillig, aber der Katalysator wird doch dabei allmählich aufgebraucht.

Hiermit im Zusammenhang steht eine andere wichtige Eigenschaft des idealen Katalysators, die auch oft zu seiner Definition herangezogen wird; die nämlich, daß er *das Gleichgewicht nicht verschieben kann.* Da der ideale Katalysator nämlich nach der Reaktion noch in demselben Zustand und in derselben Menge im System vorhanden ist, wie vorher, so kann man durch sein vorheriges Hinzufügen und nachheriges Herausnehmen keine Arbeit verbrauchen oder gewinnen. Da aber die Verschiebung eines Gleichgewichts nur unter Arbeitsaufwand möglich ist, kann eine solche nicht eintreten.

Auch dies ist nur ein Grenzgesetz, das für ideale Katalyse gilt. Wenn nämlich zwischen Katalysator und Ausgangsstoffen einerseits, Endprodukten andererseits Gleichgewichte vorhanden sind, derart, daß nach der Reaktion eine andere Teilmenge des Katalysators gebunden ist, so wird seine völlige Entfernung sehr wohl einen Arbeitsaufwand erfordern können, der von dem vor der Reaktion verschieden ist, und Gleichgewichtsverschiebung ist prinzipiell möglich. Die merkwürdige Beeinflussung, die Dampfdrucke verschiedener Flüssigkeiten durch Trockenmittel erfahren, beruht z. B. nach SMITS (14) möglicherweise auf derartigen Bindungsverhältnissen von Wasser oder Trockenmittel. Meist jedoch liegen die Verhältnisse so, daß nur eine verschwindende Menge Katalysator in veränderter (gebundener) Form vorliegt, so daß die geforderte Unabhängigkeit des Gleichgewichts gewahrt ist.

Aus der Unverschieblichkeit des Gleichgewichts folgt bei dessen kinetischer Auffassung weiter unmittelbar, daß ein idealer Katalysator die Reaktion *in jeder Richtung,* also z. B. Bildungs- wie Zerfallsrichtung, *um dasselbe Verhältnis beschleunigen* muß. In der Tat ist auch das zunächst qualitativ erfüllt. SABATIER (15, 16) und auch ZELINSKY und andere haben in vielen Fällen festgestellt, daß Hydrierungskatalysatoren stets auch zugleich Dehydrierungskatalysatoren sind; nach MITTASCH und KUSS (17) können die Kontakte der Ammoniaksynthese auch Ammoniak zersetzen usf.

Auch dies ist in zwei Richtungen nur ein Grenzgesetz. Zunächst zeigt ABEL (18), daß es wieder nur für ideale Katalyse gilt, daß aber, sobald ein merklicher Teil des Katalysators durch die Reaktion verändert wird, durch das Vorliegen neuer Molekelarten nach der Reaktion auch thermodynamisch eine Verschiedenheit der beiden Beschleunigungen zulässig ist.

Zum andern — und das wird oft übersehen — gelten die aus Gleichgewichtsbetrachtungen gezogenen Schlüsse ihrem Wesen nach *nur für das Gleichgewicht selbst* oder für Zustände in dessen infinitesimaler Nachbarschaft. Auch der ideale Katalysator braucht nur die Geschwindigkeiten im Gleichgewichtszustand selbst in gleichem Maße zu verändern; in weiterer Entfernung aber können für Hin- und Rückreaktion prinzipiell ganz beliebige Beschleunigungen herrschen, wenn diese nur bei Annäherung ans Gleichgewicht irgendwo einmal gleich werden. Fig. 1 möge das illustrieren. Nach rechts ist der Abstand vom Gleichgewicht in irgendeinem Maß (Konzentration, Molenbruch, freie Energie od. dgl.) in endothermer, nach links in exothermer Richtung eingetragen, nach oben die Geschwindigkeit in der einen, nach unten die in der anderen Richtung. Die ausgezogenen Linien zeigen die unkatalysierte Reaktion, die gestrichelten den Fall, daß in *jedem* Abstand die beiden Beschleunigungen durch den Katalysator einander gleich sind, die punktierten den *verbotenen* Fall, daß sie *überall* voneinander verschieden sind (Gleichgewichtsverschiebung von O nach O'), die strichpunktierten endlich den praktischen, ebenfalls erlaubten Fall,

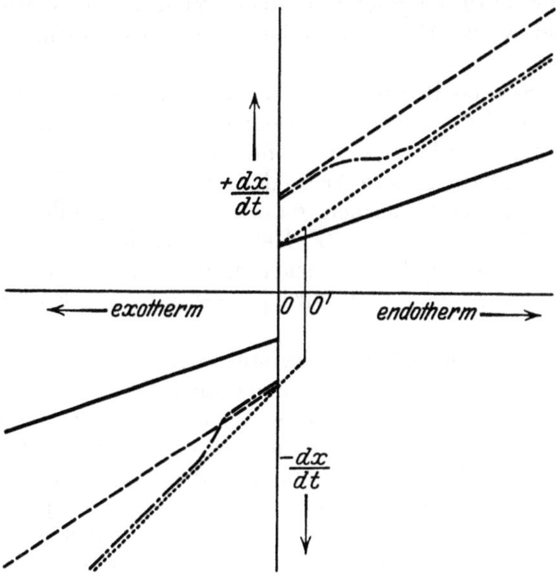

Fig. 1. Katalyse und Abstand vom Gleichgewicht.

daß die Beschleunigungen zwar im Gleichgewichtspunkt einander gleich, abseits davon aber verschieden sind.

Dieser letztgenannte Sachverhalt ist tatsächlich oft gegeben. Die einfache Vorstellung von der „kinetischen Ableitung“ des Massenwirkungsgesetzes, wonach dessen Zähler die Geschwindigkeitsgleichung der Hin-, der Nenner die der Herreaktion darstellt, würde allerdings verlangen, daß bei Katalyse Zähler und Nenner um denselben Beschleunigungsfaktor zu erweitern sind, um das Gleichgewicht zu erhalten. In Wahrheit *gelten jedoch die einfachen Formulierungen* der Geschwindigkeitsgleichungen als Konzentrationsprodukte, die hier vorausgesetzt werden, *keineswegs immer*, sobald man die praktisch allein meßbaren Geschwindigkeiten weit abseits vom Gleichgewicht betrachtet. Es gelten vielmehr meistens andere Ausdrücke, im Fall von Kettenreaktionen oder heterogenen Katalysen sogar oft solche, deren Division den Massenwirkungsausdruck des Gleichgewichts nicht einmal der Form nach liefern kann. Nur in speziellen Fällen läßt sich zeigen [HINSHELWOOD (12)], daß das doch der Fall ist, allgemein aber kann man das Gleichgewicht nicht aus solchen Messungen in weiterer Entfernung davon darstellen [s. dazu die Diskussion zu BAUR (19)]. Dies ist natürlich kein Widerspruch mit der Thermodynamik, da diese ja nur über den Gleichgewichtspunkt selbst aussagt, für den wieder Geschwindigkeitsmessungen nicht möglich sind [s. z. B. SCHWAB (20)]. Jedenfalls kann man unter solchen Umständen auch nicht verlangen, außer im Gleichgewicht selbst, daß beide Reaktionen, auch bei idealer Katalyse, im gleichen Maß beschleunigt werden. Schlußfolgerungen, die aus solchen Annahmen z. B. über die gleiche Abstufung von Katalysatorqualitäten bei entgegengesetzten Reaktionen gezogen werden [z. B. MITTASCH und KUSS (17)], sind daher, obgleich oft erfüllt, nicht ganz zwingend.

Diese allgemeinen Bedingungen, die wir hier für Katalysen kennengelernt haben, und die teilweise an dem Beispiel der Zwischenreaktionskatalyse erläutert wurden, gelten natürlich, soweit sie thermodynamisch bedingt sind, auch für andere Arten der Geschwindigkeitsbeeinflussung. Dies ist notwendig zu bemerken, da wir in den folgenden Abschnitten noch andere Mechanismen, z. B. Kettenabbruch oder -verlängerung, Aktivitätsbeeinflussung, Diffusionshemmung u. dgl. kennenlernen werden. Wo Zweifel möglich sind, wird jeweils auf diese Fragen nochmals eingegangen werden.

Einen dieser verschiedenen Mechanismen haben wir aus unseren Betrachtungen fortgelassen. Wie wir nämlich die Reaktionsbeschleunigung durch Licht nicht zur Katalyse freiwilliger Reaktionen rechnen, so schließen wir auch Beschleunigungen von Lichtreaktionen durch solche Stoffe aus, die die Lichtenergie übertragen. Die zahlreichen Fälle solcher *Photosensibilisierung* seien hier nicht besprochen, da ja auch in ihnen nicht ein freiwilliger Vorgang als solcher beschleunigt wird. (Unbeschadet dessen kann man sie in eine weitere Definition der Katalyse natürlich einbeziehen.) Damit soll nicht gesagt sein, daß das weite Gebiet der Photochemie mit seinen wertvollen Aufschlüssen insbesondere über homogene Katalysen unberücksichtigt bleibt; wo Stoffe die auf Lichtanregung folgende *Dunkelreaktion*, d. i. die freiwillige Sekundärreaktion, und nur diese, beschleunigen, wurde der Fall einer Katalyse im engeren Sinne für gegeben angesehen.

Hinsichtlich der *Einteilung des Gebietes* ist zu sagen, daß sich als übliche und zweckmäßigste eine solche nach Aggregatszuständen oder Phasen ergibt. Katalysen, bei denen Katalysator und Substrate in einer gemeinsamen Phase vorliegen, werden als *homogene* vorangestellt. Hier wieder werden die *Gaskatalysen* als die übersichtlicheren zuerst behandelt, dann folgen Reaktionen in flüssiger Phase, d. h., da wir stets Mehrkomponentensysteme vor uns haben, Katalysen *in Lösung*. Homogene Katalysen in fester Phase kennt man nicht. An zweiter Stelle stehen dann die *heterogenen* Katalysen an Phasengrenzflächen, und zuletzt wird die Zwischenform der *mikroheterogenen* Katalyse kurz behandelt.

Diese phänomenologische Einteilung des Stoffes ist deshalb geboten, weil die Verschiedenheit der molekularkinetischen Bedingungen in Gasen, Flüssigkeiten, Phasengrenzen und Kolloiden tatsächlich das Erscheinungsbild der Katalyse recht einschneidend abwandelt. Erkenntnisse, die für das Gesamtgebiet grundlegend geworden sind, mußten nun natürlich im einzelnen an den Formen der Katalyse erörtert werden, bei denen sie hauptsächlich und am klarsten gewonnen worden sind. So gelten z. B. die bei den Gasen betrachteten Gesetze der Kettenreaktionen auch für Lösungen, die bei diesen diskutierten Aktivitätseinflüsse mutatis mutandis auch für die heterogene Katalyse, die bei dieser am besten ausgearbeiteten energetischen Beziehungen für jede Form der Katalyse.

Homogene Gaskatalyse.

Vorbemerkungen.

Ebenso wie die chemische Statik von jeher, sieht auch die chemische Kinetik dasjenige Gebiet, auf dem sie ihre Prinzipien in reinster Form entwickeln kann, in den homogenen Gasreaktionen. Für das Teilgebiet der Katalyse gilt das natürlich ebenso. Nirgends sind wir so genau über den Zusammenhang von Konzentrationen und physikalisch meßbaren Größen (Zustandsgleichung), nirgends so genau über die Gelegenheiten zwischenmolekularer Einwirkung (kinetische Gastheorie), vor allem auch über die Verteilung der Energie unterrichtet, als im homogenen Gas. Überall, wo kondensierte Phasen beteiligt sind, also bei allen anderen Formen der Katalyse, kommen durch die molekulare Wechselwirkung der Nachbarn, durch neue, schwer zu beherrschende Freiheitsgrade, durch Solvatation, topochemische und andere Einflüsse Komplikationen in das Bild, die ein Herausarbeiten des eigentlich katalytischen Elementes erschweren.

In der Tat sind es auch vorwiegend homogene Gaskatalysen, bei denen wir über Bedingungen und Art der Katalyse einigermaßen hypothesenfreie Aussagen machen können. Es ist bezeichnend, daß sich schon hier, am einfachsten System, zeigt, daß „Katalyse" nur ein praktischer Oberbegriff für recht verschiedenartige Erscheinungen ist. Wir werden allein unter den homogenen Gaskatalysen eine ganze Reihe von Typen kennenlernen, bei denen eine Geschwindigkeitsbeeinflussung auf ganz verschiedenen Wegen erreicht wird.

A. Einfach verlaufende Gasreaktionen.

Katalyse durch Zwischenreaktionen.

Vom chemischen Standpunkt die einfachste Form einer Katalyse wäre die durch Zwischenreaktionen. Das bedeutet, daß unter Beteiligung des Katalysators eine intermediäre neue Molekelart entsteht, die Zwischenstadium der Reaktion ist, d. h. in einer weiteren Reaktion das Endprodukt liefert und dabei den Katalysator wiederherstellt. Bedingung für eine Beschleunigung auf einem solchem Umwege ist nur, daß die Folge dieser Teilreaktionen rascher verläuft, als die unkatalysierte einfache Reaktion. Da von Folgereaktionen immer die langsamste die Gesamtgeschwindigkeit bestimmt, kommt das darauf hinaus, daß jede einzelne der Teilreaktionen rascher sein muß, als die unkatalysierte Reaktion.

Für die einfachsten denkbaren Fälle hat K. F. Herzfeld (21) die Bedingungen theoretisch diskutiert, unter denen das erfüllt ist. Wir betrachten zunächst eine monomolekulare Zerfallsreaktion nach dem Schema:

$$1)\quad AB \xrightarrow{k_1} A + B - Q,$$

wo Q die Wärmetönung angibt.

Sie werde durch X katalysiert nach:

$$2)\quad AB + X \xrightarrow{k_2} AX + B \quad (\text{Aktivierungswärme } q_1)$$

$$3)\quad AX \xrightarrow{k_3} A + X - Q_2.$$

Dann ist für die nicht katalysierte Reaktion die Geschwindigkeit:

$$v_1 = k_1 [AB].$$

Für die beiden Teilschritte der katalysierten Reaktion gilt entsprechend:

$$v_2 = k_2[AB] \cdot [X]$$

und

$$v_3 = k_3[AX].$$

Im stationären Zustand wird AX ebenso schnell gebildet, als verbraucht (s. a. S. 9), so daß $v_2 = v_3$. Aus dieser Beziehung folgt nach Einführung der eingebrachten gesamten Katalysatormenge $[X'] = [X] + [AX]$, die freie und gebundene Katalysatormolekeln enthält:

$$[AX] = \frac{k_2[AB]}{k_3 + k_2[AB]} [X']$$

und daraus für die Geschwindigkeit der katalysierten Reaktion:

$$v_3 = \frac{k_2 k_3 [AB] \cdot [X']}{k_3 + k_2 [AB]}.$$

Wir erhalten zunächst das wichtige Resultat: *Bei Zwischenreaktionskatalyse ist die Geschwindigkeit der angewandten Konzentration des Katalysators proportional.* Hinsichtlich der Abhängigkeit von der Substratkonzentration sind zwei Fälle möglich (von einem Zwischengebiet abgesehen): Entweder ist $k_3 \gg k_2[AB]$, d. h. Reaktion 2 ist die geschwindigkeitsbestimmende; dann wird näherungsweise

$$v_3 = k_2 [AB] \cdot [X'].$$

Oder es ist umgekehrt $k_3 \ll k_2 [AB]$; dann staut sich die Zwischenverbindung AX auf, bis aller Katalysator ans Substrat gebunden ist. Weitere Vermehrung der Substratkonzentration $[AB]$ beeinflußt dann naturgemäß die Geschwindigkeit nicht weiter. Dies kommt auch in der Formel zum Ausdruck; jetzt wird nahezu:

$$v_3 = k_3 [X'].$$

Wir können nun noch nach den Lehren der chemischen Kinetik die k als Temperaturfunktionen hinschreiben, und zwar:

$$k_1 = k_0 \cdot e^{-Q/RT}$$

$$k_2 = Z \cdot e^{-q_1/RT}$$

$$k_3 = k_0 \cdot e^{-Q_2/RT}.$$

Z bedeutet hier die gaskinetische Stoßzahl, k_0 den temperaturunabhängigen Faktor der monomolekularen Gasreaktion, der meist etwa die Größenordnung einer innermolekularen Frequenz hat [POLANYI und WIGNER (22)]. Betrachten wir nur den zuletzt genannten Fall, daß fast der gesamte Katalysator gebunden ist, so sieht man sofort, daß wegen der größenordnungsmäßigen Gleichheit von $[X']$ und $[AB]$ eine *Beschleunigung* nur vorliegt ($v_3 > v_1$), wenn $Q > Q_2$. Das entspricht dem bekannten Bilde, daß der Katalysator einen Reaktionsweg (über AX) eröffnet, der zunächst auf eine niedrigere Energiehöhe führt. HERZFELD zeigt weiter, daß die Beschleunigung etwa dann am größten ist, wenn $Q = 2Q_2$. Er vergleicht das mit der Erkletterung einer Wand, die dann am besten erfolgt, wenn sich ein Tritt in der Mitte befindet, weil dann keine der beiden Stufen übermäßig hoch wird. (Dies scheint auf den ersten Blick dem Fall des völlig gebundenen Katalysators nicht zu entsprechen, denn aus den Gleichungen würde man die größte Beschleunigung für $Q_2 = 0$ herauslesen; indessen wäre dann eben die Bedingung $k_3 \ll k_2[AB]$ nicht mehr erfüllt, die zweite Stufe würde zu hoch; deshalb ist ein Kompromiß bei mittlerer Stufenlage am günstigsten.)

Eine etwas strengere Betrachtung müßte auch noch die Möglichkeit eines Zurückreagierens des Zwischenproduktes bei zu langsamer Abreaktion in Betracht ziehen. Fügen wir HERZFELDs Reaktionen daher noch hinzu:

$$4)\quad AX + B \xrightarrow{k_2'} AB + X,$$

so erhalten wir die Gleichung:

$$v_3 = \frac{k_2 k_3 [AB] \cdot [X']}{k_3 + k_2'[B] + k_2[AB]}.$$

Ihre Diskussion bleibt dieselbe, solange keine merkliche Rückreaktion einsetzt. Ist diese jedoch beträchtlich, d. h. rascher als die Bildung des Zwischenproduktes, so haben wir einen Spezialfall, den wir, da er realisiert ist, besonders behandeln wollen. Die genannte Bedingung bedeutet ja, daß nie viel Katalysator als AX gebunden ist, wie groß auch k_3 sei. Wir können also setzen:

$$k_2'[B] \gg k_2[AB] \quad \text{und darum:} \quad [X] = [X'].$$

Es folgt so:

$$v_3 = \frac{k_2 k_3 [AB] \cdot [X]}{k_2'[B] + k_3}.$$

Wir werden von dieser Formulierung noch Gebrauch machen.

Ebenso wie die Dissoziation $AB \to A + B$ hat HERZFELD auch die Austauschreaktion $AB + C \to AC + B$ behandelt und ist zu analogen Schlüssen gelangt. Seine Theorie der sukzessiven Katalyse durch zwei Stoffe wird uns in anderem Zusammenhang noch beschäftigen.

Fragen wir uns nun aber, wie es um die experimentelle Realität dieser so einfachen und einleuchtenden Art der katalytischen Reaktionsbeschleunigung steht, so stellen wir mit Überraschung fest, daß es *homogene Gasreaktionen dieses Typs fast nicht gibt* [HINSHELWOOD (23)]! Der Grund dürfte der sein, daß selten zu einer Reaktion ein dritter Stoff gefunden werden kann, der einerseits mit einem der Substrate eine Zwischenverbindung bildet, und der dabei andererseits gerade ein günstig gelegenes Energieniveau schafft. Viel wahrscheinlicher ist dies dagegen in Lösungen, wo die Energieniveaus infolge des Einflusses des Lösungsmittels weniger scharf sind und wo dieses als Dipol vielfach leicht ternäre Verbindungen bilden kann. So kommt es, daß die Hauptbedeutung dieser Art von Katalyse auf dem Gebiet der wässerigen Lösungen liegt (s. S. 54ff.). Ein zweiter, ausschlaggebenderer Grund für die Seltenheit der einfachen Zwischenreaktionskatalyse nach HERZFELDS Schema bei Gasen ist aber, daß überhaupt die wenigsten Gasreaktionen nach den einfachen Schemen von S. 8 ablaufen. Diese Fälle müssen vielmehr als zwar sehr aufschlußreiche, aber seltene Ausnahmen gewertet werden, während wohl die meisten Gasreaktionen als *Kettenreaktionen* ablaufen und daher auch in ihrer katalytischen Beeinflussung ein verwickelteres Bild bieten. Im Rahmen solcher Ketten werden wir allerdings die Zwischenreaktionskatalyse dann (s. S. 30) noch häufig antreffen. Auch die von HINSHELWOOD (23) zu den einfachen Zwischenreaktionskatalysen gezählte induzierte Verbrennung von CO in der Wassergasreaktion

$$CO + H_2O \rightarrow CO_2 + H_2$$
$$H_2 + {}^1/_2\, O_2 \rightarrow H_2O$$

ist letzten Endes eine Kettenreaktion (s. S. 30 und 32).

Ein nach unserer bisherigen Kenntnis reiner Fall der hier zu besprechenden Art ist dagegen die *Katalyse der Nitrosylchloridbildung durch Brom oder Stickdioxyd,* die A. v. KISS (24) studiert hat. Die unkatalysierte Reaktion:

$$1)\quad 2\,NO + Cl_2 \xrightarrow{k_1} 2\,NOCl$$

ist formal eine Reaktion dritter Ordnung. Daß sie im einzelnen nach TRAUTZ (25) aus zwei bimolekularen Stufenreaktionen über $NOCl_2$ besteht, tut für das Folgende nichts zur Sache. Die durch Bromdampf katalysierte Reaktion verläuft nun (zunächst annahmegemäß) nach:

$$2)\quad 2\,NO + Br_2 \underset{k_2'}{\overset{k_2}{\rightleftharpoons}} 2\,NOBr$$

$$3)\quad 2\,NOBr + Cl_2 \xrightarrow{k_3} 2\,NOCl + Br_2.$$

(Eine Zwischenverbindung BrCl kann nicht angenommen werden, da sie bekanntermaßen nicht existiert und auch die Kinetik nicht wiederzugeben erlaubt.) Es handelt sich hier um eine Additionsreaktion, also einen Fall, den wir theoretisch soeben nicht behandelt haben. Prinzipiell liegt aber kein Unterschied vor, sobald wir in dem erweiterten HERZFELDschen Schema (S. 18) $k_3[Cl_2]$ statt k_3 einführen. Die Summation von katalysierter und unkatalysierter Reaktion (beide haben meßbare Geschwindigkeiten) ergibt dann:

$$\frac{d[NOCl]}{dt} = k_1[NO]^2 \cdot [Cl_2] + \frac{k_2 k_3 [NO]^2 \cdot [Cl_2] \cdot [Br_2]}{k_2' + k_3[Cl_2]},$$

ganz analog zu S. 18. Es ist nun entweder $k_3[Cl_2] \gg k_2'$. Dann bestimmt Reaktion 2 die katalysierte Geschwindigkeit gemäß:

$$\frac{d[NOCl]}{dt} = k_1[NO]^2 \cdot [Cl_2] + k_2[NO]^2 \cdot [Br_2].$$

Erstens ist aber das nach diesem Ansatz berechnete k_2 in den Versuchen nicht konstant, zweitens aber müßte dann eine viel größere Beschleunigung eintreten, als gemessen ist, da Reaktion 2 nach TRAUTZ und DALAL (26) etwa 100mal rascher abläuft als Reaktion 1.

Also muß der andere Fall realisiert sein, daß $k_3[Cl_2] \ll k_2'$. Dann wird nur ein kleiner Teil des im Gleichgewicht vorhandenen NOBr jeweils nach 3) abreagieren, und mit $k_2/k_2' = G_2$ (Gleichgewichtskonstante) erhalten wir:

$$\frac{d[NOCl]}{dt} = k_1[NO]^2 \cdot [Cl_2] + k_3 G_2 [NO]^2 [Cl_2] \cdot [Br_2].$$

Die Konstante $k_3 G_2$ erweist sich nach Einsetzen des gemessenen Wertes k_1 tatsächlich als konstant, womit die Reaktion im Sinne des zuletzt angegebenen Schemas geklärt ist.

In ganz derselben Weise ist auch die NO_2-Katalyse desselben Vorgangs deutbar gemäß:

$$1)\quad 2\,NO + Cl_2 \xrightarrow{k_1} 2\,NOCl$$

$$2)\quad Cl_2 + 2\,NO_2 \underset{}{\overset{G_2}{\rightleftharpoons}} 2\,NO_2Cl$$

$$3)\quad 2\,NO_2Cl + 2\,NO \xrightarrow{k_3} 2\,NOCl + 2\,NO_2.$$

Auch hier ist $k_3 G_2$ gut konstant.

Katalyse durch lokalisierte Aktivierung.

Von dem eben betrachteten Mechanismus nicht allzuweit verschieden, möglicherweise, aber nicht notwendig, durch eine Zwischenreaktion beschreibbar, vor allem aber in ihrer energetischen Wirkungsweise durchsichtiger ist eine Klasse von Katalysen, die man erst in neuerer Zeit kennen gelernt hat. Es handelt sich um die von GLASS und HINSHELWOOD (27) entdeckte, von CLUSIUS und HINSHELWOOD (28) genauer studierte *Katalyse* und gleichzeitige *Lenkung* der *Äther- und Acetaldehydzersetzung durch Halogene und Halogenide.* In Abwesenheit von Katalysatoren gehen folgende Zersetzungsreaktionen vor sich:

Di-isopropyl-äther:

$$C_3H_7{-}O{-}C_3H_7 \rightarrow 3\,CH_4 + CO + {}^1/_2\,C_2H_4 + C$$

Dimethyläther:

$$CH_3{-}O{-}CO_3 \rightarrow CH_4 + CO + H_2$$

Diäthyläther:

$$C_2H_5{-}O{-}C_2H_5 \rightarrow 2\,CH_4 + {}^1/_2\,C_2H_4 + CO$$

Methyl-Äthyl-äther:

$$CH_3{-}O{-}C_2H_5 \rightarrow CH_4 + CO + C_2H_4.$$

Alle diese Reaktionen sind monomolekulare Gasreaktionen, die bei normalen Drucken dem LINDEMANNschen Schema gehorchen, d. h. es befindet sich ständig eine Anzahl von Molekeln in einem energiereichen Zustand im Gleichgewicht. Die meisten davon werden durch Stöße desaktiviert, nur ein kleiner Teil reagiert jeweils ab. Bei niedrigeren Drucken werden die Reaktionen bimolekular, weil jetzt die bimolekulare

Aktivierungsgeschwindigkeit geringer wird und den Vorgang bestimmt (s. S. 8). Aus dem Grenzdruck, bei dem die berechenbare Aktivierungsgeschwindigkeit der meßbaren Reaktionsgeschwindigkeit gleich sein muß, läßt sich nach der Gleichung:

$$\frac{dx}{dt} = \frac{Z \cdot \left(\frac{q}{RT}\right)^{(n/2-1)}}{(n/2-1)!} \cdot e^{-q/RT} \cdot c$$

[Z die Stoßzahl, q die Aktivierungswärme; vgl. HINSHELWOOD (12)] die Zahl n der Freiheitsgrade berechnen. Es ergibt sich so, daß die Zahl der Freiheiten (Translation, Rotation und zumeist Schwingung), auf die die (recht hohe, s. weiter unten) Aktivierungswärme verteilt sein muß, damit die zu sprengenden Bindungen genügend gelockert werden, sehr groß ist (zwischen 9 und 26). Diese Zerfallsreaktionen gehen also vor sich, indem die ganze Molekel solange Energie unter Gleichverteilung aufnimmt, bis die schwächste Bindung zerreißt. Dementsprechend sind hohe Energiezufuhren nötig, und der Zerfall beginnt erst bei recht hoher Temperatur (550° beim i-Propyläther).

Alle diese Äther zerfallen bei wesentlich tieferen Temperaturen, wenn folgende Stoffe im Gasraum zugegen sind (die beigesetzten Zahlen bedeuten relative Wirksamkeiten):

Jod	100
i-Propyljodid	70
Äthyljodid	40
Methyljodid	30
Bromwasserstoff	20
i-Propylbromid	5
Äthylbromid	4
Dibromacetylen	3
(Chloride	0)

Es ließ sich nachweisen, daß die Wirkung dem beim Zerfall der Katalysatoren entstehenden *freien Halogen* zukommt. Die weiteren Versuche wurden daher mit Joddampf angestellt.

Der katalysierte Zerfall beginnt nicht nur bei wesentlich erniedrigter Temperatur (400° beim Propyläther), er verläuft auch in ganz anderer *Richtung*, z. B.

Di-i-Propyläther:

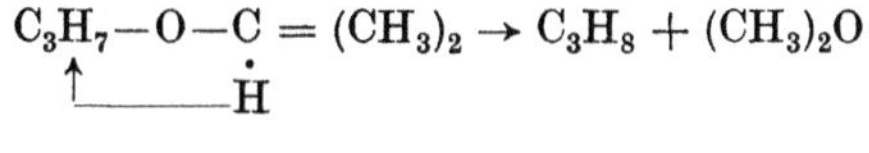

Äthyläther:

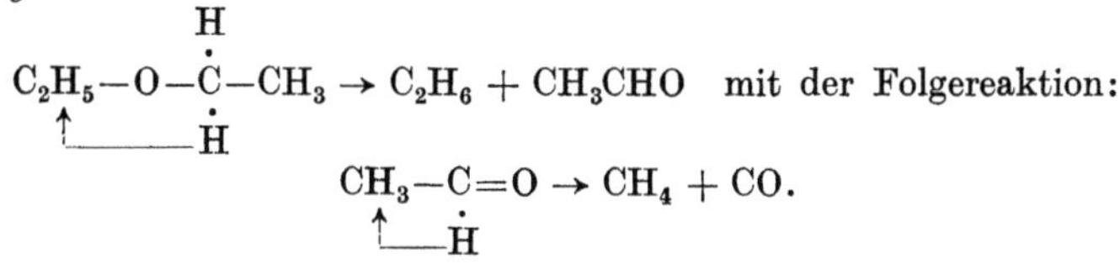

Man sieht, daß jetzt eine andere Stelle der Molekel angegriffen wird, nämlich stets das dem O benachbarte C ein H verliert. Diese Reaktionen sind bimolekular, d. h. dem Produkt aus Katalysatorkonzentration und Ätherkonzentration proportional. Überdies verlaufen sie nach Ausweis ihrer Geschwindigkeit unverzüglich bei jedem Stoß, bei dem die beiden Partner auf nur zwei (Translations-?) Freiheitsgraden eine ziemlich geringe Aktivierungsenergie besitzen. Die Aktivierungswärmen betragen:

Substrat	q in kcal	
	spontan	katalysiert
Dimethyläther	65	keine Kat.
Methyläthyläther . . .	47	38
Diäthyläther	53	34
Di-isopropyläther . . .	60,5	28,5
Acetaldehyd	(bim.) 45,5	32,5

Der Sinn dieser Befunde ist ziemlich eindeutig: An sich ist die bei der Katalyse gespaltene Bindung kinetisch fester als die spontan gespaltene. Deshalb erhält letztere bei der Aufschaukelung der ganzen Molekel (spontane Reaktion) viel häufiger die kritische Energie, und nur der Zerfall unter CO-Bildung tritt ein. Beim Zusammenstoß mit Jod jedoch geht infolge einer spezifischen Wechselwirkung (chemisch bzw. Resonanz) die verfügbare Energie stets (bis auf einen von Eins wenig verschiedenen „sterischen Faktor") an den für die H-Verlagerung kritischen Freiheitsgrad, so daß diese Bindung gesprengt wird, ehe die (loseren) anderen Bindungen die Energie teilweise übernommen haben. Deshalb genügen für diese Reaktion die kleineren Energien, die Temperatur kann bei gleicher Geschwindigkeit niedriger sein.

Man kann auch sagen, daß in dem Stoßkomplex Äther-Jod die nunmehr zerfallende Bindung die schwächste geworden ist. In diesem Sinne wäre vielleicht von Zwischenreaktionskatalyse auch hier zu reden. Da es aber wahrscheinlich ist, daß dieser Komplex noch während der Stoßdauer reagiert, ist dies wohl nicht ratsam. Jedenfalls werfen diese durchsichtigen Erscheinungen auch ein klares Licht auf den Mechanismus einer wirklichen Zwischenreaktionskatalyse, bei der die Zwischenstoffe ihrerseits noch Aktivierungswärmen benötigen: Hier ist es sehr wahrscheinlich, daß eine Verschiebung der Bindungsfestigkeiten durch Deformation in dem Sinne stattfindet, daß nunmehr kleinere Aktivierungswärmen zu ihrer Spaltung genügen (s. Herzfelds $Q > Q_2$ auf S. 18).

Katalyse durch Energieübertragung.

Noch weiter von der Theorie chemischer Zwischenverbindungen entfernen sich Erscheinungen, bei denen eine Beschleunigung lediglich durch Übertragung von Energie vom Katalysator ans Substrat zustandekommt.

Das triviale Beispiel dieser Art ist die Photokatalyse oder Sensibilisierung. Wir schalten sie aus unserer Betrachtung deshalb aus, weil hier nicht eine an sich schon verlaufende Reaktion beschleunigt, sondern eine ganz systemfremde Reaktion durch Zufuhr freier Energie über den Sensibilisator erzwungen wird. Es lag natürlich nahe, diesen Gesichtspunkt einer Übertragung von Aktivierungsenergie vom Katalysator aufs Substrat auch auf die Katalyse freiwillig verlaufender thermischer Reaktionen zu übertragen [s. z. B. MIYAMOTO (29)]. Dabei wird häufig übersehen, daß ein solcher Vorgang grundsätzlich *umkehrbar* sein muß, also selektiver Aktivierung auch selektive Desaktivierung durch den Katalysator gegenüberstehen muß, damit die Unabhängigkeit des Gleichgewichts aktiv $\rightleftharpoons$ inaktiv von Zusätzen gewahrt bleibt. Ein Katalysator kann höchstens die Geschwindigkeit der Einstellung dieses Gleichgewichts beeinflussen.

Daraus ergibt sich, daß eine Katalyse durch Energieübergang von vornherein *ausscheidet* für solche Reaktionen, bei denen das vorgelagerte Verteilungsgleichgewicht der Energie ungestört ist, also für *monomolekulare Reaktionen des* LINDEMANN*schen Typus* (s. S. 20).

Abweichungen von diesem Typ sind nun in zwei Richtungen bekannt. Entweder ist die Lebensdauer des aktiven Zustandes („time lag" zwischen Aktivierung und Reaktion) so klein, daß jedes aktivierte Molekelpaar sofort abreagiert. Das ist der Fall bei bimolekularen Reaktionen einfacher Molekeln, wie HJ, CH_3CHO. Hier ist zwar die Aktivierungsgeschwindigkeit der bestimmende Einfluß; da aber doch nur solche aktivierenden Stöße, bei denen zwei Substratmolekeln beteiligt sind, zum Erfolg führen können, wirkt eine etwaige zusätzliche Aktivierung nur einer Substratmolekel durch Stoß auf eine Katalysatormolekel zwar geschwindigkeitserhöhend für die Einstellung des Energiegleichgewichts, aber nicht für die bimolekulare Reaktion. Also auch *bimolekulare Reaktionen vom Jodwasserstofftypus* sind einer Katalyse durch Energieübertragung *nicht zugänglich.*

Die andere Abweichung vom LINDEMANNschen Mechanismus besteht darin, daß zwar die Lebensdauer der aktiven Molekel endlich lang bleibt, aber bei kleinen Konzentrationen die Zeit zwischen aktivierenden und desaktivierenden Zusammenstößen noch länger wird, so daß inzwischen die aktiven Molekeln großenteils abreagieren können. Dadurch wird das Verteilungsgleichgewicht empfindlich gestört, bis schließlich wiederum die Aktivierungsgeschwindigkeit bestimmend geworden ist. Das ist der Fall der monomolekularen Reaktionen, die bei kleinen Drucken bimolekular werden, wie der Zerfall organischer Dampfmolekeln. Hier ist es, da ja nur *eine* Molekel des Substrats aktiviert zu werden braucht, *sehr wohl denkbar,* daß aktivierende Zusammenstöße mit Fremdgasen eine Katalyse durch Energieübertragung hervorbringen.

In der Tat haben HINSHELWOOD und ASKEY (30, 31) diesen Effekt gefunden. Bei der thermischen *Zersetzung von Dimethyläther,* die eine monomolekulare Reaktion ist, fällt auf, daß ihre spezifische Geschwindigkeit zwar unterhalb eines Grenzdruckes von 400 mm nachläßt, weil die Aktivierungsgeschwindigkeit bestimmend wird, daß aber innerhalb des einzelnen Versuchs der Habitus erster Ordnung nach dem Äther gewahrt bleibt. Aktivierung durch Zusammenstöße der Äthermolekeln würde bei niederen Drucken zweite Ordnung nach dem Äther erwarten lassen. Es fällt aber nur die Konstante erster Ordnung ab. Fig. 2 zeigt das an der Zunahme der Viertelwertszeit auf der ausgezogenen Kurve.

Dies kann nur dahin gedeutet werden, daß für die Aktivierung auch die Zusammenstöße mit einem der Reaktionsprodukte in Frage kommen, das so die zweite Äthermolekel ersetzen kann. Versuche unter Zusatz verschiedener Gase zeigen, daß dem *Wasserstoff* diese Rolle zukommt: Zusatz von mehr als 300 mm Wasserstoff verhindert auch bei kleinen Drucken die Abweichung und bringt die Konstante auf die normale Höhe, die sie bei hohen Anfangsdrucken erreicht (Kreuze in Fig. 2). Dagegen übt bezeichnenderweise Helium keine solche Katalyse aus, ebensowenig Stickstoff oder Kohlendioxyd (das etwas hemmt), auch Kohlenoxyd kaum.

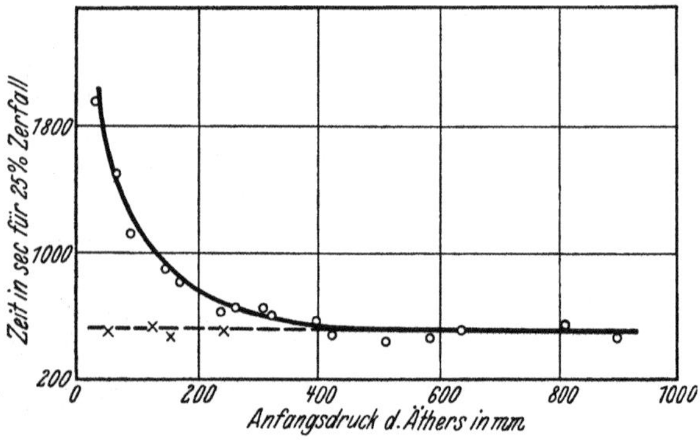

Fig. 2. Viertelwertszeit des Zerfalls von Dimethyläther nach HINSHELWOOD und ASKEY.
——— ohne Wasserstoffzusatz, – – – – mit Wasserstoffzusatz.

Dasselbe Verhalten zeigt auch der *i-Propylaldehyd* (31), wie die nebenstehende Tabelle der Halbwertszeiten erweist.

Anfangsdruck Aldehyd	Anfangsdruck Wasserstoff	Halbwertszeit
271	0	9′ 12″
130	0	10′ 45″
40	0	14′ 22″
287	407	10′ 00″
40	211	10′ 22″
46	402	9′ 12″
45	610	9′ 45″

Nach GLASS und HINSHELWOOD (32) übt Wasserstoff denselben katalytischen Einfluß auch auf die *Zersetzung von Methyläthyläther, Diäthyläther, n-Dipropyläther, i-Dipropyläther und Methyl-i-propyläther* aus. Bei dem letzten, der nach der Gleichung:

$$CH_3{-}O{-}C_3H_7 \rightarrow CH_4 + CO + C_2H_6$$

zerfällt, kann indessen an und für sich die Erhaltung des Habitus erster Ordnung ersichtlich nicht durch Wasserstoff erfolgen; Zusatzversuche zeigten, daß hier auch *Äthan* die aktivierenden Zusammenstöße ausführen kann.

Zwei Tatsachen sind noch bemerkenswert: Einmal, daß diese Art der Katalyse eine *obere Grenze* in der Geschwindigkeit der unkatalysierten Reaktion bei hohen Drucken findet (in der obigen Tabelle ist zwischen 400 und 600 mm Wasserstoff kein Unterschied mehr), und ferner, daß sie tatsächlich auf solche Reaktionen beschränkt ist, die ein Abfallsgebiet infolge geschwindigkeitsbestimmender Aktivierung besitzen. Auf den Zerfall von *Acetaldehyd*, der eine gewöhnliche bimolekulare Reaktion ist, erweist sich Wasserstoff (bis auf eine Nebenreaktion anderer Art) wirkungslos (31).

Hinshelwood und Askey (30) erörtern die Frage, woher die ganz *spezifische Fähigkeit des Wasserstoffs* kommt, die Energie aus dem Reaktionsgut auf die Äther zu übertragen. Zunächst ist die Wasserstoffmolekel die schnellste und führt daher ceteris paribus etwa 4mal soviel Stöße aus wie die Stickstoffmolekel. Das unwirksame Helium, das darin dem Wasserstoff am nächsten käme, hat dafür nur drei Freiheitsgrade zum Energietransport zur Verfügung gegenüber fünf beim Wasserstoff. Da beide Vorteile aber die Überlegenheit des Wasserstoffs nicht quantitativ zu rechtfertigen scheinen, halten die Autoren noch eine spezifische Aufsammlung der Energie aus mehreren Wasserstoffstößen in der Äthermolekel für denkbar. In Anbetracht der Sonderstellung auch des Äthans wird man wohl auch noch an spezifische Resonanzerscheinungen (s. S. 34ff.) denken dürfen.

Auch auf anorganischem Gebiet scheint nach einer kurzen Mitteilung von Schumacher und Sprenger (33) ein analoger Fall vorhanden zu sein in dem Zerfall des von ihnen dargestellten *Nitrylchlorids* NO_2Cl. Auch dieses zerfällt nach erster Ordnung mit einer mit dem Anfangsdruck (Gesamtdruck) steigenden Konstanten, was durch eine Aktivierung durch die Reaktionsprodukte wiederum verständlich wird. Ebenso wie diese, aber schwächer, wirken auch zugesetzter Stickstoff oder Sauerstoff. Hier wird also wiederum die Sonderstellung des Wasserstoffs durchbrochen, wohl in der gleichen Weise, wie beim Ätherzerfall.

Ermöglichung von Reaktionsketten.

Wir haben oben die Katalyse durch Zwischenreaktionen oder lokalisierte Aktivierung dahin aufgefaßt, daß an Stelle einer langsamen einfachen Reaktion eine raschere einfache Reaktion gesetzt wird. Es wäre aber zu erwarten, daß eine Katalyse auch so zustande kommen kann, daß die neu ermöglichte Reaktion zwar an sich langsamer ist, aber zu Produkten führt, die ihrerseits neue Reaktionen derselben Art auslösen können, so daß an die Stelle *einer* Reaktion deren *viele*, eine *Kettenreaktion*, gesetzt werden. Beispiele dieser Art werden wir alsbald kennenlernen. Eine andere Möglichkeit wäre aber die, daß ein und dieselbe Reaktion durch einen Zusatz *zur* Kettenreaktion *wird*, weil erst der Zusatz die Auslösung der zweiten, dritten usw. Kettenglieder ermöglicht, etwa durch eine spezifische Energieübertragung vom Ende der ersten auf den Anfang der nächsten Einzelreaktion.

Riesenfeld und Wasmuth (34) haben, wie wir noch sehen werden (S. 35), den homogenen *Ozonzerfall* zweiter Ordnung als eine Kette

$$1)\quad 2\,O_3' \rightarrow 3\,O_2'$$
$$2)\quad O_2' + O_3 \rightarrow O_3' + O_2 \quad \text{usf. wie 1)}$$

gedeutet und die gefundene *Beschleunigung durch Fremdgase* durch eine spezifische Zwischenschaltung dieser Gase in die Reaktion 2. Schumacher und Sprenger (35) zeigen nun, daß diese Annahme einer Energiekette durch die Messungen nicht gerade erzwungen wird, müssen aber dann die Beschleunigung anders deuten. Und da greifen sie vermutungsweise zu dem oben angedeuteten Mechanismus, daß eben die erwähnte Kette an sich nicht, sondern *nur* in Anwesenheit der Fremdgase abläuft, indem erst diese die angeregte Sauerstoffmolekel O_2' in einen Zustand versetzen, in dem sie O_3 anregen kann. Die Annahme ist naturgemäß unbewiesen, und die Entscheidung liegt bei weiteren Experimenten.

Aber als eine denkmögliche Form der homogenen Katalyse bei einer an sich einfachen Reaktion mußte diese Umwandlung in eine Kettenreaktion erwähnt werden. Näheres S. 35.

Negative Katalyse.

Für die einfachsten Mechanismen negativer Katalyse, die Wegnahme eines positiven Katalysators oder eines Reaktionspartners durch den hemmenden Stoff [Rideal (36)], scheinen sich bei Gasreaktionen kaum Beispiele zu finden, wohl weil im gasförmigen System seiner großen Übersichtlichkeit halber solche Einflüsse leicht erkannt werden und dann nicht mehr als „Katalyse", sondern als Veränderung des reagierenden Systems zu werten sind. Dagegen werden wir bei Lösungs- und heterogenen Katalysen diesen Mechanismus antreffen.

Für einfach verlaufende Gasreaktionen kommt dann als Erklärung einer negativen Katalyse nur noch die Annahme einer *spezifischen Desaktivierung* in Frage. Es ist aber von vornherein klar, daß diese Annahme denselben Einschränkungen unterliegt, wie eine positive Katalyse durch Aktivierung: Der negative Katalysator kann ebenfalls das Gleichgewicht zwischen gewöhnlichen und aktivierten Molekeln nicht verschieben, und da bei thermischen Reaktionen stets das Gleichgewicht oder die Aktivierungsgeschwindigkeit, nie aber die Desaktivierungsgeschwindigkeit allein maßgebend ist (s. S. 20), so können *auf diesem Wege thermische Reaktionen nicht gehemmt werden.* (Kettenreaktionen sind hier ausgeschlossen; s. S. 43.)

Dagegen ist, in Umkehrung der Photosensibilisierung, eine Hemmung möglich, wenn die Aktivierungsenergie *nicht thermischen* Ursprungs ist, also nicht durch Stöße entsteht. In diesem Falle ist eine Desaktivierung durch Stöße unter Verschiebung des stationären Zustandes (er ist nunmehr kein Gleichgewicht) und damit eine Reaktionshemmung erlaubt. Solche Bedingungen liegen vor bei Reaktionen, die durch elektrische Einwirkung oder besonders durch Licht hervorgebracht werden. Im letzten Falle haben wir von *Photodesensibilisierung* zu sprechen. (Auch hier seien Kettenreaktionen zunächst ausgeschaltet.)

Es sollen im folgenden nur zwei Beispiele dieses Mechanismus angeführt werden. Das eine ist die von G. Kistiakowsky (37) studierte *Hemmung des photochemischen Ozonzerfalls durch zugesetzte „inerte" Gase.* Die Reaktionsgeschwindigkeit wird wiedergegeben durch:

$$\frac{-d[O_3]}{dt} = \frac{k \cdot J_{abs} \cdot [O_3]^{1/2}}{[O_2] + 0{,}8\,[CO_2] + 0{,}28\,[N_2] + 0{,}13\,[He]}\,.$$

J_{abs} ist die absorbierte Lichtintensität. Auf die Gestalt des Zählers, der etwas unsicher ist und die Weiterreaktion der angeregten Ozonmolekel empirisch wiedergibt, sei hier kein Gewicht gelegt. Die Form des Nenners aber besagt, daß die Reaktion durch folgendes Schema wiedergegeben werden kann:

1) $O_3 + E \rightarrow O_3'$ (E = 1 Mol Lichtquanten)
2) $O_3' \rightarrow 1^1/_2\, O_2$ (Mechanismus nebensächlich)
3) $O_3' + X \rightarrow O_3 + X'$.

Reaktion 3, in der die zugesetzten Fremdgase X, Sauerstoff usw., dem reaktionsbereiten O_3' seine Energie wieder abnehmen, konkurriert dabei mit Reaktion 2 und führt so eine Hemmung herbei. Wenn diese Auffassung richtig ist, darf man erwarten, daß die Reihenfolge der hemmenden Wirksamkeit, d. h. der Koeffizienten im Nenner der Geschwindigkeitsgleichung, durch die Bereitschaft der verschiedenen Zusatzgase, Anregungsenergie aufzunehmen, bestimmt wird. In der Tat zeigt KISTIAKOWSKY, daß die Auslöschung der Resonanzfluorescenz des Joddampfes (OLDENBERG) dieselbe Reihenfolge aufweist, und daß weiter die Ionisierungsspannungen der betreffenden Molekeln umgekehrt abgestuft sind:

	O_2	N_2	He
Hemmungskoeffizient	1	0,28	0,13
Ionisierungsspannung in Volt . . . . . . (Nach LANDOLT-BÖRNSTEIN)	15	17	25

Dies ist natürlich nur ein äußerst roher Vergleich, da die Übergangswahrscheinlichkeit für die Energie von den Zuständen *beider* Molekeln abhängt und letzten Endes ein Resonanzphänomen [KALLMANN und LONDON (38)] darstellt. Aber er ist doch geeignet, zu zeigen, daß die Vorstellungen vernünftig sind.

Der photochemische *Zerfall des Eisenpentacarbonyls* gehorcht nach EYBER (39) ganz denselben Gesetzmäßigkeiten. Er hat den Mechanismus:

1) $Fe(CO)_5 + E \xrightarrow{k_1} Fe(CO)_5'$
2) $Fe(CO)_5' + Fe(CO)_5 \xrightarrow{k_2} Fe_2(CO)_9 + CO$
3) $Fe(CO)_5' + X \xrightarrow{k_3} Fe(CO)_5 + X'$,

dem die Gleichung entspricht:

$$\frac{-d\,[Fe(CO)_5]}{dt} = \frac{k_1 \cdot J_{abs}}{1 + k_3/k_2 \dfrac{[X]}{[Fe(CO)_5]}}.$$

Die Hemmung, ausgedrückt durch k_3/k_2, ist hier beträchtlich bei Wasserstoff, geringer bei Kohlenoxyd und Stickstoff, unmerklich bei Kohlendioxyd und Argon.

B. Kettenreaktionen.

Wir bemerkten schon gelegentlich (S. 19, 26), daß die Möglichkeiten einer Katalyse, sei sie positiv oder negativ, viel eher gegeben sind, wenn die zu katalysierende Reaktion nicht einfach, sondern eine Kettenreaktion ist. Hierunter versteht man Reaktionen, bei denen immer neben dem Endprodukt auch der aktivierte Ausgangsstoff, bzw. ein instabiler Zwischenkörper, mit entsteht. Dadurch läuft sofort, bzw. immer wieder, dieselbe Reaktion noch einmal ab, und so folgt auf eine einmalige (thermische oder photochemische) Aktivierung eine ganze Kette von Einzelprozessen. Die Kette kann eine Stoffkette sein, z. B.

1) $Cl_2 + E \rightarrow 2\,Cl$

2) $Cl + H_2 \rightarrow HCl + H$

3) $H + Cl_2 \rightarrow HCl + Cl$ usw. wie 2),

oder eine Energiekette, z. B.

1) $N_2O_5 + \text{Stoßenergie} \rightarrow N_2O_5'$

2) $N_2O_5' \rightarrow N_2O_4' + {}^1/_2\,O_2$

3) $N_2O_4' + N_2O_5 \rightarrow N_2O_5' + N_2O_4$ usw. wie 2).

(Die Beispiele sind ohne Rücksicht auf ihre tatsächliche Beweisbarkeit angeschrieben.) Ein Katalysator kann nun beschleunigend oder hemmend am Anfang einer solchen Kette eingreifen und damit gleich sämtliche folgenden Einzelreaktionen („Kettenglieder“) mit beeinflussen, er kann außerdem die Kettenglieder selbst positiv oder negativ katalysieren. Die Möglichkeiten sind also hier vervielfacht. Dazu kommt noch ein Punkt: Damit nicht auf einen Elementarakt hin die Kette durch das ganze System läuft, d. h. Explosion eintritt, muß die Kette irgendwie beendet werden, z. B. durch

$$Cl + Cl \rightarrow Cl_2.$$

Hierdurch ergeben sich neue Möglichkeiten für eine Katalyse. Sie kann durch eine Seitenreaktion die Kette früher abbrechen (Hemmung), sie kann auch das Abbrechen verzögern, die Ketten verlängern (Beschleunigung). Auf welche Weise diese Einflüsse im einzelnen ausgeübt werden, soll jetzt behandelt werden.

1. Positive Kettenkatalyse.

Spurenkatalyse.

Es ist in diesem Zusammenhang zunächst einer allgemein bekannten, aber schwer und wahrscheinlich nicht allgemein zu deutenden Erscheinung Beachtung zu schenken. Nämlich der Tatsache, daß viele Reaktionen ihre „normale“ Geschwindigkeit überhaupt nur dann erreichen, wenn eine *gewisse minimale Menge eines Fremdstoffes*, insbesondere von *Wasser*, zugegen ist. Bei Überschreitung dieser Spur von Katalysator steigt dann die Geschwindigkeit nicht weiter. Es ist wahrscheinlich, daß diese Erscheinungen zum großen Teil als irgendeine Art von Kettenkatalyse zu deuten sind.

Es ist nötig, unter diesen vielen, aber schwierig zu untersuchenden Fällen diejenigen auszuscheiden, die ganz zweifelsfrei sind, um sich klar zu werden, inwieweit es sich um eine allgemeine Erscheinung handelt. HINSHELWOOD (23) gibt an, zu diesem Zweck eine Reihe von 87 Untersuchungen, in denen durch extreme Trocknung Reaktionen gestoppt werden konnten, kritisch durchgesehen zu haben. Da die

Zusammenstellung selbst nicht veröffentlicht wurde, sei an ihrer Stelle eine Zusammenstellung angegeben, die TRAMM (40) gibt:

Reaktionen fest-fest . . . . . CaO, CuO + SO_3; CaO + 2 NH_4Cl

Reaktionen fest-gasförmig . . C, P, S + O_2; CaO + CO_2; $CaCO_3$ + HCl; $NH_4Cl \rightleftharpoons NH_3$ + HCl; H_2S + Salze;

Reaktionen Metall-Gas . . . Na + Cl_2; Na, K + O_2; Na, Al + HCl

Gasreaktionen . . . . $H_2 + Cl_2$; $H_2 + O_2$; 2 NO + O_2; $(CN)_2 + O_2$; NH_3 + HCl.

Zunächst können nach HINSHELWOOD (23) alle diejenigen Reaktionen, die zweiphasig verlaufen, leicht durch Adsorptionsphänomene gedeutet werden und beweisen daher nichts für die grundsätzliche Rolle des Wassers; sie gehören ohnehin an dieser Stelle nur bedingt zum Thema. Von reinen Gasreaktionen bleiben als zweifelsfreie Fälle nach HINSHELWOOD nur die Reaktionen $H_2 + Cl_2$ und 2 NO + O_2 übrig, von denen indes die zweite auch trocken abzulaufen scheint (s. a. weiter unten). Aus diesem Sachverhalt schließt HINSHELWOOD, daß das grundsätzliche Vorhandensein unkatalysierter Gasreaktionen nicht bezweifelt zu werden braucht. Weiter spricht dafür die Tatsache, daß die Geschwindigkeit vieler Reaktionen auch bei ungleichmäßiger Trocknung *reproduzierbar* und oft sogar theoretisch richtig *vorauszusagen* ist; auch sollte bei einer notwendigen Beteiligung von beigemengten Verunreinigungen die Reaktionsordnung um eine Einheit höher gefunden werden, als der Fall ist.

Immerhin ist die Erscheinung der Spurenkatalyse an sich bedeutsam genug, daß es sich lohnt, die beobachteten Fälle, die noch um einige zu vermehren sind, zu betrachten und unter den verschiedenen Deutungsmöglichkeiten der homogenen Kettenkatalyse auch die Versuche ihrer Anwendung auf diese Erscheinungen zu besprechen.

Insbesondere hat BAKER (41) den Einfluß extremer Trocknung mit Phosphor(5)oxyd an etwa 27 Reaktionen untersucht, Versuche, die von TRAMM (40) zum großen Teil mit moderneren Methoden nachgeprüft wurden. Z. B. fand BAKER bei *Stickoxyd und Sauerstoff* Braunfärbung erst nach Einlassen von Wasser. BRINER (42) konnte den Befund jedoch nicht reproduzieren. Auch weist er darauf hin, daß diese Reaktion ja einen negativen Temperaturkoeffizienten hat und nach seinen Versuchen dementsprechend selbst bei der Temperatur flüssiger Luft, wo die Trocknung mindestens so gut ist wie mit Phosphor(5)oxyd, 60mal rascher verläuft, als bei Zimmertemperatur. Damit kann dieser Fall wohl nicht mehr als zweifelsfrei angesehen werden.

Chlorknallgas reagiert, wenn es 4 Tage scharf mit Phosphor(5)oxyd getrocknet wurde, nach BAKER im Sonnenlicht noch nicht zu drei Vierteln ab, nach TRAMM überhaupt nicht. Diese Erscheinung wurde von COEHN und TRAMM (43) und später mit flüssiger Luft als Trockenmittel genau von COEHN und JUNG (44) untersucht. Sie fanden, daß bei Wasserdampfdrucken unterhalb 10^{-5} mm die Reaktion im sichtbaren Licht von $\lambda > 3000$ Å ausbleibt, aber unter diesen Umständen durch ultraviolettes Licht von $\lambda < 3000$ Å erzwungen werden kann. Bei allen Wasserdampfdrucken oberhalb dieser Grenze verläuft sie mit normaler Geschwindigkeit auch im Sichtbaren bis zu $\lambda \approx 5400$ Å. Weiteres über diese Reaktion wird an anderer Stelle (S. 33, 36, 46) mitgeteilt werden.

Sowohl Dissoziation wie Vereinigung von *Ammoniumchlorid* konnten von BAKER, letztere auch von TRAMM durch schärfstes Trocknen unterbunden werden.

Nach TRAMM werden durch Trocknen ferner gehemmt: die Explosion von *Knallgas*, die Bildung von *Phosgen* und von *Sulfurylchlorid*. Bei der photochemischen *Spaltung von Kohlendioxyd* im Ultravioletten fand er überraschenderweise das entgegengesetzte Verhalten. COEHN und SPITTA (45) stellten dies aber dahin richtig, daß Wasser diese Hemmung nur oberhalb eines optimalen Partialdruckes ausübt, darunter aber auch hier beschleunigend wirkt.

DIXON (46) entdeckte, daß zur *Zündung von Kohlenoxydknallgas* die Anwesenheit von Wasser oder wasserliefernden Hydriden (Wasserstoff, Äther, Pentan, Chlorwasserstoff, Schwefelwasserstoff) nötig ist, und daß die anfängliche [nach Versuchen von BERTHELOT und VIEILLE (47) auch die endgültige] Fortpflanzungsgeschwindigkeit der Explosionswelle mit der Wasserdampftension ansteigt.

Die *bromkatalysierte Bildung von Nitrosylchlorid* (s. S. 19), nicht aber die NO_2-katalysierte, ist nach v. KISS (24) wasserabhängig; nach BODENSTEIN (48) hemmt Trockenheit auch die *Phosgenbildung* bei 200 bis 300° im Licht.

Es ist versucht worden, für alle diese phänomenologisch verwandten Erscheinungen auch gemeinsame Deutungen aufzustellen; insbesondere dachte man [TRAMM (40)] an die Dipolnatur des Wassers. Auffallenderweise ist dies jedoch bisher nicht gelungen, so daß wir es möglicherweise doch mit recht verschiedenen Vorgängen zu tun haben. Wir werden daher die verschiedenen Vorschläge, die meist, der Natur der betreffenden Reaktionen entsprechend, ins Gebiet der Kettenreaktionen fallen, jeweils an Ort und Stelle besprechen.

Zwischenreaktionen.

Als erste Möglichkeit der Beschleunigung einer Kettenreaktion ist wieder die chemische Zwischenreaktion zu nennen. So versucht HERZFELD (21) auf dem Wege von Zwischenreaktionen mit *zwei* Katalysatoren die charakteristische Eigenheit der Spurenkatalyse zu deuten, daß die Wirksamkeit von einem Schwellenwert der Katalysator(Wasser-)konzentration an konstant bleibt. Seine Überlegungen beziehen sich zwar nicht auf Kettenreaktionen, sind aber auch für diese, soweit es sich um die einzelnen Kettenglieder handelt, gültig. Es wird wieder, wie auf S. 17, die Spaltungsreaktion behandelt, die unkatalysiert nach dem Schema verläuft:

$$1)\quad AB \xrightarrow{k_1} A + B$$

und folgendermaßen katalysiert wird:

$$2)\quad AB + X \xrightarrow{k_2} AX + B$$

$$3)\quad AX + Y \xrightarrow{k_3} AY + X$$

$$4)\quad AY \xrightarrow{k_4} A + Y.$$

Unter denselben Annahmen wie auf S. 17 ergeben sich in längerer Rechnung folgende Grenzfälle:

a) Reaktion 2) ist die schnellste, 4) bestimmt die Geschwindigkeit:

$$v_4 = k_4[Y'],$$

d. h. in einem gewissen Gebiet ist die Reaktionsgeschwindigkeit unabhängig von dem einen Katalysator X, während der andere, Y, als konstante Beimengung zu AB Proportionalität mit diesem vortäuscht. Wird aber $[X']$ sehr klein (Schwelle!), so tritt statt dessen ein Fall ein:

b) Reaktion 3) ist am schnellsten, 2) bestimmt die Geschwindigkeit:

$$v_4 = k_2[AB] \cdot [X'].$$

Unterhalb der „Schwelle" wird also die Geschwindigkeit proportional der Konzentration des Katalysators X und bleibt proportional der des Substrats. Man sieht, daß so der Trocknungseffekt formal dargestellt werden kann. Wir werden nur später (S. 36) sehen, daß die Schwelle hierfür in vielen Fällen zu tief liegt.

Ein scheinbarer Fall von Kettenkatalyse war folgender: Daniels, Wulff und Karrer (49) glaubten festgestellt zu haben, daß *Stickstoffpentoxyd* nicht mehr mit seiner normalen Geschwindigkeit zerfällt, wenn durch die Anwesenheit von *Ozon* nach

$$N_2O_4 + O_3 = N_2O_5 + O_2$$

die Anwesenheit von *Stickdioxyd* verhindert wird. Insofern der Zerfall von N_2O_5 nach Sprenger (50) wahrscheinlich eine Kettenreaktion ist, würde es sich dann um eine NO_2-Katalyse dieser Kette handeln. Schumacher und Sprenger (51) konnten aber diesen Befund als unrichtig erweisen. Bei dieser Gelegenheit stießen sie aber auf einen anderen Fall von echter Kettenkatalyse durch chemische Zwischenreaktionen, nämlich die N_2O_5-*Katalyse des Ozonzerfalls* (52), der bekanntlich bei Zimmertemperatur an sich äußerst langsam ist. Ozon verschwindet nämlich in Gegenwart von N_2O_5-Überschuß nach der Gleichung:

$$\frac{dx}{dt} = k[N_2O_5]^{2/3} \cdot [O_3]^{2/3} + k_1[N_2O_5].$$

Diese Gleichung ist deutbar durch folgenden Mechanismus:

$$1)\quad N_2O_5 \rightarrow 2\,NO_2 + {}^1/_2\,O_2$$
$$2)\quad NO_2 + O_3 \rightarrow NO_3 + O_2$$
$$3)\quad NO_3 + NO_3 \rightarrow 2\,NO_2 + O_2$$
$$4)\quad NO_3 + NO_2 \rightarrow N_2O_5 \quad \text{usf. nach 1.}$$

Reaktion 4) bricht die Kette ab. Daß die Annahmen richtig sind, ergibt sich einmal daraus, daß der Zwischenkörper NO_3 tatsächlich spektroskopisch nachgewiesen werden konnte, dann auch daraus, daß die relativen Werte der verschiedenen Einzelkonstanten zu den richtigen Aktivierungswärmen für die Reaktionen führen.

Schon lange hat man versucht, auch die *Wasserkatalyse der CO-Verbrennung*, bei der die Schwelle bei etwa 10^{-3} mm liegt, durch eine

Zwischenreaktion zu erklären. So stellte schon DIXON (46) den Mechanismus auf:

$$CO + H_2O = CO_2 + H_2$$
$$2\,H_2 + O_2 \rightarrow 2\,H_2O$$

und konnte den Wasserstoff in den Explosionsgasen tatsächlich nachweisen. TRAMM (40) bemerkt mit Recht, daß dessen Auftreten wegen des auf *alle* Fälle nach der Explosion vorhandenen Wassergasgleichgewichts nicht beweisend ist. WIELAND (53) stellte im Rahmen seiner Dehydrierungstheorie einen anderen Mechanismus mit Zwischenreaktionen auf:

$$CO + H_2O \rightarrow HCOOH$$
$$HCOOH + {}^1/_2\,O_2 \rightarrow H_2O + CO_2.$$

Bei kalter Verbrennung am Palladiumkontakt kann die Ameisensäure direkt abgefangen werden. Nach TRAMM ist indessen bei Flammentemperatur ihr Auftreten in irgend erheblichen Mengen (weniger als $10^{-8} \cdot [CO]$!) thermodynamisch unwahrscheinlich und daher dieser Mechanismus für die Flamme nicht bewiesen.

Es scheint, daß erst neuere *spektroskopische* Ergebnisse im Verein mit der Kenntnis der Kettenreaktionen in den Händen von BONHOEFFER und HABER (54) einen Hinweis auf die richtige Deutung liefern, die eine *Kette* mit Zwischenreaktionen ist.

Im Spektrum erhitzten Wasserdampfs und auch in dem der Knallgasflamme tritt in Absorption ein Bandensystem auf, das seinem Aufbau nach und seinem Verhalten bei Konzentrationsänderung nach mit Sicherheit der Molekel OH, dem *freien Hydroxyl*, zugeschrieben werden kann. Es liegt daher nahe, die Knallgasverbrennung der Kettenreaktion zuzuschreiben:

2) $H_2 + OH \rightarrow H_2O + H + 15$ kcal

3) $2\,H + O_2 \rightarrow 2\,OH + 84$ kcal

4) $H + OH \rightarrow H_2O + 115$ kcal,

deren Glieder alle auf Grund der beigesetzten (aus bandenspektroskopischen Tatsachen abgeschätzten) Wärmetönungen exotherm sind und daher rasch verlaufen können. Reaktion 4) bricht die Ketten ab. Es fehlt nun noch ein Primärvorgang 1), der die Ketten einleitet. Als solchen kann man annehmen:

1) $O_2 + H_2 + 16$ kcal $\rightarrow 2\,OH$.

In der Tat berechnet sich aus der Reaktionsgeschwindigkeit, die der Fortschreitungsgeschwindigkeit der Flamme entnommen werden kann, daß der Primärvorgang gemäß

$$k = Z \cdot e^{-q/RT}$$

eine Energiezufuhr q von rund 16 kcal benötigt. Daneben läßt sich der Primärvorgang mit ähnlicher Übereinstimmung vielleicht auch mit O-Atomen (?) oder angeregten O_2-Molekeln formulieren.

Nimmt man nun analog an, daß auch bei der Zündung feuchten Kohlenoxydknallgases zunächst einige OH-Molekeln entstehen, so kann man den Angriff auf das CO so formulieren:

$$CO + OH \rightarrow CO_2 + H + 24\ \text{kcal}.$$

Nach 3) entstehen dann neue OH-Molekeln, die die Kette fortführen, bis 4) sie abbricht. Auf diese Weise kann die Notwendigkeit von Wasser bei dieser Reaktion gut verstanden werden. Auf weitere interessante Folgerungen dieser Betrachtungsweise, insbesondere hinsichtlich der Kohlenwasserstoffverbrennung, sei hier nur verwiesen, da sie dem engeren Gebiet der Katalyse fernerliegen.

Im Anschluß daran sei nur hingewiesen auf die Möglichkeit, auch die *Katalyse der Knallgaszündung durch Stickdioxyd* in ähnlicher Weise durch eine Zwischenreaktion zu deuten, an der der Katalysator teilnimmt. Da es sich dort aber *nur* um Katalyse der *Zündung* und nicht der vorhergehenden langsamen Reaktion handelt, kann diese Frage erst an späterer Stelle (s. S. 41) besprochen werden, wo die Theorie der Explosionsreaktionen schon vorliegt.

Zum Schluß sei noch ein interessanter, wenn auch heute nicht mehr haltbarer Versuch von COEHN und JUNG (55) erwähnt, auf ganz ähnliche Weise auch die *Wasserkatalyse des Chlorknallgases im Licht* zu deuten. Sie nahmen an, daß im trockenen Chlorknallgas, das ja nur im Ultravioletten und dort nur langsam reagiert, die Reaktionen:

1) $Cl_2 + E \rightarrow Cl_2''$

2) $Cl_2'' + Cl_2 \rightarrow Cl_2 + Cl + Cl$

3) $Cl_2'' + H_2 \rightarrow Cl_2 + 2\,H$

4) $H + Cl_2 \rightarrow HCl + Cl$

ablaufen, während man damals

5) $Cl + H_2 \rightarrow HCl + H$

für unmöglich hielt, so daß keine Kette entsteht.

Im feuchten Chlorknallgas dagegen soll die geringere Anregung durch sichtbares Licht (Cl_2') genügen, weil die Cl-Atome auf Wasser leichter einwirken können:

1a) $Cl_2 + E \rightarrow Cl_2'$

2a) $Cl_2' + Cl_2 \rightarrow Cl_2 + Cl + Cl$

5a) $Cl + H_2O \rightarrow HCl + OH$

3a) $OH + H_2 \rightarrow H_2O + H$

4) $H + Cl_2 \rightarrow HCl + Cl$ usf. wie 5a).

Hier würde also eine Kette entstehen.

Gegen die speziellen Einzelannahmen müssen sich heute schwere Bedenken erheben. Zunächst führt die Lichtabsorption schon primär zu Cl-Atomen. Dann aber ist Reaktion 5) sehr wohl möglich, die größere Geschwindigkeit des feuchten Gases daher nicht durch die Unmöglichkeit der wasserfreien Kette erklärbar. Endlich verläuft auch 5a) energetisch nicht leichter als 5).

Man könnte aber versuchen, den speziellen Chemismus fallen zu lassen und nur den Grundgedanken festzuhalten, daß das Wasser, ähnlich wie bei der Kohlenoxydreaktion, jedenfalls *durch Zwischenreaktionen in jedes einzelne Kettenglied eingreift.* In dieser Form wird die Wasserkatalyse neuerdings wieder von FRANCK und RABINOWITSCH (56) gedeutet. Sie stellen sich vor, daß die Elementarreaktion 5) der Katalyse durch Wasser bedarf. Diese Katalyse kann entweder formuliert werden:

$$Cl + H_2O \rightarrow Cl{-}H_2O \text{ (bzw. } HCl{-}OH)$$
$$Cl{-}H_2O + H_2 \rightarrow HCl + H + H_2O,$$

sie kann aber auch (wahrscheinlicher) in einem Akt, also im Dreierstoß, verlaufen. Es läßt sich wahrscheinlich machen, daß sowohl die Dreierreaktion, als auch die langsamere der angeschriebenen Teilreaktionen, die endotherme erste, eine geringere Aktivierungswärme besitzen, als die trockene Reaktion 5). Das Wasser spielt dabei die Rolle eines Adsorptionskatalysators, der die Bindungen in den Substraten (hier im H_2) durch Valenzbeanspruchung lockert, ein Mechanismus, der bei der heterogenen Katalyse (S. 170ff.) eingehend besprochen werden wird. Jedoch stößt man auch hier auf eine Schwierigkeit (s. S. 36), nämlich die, daß die enorme Schnelligkeit der Reaktion bei der sehr niedrigen Schwelle des Wasserdampfdruckes (s. S. 29) eine die Stoßzahl überschreitende Beanspruchung der Wassermolekeln verlangen würde.

Katalyse von Ketten durch Resonanz.

Wir sahen schon bei der Aktivierungskatalyse einfacher Reaktionen, daß in den wenigen Fällen, wo sie überhaupt thermodynamisch möglich ist (s. S. 22), die Annahme einer spezifischen Energieübertragung sich aufdrängt, um z. B. die Sonderstellung des Wasserstoffs [Hinshelwood und Askey (30)] und anderer Gase [ebenda und Schumacher und Sprenger (51)] zu deuten.

Eine größere Rolle spielt diese Art der Katalyse wahrscheinlich bei Kettenreaktionen. Bei solchen entstammt ja nur die Aktivierungsenergie des Primärvorganges, des ersten Kettengliedes, dem thermischen Gleichgewicht, während für jede einzelne der Folgereaktionen die Aktivierungsenergie aus der vorhergehenden stammt, indem deren Endprodukt den Ausgangsstoff der nächsten Einzelreaktion aktiviert. Für einen solchen Vorgang scheiden natürlich die oben (S. 23) geäußerten thermodynamischen Einschränkungen weg, und eine *spezifische Energieübertragung* vom Endstoff auf den neuen Anfangsstoff durch Fremdgase kann sich katalytisch auswirken.

Wenn z. B. eine Kette:

1) $AB' \rightarrow A + B'$
2) $B' + AB \rightarrow AB'$ usf. wie 1)

abgebrochen wird durch:

3) $B' \rightarrow B$ (etwa an der Gefäßwand oder in einer Nebenreaktion),

so kann diese Abbruchsreaktion benachteiligt, dadurch die Kette verlängert und die Geschwindigkeit gesteigert werden durch die Dazwischenkunft eines Fremdgases X nach dem Schema:

1) $AB' \rightarrow A + B'$
2) $B' + X \rightarrow B + X'$
4) $X' + AB \rightarrow X + AB'$ usf. wie 1)
3) $B' \rightarrow B$.

Für die Wirksamkeit von X ist dabei maßgebend, mit welcher Wahrscheinlichkeit es von B' Energie aufnehmen und (falls X' selbst eine begrenzte Lebensdauer hat) mit welcher Wahrscheinlichkeit X' solche an AB abgeben kann. Man ist heute geneigt, im Sinne der Wellenmechanik solche Energieübertragungen als *Resonanzerscheinungen* zwischen den beiden Systemen $B + X'$ und $B' + X$ aufzufassen [KALLMANN und ROSEN (38)], so daß die katalytische Wirkung in diesem Falle als eine solche „durch Resonanz" bezeichnet werden kann.

In dieser Weise deuten RIESENFELD und WASMUTH (34) die bei kleinen Konzentrationen neben der Reaktion erster Ordnung bemerkbar werdende *Zerfallsgeschwindigkeit des Ozons nach zweiter Ordnung* [s. a. RIESENFELD und SCHUMACHER (57)], die *durch Fremdgase beschleunigt* wird. Die Autoren nehmen die Kette an (s. a. S. 25):

1) $2\,O_3' \rightarrow 3\,O_2'$ (Die Anregungsenergie der Sauerstoffmolekeln stammt aus der Aktivierungsenergie der Ozonmolekeln plus der freigewordenen Zerfallswärme und beträgt ~33 kcal pro Mol)

2) $O_2' + O_3 \rightarrow O_3' + O_2$ usf. wie 1)

3) $O_2' \rightarrow O_2$

und für die katalysierte Reaktion:

1) $2\,O_3' \rightarrow 3\,O_2'$

2) $O_2' + X \rightarrow O_2 + X'$

4) $X' + O_3 \rightarrow X + O_3'$

3) $O_2' \rightarrow O_2$.

Als Katalysatoren können fungieren:

Gas	CO_2	N_2	A	He	O_2
rel. Wirksamkeit	10	4	3	3	0

Die Annahme einer Kettenreaktion wird deshalb eingeführt, weil die absolute Geschwindigkeit 10^6 (34) oder $4 \cdot 10^3$ (35) mal größer ist als eine einfache bimolekulare Reaktion nach

$$k = Z \cdot e^{-q/RT}$$

erwarten ließe. SCHUMACHER und SPRENGER (35) zeigen zwar, daß diese Diskrepanz auch dadurch beseitigt werden kann, daß man, ähnlich wie bei monomolekularen Reaktionen, auch andere als translatorische Freiheitsgrade (in diesem Fall noch drei „innere" Freiheiten) als für die Umsetzung nutzbar ansieht. Dadurch ist für die *spontane* Reaktion eine Kette nicht mehr notwendig. Wir sahen aber bereits (s. S. 26), daß auch SCHUMACHER und SPRENGER für die *katalysierte* Reaktion keine andere Deutung finden als die, daß eben *nur* die Resonanz mit X zur Kettenreaktion führt.

Es erscheint natürlich verlockend, auch die *Wirksamkeit des Wasserdampfes* von diesem Standpunkt aus zu betrachten. Es kommt dies wieder darauf hinaus, daß das Wasser, wie schon auf S. 33f., in jedes einzelne Kettenglied eingreift. Es ist dabei von einem allgemeineren Standpunkt aus auch belanglos, ob das in Form der Übertragung von Rotations- oder Schwingungsenergie oder in Form einer echten chemischen Reaktion im Sinne von COEHN und JUNG (55) oder FRANCK und Rabinowitsch (56) erfolgt, denn auch die chemische Umlagerung wird durch eine Resonanzbeziehung zwischen Anfangs- und Endzustand begünstigt, wie wir später bei der heterogenen Katalyse (s. S. 180) noch erörtern werden.

Kornfeld (58) rechnet die Frage durch, ob eine solche Möglichkeit besteht. Die Dauer des Ablaufs einer einzelnen Kette beträgt nach der direkten Messung von Weigert und Kellermann (59) höchstens $5 \cdot 10^{-2}$ sec. Die Zahl der Kettenglieder (Kettenlänge, Quantenausbeute) dürfte unter denselben Umständen etwa 10^4 betragen [Kornfeld und Müller (60)], so daß für jedes Kettenglied eine Zeit von $5 \cdot 10^{-6}$ sec zur Verfügung steht. Es müßte also alle $5 \cdot 10^{-6}$ sec ein Stoß auf eine Wassermolekel erfolgen, also in der Sekunde $2 \cdot 10^5$ Stöße. Bei der Wasserkonzentration von 10^{-5} mm, bei der die Chlorknallgasreaktion bereits ihre normale Geschwindigkeit besitzt, sind aber nach der kinetischen Gastheorie nur $2 \cdot 10^2$ Stöße H_2—H_2O und gar nur $5 \cdot 10^1$ Stöße Cl_2—H_2O möglich, Zusammenstöße des Wassers mit aktiven Zwischenstoffen aber natürlich noch bedeutend weniger.

Es gibt nun eine ganze Reihe von physikalischen Erfahrungen, insbesondere über Fluorescenzauslöschung, die darauf hindeuten, daß Molekeln, die zueinander in Resonanzbeziehung stehen, nicht nur beim gaskinetischen Stoß, sondern bereits auf viel größere Entfernung hinweg aufeinander einwirken können. Man drückt dies formal so aus, daß der *Wirkungsquerschnitt* für solche „Stöße“, d. h. Einwirkungen, *vergrößert* erscheint. Aus der obigen Schwierigkeit kommt man so heraus, wenn man der Wassermolekel für ihre Einwirkung auf die Komponenten des Chlorknallgases einen mindestens auf das tausendfache erhöhten Wirkungsquerschnitt, d. h. eine Wirkung über das dreißigfache ihres eigenen Radius hinweg zuschreibt. Zu rechtfertigen wäre eine solche Annahme, das einzige, was für sie spricht, ist allerdings die Tatsache, daß alle sonstigen Deutungsversuche, wie wir sehen werden, ebenfalls versagt haben.

Semenoff (61) geht angesichts des Chlorknallgasproblems noch weiter und wirft die Frage auf, ob nicht in vielen Fällen überhaupt an die Stelle einer formalen Beschreibung durch einzelne Kettenglieder eine wellenmechanische Behandlung des ganzen Reaktionsraumes als Einheit zu treten habe.

Katalyse am Kettenbeginn.

Die bisher besprochenen Arten der Kettenanalyse waren meist solche, die ihrer Art nach auch bei einfachen Reaktionen angetroffen wurden, wie die Einschaltung von Zwischenreaktionen und die Vermehrung der Aktivierungsgeschwindigkeit. Wir kommen aber jetzt zu ganz anderen Arten von Reaktionsbeschleunigung, Arten, die nur bei Kettenreaktionen vorkommen können und für diese charakteristisch sind. Da ist zunächst die Katalyse durch Beginn neuer Reaktionsketten zu nennen. Ihr ist von vornherein ein großer Wirkungsgrad zuzutrauen, da ja nach einer einmaligen Einwirkung des Katalysators gleich die ganze Kette von Folgereaktionen abläuft.

Ein Beispiel dieser Art ist die *Katalyse des Phosgenzerfalls und der Phosgenbildung durch Chloratome.* Photochemische Untersuchungen BODENSTEINS und seiner Schüler (48) haben dargetan, daß die Reaktion

$$COCl_2 \rightleftharpoons CO + Cl_2$$

in beiden Richtungen eine Kettenreaktion ist, in der als wesentlicher Zwischenkörper die Molekel COCl auftritt. Ein gleiches gilt dann wohl auch von der thermischen Reaktion. Nun fanden BODENSTEIN und PLAUT (48) und vorher schon übereinstimmend CHRISTIANSEN (62), daß die thermische Phosgenbildung bei etwa 300° der Gleichung gehorcht:

$$+\frac{d[COCl_2]}{dt} = k_1 \cdot [CO] \cdot [Cl_2] \cdot [Cl_2]^{1/2} - k_2 \cdot [COCl_2] \cdot [Cl_2]^{1/2}.$$

Entsprechend verläuft der Zerfall gemäß:

$$\frac{-d[COCl_2]}{dt} = k_2 \cdot [COCl_2] \cdot [Cl_2]^{1/2} - k_1 \cdot [CO] \cdot [Cl_2] \cdot [Cl_2]^{1/2}.$$

Es handelt sich also um eine unvollständig verlaufende Reaktion, bei der jede Geschwindigkeit durch die positiv oder negativ zu nehmende Differenz der eigentlichen Bildungs- und Zerfallsgeschwindigkeiten gegeben ist. Im Gleichgewicht wird die Geschwindigkeit in beiden Richtungen Null. Wir sehen nun, daß in beiden Summanden außer den Reaktionskomponenten der Faktor $[Cl_2]^{1/2}$ auftritt. Nach der Massenwirkungsbeziehung:

$$[Cl]^2 = G \cdot [Cl_2]$$

bedeutet das nichts anderes, als daß in den Primärvorgang auch noch die Chloratome, die durch thermische Dissoziation des Chlors entstehen, als Katalysator eingehen. Erst sie leiten die Ketten ein, wie denn auch die photochemische Reaktion bei Zimmertemperatur von photochemisch erzeugten Chloratomen ihren Ausgang nimmt (s. S. 33). Es ist für diese katalytische Rolle bezeichnend, daß die Chloratome in gleicher Weise in der Bildungs- wie in der Zerfallsgleichung auftreten, so daß das Gleichgewicht seiner Lage nach von ihnen nicht beeinflußt wird.

Als einen selten durchsichtigen Fall einer thermischen Reaktion, die durch Kettenauslösung katalysiert wird, haben wir die *Chlorkatalyse des Ozonzerfalls* zu bezeichnen, wie sie von BODENSTEIN, SCHUMACHER und PADELT (63) aufgeklärt wurde. Ohne Chlorzusatz zerfällt Ozon (wenn es nicht durch verunreinigte Wände heterogen gespalten wird) verhältnismäßig langsam, auch noch bei etwa 50°. Chlor hebt die Wandreaktion völlig auf, beschleunigt aber die thermische Reaktion deutlich gemäß einer Gleichung, die nach Überwindung eines anfänglichen Anstiegs (Induktionsperiode) lautet:

$$\frac{dx}{dt} = k[Cl_2]^{1/2} \cdot [O_3]^{1/2}.$$

Sie ist deutbar durch folgende Kettenreaktion:

1) $Cl_2 + O_3 \rightarrow ClO + ClO_2$
2) $ClO_2 + O_3 \rightarrow ClO_3 + O_2$
3) $ClO_3 + O_3 \rightarrow ClO_2 + 2\,O_2$ usf. nach 2)
4) $ClO_3 + ClO_3 \rightarrow Cl_2 + 3\,O_2$ (bricht die Kette ab).

Unter der Annahme, daß *jedes* ClO_2 nach seiner Bildung die Reaktion 2) erleidet, daß ferner ClO_3 leichter nach 3) mit Ozon als nach 4) mit seinesgleichen reagiert, ergibt sich die obige Geschwindigkeitsgleichung, indem

$$k = 2k_3 \sqrt{\frac{k_1}{k_4}}$$

ist.

Das Schema ist durch verschiedene Tatsachen sehr gut gestützt. Zunächst zeigt die Induktionsperiode an, daß tatsächlich erst ein Zwischenprodukt ClO_3 entstehen muß. Es gelang sogar, durch Unterbrechung eines Versuchs und Wiederanlaufenlassen die Abnahme von $[ClO_3]$, also k_4 und seine Aktivierungswärme zu berechnen, ferner daraus und aus dem Temperaturkoeffizienten der Gesamtreaktion die Werte und Aktivierungswärmen von k_1 und k_3, erstere in Übereinstimmung mit den Werten, die man aus der Dauer der Induktionsperiode schätzen würde. Die Annahme einer sehr raschen Reaktion 2) ließ sich direkt prüfen, indem Chlordioxyd und Ozon tatsächlich momentan und leicht das Kondensationsprodukt des ClO_3, das Chlorhexoxyd, liefern. Da nun alle Einzelgeschwindigkeiten bekannt sind, läßt sich auch angeben, daß die Kettenlänge etwa 10^4 Glieder beträgt, eine bei thermischen Reaktionen seltene Kenntnis. Wir haben hier also eine Katalyse vor uns, bei der der *Mechanismus*, die Bildung des Kettenzwischengliedes ClO_3, *direkt beobachtet* ist.

Bei derartigen Kettenlängen liegt es natürlich wieder nahe, auch die katalytische Wirksamkeit geringer *Spuren* auf eine solche Auslösung von Ketten zurückzuführen, da dann der Katalysator nur einmal einzugreifen braucht, um bis zu 10^4 Umsetzungen hervorzurufen. So hat man insbesondere versucht, einen *Einfluß des Wassers auf den Primärvorgang der Chlorknallgasreaktion* nachzuweisen.

Als Primärvorgang wäre die Dissoziation der Chlormolekeln durch Lichtabsorption anzusehen. Der Befund von Coehn und Jung (44), daß Trocknung die langwellige Grenze der photochemischen Empfindlichkeit ins Ultraviolette bis zu 3000 Å (d. i. $E = 94{,}5$ kcal) verschiebt, deutete vielleicht darauf hin, daß die Dissoziation im *trockenen* Gase unterhalb dieser Quantgröße ausbleibt, so daß nur angeregte Molekeln entstünden, die eine wesentlich größere Energie tragen, als die 59 kcal betragende Dissoziationswärme. So wäre das Eintreten irgendeiner Folgereaktion verständlich, die von Cl-Atomen nicht eingeleitet werden kann. Wenn diese dann zur Kette führt, wäre die Wasserkatalyse erklärt. Auch die Tatsache, daß der Budde-Effekt, d. i. die Erwärmung beim Belichten, in getrocknetem Chlor ausbleibt, ließe sich dahin auslegen, daß die Lichtenergie nicht zur Dissoziation benutzt und darum nicht durch Wiedervereinigung wieder thermisch frei wird, sondern nur zur Anregung dient und dann als Fluorescenz aus dem Gase wieder ausgestrahlt wird.

Man hat nun ein scharfes spektroskopisches Kriterium der Frage, ob bei der Lichtabsorption Dissoziation eintritt oder nur Anregung. Dies liegt in dem Auftreten einer *Konvergenzstelle*, wo die bei langen

Wellen gelegenen Banden, die der Anregung der Molekel angehören, zusammenlaufen und einer kontinuierlichen Absorption Platz machen. Diese deutet an, daß von hier an nach kurzen Wellen zu die Absorption die Molekel in zwei Atome (ein normales und ein schwach angeregtes) mit ihrer kontinuierlichen, ungequantelten Relativbewegung spaltet. Diese Konvergenzstelle liegt für Chlor bei 4785 Å. Wenn also die Trocknung den vermuteten Effekt bewirkt, müßte man sich das in einer Verschiebung der Konvergenzstelle des Absorptionsspektrums nach Ultraviolett bemerkbar machen. KORNFELD und STEINER (64) stellten nun durch Aufnahme des Spektrums eines bis zur Reaktionslosigkeit im Sichtbaren (4360 Å) getrockneten Chlors fest, daß die Konvergenzstelle *keinerlei Beeinflussung* erfahren hatte. Gleichzeitig und unabhängig machte G. KISTIAKOWSKY (65) dieselbe Feststellung und fand auch, daß eine bemerkbare Fluorescenz nicht auftritt. Das Fehlen des BUDDE-Effekts deutet er vermutungsweise durch das Fehlen der *homogenen* Rekombination im trockenen Gas, so daß die Wärme völlig an die die Rekombination katalysierenden *Wände* abgeführt wird. Das wäre in Übereinstimmung mit Befunden, die wir an anderer Stelle (s. S. 216ff.) besprechen werden.

Es ist durch diese Versuche die Hoffnung, durch die große Länge der Reaktionsketten die geringe Höhe der Schwelle des Wasserdampfdruckes erklären zu können, recht gering geworden, da der Primärvorgang, die Atomdissoziation, vom Wasser unabhängig ist und dem Ablauf der NERNST-Kette

$$Cl + H_2 \rightarrow HCl + H$$
$$H + Cl_2 \rightarrow HCl + Cl \text{ usf.,}$$

somit auch bei guter Trocknung nichts im Wege steht (s. jedoch S. 33f.). Das Problem bleibt also auch auf diesem aussichtsreichen Wege zunächst ungelöst[1].

Für eine andere Art von Spurenkatalyse scheint dagegen die Auslösung von Ketten durch den Katalysator den Schlüssel zu bieten. Es handelt sich um die Fälle, wo ein „Alles-oder-nichts-Gesetz“ gilt, wo also eine Reaktion in trockenem Gas überhaupt nicht, in Gegenwart von Wasser aber gleich unmeßbar rasch, explosionsartig verläuft. Dahin gehört die *Wasserkatalyse der Zündung* von explosivem Knallgas [TRAMM (40)] und anderen explosiven Gasmischungen, insbesondere aber auch die *Vereinigung von Ammoniak mit Chlorwasserstoff*, die die gleichen Merkmale zeigt.

---

[1] FRANCK und RABINOWITSCH (56) versuchen neuerdings die Tatsache, daß trockenes Chlorknallgas in Ultravioletten zwar reagiert, aber mit sehr geringer Quantenausbeute, auf eine neue Art zu deuten. Sie nehmen an, daß die über die Dissoziationswärme des Chlors überschießende Lichtenergie ausgenutzt werden kann, ehe sie in nutzlose kinetische Energie der Atome übergeht, wenn schon *im Augenblick der Absorption* Wasserstoff im Stoßzustande zugegen ist, der diese Energie noch als potentielle aufnehmen kann. Dadurch werden zwar nur sehr wenig Absorptionsakte wirksam, diesen aber soll dann eine entsprechend lange Kette folgen, die wegen der größeren Primärenergie nun auch im trockenen Gas ablaufen kann. Es darf dies freilich nicht die an Wasser gebundene gewöhnliche Chlorknallgaskette sein.

Wir müssen uns zunächst klar werden, welches die *Bedingung für eine Explosion*, d. h. für das Umschlagen einer mäßigen in eine praktisch unmeßbare Reaktionsgeschwindigkeit ist. Hierfür sind Gedankengänge maßgebend, die im wesentlichen SEMENOFF (66) präzisiert hat. Die Grundlage der Theorie findet sich auch schon bei CREMER (67).

Wir denken uns eine Kettenreaktion, deren Mechanismus beliebig sei. Die Geschwindigkeit der primären Aktivierung sei φ_1. Sie führt zu einem aktiven Zwischenstoff A. Nun sei die Wahrscheinlichkeit, daß dieser weiterreagiert und daß dadurch schließlich neben dem fertigen Reaktionsprodukt D wieder A entsteht, also die Wahrscheinlichkeit, daß die Kette weiterläuft, w. (Die Wahrscheinlichkeit, daß die Kette durch irgendeine Desaktivierung oder Seitenreaktion des A abbricht, ist dann $1 - w$.) Wir wollen ferner offen lassen, ob bei der Weiterreaktion des A neben dem Reaktionsprodukt jeweils ein oder mehrere A zurückgebildet werden, also allgemein eine Rückbildung von p Molekeln A pro Kettenglied annehmen.

Zu berechnen ist jetzt die Reaktionsgeschwindigkeit φ_1 mit der das Reaktionsprodukt D entsteht. Sie besteht aus zwei Summanden: erstens den direkt aus primär gebildeten A entstandenen D, deren Bildungsgeschwindigkeit $\varphi_1 w$ ist. Dazu kommen die aus sekundären A entstandenen D. Da neben jedem D voraussetzungsgemäß pA entstehen, ist die Bildungsgeschwindigkeit der sekundären A gleich φp und die der aus ihnen entstehenden D wieder $\varphi p w$. Wir erhalten also:

$$\varphi = \varphi_1 w + \varphi p w$$

oder

$$\varphi = \varphi_1 \frac{w}{1 - pw}\,.$$

Der Faktor $w/(1-pw)$ ist offenbar das, was wir „Kettenlänge“ nennen. Das für die Explosion Wichtige ist nun folgendes: Solange $pw < 1$ bleibt, ist die Geschwindigkeit endlich, wir beobachten eine langsame Kettenreaktion. Diese Bedingung bedeutet eben, daß die Entstehung neuer Ketten durch die Wahrscheinlichkeit des Kettenabbruchs immer kompensiert wird. Wird aber $pw \geq 1$, so wird die Reaktionsgeschwindigkeit ziemlich abrupt unendlich groß, d. h. es entstehen mehr Ketten, als in der gleichen Zeit abbrechen, es tritt Entzündung ein, die Reaktion „geht durch“.

Nun ändert sich w mit den Drucken der Ausgangsstoffe, und zwar wird es selbstverständlich im allgemeinen mit ihnen ansteigen. So kommt es, daß für die Explosivität eines Gemisches eine untere Druckgrenze besteht, und daß nur ein bestimmter Bereich von Mischungsverhältnissen entflammbare Gemische liefert. Ferner eignen sich zur Explosion offensichtlich Ketten mit großem p, also „*verzweigte* Ketten“, wie sie SEMENOFF betrachtet, besonders gut, da hier w nicht groß zu sein braucht (s. a. 67).

Die Beobachtung, die die Zündungskatalyse in ein klareres Licht rückt, stammt von GIBSON und HINSHELWOOD (68) und wurde bestätigt von KOPP, KOWALSKY, SAGULIN und SEMENOFF (69). Sie besteht darin, daß, wie Wasser, auch NO_2 *die Knallgaszündung erleichtert*, daß aber bei jeder Temperatur ganz bestimmte Grenzdrucke des NO_2 bestehen, außerhalb deren eine Explosion nicht erfolgt. Fig. 3 zeigt die Entzündungstemperatur eines Knallgases als Funktion des NO_2-Druckes. Innerhalb der Kurve tritt Zündung ein, außerhalb nicht.

Wichtig ist noch, daß die *langsame* Kettenreaktion *vor* der Zündung, die man kurz unter deren Temperatur messen kann (s. S. 43), durch NO_2 *nicht* katalysiert wird, vielmehr fehlt diese bei den in Gegenwart von NO_2 erniedrigten Zündungstemperaturen noch völlig. Es wird also weder w noch p vergrößert, NO_2 greift nicht in die Kette selbst ein. Man muß demnach

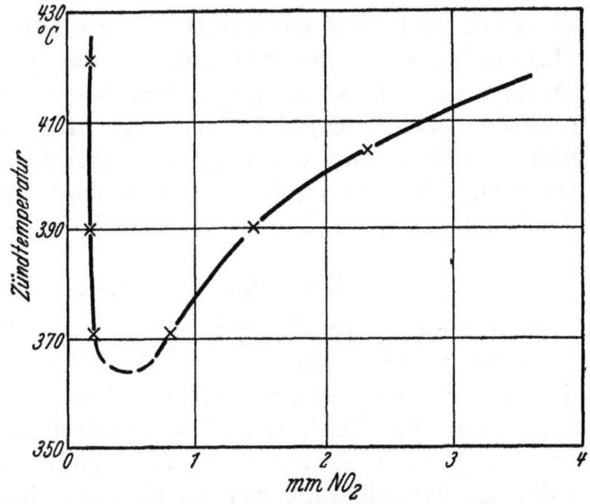

Fig. 3. Einfluß von NO_2 auf die Zündtemperatur des Knallgases nach GIBSON und HINSHELWOOD.

annehmen, daß durch eine Reaktion des NO_2 selbst, z. B. mit Wasserstoff, so viel Energie auf einmal frei wird, daß an irgendeiner Stelle die Wärmeableitung nicht mehr genügt und dadurch so viele Ketten auf einmal begonnen werden, daß das „Durchgehen" eintritt. Die *obere* Druckgrenze muß dann eine nicht zur Sache gehörige Eigenschaft der vermuteten Auslösereaktion sein[1].

[1] Dieser Auffassung haftet die Unvollkommenheit an, daß ja die Geschwindigkeit in unserer Formel S. 40 immer proportional φ_1, der Häufigkeit der Kettenauslösung, ist; deren Vergrößerung kann also nur dann zur Explosion führen, wenn man die Theorie dahin modifiziert, daß $w/1 - pw$, die Kettenlänge, die ja das Unendlichwerden der Geschwindigkeit verursacht, ihrerseits wieder von φ_1 abhängt. Es ist durchaus plausibel, schon wegen der Wärmeentwicklung, daß eine Vervollständigung der Theorie in dieser Richtung nötig ist.

Wir wiesen aber schon (S. 33) kurz darauf hin, daß auch eine Möglichkeit besteht, auf dem Boden der SEMENOFFschen Formel die Zündungskatalyse zu erklären. Man muß dann einen Einfluß des NO_2 auf p oder w annehmen. Ein solcher kann gegeben sein, wenn NO_2 doch in die Kette selbst eingreift und dadurch einen intermediären Kettenschritt so beschleunigt, daß dadurch w, die Wahrscheinlichkeit des Fortschreitens der Kette, ansteigt.

Man weiß nun, daß NO_2 als Photosensibilisator der Knallgasreaktion wirkt [HARTECK (70)] und hat spektroskopische Gründe zu der Annahme, daß dies über den Mechanismus erfolgt:

$$NO_2 + E \rightarrow NO + O \quad (E \gtrless 77 \text{ kcal})$$

$$O + H_2 \rightarrow OH + H \quad \text{(nur bei hoher Temperatur!)}$$

Damit ist eine Knallgaskette nach 2, 3, 4 S. 32 ausgelöst. Die Reaktion:

$$2\,NO + O_2 \rightarrow 2\,NO_2$$

liefert dann den Sensibilisator zurück.

Wenn nun in der *thermischen* Reaktion des Knallgases ein Schritt vorkommt, der NO_2 infolge seiner *freiwerdenden Reaktionswärme* auch ohne Licht dissoziieren kann, so ist damit ein *neuer Weg zur Kettenfortpflanzung* mit evtl. größerem w

So wird der scharfe Übergang zwischen reaktionslosem Gebiet und schneller Reaktion verständlich, der z. B. auch die Analogie zur Wasserkatalyse der Salmiakbildung ausmacht.

Wenn wirklich diese beiden Fälle von Spurenkatalyse analog sind, so bildet nach HINSHELWOOD (68) die Wasserkatalyse vieler Vorgänge absolut keinen Grund mehr, diese oder gar alle Reaktionen als grundsätzlich nur katalytisch möglich zu betrachten, denn von der Knallgasreaktion weiß man ja, daß sie auch ohne NO_2 möglich ist. Immerhin hält er (23) es für denkbar, daß speziell die durchgegangene Kettenreaktion, also die explosionsartige Umsetzung, stets einer derartigen Auslösungskatalyse bedarf.

Katalyse durch Verlängerung der Ketten.

Während die Beschleunigung einer Kettenreaktion durch Zwischenreaktionen, durch chemische Einleitung neuer Ketten und auch die durch Resonanz naturgemäß spezifisch für bestimmte Katalysatoren und bestimmte Reaktionen ist, existiert noch ein allgemeines Prinzip, wonach gewisse Kettenreaktionen ganz allgemein durch Fremdgase jeder Art beschleunigt werden können, ohne daß das Reaktionsschema verändert wird.

Dies gilt für den sehr häufigen Fall, daß die Teilreaktion, die die Kette abbricht, *an der Gefäßwand* verläuft. Hier wird die Reaktionsgeschwindigkeit stark davon abhängen, wieviel Kettenglieder vom Beginn der Kette an durchlaufen werden können, ehe die Reaktionskette an der Wand angelangt ist und dort aufhört. Beimischung inerter Gase läßt die chemische Geschwindigkeit der Kette ungeändert, verringert aber durch elastische Stöße [HINSHELWOOD (23)] ihre örtliche Fortpflanzungsgeschwindigkeit, d. h. *verlangsamt die Diffusion* der aktiven Zwischenstoffe zur desaktivierenden Wand.

Ein schönes Beispiel dieser Art ist die von JOST und JUNG sowie von JOST (72) studierte *Bromwasserstoffbildung.* Bei hohen Drucken, wo die Ketten durch Rekombination der Bromatome im Dreierstoß (S. 44) im Gasraum abbrechen, verkürzen *Fremdgase* die Ketten, weil sie die Gelegenheit zu Dreierstößen vermehren; bei geringen Drucken dagegen *beschleunigen* dieselben Gase die Reaktion, da jetzt die Rekombination im Gasraum gegen die an der Wand zurücktritt und die Diffusion zur Wand durch Zusätze verlangsamt wird. Die Reihenfolge der Wirkung entspricht dann der, die aus Diffusionsbetrachtungen zu erwarten ist.

Ebenso verhält sich auch die *thermische Knallgasreaktion.* Sie wurde in Quarzgefäßen von HINSHELWOOD und THOMPSON (73) und

---

gegeben. Dies würde die Zündungserleichterung erklären [SCHUMACHER (71)]. Man versteht so auch die Existenz einer oberen Grenze für den wirksamen NO_2-Druck, indem zu hohe Konzentrationen dieses Katalysators nach

$$O + NO_2 \rightarrow NO + O_2$$

die Träger der katalysierten Reaktion wieder entfernen.

Ein Bedenken ist allerdings die schon im Text in den Vordergrund gestellte Tatsache, daß die langsame Reaktion *vor* der Zündung keinerlei entsprechende Beschleunigung erfährt.

in Porzellangefäßen, wo sie besser reproduzierbar ist, von GIBSON und HINSHELWOOD (74) untersucht. Bei Temperaturen bis etwa 500° ist sie eine heterogene Wandreaktion niederer (etwa 1,3ter) Ordnung, oberhalb etwa 570° aber geht sie in eine Explosion über. Dazwischen nun entdeckten HINSHELWOOD und seine Mitarbeiter eine meßbar rasche *homogene* Vereinigung, die durch Wandvergrößerung nicht beschleunigt, sondern sogar gehemmt wird. Ihre Ordnung und ihr Temperaturkoeffizient sind wesentlich höher als bei der Wandreaktion und steigen mit Temperatur und Druck stark an.

Es sei hier nicht auf die verschiedenen speziellen Mechanismen eingegangen, die zur Deutung der Befunde angegeben werden können und angegeben worden sind (H_2O' und O_2' oder H_2O_2' von HINSHELWOOD, HO_2' von SEMENOFF, OH und H von HABER), da eine Entscheidung zwischen ihnen noch nicht möglich ist. Sicher ist indessen, daß es sich um irgendeine Stoff- oder Energiekette handelt, die an den Gefäßwänden abgebrochen wird. Nun ist eine *Beschleunigung* nicht nur durch *gebildetes Wasser* vorhanden, sondern auch durch *inerte Gase* einschließlich der Edelgase in der Reihenfolge

$$H_2O : A : N_2 : He = 5 : 4 : 3 : 1.$$

Unter der Annahme, daß es sich wieder um eine *Kettenverlängerung durch Diffusionswiderstände* handelt, ist diese Abstufung zu verstehen. Natürlich muß dieselbe Rolle auch den Reaktionspartnern selbst zugeschrieben werden. Dies ist nun nicht direkt prüfbar, jedoch lassen sich immerhin Mechanismen angeben, die der gefundenen Kinetik gerade dann genügen, wenn man dem Wasserstoff die Wirksamkeit des Heliums und dem Sauerstoff die des Argons hinsichtlich der Diffusionsverzögerung zuschreibt.

SEMENOFF (75) hat für diese Reaktion die Kettenlänge in Abhängigkeit vom Fremdgaszusatz aus der Annahme elastischer Stöße theoretisch berechnet und kommt zu Resultaten, die die beobachtete Geschwindigkeit annähernd wiedergeben.

Es gibt noch einen zweiten Mechanismus, nach dem Zusatzgase eine Kette verlängern können. Er besteht darin, daß sie an der *Gefäßwand adsorbiert* werden und sie so (s. S. 188) für die hemmende Rekombination *vergiften*. So werden alle Reaktionen des atomaren Wasserstoffs durch Wasserdampf beschleunigt [WOOD, BONHOEFFER (76)], jedoch nicht direkt, sondern indem die Reaktion

$$H + H + \text{Wand} \rightarrow H_2 + \text{Wand}$$

an feuchter Wand nicht ablaufen kann. In ähnlicher Weise deuten z. B. BODENSTEIN und Mitarbeiter (126) versuchsweise die Wasserbeschleunigung der Phosgenbildung bei mittlerer Temperatur im Licht, NORRISH (77) diejenige der Äthylenbromierung.

2. Negative Kettenanalyse.

Wir sahen (S. 26), daß bei einfach verlaufenden Reaktionen eine negative Katalyse im eigentlichen Sinne nicht möglich ist, weil einer Desaktivierung durch den Katalysator auch eine Aktivierung im Gleichgewicht gegenüberstehen muß. Bei Kettenreaktionen nun liegen die Zwischenstoffe nicht im Gleichgewicht, sondern nur in einer stationären, durch das Wechselspiel einseitiger Reaktionen bestimmten Konzentration vor. Hier fällt dieses Argument daher fort, und wenn ein Zusatzstoff mit einem solchen Zwischenkörper *spezifisch reagiert* oder ihn (bei Energieketten) *spezifisch desaktiviert*, so hat das gleich das Ausbleiben aller folgenden Kettenglieder und damit eine negative Katalyse zur Folge. Die negative Katalyse ist daher ein ganz besonderes Charakteristicum der Kettenreaktionen, wie wir auch bei der Katalyse in Lösung (S. 129ff.) nochmals sehen werden.

Bevor wir die negative Katalyse durch solches direktes Regieren des Katalysators mit Zwischenkörpern besprechen, ist noch ein anderer, prinzipiell wichtiger Mechanismus der negativen Kettenkatalyse zu erwähnen, nämlich die Kettenverkürzung durch *positives* Katalysieren einer *kettenbrechenden* Reaktion.

Negative Kettenkatalyse durch positive Dreierstoßkatalyse.

Die kettenbrechende Reaktion ist eine einfache Elementarreaktion, die aus instabilen Zwischenprodukten stabile End- (oder wieder Ausgangs-) Produkte macht, ist also exotherm. Besonders häufig ist es eine Rekombination freier Atome, wenn solche Zwischenstoffe der Kette sind, wie etwa Bromatome bei der Bromwasserstoffbildung.

Für solche Additionsreaktionen von Atomen, wie etwa

$$\mathrm{Br + Br \rightarrow Br_2}$$

gelten nun besondere Beschränkungen, die auch besondere katalytische Beeinflußbarkeit erzeugen. Es wurde nämlich theoretisch gezeigt und auch experimentell bewiesen, daß sie nach dem soeben angeschriebenen bimolekularen Schema überhaupt nicht möglich sind, sondern nur als trimolekulare Reaktionen, im *Dreierstoß* mit einer dritten gleichzeitig anwesenden Molekel, etwa nach:

$$\mathrm{Br + Br + N_2 \rightarrow Br_2 + N_2}.$$

Dies wurde schon auf klassischem Boden von HERZFELD (78) vermutet. Im Gleichgewicht ist die Bildungs- und die Zerfallsgeschwindigkeit der Brommolekeln einander gleich. Nimmt man nun an, jeder Stoß zwischen zwei Bromatomen führe zur Molekelbildung, so errechnet sich aus der bekannten Lage des Gleichgewichts und der gaskinetischen Stoßzahl eine so hohe Zerfallskonstante der Brommolekeln, daß ihre mittlere Lebensdauer von der Größenordnung 10^{-13} sec wäre, also etwa gleich der Stoßdauer. Alle so gebildeten Molekeln müssen also *sofort wieder zerfallen.* Der Grund ist ihr hoher *Energieinhalt* infolge ihrer Bildungswärme, und es ist zu erwarten, daß die Molekel nur stabil bleibt, wenn sie in der Lage ist, innerhalb der 10^{-13} sec diese Energie an eine dritte Molekel *abzuführen.* (Der Zerfall der Brommolekeln ist dann umgekehrt nicht monomolekular, sondern bimolekular).

Von der Quantentheorie her gelangt man zu derselben Forderung [BORN und FRANK (79)]. Aus rein mechanischen Gründen kann nämlich die entstehende Reaktionswärme beim Zweierstoß nicht in kinetische

Energie der entstehenden Molekel umgesetzt werden, wobei diese etwa beschleunigt weiterflöge; der *Schwerpunktssatz* legt nämlich ihre Geschwindigkeit von vornherein fest, da das ganze System sich nicht selbst beschleunigen kann. Dasselbe gilt vom Drehimpuls. Andererseits verbietet aber die Quantentheorie, daß die Reaktionswärme etwa als innere Schwingung oder Elektronenanregung in der Molekel untergebracht wird; denn diese beiden Energiespeicher sind *gequantelt,* und es ist bei einfachen Molekeln mit scharfen Quantenzuständen sehr unwahrscheinlich, daß gerade ein dem Bedarf entsprechendes *Energieniveau* zufällig existiert. Es kann also beim Zweierstoß keine stabile Molekel gebildet werden, sondern die Reaktionswärme muß in *Relativgeschwindigkeit der Atome gegeneinander* übergehen, d. h. die „Quasimolekel" sofort wieder zerfallen. Ist aber ein dritter Stoßpartner zugegen, so entfällt die Schwierigkeit völlig, da nunmehr kinetische Energie *beliebiger* Höhe auf diesen übertragen werden kann, so daß die ganze Reaktionswärme in Relativgeschwindigkeit des dritten Partners gegen die Brommolekel übergeht.

Daß diese Überlegungen den Tatsachen entsprechen, ist an zwei Beispielen bewiesen. Einmal ist die Leuchtintensität des nachleuchtenden *aktiven Stickstoffs,* d. i. die Rekombination der Stickstoffatome, nach Messungen von BONHOEFFER und KAMINSKY (80) proportional $[N]^2 \cdot [N_2]$ [s. a. KNESER (81)]. Andererseits ist erwiesen [BONHOEFFER (82), SENFTLEBEN und RIECHEMEYER (83)], daß auch die Rekombination des *atomaren Wasserstoffs* eine trimolekulare Reaktion ist.

Die Bedeutung dieser Katalyse für die *Kettenreaktionen* (s. a. 23) ist, wie gesagt die, daß Ketten, deren Zwischenkörper Atome sind, im allgemeinen durch Zusatzgase und überhaupt durch Druckerhöhung gehemmt werden. Das reinste Beispiel dieser Art ist die *Bromwasserstoffbildung* nach JOST und JUNG (72) (s. a. S. 42).

Nimmt man das Reaktionsschema an:

1) $Br_2 \rightarrow Br + Br$
2) $Br + H_2 \rightarrow HBr + H$
3) $H + Br_2 \rightarrow HBr + Br$ usf. wie 2)
4) $H + HBr \rightarrow H_2 + Br$ (Hemmung)
6) $Br + Br \rightarrow Br_2'$ (Quasimolekel)
8) $Br_2' \rightarrow Br + Br$ (sofort!)
9) $Br_2' + X \rightarrow Br_2$ [6) und 9) bilden zusammen den „Dreierstoß", der allein die Ketten abbricht],

so erhält man die Geschwindigkeitsgleichung:

$$\frac{dx}{dt} = \underbrace{2k_2\sqrt{\frac{k_8}{k_6 k_9 p}}}_{k}\,\frac{[H_2]\sqrt{J_0}}{1+\frac{k_1[HBr]}{k_3[Br_2]}},$$

die den Beobachtungen BODENSTEINS entspricht (J_0 ist die absorbierte Lichtintensität, p ist $\Sigma[X]$). Die Abhängigkeit vom Gesamtdruck, die in der umgekehrten Proportionalität von k und $\sqrt{p}$ zum Ausdruck kommt, bedeutet eben die Hemmung durch Dreierstöße. Wenn neben der Rekombination im Gasraum diejenige an der Wand ins Gewicht fällt, also bei großer Lichtintensität (Atomkonzentration), engem Gefäß und niederem Druck, verschwindet der Einfluß der Dreierstöße, wie wir S. 42 schon sahen, und macht einer Beschleunigung durch Diffusionshemmung Platz.

Negative Katalyse durch Kettenabbruch.

Die häufigste und wichtigste Form der negativen Katalyse ist aber die, daß der hemmende Stoff die Reaktionsketten durch eine neue *Reaktion mit dem Zwischenstoff* abbricht und so ihre mittlere Länge vermindert. Wie wir schon sahen, und wie insbesondere CHRISTIANSEN (84) zeigt, ist eine solche Art der Hemmung bei einfachen Reaktionen unmöglich, weil bei stationären Verhältnissen der Einfluß eines Zusatzstoffes auf die Geschwindigkeit v schließlich nach:

$$\lim_{m \to 0} \frac{dv}{dm} = 0$$

bei kleiner Menge m verschwinden muß. Das Auftreten einer negativen Katalyse bei thermischen Reaktionen bedeutet daher, daß die Reaktion in Einzelreaktionen aufgespalten ist, so daß m, bezogen auf die Menge eines Zwischenkörpers, nicht mehr klein genannt werden kann.

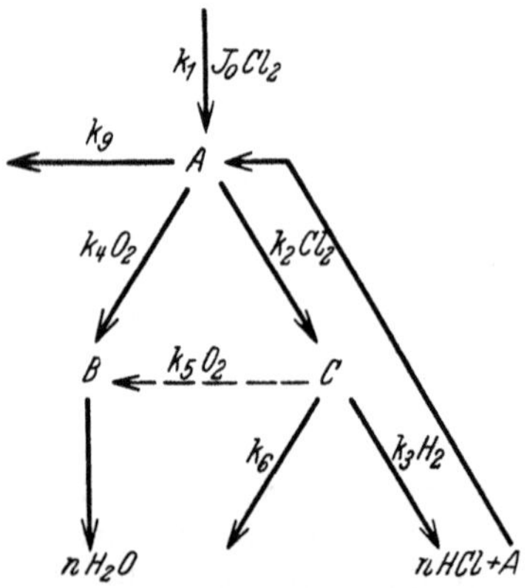

Fig. 4. Bildschema der Chlorknallgasreaktion nach CREMER.

Der Beweis für eine solche Auffassung muß zunächst an Reaktionen erbracht werden, deren Kettennatur bekannt und deren mittlere Kettenlänge studierbar ist, d. h. an photochemischen oder sonst dosierbar einzuleitenden Reaktionen. Das wichtigste Beispiel dieser Art ist die von CHAPMAN und MACMAHON (85) und BODENSTEIN und DUX (86) studierte *Hemmung der Chlorknallgasreaktion durch Sauerstoff*. Eine völlige Aufklärung hat diese Hemmung in einer Arbeit von CREMER (67) gefunden. Hiernach lassen sich alle Befunde über die Chlorwasserstoffbildung und über die damit verknüpfte *Wasserbildung* durch Fig. 4 in einem „Bildschema“ darstellen. Die Pfeile bedeuten die einzelnen Kettenschritte, die Symbole A, B, C Zwischenkörper, deren chemische Individualität zunächst unbekannt bleibt.

Das Schema ist durch experimentelle Befunde weitgehend gestützt. Aus ihm läßt sich nun folgendes ablesen: Solange Reaktion 4 (d. h. $A + O_2 \xrightarrow{k_4} B + \ldots$) die einzige Reaktion ist, die die Kette abbricht, ist die Geschwindigkeit der HCl-Bildung, wie bei hohen Sauerstoffdrucken auch gefunden, umgekehrt proportional dem Sauerstoffdruck. In demselben Gebiet ist nun die Geschwindigkeit der gleichzeitigen Wasserbildung nicht nur proportional, sondern sogar gleich der absorbierten Lichtintensität, so daß pro Quant zwei Wassermolekeln entstehen. Das heißt aber nichts anderes, als daß *jede Kette ihr Ende unter Wasserbildung findet,* die Hemmung in der Seitenreaktion 4 besteht. Diese gehorcht deshalb dem EINSTEINschen Gesetz. Bei anderen Verhältnissen (geringen Sauerstoffdrucken, feuchten Gefäßwänden) kommen für das Abbrechen der Ketten noch die Reaktionen 9 bzw. die Wandreaktion 6 in Frage, und damit geht auch die Quantenausbeute der Wasserbildung zurück, da jetzt nicht alle Ketten schließlich bei einer Wasserbildung enden.

Hier ist ein ganz direkter Beweis erbracht, daß die *negative Katalyse in einem Abbrechen der Ketten durch eine Nebenreaktion* besteht. Wir werden sehen (S. 131), daß ganz der analoge Beweis auch für die Hemmung der Autoxydation in Lösung erbracht worden ist.

Eine ähnlich übersichtliche Hemmung ist die *Bromhemmung der durch Alkalimetall induzierten Chlorknallgas- oder Methan-Chlor-Reaktion* nach POLANYI (87) bzw. POLANYI und BOGDANDY (88). Anstatt durch Einstrahlung sichtbaren Lichts läßt sich die Einleitung einer dosierten Zahl von Ketten auch durch Verdampfung von Alkalimetallen durchführen, indem nach:

1) $Na + Cl_2 \rightarrow NaCl + Cl$

jedes Natriumatom eine Kette „induziert“. Der weitere Verlauf wird dann nach:

2) $Cl + H_2 \rightarrow HCl + H$ oder $Cl + CH_4 \rightarrow HCl + CH_3$

3) $H + Cl_2 \rightarrow HCl + Cl$ oder $CH_3 + Cl_2 \rightarrow CH_3Cl + Cl$ usf. nach 2)

angenommen. Abgebrochen werden die Ketten, indem Cl, H oder CH_3 an den Wänden verschwinden. Ist aber noch *Brom* zugegen, so tritt dazu noch eine weitere Art des Kettenbruchs:

4) $H + Br_2 \rightarrow HBr + Br$ oder $CH_3 + Br_2 \rightarrow CH_3Br + Br$

5) $Br \rightarrow {}^1/_2\, Br_2$ (Wand).

Die beobachtete Hemmung durch Brom läßt sich quantitativ darstellen, wenn k_4/k_3 für Wasserstoffatome gleich 0,13 und für Methylradikale gleich 0,3 ist.

In dieser Weise läßt sich die negative Kettenkatalyse in der Mehrzahl der Fälle auffassen. RIESENFELD und WASMUTH (34) versuchen das z. B. auch hinsichtlich der *Fremdgashemmung des* bei höheren Konzentrationen von ihnen beobachteten *Ozonzerfalls erster Ordnung* (über den zweiter Ordnung s. S. 35), jedoch ist wohl ziemlich sicher (s. a. SCHUMACHER und SPRENGER (35)], daß es sich um eine *heterogene* Reaktion mit ganz anderen Gesetzen handelt.

Eine außerordentlich wichtige Anwendung unseres Gesichtspunktes ist dagegen die Theorie der

Klopffeinde.

Im Explosionsmotor wird ein Gemisch Brennstoff—Luft in den Zylinder eingesaugt und dann beim Rückgange des Kolbens komprimiert. Gegen Schluß des Kompressionstaktes soll das Gemisch dann gezündet werden, um durch seine Ausdehnung bei der Verbrennung im dritten, dem Arbeitstakt, den Kolben wieder hinauszuschleudern. Tritt aber aus irgendwelchen Gründen die Zündung zu früh ein, noch während der Kompression, so wirkt sie dem zurückgehenden Kolben entgegen, es entsteht ein starker Schlag, der Motor „klopft". Bei gewissen Brennstoffen kann nun diese Frühzündung schon durch die Wärmeentwicklung der adiabatischen Kompression eintreten. Solche Brennstoffe sind nicht „klopffest".

Es ist nun eine auffallende und weitgehend technisch nutzbare Erscheinung, daß solche Brennstoffe schon durch sehr geringe *Zusätze gewisser Stoffe klopffest gemacht* werden können. Besonders bekannt sind in dieser Richtung *Bleitetraäthyl* und *Eisenpentacarbonyl*. Mehr oder weniger stark wirken aber auch Selendiäthyl, Metalldämpfe (K, Tl), auch Anilin, Phenol, Chinon [EGERTON (89)].

Es ist sehr naheliegend, die Wirkung dieser Zusätze in einer *Heraufsetzung der Entzündungstemperatur* des betreffenden Gemischs unter den betreffenden Bedingungen zu suchen. Dann wird man eben höher ohne Frühzündung komprimieren können. BERL, HEISE und WINNACKER (90) haben diese Frage in einer Spezialapparatur nachgeprüft und z. B. nebenstehende Entzündungspunkte gefunden.

Brennstoff	Rein	1% $Fe(CO)_5$
n-Hexan	338° C	456° C
Benzin	415	∾475
Dapolin	300	466
	340	460
Autobenzin . .	415	478
	420	472

Dies ist immer noch eine rein phänomenologische Beschreibung. Nun erinnern wir uns aber von S. 40, was die „Entzündung" eines Reaktionsgemisches eigentlich bedeutet. Es war dies der Konzentrations- bzw. Temperaturpunkt, in dem die Reaktion nicht etwa überhaupt erst beginnt, sondern in dem die Kettenlänge rasch dem Wert ∞ zustrebt. Mathematisch ausgedrückt, wird hier in dem Ausdruck

$$\frac{w}{1 - pw},$$

$pw = 1$. Dies tritt, da w, die Wahrscheinlichkeit des Weiterreagierens der Kette, im allgemeinen mit steigender Temperatur zunimmt, oberhalb einer gewissen Temperatur ein.

Wenn diese Deutung auch für den Fall der Klopffeinde oder „*Antidetonatoren*" oder „*Antiknocks*" richtig ist, müssen diese Stoffe auch die langsame, explosionslose Oxydation derselben Brennstoffe unterhalb der Zündgrenze, die „Vorverbrennung", hemmen [EGERTON (89, 91)]. BERL, HEISE und WINNACKER (90) haben denn auch tatsächlich festgestellt, daß in Hexan-Sauerstoffgemischen ohne Zusatz wesentlich rascher Oxyprodukte entstehen als mit Zusatz von Klopffeinden.

Die nächste Frage ist nun die, *in welcher Form* die Zusätze im erhitzten Gemisch zur Wirkung kommen. Aus der Tatsache, daß die Reihenfolge der Wirksamkeit unabhängig davon ist, ob der Zusatz flüssig dem Brennstoff beigemischt oder gasförmig eingeführt wird, schließt EGERTON (89) zunächst, daß ihre *Dämpfe* wirksam sind. Ferner ist es wahrscheinlich, daß bei den metallorganischen Verbindungen nicht die intakte Molekel, sondern Zersetzungsprodukte den Effekt ausüben. Denn einerseits [EGERTON (89)] sind auch gewisse *Metall-*

dämpfe wirksam, andererseits läßt sich die Wirkung nach BERL und WINNACKER (92) auch durch Beimengen *kolloidaler Metalle* zum Brennstoff nachahmen.

Man könnte daraus [BODENSTEIN (93)] den Schluß ziehen, daß es sich einfach um die Wirkung der großen *Oberfläche* der Kolloidteilchen handelt, also um ein Abbrechen der Ketten an der so geschaffenen „Wand", wie es ja so häufig zu beobachten ist (s. S. 216). Es sprechen aber verschiedene Anzeichen dafür, daß die *chemische Beschaffenheit* der Wand von ausschlaggebendem Einfluß ist. So ist fein verteiltes Zink*oxyd* ohne Wirkung [EGERTON (91)], ebenso kolloidale Metalloxyde, die BERL und WINNACKER (92) dem Brennstoff beigemengt hatten.

Ganz analoge Verhältnisse herrschen nach BERL und WINNACKER (94) auch bei der Autoxydation z. B. von Benzaldehyd in flüssiger Phase. Auch dort wirken Antiklopfmittel und dispergierte Metalle stark hemmend, Eisen*oxyd* dagegen nicht.

Da man für die Autoxydation seit ENGLER instabile Peroxyde als Zwischenstufen kennt, liegt es nahe, ähnliche Produkte auch in Explosionsreaktionen anzunehmen. So stellt EGERTON (91) folgenden Kettenmechanismus auf, in dem A den Brennstoff bedeutet:

1) $O_2' + A = AO_2'$

2) $AO_2' + A = AO + AO'$

3) $AO' + O_2 = AO + O_2'$ usf. wie 1).

Die Ketten brechen entweder an der Wand ab, da diese die Anregungsenergie dissipiert:

4) $Wd + AO_2' = WdO + AO,$

oder an einem *Metallperoxyd*:

5) $MeO_2 + AO_2' = MeO + AO + O_2.$

Auch nach 5) wird die Anregungsenergie vernichtet, da auf drei Molekeln verteilt. An einem Metalloxyd dagegen braucht die Kette nicht abzubrechen, da es stabil ist [s. a. BERL und WINNACKER (94)]. Nach BERL (94) soll auch die Reaktion:

5) $MeO_2 + AO_2' = Me + A + 2\,O_2$

$Me + O_2 = MeO_2$

möglich sein. Diese Regenerierung des Metalls bzw. eines Peroxyds kann es erklären, daß [EGERTON (91)] Metallverbindungen viel wirksamer sind als rein organische Antiknocks. Die entwickelten Anschauungen entsprechen auch denen MOUREUS (95, s. a. S. 128).

Auf der anderen Seite ist es aber sehr wahrscheinlich, daß bei der Verbrennung von Kohlenwasserstoffen auch *Dehydrierungs*prozesse eine wichtige Rolle spielen. HABER und BONHOEFFER haben dies (54) spektroskopisch und energetisch gezeigt, WIELAND (96) hat es aus chemischen Überlegungen gefordert, und LEWIS (97) hat diese Ansicht zu einer Dehydrierungstheorie der Explosion ausgebaut, wonach zunächst H_2 abgespalten und zu H_2O oder H_2O_2 oxydiert wird.

Berl (90, 92) sucht nun beide Ansichten zu vereinigen, indem er das Peroxyd aus dem dehydrierten Radikal entstehen läßt:

$$R{-}CH_2CH_3 + \text{Wärme} = R{-}\dot{\underset{\cdot}{C}}{-}CH_3 + 2\,H \quad \text{oder} \quad R{-}CH_2{-}CH{:} + 2\,H.$$

Jetzt verläuft einerseits die HaberSche OH-Kette:

$$2\,H + O_2 = 2\,OH$$
$$OH + H = H_2O$$
$$R'CH_3 + OH = R'CH_2^{\cdot} + H_2O,$$

daneben aber entstehen die Peroxyde:

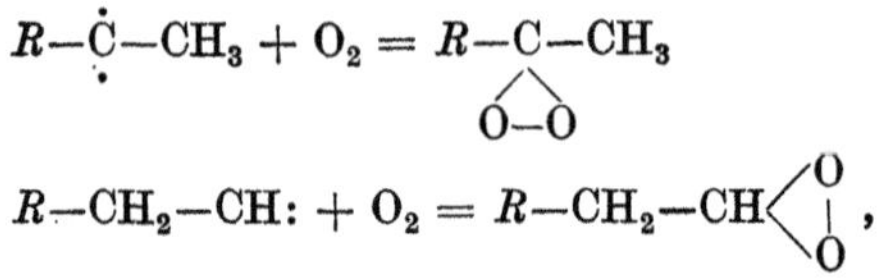

und an diesen Peroxyden, die die Peroxydketten fortpflanzen, vollzieht sich dann die Hemmung nach

$$R''O_2 + 2\,Pb = R'' + 2\,PbO$$
$$\text{oder} \quad R''O_2 + PbO_2 = R''O + PbO + O_2,$$

letzteres analog etwa der Sauerstoffentwicklung aus $Ag_2O + H_2O_2$.

Im ganzen sieht man also, daß die eigentliche Natur der Ketten, wie so oft, noch völlig ungeklärt ist und Raum zur Spekulation läßt, daß aber der Gesichtspunkt des Kettenabbruchs auch in diesem Fall eine sehr einleuchtende Erklärung der hemmenden Wirkung bildet, um so mehr, als wir bei Explosionen sicher wissen, daß Kettenreaktionen vorliegen.

Homogene Katalyse in Lösung.

Vorbemerkungen.

Die homogene Gaskatalyse ist, wie wir gesehen haben, eine verhältnismäßig seltene oder doch auf günstig gelagerte Einzelfälle beschränkte Erscheinung. Ihr Auftreten ist weniger in irgendeiner allgemeinen Forderung der chemischen Dynamik begründet als in der Natur des jeweils zu katalysierenden Systems. Dessen spezifische Affinitäten bestimmen das Auftreten und Wirksamwerden bestimmter Zwischenzustände. Insbesondere können wir heute wohl nicht mehr bezweifeln, daß unkatalysierte homogene Gasreaktionen nicht nur denkbar, sondern tatsächlich in ziemlicher Anzahl beobachtet sind.

Demgegenüber bieten die Reaktionen gelöster Stoffe schon bei flüchtiger Musterung ein ganz anderes Bild. Schon der Umstand, daß das stets anwesende Lösungsmittel in ganz anderem Grade und anderer Allgemeinheit als etwa „inerte" Gase bei Gasreaktionen von Einfluß auf die Geschwindigkeit ist, läßt erwarten, daß hier die Loslösung der betrachteten Reaktionen von katalytischen Beeinflussungen kaum möglich sein wird. (Von zwei Ausnahmen, der Stickstoffpentoxydspaltung und der Isomerisierung des Pinens [s. S. 118], sei hier abgesehen.) In Sonderfällen, der Mutarotation der Glukose und einiger ihrer Derivate, ist sogar von LOWRY (98) gezeigt worden, daß die Umsetzung in gewissen Lösungsmitteln bei peinlicher Fernhaltung von Katalysatoren ganz zum Stillstand kommt. So wird man fast dazu geführt, auszusprechen, daß in Lösung im Bereich meßbarer Geschwindigkeiten die katalysierten Reaktionen die Regel sind und die unkatalysierten die Ausnahmen bilden.

In der Tat ist, ganz im Gegensatz zu den Gasreaktionen, in Lösung die Zahl der untersuchten Katalysen allein aus den letzten Jahrzehnten so gewaltig, daß im folgenden nicht entfernt der Versuch gemacht werden kann, sie alle oder auch nur alle ihre Arten zu besprechen. Wir werden uns vielmehr auf die Betrachtung einiger für die Erkenntnis des Wesens der Katalyse besonders wichtiger Fälle beschränken müssen.

Teilweise ist dieser Sachverhalt sicherlich in der Natur der in Frage kommenden Reaktionen begründet. Gasreaktionen verlaufen entweder zwischen recht einfachen und daher schwer spaltbaren Molekeln, oder (bei hohen Temperaturen) unter Verfügbarkeit recht beträchtlicher thermischer Aktivierungsenergien, stellen also, worauf LOWRY (99) hinweist, „ziemlich brutale" Vorgänge dar, und ein Katalysator, der in derartige Energieumsätze eingreifen soll, muß schon ganz beträchtliche selektive Affinitäten besitzen. Demgegenüber sind Reaktionen, die im Gebiet flüssiger Lösungen, also um Zimmertemperatur, verlaufen, wie etwa eine Hydrolyse oder eine Enolisierung, viel subtilere Umlagerungen meist verhältnismäßig komplizierter Molekeln, und es ist verständlich, daß auf einen solchen Vorgang viel leichter durch dritte Stoffe geschwindigkeitsändernder Einfluß genommen werden kann.

Zum andern läßt gerade unser gebräuchlichstes Lösungsmittel, das Wasser, wegen seiner polaren Natur eine besondere Verbreitung katalytischer Beeinflussungen erwarten, indem es das Auftreten von Ionen begünstigt, die aufeinander und auf polar gebaute oder polarisierbare Molekeln elektrostatische Kräfte und deformierende Wirkungen ausüben können.

Wir haben bei Besprechung der Gaskatalysen fast stets die Reaktionen mit Erfolg als Folgen bimolekularer Einzelschritte darstellen können, also die Reaktionen in Zwischenreaktionen aufgelöst. Es spielt dabei für die Form der Geschwindigkeitsgleichung in ihrer expliziten Form keine Rolle, ob das durch solche Zwischenreaktionen entstehende Zwischenprodukt langlebig und isolierbar ist (wie ClO_3 bei der Chlorkatalyse des Ozonzerfalls), oder ob es (wie COCl bei der Chloratomkatalyse des Phosgenzerfalls) nur in äußerst geringer stationärer Konzentration vorhanden ist. Von Einfluß ist dies nur für die anzubringenden Vernachlässigungen einzelner Konstanten, die dann zur Endgleichung führen.

Da diese Endgleichung, wie wir bald sehen werden, gerade in den Grenzfällen für beide Möglichkeiten formal identisch herauskommt, da ferner gerade in Lösung aus den angeführten Gründen die Zahl der denkmöglichen Zwischenstoffe größer ist, hat hier die Frage nach der Lebensdauer der Zwischenstoffe ein viel lebhafteres Interesse gefunden.

Wenn man z. B. die FRIEDEL-KRAFFTsche Reaktion mit Erfolg in eine Reaktionsfolge von darstellbaren Zwischenstoffen oder Additionsverbindungen auflösen kann:

$$R\mathrm{COCl} + \mathrm{AlCl_3} \rightleftharpoons R\mathrm{COCl} \cdot \mathrm{AlCl_3}$$

$$R\mathrm{COCl} \cdot \mathrm{AlCl_3} + \mathrm{C_6H_6} \rightleftharpoons R\mathrm{COC_6H_5} \cdot \mathrm{AlCl_3} + \mathrm{HCl}$$

$$R\mathrm{COC_6H_5} \cdot \mathrm{AlCl_3} \rightleftharpoons R\mathrm{COC_6H_5} + \mathrm{AlCl_3},$$

so ist dies doch nach BOESEKEN (100) kein Beweis, daß diese Formulierung ein adäquates Abbild des Mechanismus ist, da Substrate gefunden werden können, wie Chloroform, Äthylen u. a., die keine solchen Molekülverbindungen bilden und doch katalysiert werden, und andere, wie Phosphoroxychlorid, die schön krystallisierte Verbindungen geben, ohne der Reaktion zu unterliegen. BOESEKEN (100, 101) schließt daraus, sowie aus der Möglichkeit der Photosensibilisierung (101), daß nicht die Bildung einer Zwischenverbindung, sondern das bloße Auftreten einer Feldverschiebung in der Molekel, die sog. „*Dislokation*“, der Grundvorgang sei.

Diese Dislokation soll im Augenblick des Zusammenstoßes mit dem Katalysator oder im Augenblick des Wiederauseinanderfahrens stattfinden und das Substrat in reaktionsfähigem, „geöffnetem“ Zustande zurücklassen. Die Lebensdauer dieses offenen Zustandes ist dann von der Größenordnung der Stoßdauer (10^{-12} sec).

Die offenbare Schwierigkeit, daß dann bei einer Reaktion zwischen zwei Substraten A und C ein Dreierstoß mit dem Katalysator vorausgesetzt werden muß, läßt sich nach LOWRY (99) umgehen, wenn man eine *im Gleichgewicht präexistierende Verbindung* AC als das eigentliche Substrat ansieht. KENDALL und HARRISON (102) haben im Falle der Esterhydrolyse die Existenz von Verbindungen Ester—Wasser durch Depressionsmessungen wahrscheinlich gemacht.

Die von LOWRY vorgeschlagene Modifikation würde zu dem Mechanismus führen (K bedeutet den Katalysator):

ohne Katalysator		mit Katalysator	
$A + C \rightleftharpoons AC$		$A + C \rightleftharpoons AC$	
$AC \rightarrow AC'$	äußerst selten	$AC + K \rightarrow AC' + K$	rascher, aber geschwindigkeitsbestimmend
$AC' \rightarrow B$	sehr rasch	$AC' \rightarrow B$	sehr rasch

BOESEKEN selbst scheint allerdings mehr auf dem Standpunkt der Dreierstoßannahme zu stehen, da er sagt: „In a bimolecular physical catalysis both the molecules together with the catalyst attain the intermediate state at the same moment ...“ Das würde bedeuten:

ohne Katalysator		mit Katalysator	
$A + C \rightarrow AC'$	äußerst selten	$A + C + K \rightarrow ACK'$	rascher, aber geschwindigkeitsbestimmend
$AC' \rightarrow B$	sehr rasch	$ACK' \rightarrow B + K$	sehr rasch.

Er stellt sich dabei vor, daß die Beschleunigung nicht auf einer Verminderung der Aktivierungsenergie, sondern viel mehr auf einer *Vergrößerung der Entropieänderung bei der Aktivierung* im Sinne von SCHEFFER und KOHNSTAMM (103), d. h. einer Erhöhung des „sterischen Faktors“, beruhe, indem der Katalysator die „empfindlichen Bezirke“ der Molekeln vergrößere. In der Tat hat VAN THIEL (104) bei der Kuppelung von Essigsäureanhydrid mit Diphenylamin eine Beschleunigung bei gleichzeitiger Verdoppelung der Aktivierungswärme durch Sulfonsäuren festgestellt.

Es erscheint aber fraglich, ob im allgemeinen dieser Effekt der Vergrößerung des sterischen Faktors hinreichen kann, um die viele Zehnerpotenzen größere Häufigkeit der Zweierstöße zu kompensieren, auf denen die unkatalysierte Reaktion beruht. Man wird also wohl doch nicht umhin können, dem *Zustand der Anlagerung* wenigstens zweier Komponenten eine größere *Lebensdauer* zuzuerkennen. An der Form der Geschwindigkeitsgleichung ändert dies nichts, da beide Annahmen zu der Form

$$\frac{dx}{dt} = k(A)(C)(K)$$

führen. Auf diesem Wege scheint es möglich, von der Theorie der *Zwischenreaktionen* zu der der Dislokation eine Brücke zu schlagen. Auch in einer Zwischenverbindung besteht eben die Wirkung des Katalysators in einer Auflockerung der zur Reaktion fähigen Atombindung. So zeigte BOESEKEN, daß eine Anlagerung des Katalysators an falscher Stelle, etwa des $AlCl_3$ an der Nitrogruppe der Nitro-Benzylchloride, die Reaktion eher hemmt als fördert. Wesentlich ist, daß die Zwischenverbindung erstens so beschaffen ist, daß die Substratmolekel an der richtigen Stelle angegriffen wird, und ferner, daß sie *nicht zu stabil* ist. Schon OSTWALD (105) hob ja hervor, daß die bloße Existenz einer Additionsverbindung noch nicht beweisend für ihre Rolle als Zwischenprodukt ist, sie vielmehr auch rasch genug abreagieren, d. h. eben in der betreffenden Umgebung einen gewissen Grad von Instabilität haben muß.

Kinetik bei Zwischenreaktionen.

Das Charakteristische der Sachlage ist nun dies, daß von seiten einer isothermen Reaktionskinetik (und Aktivierungswärmen bei Lösungskatalysen sind kaum systematisch gemessen worden) über die Lebensdauer der Zwischenzustände gar nicht entschieden werden kann. An dem speziellen, aber am weitesten verbreiteten Beispiel der Säure-Basen-Katalyse, der ja sehr viele Reaktionen unterliegen (Veresterung, Verseifung, Inversion, Mutarotation, Enolisierung, viele Oxydationen und Reduktionen) hat SKRABAL (106) den Sachverhalt in allgemeiner Form dargestellt. Seine Überlegungen sind nicht sehr wesensverschieden von denen, die wir schon bei der Gaskatalyse [HERZFELD (21)] angestellt haben.

Das allgemeine Reaktionsschema für die durch K katalysierte Umlagerung $A \rightarrow B$ sei:

$$1)\quad A + K \underset{k_2}{\overset{k_1}{\rightleftharpoons}} Z$$

$$3)\quad Z \xrightarrow{k_3} B + K.$$

Z bedeutet dabei den Zwischenzustand, der entweder eine Verbindung AK oder ein instabiler Stoßkomplex aus A und K unter entsprechender Dislokation in A sein kann. Diese Alternative richtet sich nur nach den relativen Werten der Geschwindigkeitskonstanten k_1, k_2, k_3. Die Gesamtgeschwindigkeit ergibt sich unter der selbstverständlichen Annahme, daß im stationären Zustand Z ebensoschnell entsteht wie verschwindet (bzw. die Wahrscheinlichkeit seines Verschwindens eins ist, vgl. S. 9) zu:
$$\frac{d(B)}{dt} = \frac{k_3 k_1 (A)(K)}{k_2 + k_3} = k(A)(K).$$

Was man mißt, ist also in allen Fällen nur die Proportionalität mit den Konzentrationen von Katalysator und Substrat, ohne daß die Stabilität der Zwischenstufe, d. h. die einzelnen indizierten k, erkennbar wären. Hinsichtlich dieser sind theoretisch folgende Grenzfälle möglich:

1. *Der* ARRHENIUS*sche Zwischenkörper.* Wenn $k_2 \gg k_3$ ist, so bedeutet das, daß das Gleichgewicht zwischen A, K und AK, für dessen Gleichgewichtskonstante G_1 wir schreiben können

$$G_1 = \frac{k_1}{k_2},$$

durch das Abreagieren eines kleinen Teils von Z nicht wesentlich gestört wird („Vorgelagertes Gleichgewicht"). Wir erhalten dann:

$$\frac{d(B)}{dt} = k(A)(K) = k_3 G_1 (A)(K).$$

Geschwindigkeitsbestimmende Reaktion ist hier der Zerfall von Z. Z führt in diesem Falle die Bezeichnung „ARRHENIUSscher Zwischenkörper“, weil die energiereichen Molekeln, die bei Ableitung der ARRHENIUSschen Temperaturfunktion der Geschwindigkeit angenommen werden (107), zu diesem Typ gehören (vgl. S. 20). Wir werden sehen, daß die Ansicht EULERS (s. S. 88) von den reaktionsvermittelnden Ionen in diesen solche Körper sieht. SKRABAL (106, 108) bemerkt dazu, daß ein Beweis dieser Auffassung deshalb nicht möglich ist, weil k_3 und G für die angenommenen Ionen der meisten Substrate (Zuckerarten und Ester) zu extreme Werte besitzen, um einigermaßen zuverlässig meßbar zu sein. Wir werden ferner sehen, daß BJERRUM (109) zur Deutung der kinetischen Neutralsalzeffekte (s. S. 112) ARRHENIUSsche Verbindungen Katalysator-Substrat annimmt.

2. *Der* VAN 'T HOFF*sche Zwischenkörper.* Der andere Grenzfall ist der, wo $k_3 \gg k_2$ ist, d. h. das Zwischenprodukt nur so langsam rückwärts zerfällt, daß es in dem Tempo durch die Reaktion zu B verbraucht wird, in dem es entsteht. Geschwindigkeitsbestimmend ist dann seine Bildung nach 1), und wir erhalten:

$$\frac{d(B)}{dt} = k_1 (A)(K).$$

Solche Zwischenkörper heißen „VAN 'T HOFFsche“, weil sie seit VAN 'T HOFF die Erklärung dafür darstellen, daß bei vielen Reaktionen der geschwindigkeitsbestimmende Schritt von niedrigerer Ordnung ist als die Bruttogleichung. Eine spezielle Auffassung dieser Körper liegt der BROENSTEDschen (s. S. 106) Deutung der Salzeffekte zugrunde. Auch RICE (110) neigt einer derartigen Auffassung zu.

Der wichtige Befund LOWRYS (98, 111), wonach saure Lösungsmittel und auch basische Lösungsmittel je für sich die Mutarotation nicht auslösen, sondern nur in Kombination miteinander oder mit einem amphoteren Körper, macht es notwendig, die Wirkung von *zwei* Katalysatoren auf eine Reaktion unter demselben Gesichtspunkt zu betrachten. Das Reaktionsschema lautet dann:

$$A + K \underset{k_2}{\overset{k_1}{\rightleftharpoons}} Z_1$$

$$Z_1 + M \underset{k_4}{\overset{k_3}{\rightleftharpoons}} Z_2 + K$$

$$Z_2 \xrightarrow{k_5} B + M.$$

Die allgemeine Gleichung, abgeleitet unter denselben Gesichtspunkten wie oben, lautet hier:

$$\frac{d(B)}{dt} = \frac{k_1 k_3 k_5 (A)(K)(M)}{k_3 k_5 (M) + k_2 k_4 (K) + k_2 k_5}.$$

Da der experimentelle Befund auch hier (s. w. u.) lautet:

$$\frac{d(B)}{dt} = k(A)(K),$$

so sind mit ihm nur die folgenden Fälle verträglich:

1. Z_1 *ist* VAN 'T HOFF*scher*, Z_2 *ebenfalls* VAN T' HOFF*scher Zwischenkörper*, d. h. $k_3(M) \gg k_2$ und $k_5 \gg k_4(K)$. Es ergibt sich:

$$\frac{d(B)}{dt} = k_1(A)(K).$$

Z_1 *ist* ARRHENIUS*scher*, Z_2 VAN T' HOFF*scher Zwischenkörper*, d. h. $k_2 \gg k_3(M)$ und $k_5 \gg k_4(K)$. Das ergibt:

$$\frac{d(B)}{dt} = k_3 \frac{k_1}{k_2}(A)(K)(M) = k_3 G_1(A)(K)(M),$$

da der zweite Katalysator M immer das in beliebigem Überschuß vorhandene Wasser konstanter Konzentration ist, kann der Faktor (M) weggelassen werden.

3. Z_1 *ist* ARRHENIUS*scher*, Z_2 *ebenfalls* ARRHENIUS*scher Zwischenkörper*, d. h. $k_2 \gg k_3(M)$ und $k_4(K) \gg k_5$. Man findet dann:

$$\frac{d(B)}{dt} = k_5 \frac{k_1 \cdot k_3}{k_2 \cdot k_4}(A)(M) = k_5 G_1 G_2 (A)(M).$$

Für den Faktor (M) gilt das unter Fall 2 Gesagte. Man sieht aber, daß Fall 3 trotzdem *nicht* mit dem Experiment übereinstimmt, da er Unabhängigkeit auch von (K), also der Säure- oder Basen-Konzentration, fordern würde. Ebenso ist ein Fall 4, wo Z_1 VAN 'T HOFFscher, Z_2 ARRHENIUSscher Zwischenkörper wäre, nicht mit dem Befund in Einklang, wie man leicht ableitet. Auf jeden Fall kann man also sagen, daß Z_2 ein VAN 'T HOFFscher Zwischenstoff sein muß; bezüglich Z_1, der Verbindung des Substrats mit dem im gewöhnlichen Sinne „eigentlichen" Katalysator, bleibt die Frage aber offen. Der Versuch, sie weiterhin zu entscheiden, soll erst bei Besprechung der zugrunde liegenden Probleme gemacht werden.

Es ist im bisherigen immer vorausgesetzt worden, daß die *Konzentration der Zwischenkörper* (wegen ihrer großen Instabilität) *verschwindend klein* ist verglichen mit der der Substrate und Katalysatoren selbst. Das ist nun nicht immer erfüllt; ARRHENIUSsche Zwischenkörper können (mit der S. 54 gegebenen Einschränkung) eine Katalyse erfahrungsgemäß auch noch vermitteln, wenn sie immerhin so stabil sind, daß ihre Konzentration denen der Substrate und Katalysatoren kommensurabel wird. In diesem Falle beansprucht ihre Existenz einen Teil der vorgelegten Stoffe, und die Voraussetzungen, unter denen wir bisher gerechnet haben, treffen nicht mehr zu. Dieser Fall ist insbesondere in der enzymatischen Katalyse häufig und auch dort zuerst allgemein behandelt worden. In diesem Zusammenhange werden wir das Problem später (S. 229) wieder aufgreifen. Für die rein homogene Katalyse hat SPITALSKI (112) die betreffenden Gleichungen abgeleitet. Er fand auch in der *Chromat-Chromsäurekatalyse des Hydroperoxydzerfalls* (113) einen Fall, der auf diesem Boden befriedigend gedeutet werden kann.

In diesem Falle entspricht der Reaktion

$$A + K \rightleftharpoons Z$$

die Konstante des vorgelagerten Gleichgewichts:

$$G = \frac{(Z)}{(A)(K - Z)},$$

und die dem ARRHENIUSschen Zwischenkörper Z proportionale Geschwindigkeit wird:

$$\frac{d(B)}{dt} = \frac{k_3 G(K)(A)}{1 + G(A)}.$$

Die „Ordnung" der Reaktion braucht danach (und das ist wesentlich) nicht immer ganzzahlig nach dem Substrat zu sein, vielmehr kann sie je nach der Größe von G zwischen nullter Ordnung (Katalysator vollständig als Z gebunden vorliegend) und erster Ordnung (SKRABALscher Grenzfall, s. o.) variieren. Treten n Molekeln A in die Zwischenverbindung ein, so erhebt sich A in obigem Ausdruck überall in die $n$te Potenz.

Von den zahlreichen denkmöglichen Fällen dieser Art, die SPITALSKI programmatisch diskutiert, seien noch zwei besonders wichtige herausgegriffen:

Zunächst, daß *zwei Katalysatoren* nebeneinander wirksam sind. Der zweite kann dann entweder nur das k der geschwindigkeitsbestimmenden Zersetzung der Zwischenverbindung mit dem ersten Katalysator beeinflussen, dann tritt seine Konzentration als Faktor ein, ein hinsichtlich des Aciditätseinflusses auf verschiedene, besonders wieder enzymatische Reaktionen (S. 231) wichtiger Fall. Wenn aber beide Katalysatoren ein gemeinsames Zwischenprodukt bilden, das zerfällt, so gestalten sich die Verhältnisse verwickelter. Wir haben dann zu schreiben:

$$A + K_1 \rightleftharpoons Z_1$$

$$A + K_2 \rightleftharpoons Z_2$$

$$Z_1 + K_2 \rightleftharpoons Z_2 + K_1 \rightleftharpoons Z.$$

Zerfällt nun nur der Körper Z, der beide Katalysatoren enthält, im günstigen Sinne, so erhalten wir:

$$\frac{d(B)}{dt} = \frac{k G(K_1)(K_2)(A)}{1 + G(A)(K_1 + K_2)},$$

und, wenn auch Z_1 und Z_2 ihrerseits B liefern, also K_1 und K_2 je für sich schon wirksame Katalysatoren sind:

$$\frac{d(B)}{dt} = \frac{k_1 G_1(K_1)(A)}{1 + G_1(A)} + \frac{k_2 G_2(K_2)(A)}{1 + G_2(A)} + \frac{k G(K_1)(K_2)(A)}{1 + G(A)(K_1 + K_2)}.$$

Da die Summe der beiden ersten Glieder dieses Ausdrucks additive Wirkung beider unbeeinflußter Katalysatoren bedeuten würde, führt das Hinzukommen des dritten, des Wechselwirkungsgliedes, zu einer *Überschreitung der Additivität*, der wichtigen Erscheinung der katalytischen *Verstärkung*. Solche Fälle kennen wir bei der kombinierten *Kupfer-Eisen-Wirkung* auf eine Anzahl von Oxydations-Reduktions-Reaktionen. Wir werden dieses wichtige Erscheinungsgebiet für sich betrachten, sehen aber hier schon, daß es prinzipiell verständlich ist.

Das wesentliche Ziel SPITALSKIS ist, vor der allzu großen Überschätzung der ganzzahligen Reaktionsordnungen und deren Aufsuchen zu warnen, da eben solche weder immer zu erwarten sind, noch auch immer erkennen lassen, zu welcher allgemeineren Gleichung sie als

Grenzfall gehören. Recht instruktiv ist in dieser Hinsicht folgendes Schema, das wir noch betrachten wollen:

$$A + K \rightleftharpoons Z_1 \rightarrow \ B + K$$
$$2A + K \rightleftharpoons Z_2 \rightarrow 2B + K.$$

Der zugehörige Geschwindigkeitsausdruck:

$$\frac{d(B)}{dt} = \frac{(K)[k_1 G_1(A) + k_2 G_2(A)^2]}{1 + G_1(A) + G_2(A)^2}$$

kann nun, je nach den relativen Werten der darin auftretenden Geschwindigkeits- und Gleichgewichtskonstanten, als Funktion der Substratkonzentration jede der in Fig. 5 gezeichneten Gestalten annehmen. Besonders interessant ist, daß wegen der Konkurrenz beider Gleichgewichte um den Katalysator sogar *Maxima* auftreten können.

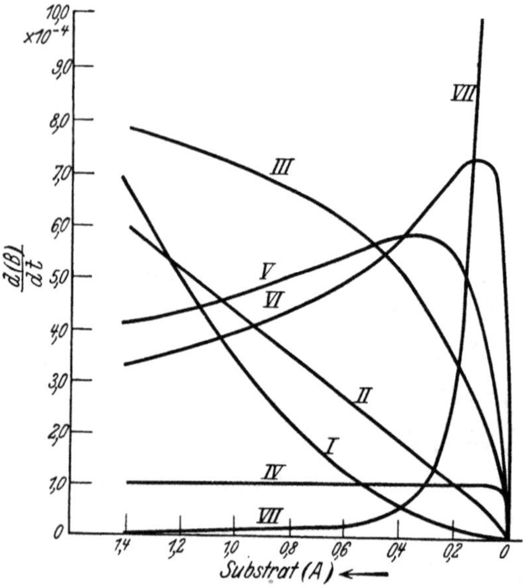

Fig. 5. Verschiedene Formen der Substratabhängigkeit einer katalytischen Geschwindigkeit bei zwei vorgelagerten Gleichgewichten nach SPITALSKY.

Wenn noch mehr Zwischenprodukte auftreten können, so ergeben sich sogar mehrere Maxima und Minima. Einen solchen Fall, die *Katalyse des Hydroperoxydzerfalls unter der Einwirkung von Chromaten und Chromsäure*, haben SPITALSKI und KOBOSEFF (113) kinetisch untersucht und gleichzeitig durch Leitfähigkeitsmessungen die Konzentration der Zwischenstoffe zeitlich verfolgen können. Die Theorie wird hierbei bestätigt und sogar die Lage gewisser Zwischengleichgewichte bestimmt.

Versucht man aus solchen kinetischen Überlegungen ein *Fazit* zu ziehen, so ergibt sich, daß die Theorie der Zwischenverbindungen in ihren Konsequenzen tatsächlich die bei homogenen Katalysen in Lösungen beobachteten Typen von Geschwindigkeitsgleichungen wiederzugeben erlaubt und dadurch einen hohen Grad von *Wahrscheinlichkeit* erlangt, zumal sie das Auftreten von Dislokationen, wie wir sahen, in sich schließt. Umgekehrt ist aber der *Rückschluß* von der beobachteten Kinetik auf das genaue Bild des Mechanismus und die Relationen seiner Stufen meist *nicht eindeutig*, besonders dann nicht, wenn, wie gerade bei den wirksamsten Katalysatoren (Säure-Base-Katalyse), die Beobachtung sich nur als mehrdeutiger Grenzfall der allgemeinen Ansätze darstellt. Eine völlige Aufklärung des Mechanismus ist daher nur in den verhältnismäßig seltenen Fällen möglich, wo es gelingt, wenigstens einzelne Stufen der Folge *für sich zu beobachten.* Hingegen erlaubt die Theorie, wie wir sahen und noch im einzelnen prüfen werden, gewisse Eigentümlichkeiten der Katalyse, wie ihre begrenzte *Selektivität* und den *Verstärkereffekt*, zu verstehen. Ferner ermöglicht es die kinetische Messung in vielen Fällen, wenigstens zu diskutieren, welche der vielen besonders in wässerigen Lösungen möglichen Molekelarten denn nun den *eigentlichen Katalysator* darstellt. Diese Diskussion wird den Hauptteil unserer Betrachtungen bilden.

Aus Zwischenreaktionen vorausberechenbare Katalysen.

Zunächst mögen jedoch einige Fälle besprochen werden, in denen es gelungen ist, durch Kombination von Einzelreaktionen bekannter meßbarer Geschwindigkeit das *Maß* der katalytischen Beschleunigung *quantitativ* darzustellen bzw. vorauszusagen und damit das Postulat OSTWALDS (105) zu erfüllen: „Es müssen die in Betracht kommenden Reaktionsgeschwindigkeiten wirklich *gemessen* sein, und ehe dies geschehen ist, kann man nur von einer Vermutung, nicht aber von einer Erklärung reden.“ Es dürfte nach dem Vorstehenden klar sein, daß nur ein glückliches Zusammentreffen günstiger Werte für diese Geschwindigkeiten die Ausführbarkeit dieses Gedankens erhoffen läßt und daß solche Fälle daher recht selten sind.

1. Die Jodionenkatalyse des Hydroperoxydzerfalls.

Der experimentell erste Fall dieser Art ist der durch Jodionen beschleunigte Zerfall des Hydroperoxyds gewesen. Erstmals genauer untersucht wurde dieser Vorgang von BREDIG und WALTON (114). Sie schüttelten das neutrale Reaktionsgemisch und maßen das Volumen des jeweils entwickelten Sauerstoffs. In *neutraler* Lösung wird kaum Jodion oxydiert und daher 100% des verschwindenden Peroxyds als O_2 wiedergefunden. Es gilt nach diesen Messungen:

$$\frac{d(O_2)}{dt} = k(H_2O_2)(J'),$$

wobei k für KJ und NaJ sich identisch ergibt. Derselbe Wert wird auch für NH_4J erhalten, wenn man aus der Leitfähigkeit für die unvollständige Dissoziation dieses Salzes korrigiert. Bei CdJ_2 hinterläßt eine solche Korrektur etwa 35% Abweichung, was durch die Stufendissoziation und Komplexbildung in diesem Falle erklärlich erscheint. Wesentlich ist, daß alle Zusätze, die Jodionen durch Komplexbildung wegnehmen, hemmend wirken, wie z. B. molekulares Jod und Quecksilber(2)jodid. Die Gesamt-Salzkonzentration ist ohne Einfluß (s. S. 108). In allen Fällen ist also die Geschwindigkeit *der Konzentration der Jodionen proportional.*

Während BREDIG und WALTON dieses Verhalten durch eine Übertragung der Oxydationswirkung von einer Molekel H_2O_2 auf eine zweite durch das Jodion über JO' deuten wollten, gelang es ABEL (115), die Reaktion durch eine andere Deutung mit bekannten Vorgängen zu verknüpfen und so zu einer berechenbaren Katalyse zu machen.

ABEL betrachtet eigentlich zunächst einen anderen Vorgang. In *saurer* Lösung laufen nämlich nebeneinander die Vorgänge:

$$\text{I)}\quad H_2O_2 + J_2 = 2\,H^{\cdot} + 2\,J' + O_2 \qquad (H_2O_2 \text{ reduziert } J_2)$$

$$\text{II)}\quad H_2O_2 + 2\,H^{\cdot} + 2\,J' = 2\,H_2O + J_2 \qquad (H_2O_2 \text{ oxydiert } 2\,J').$$

Ihre Summe ergibt:
$$2\,H_2O_2 = 2\,H_2O + O_2\,,$$
also einfachen Zerfall. Sobald also beide Reaktionen *gleich schnell* vor sich gehen, kombinieren sie sich in dieser Weise, die Jodkonzentration und die Jodionenkonzentration ändern sich nicht mehr, und wir haben eine „*reine Katalyse*" vor uns, die ABEL als „*Jodjodionenkatalyse*" bezeichnet.

Reaktion I) wird durch $H^{\cdot}$-Ionen gebremst und durch J_2 beschleunigt. Daher bewirkt ein Fortschreiten von II) stets ein Rascherwerden von I), bis bei einem bestimmten Verhältnis J_2/J' der Zustand der Geschwindigkeitsgleichheit und damit der reinen Katalyse erreicht ist. Da beide Reaktionen proportional (H_2O_2) verlaufen, ist dieses Verhältnis von diesem Term unabhängig, dagegen abhängig von der Wasserstoffionenkonzentration.

Das Verhältnis der für die reine Katalyse notwendigen Konzentrationen J_2 und J' läßt sich nun berechnen; die Geschwindigkeit von II) ist von NOYES und SCOTT (116) bestimmt worden, die von I) läßt sich bei mäßiger (und — wegen der sonst bald starken Bremsung durch $H^{\cdot}$ aus II) — gepufferter) Wasserstoffionenkonzentration messen, und aus beiden Messungen ergibt sich für jedes $H^{\cdot}$ das für reine Katalyse erforderliche J_2/J'. Stellt man nun dieses ein und mißt jetzt die Geschwindigkeit der reinen Katalyse, so ergibt sich diese als bei jedem $(H^{\cdot})$ identisch. Sie muß nämlich gleich der doppelten (da O_2 in Molen, H_2O_2 in Äquivalenten gemessen wird) Geschwindigkeit von I) und wegen der Gleichheit beider auch von II) sein. Die letztere Geschwindigkeit ist nach NOYES und SCOTT $0{,}667\,(J')\,(H_2O_2)$, so daß die Katalysegeschwindigkeit
$$\frac{d\,O_2}{dt} = 1{,}33\,(J')\,(H_2O_2)$$
sein muß, unabhängig von $H^{\cdot}$. Das wurde in allen Fällen *auch dem Zahlenwert nach bestätigt.*

Diese Vorausberechnung der Jodionenjodkatalyse erstreckt sich automatisch auch auf die „Jodionenkatalyse" von BREDIG und WALTON. In *neutraler* Lösung wird nämlich auch ohne vorgelegtes Jod sehr bald die kleine Menge Jod nach II) gebildet sein, die bei der hier sehr hohen Geschwindigkeit von I) beide Geschwindigkeiten gleichmacht und so zur reinen Katalyse führt. Diese wird also dann fast von Anfang an bestehen. In der Tat färbt sich die neutrale Lösung stets schwach gelb. Dann muß aber auch die Konstante der Katalyse die gleiche, nämlich 1,33 sein. Nun hatten BREDIG und WALTON tatsächlich mit geringer Abweichung 1,4 gemessen, so daß dieser Vorgang damit *quantitativ* auf eine wechselnde Oxydation und Reduktion von Jodion bzw. Jod durch Hydroperoxyd zurückgeführt ist und aus deren Geschwindigkeit berechnet werden kann.

2. Die Jodionenkatalyse der Hydroperoxyd-Thiosulfat-Reaktion.

Zeitlich zwischen den Experimenten BREDIGS und ihrer Deutung durch ABEL war es diesem schon gelungen, eine andere Reaktion, die er untersuchte, quantitativ vorauszuberechnen (18). Der Vorgang:

$$H_2O_2 + 2\,S_2O_3'' + 2\,H^{\cdot} = 2\,H_2O + S_4O_6''$$

verläuft unkatalysiert nach:

$$\frac{dx}{dt} = 1{,}53\,(a - x)(b - x)\,,$$

wo a die Anfangskonzentration des Peroxyds, b die des Thiosulfats, x den Umsatz bedeutet. Die Reaktion wird *durch Jodionen beschleunigt.*

ABEL stellt sich nun vor, daß der primäre und geschwindigkeitsbestimmende Vorgang bei dieser Beschleunigung die NOYES-SCOTTsche (116) Reaktion

$$H_2O_2 + J' = H_2O + JO'$$

ist, die JO' als VAN 'T HOFFschen Zwischenstoff liefert. Auf sie folgt dann unmeßbar rasch entweder:

$$JO' + J' + 2\,H^{\cdot} = J_2 + H_2O$$

(wie im vorigen Beispiel)

$$J_2 + 2\,S_2O_3'' = S_4O_6'' + 2\,J'$$

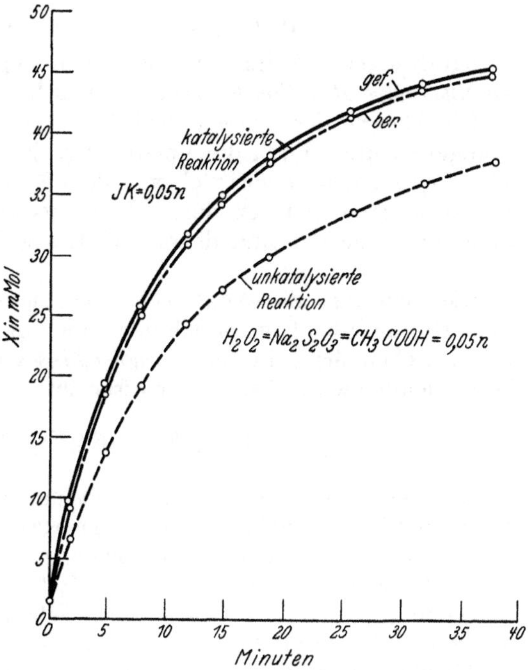

Fig. 6. Vorausberechnung der Jodionenkatalyse der Reaktion von Hydroperoxyd mit Thiosulfat nach ABEL.

oder aber, was keinen Unterschied bedeutet, direkt:

$$JO' + 2\,S_2O_3'' + 2\,H^{\cdot} = S_4O_6'' + J' + H_2O.$$

Die Geschwindigkeit der katalysierten Reaktion, die dann durch ihre erste Stufe gegeben ist, muß dann aber wieder sein:

$$\frac{dx}{dt} = 0{,}667\,(a - x)\,c\,,$$

wo c die (durch die Folgereaktionen stets wieder hergestellte, also zeitlich konstante) Konzentration der Jodionen bedeutet. Für die Gesamtreaktion in Gegenwart des Katalysators wäre dann die Summe der unkatalysierten und der katalysierten Reaktion einzusetzen, also nach leichter Umformung:

$$\frac{dx}{dt} = 1{,}53\left[(b - x) + \frac{0{,}67}{1{,}53}\,c\right](a - x)\,.$$

Fig. 6, die die Zeitkurve der unkatalysierten, der so berechneten und der beobachteten katalysierten Reaktion enthält, zeigt, wie befriedigend hier die Vorausberechnung in allen Stadien ausfällt.

Selektive Katalyse.

Während im vorhergehenden Beispiel Hydroperoxyd sowohl für sich wie auch bei der Katalyse durch Jodionen Thiosulfat ausschließlich zu Tetrathionat umwandelte, vermag *Molybdänsäure* in saurer Lösung die Reaktion sehr stark in der Richtung

$$4\,H_2O_2 + S_2O_3'' = 2\,SO_4'' + 2\,H^\cdot + 3\,H_2O$$

zu katalysieren, so daß wir hier einen typischen Fall von *selektiver Katalyse oder Reaktionslenkung* vor uns haben.

Die Theorie der Zwischenreaktionen kann eine solche Erscheinung zwanglos deuten durch die Vorstellung, daß hier ein völlig *neuer Zwischenkörper* entsteht, der sich von dem Stoßkomplex $H_2O_2 \cdot S_2O_3''$ der unkatalysierten und von dem JO' der jodionenkatalysierten Reaktion völlig unterscheidet und daher auf Thiosulfat ganz anders einwirken kann.

Die Deutung, die ABEL (117), der diese Katalyse entdeckte und studierte, ihr gibt, bewegt sich denn auch in dieser Richtung, indem sie den Zwischenkörper in der *Permolybdänsäure* sieht. Die Geschwindigkeitsgleichung wurde bei 25° gemessen zu

$$\frac{dx}{dt} = [1600 + 3{,}5 \cdot 10^7\,(H^\cdot)]\,(MoO_3)\,(S_2O_3'').$$

(Wegen der starken $H^\cdot$-Abhängigkeit und da die Reaktion selbst $H^\cdot$ liefert, muß in gepufferter Lösung gearbeitet werden.)

Die Geschwindigkeit ist unabhängig oder nullter Ordnung nach einem der Substrate, nämlich dem Hydroperoxyd, und das bedeutet im Sinne der S. 57 wiedergegebenen Überlegung, daß der *Zwischenkörper ein* ARRHENIUS*scher* ist, dessen Konzentration nahezu *der des Katalysators entspricht.* Nun hatte schon früher zu ähnlichen Zwecken BRODE (118) nachgewiesen, daß Permolybdänsäure nur sehr wenig in Molybdänsäure und Hydroperoxyd zerfallen ist, also angenommen werden darf, daß der gesamte Katalysator (MoO_3) an das Substrat (H_2O_2) gebunden als Permolybdänsäure vorliegt.

Es gilt nun noch, den Einfluß der *Wasserstoffionen* und die Form, in der sie in die Gleichung eingehen, zu deuten [ABEL (119)]. Entweder stellt man sich vor, daß sie ihrerseits nochmals die Reaktion Permolybdation-Thiosulfation katalysieren, die also mit *und* ohne sie verlaufen kann:

$$5\,MoO_5'' + S_2O_3'' = 5\,MoO_4'' + 2\,SO_4''$$

$$\frac{dx}{dt} = 1600\,(MoO_3)\,(S_2O_3'')$$

$$5\,MoO_5'' + S_2O_3'' + H^\cdot = 5\,MoO_4'' + 2\,SO_4'' + H^\cdot$$

$$\frac{dx}{dt} = 3{,}5 \cdot 10^7\,(H^\cdot)\,(MoO_3)\,(S_2O_3'').$$

Oder man nimmt an —, und das heißt nur, der eben genannten $H^\cdot$-Katalyse einen ARRHENIUSschen Mechanismus unterlegen —, daß ein Gleichgewicht

$$H^\cdot + MoO_4'' \rightleftharpoons HMoO_5'$$

besteht, und daß außer der zweiten auch die erste Dissoziationsstufe (und zwar, da sie wegen der Proportionalität mit $[MoO_3]$ nur in geringer relativer Menge vorhanden sein darf, wesentlich rascher) auf S_2O_3'' einwirkt.

Neben der molybdänkatalysierten Sulfatbildung läuft nun noch die unkatalysierte Tetrathionatbildung nach (s. S. 61)

$$\frac{dy}{dt} = 1{,}53\,(a - x - y)^2,$$

wo x das gebildete Sulfat, y das gebildete Tetrathionat und a die als äquivalent angenommenen Anfangskonzentrationen Peroxyd und Thiosulfat bedeutet. Für die Molybdänkatalyse hatten wir:

$$\frac{dx}{dt} = [1600 + 3{,}5 \cdot 10^7\,(H^{\cdot})]\,(MoO_3)\,(a - x - y)\,.$$

Die *Ausbeute an Sulfat* ergibt sich durch Division, Integration und Umformung zu:

$$\frac{y}{a} = \frac{230}{m} \log \frac{1+m}{1+rm}\ \%\,,$$

wo $m = \frac{1{,}53\,a}{[1600 + 3{,}5 \cdot 10^7\,(H^{\cdot})]\,(MoO_3)}$ und $r = \frac{a - x - y}{a}$ ist.

Die so berechneten Ausbeuten stimmen quantitativ mit den gefundenen überein, ein Zeichen dafür, daß katalysierte und unkatalysierte Reaktion ganz unbeeinflußt nebeneinander her laufen, also wirklich der Katalysator einen ganz *neuen Reaktionsweg* eröffnet hat.

Verstärkung zweier Katalysatoren.

Nicht immer aber sind die verschiedenen in einem Gemisch gangbaren Reaktionswege in dieser Weise unabhängig voneinander. Wäre das der Fall, so müßte stets im Falle der Anwesenheit zweier oder mehrerer Katalysatoren die resultierende Geschwindigkeit einfach gleich der Summe der für jeden einzelnen Katalysator bei alleiniger Einwirkung geltenden Geschwindigkeiten sein. Das ist auch sehr häufig der Fall; insbesondere gilt es für Hydroxyl- und Wasserstoffionen und Wassermolekeln als Katalysatoren. BRODE (118) stellte ein gleiches an der Oxydation von Jodion durch Hydroperoxyd fest für die Katalysatorpaare: Molybdänsäure mit Eisen, Kupfer oder Wolframsäure und für Wolframsäure mit Kupfer. Für ein Gemisch zweier solcher Katalysatoren ist also die beschleunigende Wirkung *additiv*, sie läßt sich aus den Wirkungen der Komponenten nach der *Mischungsregel* berechnen.

Sehr häufig ist das aber nicht der Fall. Oft setzt ein zugesetzter Stoff die Wirksamkeit eines Katalysators herab, z. B. in dem erwähnten Falle kleine Mengen Eisen die der Wolframsäure (nicht umgekehrt), indem es mit ihr einen unwirksamen Komplex bildet. Solche „*Abschwächungen*“ durch Komplexbildung werden wir aber als „negative Katalyse“ besonders behandeln. Recht häufig ist aber auch der umgekehrte Fall, daß die Wirksamkeit eines Katalysatorgemisches *über die Additivität hinausgeht*, die man bei unbeeinflußter Wirkung jeder

Komponente erwarten sollte. Für diese Erscheinung hat BRODE (118) 1901 die Bezeichnung „*Verstärkung*“ erstmals angewandt. Für heterogene Katalysen, wo dieser Effekt von größter technischer Wichtigkeit ist, sind auch andere Ausdrücke in Gebrauch, wie wir sehen werden.

Wir wollen zunächst absehen von der Abhängigkeit, die viele Katalysen vom p_H aufweisen und in denen man demnach das Wasserstoffion als Verstärker ansehen könnte (s. die Molybdänsäurekatalyse der Hydroperoxyd-Thiosulfatreaktion auf S. 62), absehen auch von der LOWRYschen kombinierten Säure-Basen-Katalyse (s. S. 51 und S. 93), wo ja mindestens eine der Komponenten für sich gar keine katalytische Wirksamkeit besitzt.

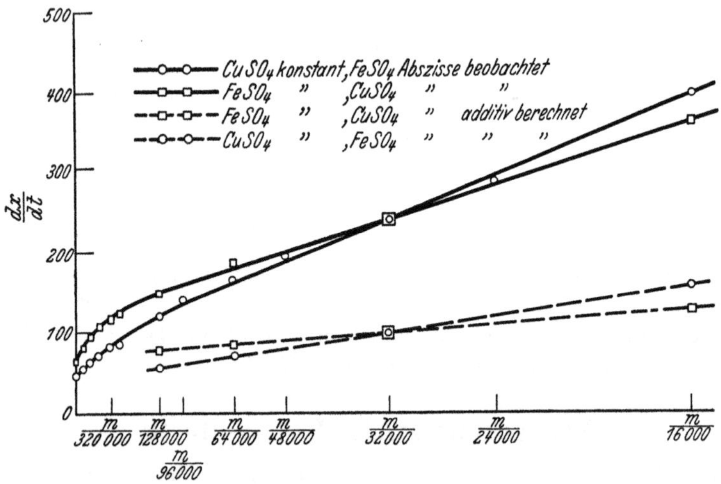

Fig. 7. Kupfer-Eisen-Verstärkung bei der Persulfat-Jodid-Reaktion nach PRICE.

Dann scheint die erste Beobachtung einer Verstärkung von PRICE (177) aus dem Jahre 1898 zu stammen. Er untersuchte die in neutraler und saurer Lösung bimolekulare *Reaktion zwischen Persulfat und Jodid*:

$$K_2S_2O_8 + 2\,KJ = 2\,K_2SO_4 + J_2\,,$$

bzw.

$$S_2O_8'' + 2\,J' = 2\,SO_4'' + J_2\,.$$

Sie wird *von Eisenionen* beider Wertigkeitsstufen sehr stark und proportional deren Konzentration *beschleunigt*, offenbar weil das Eisenion durch leichten Ladungsaustausch als Überträger wirkt. Ganz in gleicher Weise, nur wenig schwächer und in saurer Lösung etwas behindert, wirken auch *Kupferionen*, wohl aus gleichen Gründen. Setzt man jedoch dem Reaktionsgemisch *beide* Katalysatoren zusammen zu, so übersteigt die Wirkung bei weitem die Summe der Einzelwirkungen, wie Fig. 7 zeigt. Auch ist der funktionale Zusammenhang mit der Konzentration eines Katalysators bei Konstanz der des andern jetzt höchst charakteristisch verändert.

Bestand vorher Proportionalität mit der Katalysatorkonzentration, d. h. hatten wir den Grenzfall sehr geringer Konzentration des Zwischenstoffes [z. B. Kupfer(1)ion] vor uns, so variiert jetzt die „Ordnung" nach dem einen Katalysator zwischen Null und Eins. Das bedeutet, daß die Konzentration des einen Zwischenstoffes jetzt der eines der übrigen Partner (wahrscheinlich der des andern Zwischenstoffes) kommensurabel geworden ist. Die Kurven entsprechen gerade dem, was man nach dem SPITALSKIschen (112; s. S. 57) Wechselwirkungsgliede erwarten würde. Die Verstärkung ist so empfindlich, daß z. B. in $^{n}/_{32000}$ $Fe^{\cdot\cdot}$ ein Zusatz von $^{n}/_{2560000}$ $Cu^{\cdot\cdot}$ die Geschwindigkeit noch fühlbar, nämlich um 15%, erhöht.

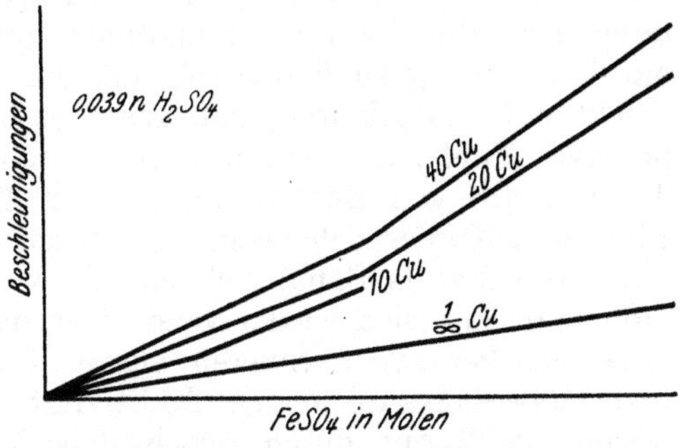

Fig. 8. Verstärkung der Eisenkatalyse durch Kupferzusätze bei der Reaktion Hydroperoxyd-Jodid nach BRODE.

Eine sehr eingehende Untersuchung eines ganz nahe verwandten Vorgangs verdankt man BRODE (118). Er untersuchte die uns bereits hinlänglich vertraute *Oxydation von Jodionen durch Hydroperoxyd.* Sie erfordert zwar die Anwesenheit von $H^{\cdot}$ als Katalysator, zeigt jedoch bei konstantem p_H weitere sehr interessante katalytische Erscheinungen. Wieder sind es, wie bei der ganz analogen Persulfatreaktion, *Eisen- und Kupferionen*, die sich in charakteristischer Weise verstärken. Die Beschleunigung ist (immer abzüglich der durch $H^{\cdot}$) proportional der Eisenkonzentration, und Kupferzusatz von nur 0,0002 n vergrößert den Proportionalitätsfaktor bereits erheblich. Kupfer allein ist ebenfalls wirksam, jedoch in diesem Falle 100mal schwächer, d. h. erst wenn es in nicht mehr verschwindender Menge zugegen ist. Seine verstärkende Wirkung auf die Eisenkatalyse ist dagegen noch in $^{n}/_{100000}$ Lösung merklich! Fig. 8 zeigt den Einfluß des Kupfers konstanter Konzentration bei wechselnder Eisenkonzentration.

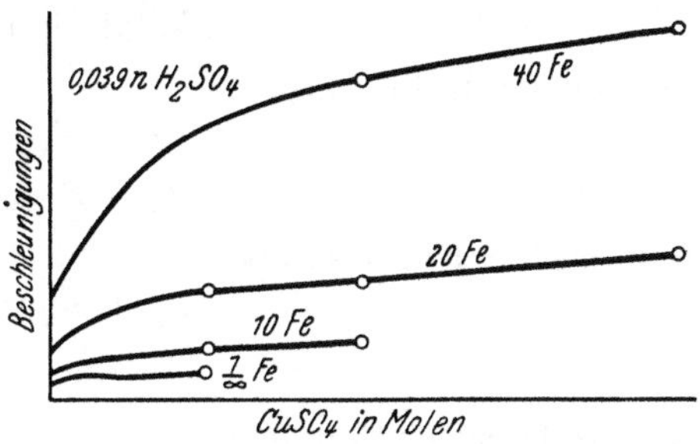

Fig. 9. Verstärkung der Kupferkatalyse durch Eisenzusätze bei der Reaktion Hydroperoxyd-Jodid nach BRODE.

Um den Einfluß des Kupfers in Abhängigkeit von seiner eigenen Konzentration zu ermitteln, wurden Versuche mit konstantem Eisen- und variiertem Kupferzusatz angestellt. Ihr Ergebnis ist in Fig. 9 dargestellt, und zwar für verschiedene Eisenkonzentrationen. Man sieht, daß die Abhängigkeit vom Kupfer, diesmal ungleich der vom Eisen, wieder zwischen nullter und erster Ordnung variiert.

BRODE fragte sich nun, ob diese Verstärkung vielleicht darauf beruhe (wie NOYES vorgeschlagen hatte), daß *jeder* der Katalysatoren nur eine der reagierenden Komponenten „aktiviere", d. h. in einen reaktionsfähigen Zwischenkörper überführe. Wir wollen seine Überlegung wiedergeben, weil diese Möglichkeit uns bei der heterogenen Katalyse (s. S. 209) nochmals beschäftigen wird. Wenn dieser Gedanke nämlich richtig ist, so läßt sich leicht zeigen, daß bei drei Katalysatoren unter ihren drei Zweierkombinationen immer entweder *keine* oder *zwei* mit Verstärkung zu finden sein müssen. Wollte man den gefundenen Effekt z. B. so erklären, daß Eisen (wie wahrscheinlich) das Hydroperoxyd, Kupfer das Jodion aktiviere, so ergibt sich unter Hinzunahme der ebenfalls von BRODE untersuchten Molybdänsäure folgendes: Da Eisen und Kupfer sich verstärken, Eisen und Molybdänsäure aber, wie schon erwähnt (s. S. 63) sich additiv verhalten, müßten Kupfer und Molybdänsäure sich wieder verstärken, da ja Molybdänsäure dann wie Eisen das Peroxyd aktivieren würde. Das trifft nun *nicht* zu, Kupfer und Molybdänsäure zeigen Additivität. Das ist um so bemerkenswerter, als BRODE durch verschiedene Messungen zeigen konnte, daß Molybdänsäure tatsächlich primär mit dem Hydroperoxyd zu Persäure reagiert. BRODE schloß daher, daß außer dem unkatalysierten und dem über Eisen führenden und dem über Kupfer führenden Weg *noch ein neuer*, über Eisen *und* Kupfer führender Weg vorhanden sein muß.

In der Tat lassen sich die gemessenen Kurven durch eine solche Annahme in ganz ähnlichen Überlegungen, wie sie bereits SPITALSKI (112; s. S. 57) für die Verstärkung ausgeführt hat, wiedergeben. Wir nehmen folgendes Schema an:

$$\text{unkatalysiert: } A \rightarrow B$$

mit einem Katalysator:

$$A + K_1 \rightleftharpoons Z_1$$
$$Z_1 \rightarrow B + K_1$$

mit beiden Katalysatoren:

$$Z_1 + K_2 \rightleftharpoons Z_2$$
$$Z_2 \rightarrow B + K_1 + K_2 .$$

Es ergibt sich unter den SPITALSKIschen Annahmen:

$$\frac{d(B)}{dt} = \underbrace{k_0(A)}_{\text{ohne Katalyse}} + \underbrace{\frac{k_1 G_1(K_1)(A)}{1 + G_1(A)}}_{\text{mit Cu allein}} + \underbrace{\frac{k_2 G_1 G_2(K_1)(K_2)(A)}{1 + G_1(A) + G_2 G_1(K_1)(A)}}_{\text{mit Cu und Fe}} .$$

Wird K_1, also das Kupfer, konstant gehalten und dabei die an sich geringe Geschwindigkeit der Kupferkatalyse allein beachtet, so ergibt sich die *Proportionalität* mit dem *Eisen* K_2. Wird dagegen Eisen konstant gehalten, so ergibt sich die *variable* Ordnung nach dem *Kupfer* aus dem letzten Gliede, das ja K_1 nochmals im Nenner enthält. (Selbstverständlich ist die Katalyse durch Eisen allein nicht berücksichtigt, sie ist in k_0 enthalten zu denken, das dann ebenfalls bis auf eine ganz kleine Zusatzgröße proportional der Eisenkonzentration wird.) Der einfache Ansatz gibt also formal die Gestalt der Verstärkungskurven richtig wieder und beweist damit, daß diese Effekte im homogenen System durch Zwischenreaktionen hinreichend erklärbar sind. (Natürlich soll er aber keine vollständige Theorie des Falles darstellen, da die Zwischenstufen wohl eher umgeladene Ionen als Verbindungen Z sein dürften.)

SCHILOW und BULIGIN (120) haben noch einen dritten Fall von *Kupfer-Eisen-Verstärkung* gefunden, nämlich bei der *Reaktion zwischen Sulfit und Persulfat*:

$$SO_3'' + H_2O + S_2O_8'' \rightarrow 3\,SO_4'' + 2\,H^{\cdot}.$$

Die Vorstellungen, die die Verfasser sich bildeten, laufen ebenfalls wieder auf die Nebeneinanderschaltung dreier Wege hinaus, eines über Eisen, eines über Kupfer und eines über beide führenden. Speziellere Annahmen über die Natur dieser Wege lassen sich durch die Kinetik allein nicht beweisen, jedoch ist wohl sicher, daß intermediärer Wertigkeitswechsel gerade diese Ionen zur Oxydationskatalyse befähigt.

Als ein Beispiel, daß ein derartiger Mechanismus nicht auf wässerige Lösungen beschränkt ist, diene noch die Untersuchung von BREDIG und BROWN (121) über die *Katalyse des* KJELDAHL-*Prozesses*. Sie haben durch Auffangen der entstehenden Produkte SO_2 und CO_2 die Oxydation von Anilin zu Ammonsulfat und von Naphthalin zu Phthalsäure in konzentrierter Schwefelsäure kinetisch untersucht. Die Reaktionen sind annähernd erster Ordnung und werden beide *durch Kupfersalze und Quecksilber*(2)*salze* katalysiert. Auch hier sind diese Salze bei gleichzeitiger Anwesenheit wirksamer als getrennt. Fig. 10 zeigt wieder die additiv zu erwartende Kurve (Umsatz/Zeit-Kurve) neben der gemessenen.

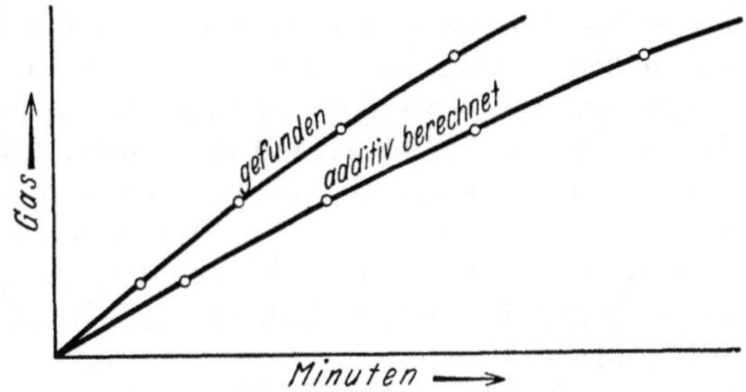

Fig. 10. Kupfer-Quecksilber(2)-Verstärkung bei der Katalyse des KJELDAHL-Prozesses nach BREDIG und BROWN.

Nicht zu verwechseln mit solchen echten Abweichungen von der Additivität sind *scheinbare* Verstärkungen oder Abschwächungen, die durch eine *wechselseitige Reaktion der Katalysatoren* bedingt sind. So ist nicht zu erwarten, daß die auf OH' und auf $H^{\cdot}$ ansprechende Mutarotation durch Zusatz von NaOH zu HCl verstärkt werde! Ein Beispiel dieser Art bildet die *Katalyse des Hydroperoxydzerfalls durch Chromat-Dichromat-Gemische.* Die Chromatkatalyse geht nach

$$\frac{dx}{dt} = 460\,(CrO_4'')\,(H_2O_2)\,,$$

die Dichromatkatalyse nach

$$\frac{dx}{dt} = 137\,000\,(Cr_2O_7'')\,(H_2O_2)\,.$$

SPITALSKI hatte nun gefunden, daß beim Vermischen beider Salze die resultiernde Geschwindigkeit nicht nach der Mischungsregel aus diesen beiden Ausdrücken zu errechnen ist, sondern bei einem bestimmten Mischungsverhältnis ein Minimum aufweist (Abschwächung).

RIESENFELD (122) konnte indessen zeigen, daß durch die Hydrolyse der Chromsäure OH'-Ionen entstehen, die dann Dichromat nach

$$Cr_2O_7'' + 2\,OH' \rightleftharpoons 2\,CrO_4'' + H_2O$$

in das weniger wirksame Chromat überführen. Da die Hydrolysenkonstante der Chromsäure und die des obigen Gleichgewichts ($3{,}4 \cdot 10^{15}$) bekannt sind, lassen sich daraus die wahren Konzentrationen der Chromat- und Dichromationen berechnen und wenn man diese einsetzt, gilt tatsächlich die *Mischungsregel* streng.

Grundtatsachen der Ionenkatalyse.

Schon in den bisher behandelten Beispielen haben wir als Katalysatoren in Lösung stets Ionen, wie J', MoO_4'', Fe¨, Cu¨, kennengelernt. Die überwiegende Rolle des Wassers als Lösungsmittel in der uns umgebenden Natur und der Lösungszustand vieler Stoffe in ihm bringt es mit sich, daß in der erdrückenden Mehrzahl aller untersuchten Katalysen Ionen den Katalysator und möglicherweise auch das aktive Substrat darstellen und so werden wir uns bei der Darstellung der Katalyse in Lösung fast ausschließlich mit der Ionenkatalyse zu beschäftigen haben. Und unter den katalysierenden Ionen hinwiederum nehmen gerade die Ionen des Wassers selbst aus den nämlichen Gründen eine Sonderstellung hinsichtlich ihrer Wirksamkeit ein. Dieser Umstand, in Verbindung mit der großen Verbreitung hoher Reaktionsgeschwindigkeiten bei Ionenreaktionen, hat sogar zu dem stillschweigenden Vorurteil [dessen Kritik s. bei ABEL (123)] geführt, als ob überhaupt vorzugsweise Ionen katalysieren, eine Ansicht, die bis in die heterogene Katalyse vorgetragen wurde, die aber, wie wir sehen werden, durch die Tatsachen korrigiert worden ist.

Die Proportionalität mit der Ionenkonzentration.

Gerade zu der Zeit, als die ARRHENIUSsche Theorie der elektrolytischen Dissoziation im Entstehen begriffen war, beschäftigte sich OSTWALD mit der katalytischen Wirkung der Säuren. Er studierte die Geschwindigkeit der Esterverseifung (124) und der Rohrzuckerinversion (125) in Gegenwart der verschiedensten Säuren und kam auf Grund zahlreicher eigener und früherer Messungen zu dem bemerkenswerten Resultat, daß die Geschwindigkeit beider Reaktionen bei gleicher Konzentration verschiedener Säuren der Leitfähigkeit der Säure proportional war, daß insbesondere Säuren gleicher Leitfähigkeit auch gleiche Geschwindigkeiten hervorriefen, und zwar bei geeigneter Anschreibung sogar für beide Reaktionen die gleichen. Aus OSTWALDS Zusammenstellungen sei die folgende kleine Tabelle entnommen:

Säure	k (Inversion)	$\sqrt{k}$ (Verseifung)	Leitfähigkeit
HCl	24,12	21,87	367
HNO_3	22,06	21,87	363
$HClO_3$	22,78	22,61	355
$C_6H_5SO_3H$	23,94	22,82	326

Hierbei ist für die Inversion die monomolekulare Konstante, für die Verseifung die Wurzel aus der bimolekularen (für Konzentrationen in Mol pro Liter) angeschrieben. Beide haben konstante Werte und werden von OSTWALD als die „Affinitätskonstante" der betreffenden Säure bezeichnet. Aus dieser Unabhängigkeit vom Anion der Säure und der Proportionalität mit der Leitfähigkeit (Dissoziationsgrad) mußte geschlossen werden, daß der wirksame Bestandteil aller Säuren das *Wasserstoffion* war und daß die katalytische Wirkung dessen *Konzentration proportional* war. Gleichzeitig dienten diese Beobachtungen seinerzeit als starke Stütze der jungen und stark angefeindeten Dissoziationstheorie.

ARRHENIUS (z. B. 107) hat bald danach entsprechende Messungen ebenfalls angestellt und anstellen lassen, und wenn er auch bereits die wichtigsten der neuerdings bedeutsam gewordenen Abweichungen gefunden hat (s. a. 126), so stellte sich doch im ganzen, auch nach der großen Reihe von Beobachtungen der folgenden Jahre (127) der Befund der *Proportionalität*, besonders bei kleinen Säure- und Gesamtkonzentrationen, als so allgemein heraus, daß er als ein gut gestütztes Gesetz gelten kann. Werden doch beide Reaktionen sogar zur Bestimmung von Wasserstoffionenkonzentrationen empfohlen. Wir sahen ja auch bereits im vorigen Abschnitt dieselbe Form der Abhängigkeit bei der Katalyse durch eine Reihe anderer Ionen erwiesen und sahen auch, daß die einfache Theorie der Zwischenreaktionen sie im allgemeinen fordert. Sie kann als ein Rahmengesetz der homogenen Katalyse angesehen werden, dessen Ausnahmen erst den weiteren Inhalt der Forschung bilden.

Die wirksame Form des Katalysators.

Das Bisherige läßt nun die Frage vollkommen offen, in welcher Form der Katalysator, im besonderen das Wasserstoffion, katalytisch wirkt. Man kann ja von vornherein in der Lösung verschiedene, mehr oder weniger solvatisierte oder freie Modifikationen nebeneinander annehmen, deren Konzentrationen alle einander proportional sein müssen. So versuchten LAPWORTH (128) und auch RICE (129), das freie, unhydratisierte Wasserstoffion als eigentlich wirksam hinzustellen. Wir können aber vermuten, wie z. B. BROENSTED (130) auseinandersetzt, daß dieses seiner hohen Solvatationswärme wegen in Lösungen überhaupt nicht merklich existiert und haben auch atomtheoretische Gründe (FAJANS, GRIMM) dafür, daß es nur zu leicht die Elektronenhülle jedes Lösungsmittels so stark deformiert, daß es in ihr untertaucht. So wird man zu prüfen haben, ob eine katalytische Wirksamkeit des *solvatisierten* Wasserstoffions möglich ist. Für den Sonderfall, daß das Lösungsmittel zugleich Substrat ist (Hydrolysen in Wasser, wie Inversion und Verseifung; Alkolysen und Veresterung in Alkoholen), wird diese Frage identisch mit der, ob die Katalyse durch eine Zwischenverbindung Wasserstoffion—Substrat vermittelt wird.

In dieser Richtung hat eine über viele Jahre erstreckte und äußerst fruchtbare Untersuchungsreihe H. GOLDSCHMIDTs wichtige und sichere

Aufklärungen gebracht. Sie gipfelt in der Erkenntnis, daß das *mit dem Substrat solvatisierte* Wasserstoffion das wirksame Agens ist, das anderweitig solvatisierte nicht oder doch nur insofern, als es jenes im Gleichgewicht nachliefert.

GOLDSCHMIDT untersuchte die Geschwindigkeit der *Esterbildung* aus verschiedenen Säuren und Alkoholen in dem betreffenden Alkohol als Lösungsmittel unter dem katalytischen Einfluß anderer (und gleicher) Säuren.

Zunächst (131) fand er, daß die an sich bimolekulare Reaktion wegen der praktisch konstanten Alkoholkonzentration pseudomonomolekular verläuft, und daß die Konstante erster Ordnung nach der Säurekonzentration z. B. folgende Werte annimmt:

Zu veresternde Säure	Alkohol	Katalysatorsäure	k
Benzoesäure . .	abs. Äthylalkohol	HCl, HBr	0,0428
,, . .	89,7 proz. Äthylalkohol	,,	0,0016
,, . .	abs. Äthylalkohol	Pikrinsäure	0,00283
Phenylessigsäure	,,	HCl	3,3

Der kleinere Wert für Pikrinsäure gegenüber den Mineralsäuren ist begleitet von einer bedeutend geringeren *Leitfähigkeit* dieser Säure in Alkohol. Das scheint schon für eine Katalyse durch den *dissoziierten* Anteil der Katalysatorsäure zu sprechen. Andererseits vermehrt Wasserzusatz die Dissoziation, so daß die starke *Hemmung durch Wasser* bei den Mineralsäuren eher eine Katalyse durch den undissoziierten Teil zu befürworten scheint. Die Zunahme der Leitfähigkeiten entspricht aber quantitativ bei weitem nicht der Abnahme der Geschwindigkeit, so daß diese Möglichkeit abzulehnen ist. Damals schon wurde das *Wasserstoffion* als Katalysator vermutet.

Im nächsten Jahre (132) erfuhr diese Ansicht eine starke Stütze durch die Tatsache, daß der *Zusatz gleichioniger Salze* zur schwachen Katalysatorsäure, nämlich von *p*-Toluidinpikrat zu Pikrinsäure, die Geschwindigkeit vermindert, wie aus nebenstehender Tabelle hervorgeht.

Salzzusatz	k
0:1	0,0187 bis 0,0147
1:1	0,0086 ,, 0,0082
2:1	0,0072 ,, 0,0066

(Unter „k" sind die Grenzen der zeitlichen Gänge angegeben, die durch das gebildete Wasser hervorgerufen werden. Diese Wasserhemmung ist teils, wie oben, eine spezifische, die in der ferneren Entwicklung noch eine große Rolle spielen wird, teils beruht sie auf der Vergrößerung der Salzdissoziation durch den Wasserzusatz.) Die exakten Dissoziationsverhältnisse von Säure und Salz waren damals noch unbekannt, so daß eine quantitative Durchrechnung der Salzhemmung nicht möglich war; jedenfalls bewiesen sie deutlich, daß der dissoziierte Anteil der Pikrinsäure wirksam ist.

Gleichzeitig wurde gefunden, daß Trichloressigsäure ihre eigene Veresterung katalysiert, d. h. ohne fremden Säurezusatz nach zweiter

Ordnung verestert wird. Die Geschwindigkeit dieser „*Selbstveresterung*" kann geschrieben werden:

$$\frac{dx}{dt} = k(a - x)^2 \cdot \alpha,$$

wo α den Dissoziationsgrad der Trichloressigsäure bedeutet. Daraus geht wieder hervor, daß ein Spaltstück *jeder* Säure, also wohl das Wasserstoffion, die Esterbildung bewirkt.

Gemeinsam mit SUNDE (133) konnte diese Ansicht weiter gestützt werden, indem die katalytische Wirksamkeit der Säuren mit ihrem *Dissoziationsgrad* in nunmehr vergleichbar wasserfreiem (kalkdestilliertem; 0,2 bis 0,3% H_2O) Alkohol verglichen wurde. Es ergab sich:

Zu veresternde Säure	$\frac{k_{\text{Salzsäure}}}{k_{\text{Pikrinsäure}}}$	$\frac{k_{\text{Pikrinsäure}}}{k_{\text{Trichloressigsäure}}}$	$\frac{k_{\text{Trichloressigsäure}}}{k_{\text{Dichloressigsäure}}}$
Phenylessigsäure	8,8	8,6	—
Essigsäure	10,5	10	4,4
Verhältnis der Dissoziationsgrade der Katalysatorsäuren	5,5	6,4	4,5

Trotz vorhandener Abweichungen in den Zahlenwerten zeigt sich hier deutlich, daß die stärker dissoziierte Säure stets auch der stärkere Katalysator ist. Zahlen einer späteren Arbeit, die hier vorweggenommen seien, zeigen dies noch genauer (134):

	0,1 norm. Lösungen				
	HCl	Pikrinsäure	Trichloressigsäure	Trichlorbuttersäure	Dichloressigsäure
Leitfähigkeiten	34,1	3,56	0,34	0,12	0,076
k für Veresterung von Ameisensäure	—	3,5	0,354	0,101	0,063

Auch fanden GOLDSCHMIDT und SUNDE, daß die *Zurückdrängung* der Dissoziation der Katalysatorsäure durch die *Substratsäure* in ihrem Einfluß auf die Geschwindigkeit die zu erwartende Reihenfolge mit der Stärke beider Säuren zeigt. Im ganzen steigt die Geschwindigkeit mit der *Konzentration der Katalysatorsäure* etwas langsamer als diese an, wie es bei einer Katalyse durch die Wasserstoffionen zu erwarten ist. Trotz verschiedener Abweichungen, die in dieser Arbeit schon hervortraten, die aber an anderer Stelle besprochen werden sollen, sprachen die bisherigen Befunde schon sehr für eine Katalyse durch *Wasserstoffionen.*

Die *quantitative* Bestätigung dieser Annahme wurde nun erbracht zusammen mit der Beantwortung der von uns eingangs gestellten Frage nach der Rolle der Solvatation. Den Schlüssel dazu bot die bereits erwähnte *Hemmung der Reaktion durch Wasser.*

GOLDSCHMIDT und UDBY (135) zeigen zunächst, daß die Kinetik der Verseifung selbst nichts darüber aussagen kann, ob das Wasserstoffion mit der Säure oder mit dem Alkohol einen ARRHENIUSschen Zwischenkörper bildet, da dessen Konzentration immer (solange sie klein ist) dem Produkt derer seiner Komponenten proportional ist und daher beide Annahmen zu der gleichen Formulierung führen. Anders steht es dagegen mit dem Wassereinfluß. Es wird angenommen, daß Wasser durch Bildung einer Verbindung mit $H^{\cdot}$ (des Hydroxoniumions $H_3O^{\cdot}$) *mit dem Substrat in Konkurrenz tritt.*

I. Im Falle, daß das Zwischenprodukt der Katalyse die Verbindung *mit der Säure* wäre, hätten wir daher folgendes Gleichgewicht:

$$\underset{\xi}{CH_3COOH \cdot H^{\cdot}} + \underset{n+x-\eta}{H_2O} \rightleftharpoons \underset{a-x-\xi}{CH_3COOH} + \underset{\eta}{H_3O^{\cdot}}.$$

Die unter die Symbole geschriebenen Ausdrücke stellen die Konzentrationen der betreffenden Stoffe dar, da a die Anfangskonzentration der Säure, x der Umsatz (verschwundene Säure = gebildetes Wasser), n die Konzentration zugesetzten Wassers bedeuten. Es wird weiter vorausgesetzt:

$$\xi \ll a - x \qquad \text{und} \qquad \eta \ll n + x,$$

also wie bei Skrabal (S. 56).

Ohne Wasserzusatz bestünde nur das Gleichgewicht:

$$\underset{a-x-\xi}{CH_3COOH} + \underset{c}{H^{\cdot}} \rightleftharpoons \underset{\xi}{CH_3COOH \cdot H^{\cdot}},$$

aus dem folgt:

$$\xi = G(a - x)c.$$

Durch die Wasserkonkurrenz wird nun ξ um den Betrag der an Wasser gebundenen $H^{\cdot}$ vermindert, also

$$\xi = Gc(a - x) - \eta.$$

Nun ist aus dem zuerst angeschriebenen Gleichgewicht mit Wasser:

$$\eta = \frac{\xi(n + x)}{r(a - x)},$$

wo r die Hydrolysenkonstante des Säure-Wasserstoff-Ions bedeutet. Das ergibt:

$$\xi = \frac{(a - x)^2 Grc}{r(a - x) + n + x}.$$

Für die Reaktionsgeschwindigkeit erhält man, wenn b die (konstante) Alkoholkonzentration bedeutet,

$$\frac{dx}{dt} = kbGrc\,\frac{(a - x)^2}{r(a - x) + n + x}$$

und integriert:

$$kbGrct = \frac{n + a}{a}\,\frac{x}{a - x} - (1 - r)\ln\frac{a}{a - x}.$$

Diese Formulierung würde fordern, daß der relative Umsatz nach gleichen Zeiten wegen der annähernden Konstanz von $\frac{n + a}{a}$ unabhängig von der Säurekonzentration a ist. In Wirklichkeit wurden jedoch bei steigendem a sinkende Umsätze gefunden, womit diese Formulierung *hinfällig* wird.

II. Wie ist es nun, wenn H˙ *mit dem Alkohol* den reaktionsvermittelnden Komplex bildet? Dessen Konzentration wird dann

$$\xi = Gbc - \eta,$$

wo η nunmehr bestimmt ist durch das Gleichgewicht:

$$\underset{\xi}{C_2H_5OH \cdot H^{\cdot}} + \underset{n+x-\eta}{H_2O} \rightleftarrows \underset{b}{C_2H_5OH} + \underset{\eta}{H_3O^{\cdot}}.$$

Man erhält:

$$\eta = \frac{\xi(n + x)}{r}$$

und

$$\xi = \frac{Gbcr}{r + n + x}$$

und durch Einführung der Säurekonzentration $a - x$:

$$\frac{dx}{dt} = \frac{kGbcr(a - x)}{r + n + x},$$

was den Abfall der Geschwindigkeit mit der Wasser- und (wenn η nicht neben $n + x$ vernachlässigt worden wäre) den überproportionalen Anstieg mit der Katalysatorkonzentration wiedergibt. Integriert lautet der Ausdruck:

$$kGbcrt = (n + r + a) \ln \frac{a}{a - x} - x.$$

Dieser Ausdruck gibt die mit a fallenden relativen Umsätze, wie ersichtlich, wieder. Er liefert nämlich konstante Werte für $kGbcr$ bei den zahlreichen Versuchen, die Goldschmidt und Udby mit verschiedenen Konzentrationen von Wasser, Katalysatorsäure und Substratsäure gemacht haben. Alle Messungen lassen sich wiedergeben, wenn man r, die Hydrolysenkonstante des Alkohol-Wasserstoff-Kations, zu 0,15 annimmt (auf 40proz. Dissoziation der HCl in Alkohol bezogen).

Diese Konstante r ist von der *Art der Substratsäure* völlig unabhängig, und darin liegt die beste Bestätigung des Schlusses, daß der Zwischenstoff diese nicht enthält. Bald darauf (134) stellte Goldschmidt auch fest, daß die Katalysatorsäure die Geschwindigkeit nicht der Form, sondern nur ihrem Betrag nach beeinflußt (s. a. S. 75). Er fand ferner, daß auch für andere Alkohole als Äthylalkohol dieselben Gesetzmäßigkeiten erfüllt sind. Bei diesen wird man der Theorie nach andere Werte für r zu erwarten haben, da ja der Alkohol es ist, der an dem Hydrolysengleichgewicht teilnimmt. In der Tat fand Goldschmidt:

Methylalkohol	0,21
Äthylalkohol	0,15
i-Butylalkohol	0,088

Es ist demnach nicht mehr zweifelhaft, daß H˙ mit Alkohol einen Zwischenkörper bildet. In einer Arbeit mit Udby zusammen (136) legte sich Goldschmidt nun noch u. a. die Frage vor, ob dieser wirklich Arrheniusscher Natur ist oder ob auch die Annahme, seine *Bildung* sei geschwindigkeitsbestimmend, zu befriedigenden Resultaten führt. Da, wie wir noch sehen werden, ein die Theorie komplizierender Umstand vorhanden ist, kann dies nicht ganz entschieden werden, jedoch scheint die letztere Annahme weniger gut auf die Versuche zu passen.

Diese Ergebnisse GOLDSCHMIDTS, die bis in die neueste Zeit hinein ihre Gültigkeit behalten haben (s. z. B. die Proportionalität der Ameisensäureveresterung mit der Wasserstoffionenkonzentration bei verschiedenen Katalysatorsäuren noch 1929 bei GOLDSCHMIDT, HAALAND und SOMMERSCHILD MELBYE (137)], erhielten alsbald eine ausgezeichnete Bestätigung durch die Untersuchung einer anderen Säurekatalyse in Alkohol, der *Alkolyse des Diazoessigesters* durch die BREDIGsche Schule.

Als Ausgangspunkt diene die *Hydrolyse* dieses Esters, die von W. FRAENKEL (138) entdeckt und untersucht wurde. Sie vollzieht sich nach der Gleichung:

$$\underset{\text{N=N}}{\text{H—C}}\text{—COO} \cdot C_2H_5 + H_2O \rightarrow \text{HO—}CH_2\text{—COO} \cdot C_2H_5 + N_2$$

(wobei C mit dem Ring N═N verbunden ist)

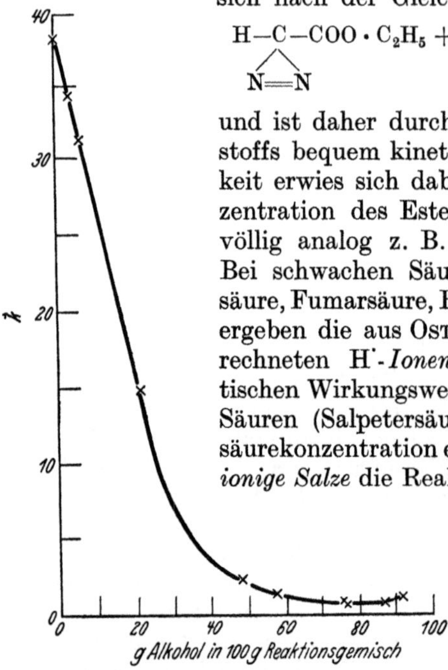

Fig. 11. Alkoholhemmung der Hydrolyse des Diazoessigesters nach BREDIG und FRAENKEL.

und ist daher durch Messung des entwickelten Stickstoffs bequem kinetisch verfolgbar. Ihre Geschwindigkeit erwies sich dabei als streng proportional der Konzentration des Esters und der Wasserstoffionen, also völlig analog z. B. der gewöhnlichen Esterhydrolyse. Bei schwachen Säuren als Katalysatoren, wie Essigsäure, Fumarsäure, Bernsteinsäure, m-Nitrobenzoesäure, ergeben die aus OSTWALDS Dissoziationskonstanten berechneten $H^{\cdot}$-*Ionenkonzentrationen* denselben katalytischen Wirkungswert wie die bei im Alkohol starken Säuren (Salpetersäure, Pikrinsäure) aus der Gesamtsäurekonzentration entnommenen. Auch hemmen *gleichionige Salze* die Reaktion in der aus der zurückgedrängten Dissoziation berechenbaren Weise. Es handelt sich also hier wieder um eine Katalyse durch Wasserstoffionen proportional deren Konzentration.

Die Aufklärung der Verhältnisse gelang auch hier wieder durch das Studium der Reaktion mit Alkohol statt Wasser. Zunächst *hemmt Äthylalkohol* die Hydrolyse bis zu einer Alkoholkonzentration von 90%, wie dies Fig. 11 zeigt. Bei noch höheren Konzentrationen setzt wieder stärkere Stickstoffentwicklung ein, die in absolutem Alkohol sehr rasch wird. Die Analyse zeigt, daß es sich jetzt um die *Alkolyse* nach:

$$\underset{\text{N=N}}{\text{H—C}}\text{—COO} \cdot C_2H_5 + C_2H_5OH \rightarrow \begin{matrix} C_2H_5 \\ OH \end{matrix}\!\!>\!\text{CH—COO} \cdot C_2H_5 + N_2$$

(wobei C mit dem Ring N═N verbunden ist)

handelt. Ihr gegenüber tritt die Hydrolyse bei Wasserkonzentrationen unter 0,6% ganz zurück. Auch die Alkolyse wird durch Säure katalysiert, jedoch nicht in so einfacher Weise wie die Hydrolyse. Sie wird, ebenso wie die GOLDSCHMIDTsche Esterifizierung, *durch Wasser gehemmt*, und diese Hemmung hat weiterhin das größte Interesse zu beanspruchen.

In 0,00909 n Pikrinsäurelösung z. B. verringern 0,18% Wasser die Geschwindigkeit um 22% [BREDIG und FRAENKEL (139)].

MILLAR (140) [s. a. BREDIG (141)] hat nun mit einer großen Zahl von Katalysatorsäuren kinetische Messungen an dieser Reaktion angestellt. Für den Anfang der Reaktion, wo die langsame Veresterung der Katalysatorsäure vernachlässigt werden kann und außerdem x klein gegen n ist, gilt ungefähr die GOLDSCHMIDTsche Beziehung:

$$\frac{dx}{dt} = \frac{k G b c r (a - x)}{r + n},$$

die auch geschrieben werden kann:

$$n = \frac{1}{k_{\text{mon}}} \cdot k G b c r - r.$$

(k_{mon} die formale „Konstante“ erster Ordnung.)

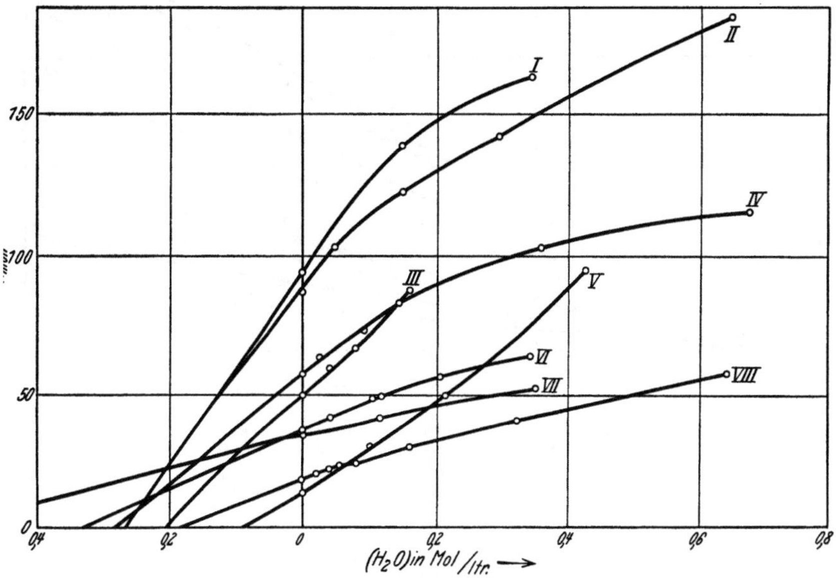

Fig. 12. Wasserhemmung der Alkolyse des Diazoessigesters (ohne Dissoziationskorrektur) nach BREDIG und MILLAR.

Kurve	Katalysator	Substrat
I	0,0909 n Trinitrobenzoesäure	Diazoäthylester
II	0,0455 n Trichloressigsäure	„
III	0,00227 n Pikrinsäure	„
IV	0,0909 n Trichloressigsäure	„
V	0,00182 n Sulfosalicylsäure	„
VI	0,182 n Trichloressigsäure	„
VII	0,0909 n Trichlorbuttersäure	„
VIII	0,00909 n Pikrinsäure	„

Nach ihr muß $1/k_{\text{mon}}$ linear mit n ansteigen, und die Geraden aller Säuren müssen, rückwärts extrapoliert, bei $n = -r$ die Abszissenachse schneiden. Inwieweit das der Fall ist, zeigt Fig. 12.

Man sieht, daß der erwartete Habitus besteht, daß aber hinsichtlich der Gradlinigkeit und hinsichtlich der Universalität des Grenzwertes bemerkliche Abweichungen existieren. Immerhin lassen sich die Versuche mit $r = 0{,}26$ (0,15) für Äthylalkohol, 0,57 (0,21) für Methylalkohol und 0,12 (0,088) für i-Butylalkohol einigermaßen darstellen. (In Klammern sind die GOLDSCHMIDTschen Werte angegegeben, die identisch sein sollten.)

Nun ist die in die GOLDSCHMIDTsche Ableitung eingehende Konzentration der Wasserstoffionen nicht, wie angenommen, gleich c, der Gesamtkonzentration der Katalysatorsäure, sondern gleich dieser, multipliziert mit dem jeweiligen *Dissoziationsgrad* der Säure, und in der Tat hatte GOLDSCHMIDT (s. S. 73) diese Korrektur bei Bestimmung seiner r angebracht. Dies wird nun von MILLAR auch hier versucht,

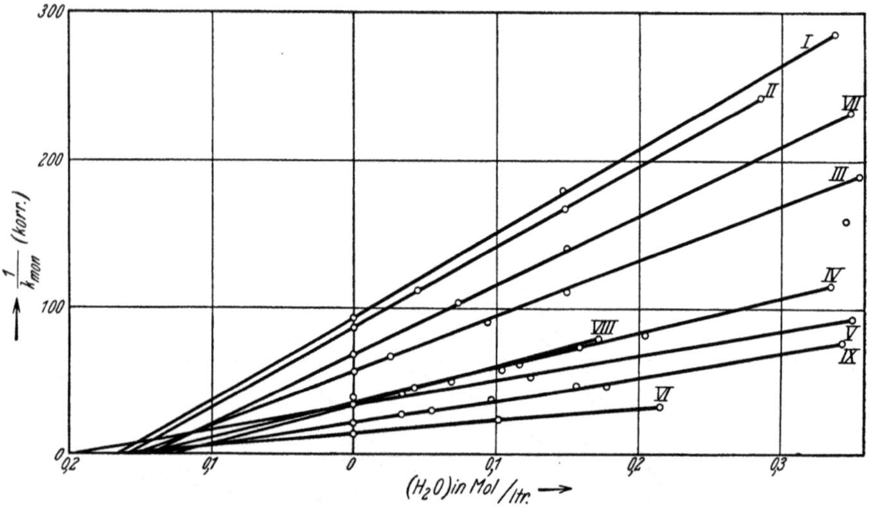

Fig. 13. Wasserhemmung der Alkolyse des Diazoessigesters (nach Korrektur für den Dissoziationsgrad der Katalysatorsäure) nach BREDIG und MILLAR.

Kurve	Katalysator	Substrat
I	0,0909 n Trinitrobenzoesäure	Diazoäthylester
II	0,0455 n Trichloressigsäure	,,
III	0,0909 n ,,	,,
IV	0,182 n ,,	,,
V	0,0909 n Trichlorbuttersäure	,,
VI	0,00182 n Sulfosalicylsäure	,,
VII	0,0909 n Trichloressigsäure	Diazomethylester
VIII	0,00455 n Pikrinsäure	,,
IX	0,00909 n ,,	,,

und zwar werden die Dissoziationsgrade der verschiedenen Säuren bei verschiedenen Wasserzusätzen unter der Annahme, daß die Leitfähigkeit bei unendlicher Verdünnung wegen völliger Dissoziation vom Wasserzusatz unabhängig sei, aus den gemessenen Leitfähigkeiten berechnet. Bringt man an den Messungen diese Korrektur in $k\,G\,b\,c$ an, indem man statt dessen $k\,G\,b\,c \cdot \lambda_n/\lambda_\infty$ schreibt, so erhält man Fig. 13, in der tatsächlich die Abweichungen fast verschwunden sind. (Über die Bedeutung der Restabweichungen s. S. 79.) Nunmehr wird auch übereinstimmend mit GOLDSCHMIDT r Äthyl $= 0{,}15$ erhalten. Damit ist auch für diese Reaktion erwiesen, daß das Wasserstoffion den Alkohol durch Komplexionbildung aktiviert.

Die „duale" Theorie der Katalyse.

Der nächste wichtige Schritt in der Kenntnis der Säure-Basen-Katalyse wurde durch die Beobachtung von Abweichungen von den nach den besprochenen Vorstellungen zu erwartenden Gesetzmäßigkeiten eingeleitet.

Schon ARRHENIUS (107) beobachtete, daß Zusatz von schwachen Säuren zu kleinen Konzentrationen starker Säuren die Inversionsgeschwindigkeit des Rohrzuckers um durchschnittlich 10% pro Konzentrationseinheit der schwachen Säure erhöht, wobei die geringe dissoziierte Menge der zugesetzten Säure schon abgezogen ist. Neben diesem direkten Einfluß *undissoziierter Säuremolekeln* bemerkte auch er bereits die Zunahme der Geschwindigkeit über die Proportionalität mit der Wasserstoffionenkonzentration hinaus bei Konzentrierung der Katalysatorsäuren. Seine Deutung bewegte sich jedoch in anderer Richtung (s. S. 103) als die der jetzt zu besprechenden Arbeiten. Auch in den Arbeiten ABELS (142, 117) über die Molybdänsäurekatalyse des Hydroperoxyds (s. S. 62) zeigen sich ähnliche Hinweise in Form der schon erwähnten Tatsache, daß die halbdissoziierte Permolybdänsäure (primäre Stufe) stärker wirksam sein muß als das zweiwertige Anion. Allerdings scheint hier die ganz undissoziierte Säure unwirksam zu sein.

Wichtigere Hinweise indessen, die direkt den Anstoß zu einer Theorie der Katalyse durch *Neutralmolekeln* gegeben haben, finden sich in den GOLDSCHMIDTschen Arbeiten. Schon früh [G. und SUNDE (133)] fand GOLDSCHMIDT, daß die Veresterungsgeschwindigkeit in alkoholischer Lösung (ebenso wie bei ARRHENIUS die Inversionsgeschwindigkeit) mit der Säurekonzentration stärker ansteigt als die Wasserstoffionenkonzentration, daß ferner die hemmende Wirkung gleichioniger Salze schwächer ist, als es die Annahme einer Katalyse nur durch die Wasserstoffionen nach dem Massenwirkungsgesetz erwarten ließe. Später (134) zeigte sich, daß die Selbstveresterung der Trichloressigsäure (s. S. 70) durch ihr eigenes Natriumsalz sogar um 10% beschleunigt, statt vermindert wurde. Schon damals schloß er auf eine Wirkung von *Komplexen der neutralen Katalysatorsäuremolekeln.* Zu solchen Komplexen mit dem Alkohol führten ihn auch gewisse Anomalien in der katalytischen Wirksamkeit sehr schwacher Säuren, die dann in der Folge weiter untersucht wurden.

Zunächst war die Annahme, daß neben dem Wasserstoffion auch die undissoziierte Katalysatorsäure Katalysator ist und einer analogen Wasserhemmung unterliegt, rechnerisch durchzuführen. Gegenüber den Ableitungen auf S. 72f. ergeben sich Unterschiede insofern, als dort die Brutto-Katalysatorkonzentration einfach gleich der Wasserstoffionenkonzentration gesetzt wurde, was für schwache Säuren nicht mehr zulässig ist. Im ganzen sind folgende Gleichgewichte zu berücksichtigen:

1. Die Reaktionen, in denen C_2H_5OH und H_2O um die undissoziierte Säure HAc konkurrieren:

$$\underset{\zeta'}{\mathrm{HAc}} + \underset{b}{C_2H_5OH} \rightleftharpoons \underset{\xi'}{C_2H_5OH \cdot \mathrm{HAc}};$$

$$\xi' = G_1 \zeta' b$$

und
$$\underset{\zeta'}{\mathrm{HAc}} + \underset{n}{\mathrm{H_2O}} \rightleftharpoons \underset{\eta'}{\mathrm{H_3OAc}};$$
$$\eta' = G_3 \zeta' n.$$

2. Die Dissoziationen der so entstandenen Solvate (Hydroxonium- bzw. Alkoxoniumsalze):
$$\underset{\xi'}{\mathrm{C_2H_5OH \cdot HAc}} \rightleftharpoons \underset{\xi}{\mathrm{C_2H_5OH \cdot H^{\cdot}}} + \underset{\xi+\eta+\zeta}{\mathrm{Ac'}};$$
$$\frac{\xi(\xi + \eta + \zeta)}{\xi'} = g_1$$
und
$$\underset{\eta'}{\mathrm{H_3OAc}} \rightleftharpoons \underset{\eta}{\mathrm{H_3O^{\cdot}}} + \underset{\xi+\eta+\zeta}{\mathrm{Ac'}};$$
$$\frac{\eta(\xi + \eta + \zeta)}{\eta'} = g_3.$$

3. Endlich die Dissoziation der freien Säure:
$$\underset{\zeta'}{\mathrm{HAc}} \rightleftharpoons \underset{\zeta}{\mathrm{H^{\cdot}}} + \underset{\xi+\eta+\zeta}{\mathrm{Ac'}};$$
$$\frac{\zeta(\xi + \eta + \zeta)}{\zeta'} = g_2.$$

Einsetzen von G_1 in g_1 und G_3 in g_3 und Kombination der drei Gleichungen für g_1, g_2, g_3 miteinander liefert dann einen Wert für ξ' als Funktion von ζ' (dies ist bei schwachen Säuren etwa gleich der analytischen Katalysatorkonzentration c). Die durch Ionen *und* Säuremolekeln katalysierte Geschwindigkeit muß nun sein:
$$\frac{dx}{dt} = (k\xi + k'\xi')(a - x).$$
Man erhält so:
$$\frac{dx}{dt} = \Bigg[\underbrace{\frac{k G_1 g_1 b \sqrt{\zeta'}}{\sqrt{G_1 g_1 b + g_2 + G_3 g_3 n}}}_{\text{Ionen}} + \underbrace{k' G_1 b \zeta'}_{\text{Molekeln}}\Bigg](a - x).$$

Nach dieser Gleichung muß also die Abhängigkeit der „Konstanten“ erster Ordnung (eckige Klammer) von der Säurekonzentration zwischen der 0,5ten Potenz und Proportionalität liegen. Dies war auch (133) gefunden worden und wird jetzt (136) an der Katalyse durch Trichlorbuttersäure wiederum gefunden. Wichtiger ist aber eine weitere Folge aus der Theorie: Bei Zusatz eines Elektrolyten gleichen Anions (Salz) verschwindet auch bei völliger Zurückdrängung der Dissoziation nur das erste Glied in der Klammer, während eine *Restkonstante*, die der *reinen Molekelnkatalyse* entspricht, verbleibt.

Diese Restkonstante, die mit der Annahme reiner Wasserstoffionenwirkung völlig unverträglich ist, wurde nun durch Zusatz überschüssigen Anilinsalzes tatsächlich gefunden. Sie betrug z. B. für:

Essigsäure	Buttersäure	Phenylessigsäure	Ameisensäure
0,00075	0,00039	0,00054	0,011

Diese Konstanten erlauben auch, durch Subtraktion von den Gesamtkonstanten der salzfreien Säuren das erste Glied der Klammer, also die *reinen Konstanten für die Ionenkatalyse*, zu bestimmen. Diese sind für:

Essigsäure	Buttersäure	Phenylessigsäure	Ameisensäure
0,0025	0,00105	0,00109	0,0458

Diese Werte sollten sich für jede Säure wie die Wurzel ihrer Konzentration verhalten, was wenigstens beinahe erfüllt ist. Interessant ist noch, daß die reine Molekelnkatalyse, also die bei Salzzusatz, *keine Wasserhemmung* aufweist, weil die Konkurrenz des Wassers um die undissoziierte Säure unmerklich ist, d. h. das *Hydroxoniumsalz fast völlig dissoziiert* ist.

Ebensolche Restgeschwindigkeiten werden auch (143) bei Pikrinsäure als Katalysator gefunden, obgleich diese Säure in Alkohol bereits stärker ist. Hier war früher aufgefallen, daß das Verhältnis der Geschwindigkeit in 0,1 n Lösung zu der in 0,01 n Lösung 4,63 betrug, während aus den Leitfähigkeiten ein Verhältnis der Wasserstoffionenkonzentrationen wie 3,5 folgte. Zieht man aber von den Geschwindigkeiten die Restkonstante, multipliziert mit dem undissoziierten Bruchteil der Säure, ab, so resultiert für die reine Ionenkatalyse ein Verhältnis von 3,55, also völlige Übereinstimmung.

Das Verhältnis der Ionenkonstante zur Molekelkonstante ist von Säure zu Säure verschieden und auch etwas mit dem Lösungsmittel variabel; hierüber jedoch später (S. 82 u. 99).

Wie schon hinsichtlich der Wasserstoffionenkatalyse, so finden auch bei der Katalyse durch neutrale Säuremolekeln die GOLDSCHMIDTschen Veresterungsbefunde vollste Betätigung in der *Diazoessigesterspaltung*.

Auch hier findet BRAUNE (144) [s. a. BREDIG (141)], daß bei Essigsäure, Trinitrobenzoesäure, Sulfosalicylsäure, Trichlorbuttersäure, Pikrinsäure als Katalysatoren und bei Äthyl- wie Methyldiazoessigester als Substrat stets, obgleich das Verdünnungsgesetz für die Säuren sich als gültig erweist, erstens Salzzusätze gleichen Anions die Konstante nicht bis Null, sondern nur bis zu einer wasserunabhängigen *Restkonstante* vermindern, zweitens für die reinen Säuren die Katalyse rascher ansteigt als die Wasserstoffionenkonzentration. (Wenn c wie 1 : 4 variiert, ändert sich k wie 1 : 2,4, während eine Änderung wie $\sqrt{c}$, also 1 : 2 zu erwarten wäre.) Beide Tatsachen sind wiederum aus der GOLDSCHMIDTschen Gleichung S. 78 heraus verständlich. Die auf S. 76 erwähnten restlichen Unstimmigkeiten in der hinsichtlich der Dissoziationsgrade schon korrigierten Fig. 13 verschwinden nunmehr quantitativ (141). Nur bleibt auch hier die Tatsache bestehen (s. S. 103), daß die reinen Ionenkonstanten ihrerseits immer noch ein wenig stärker als $\sqrt{c}$ ansteigen. Diese Tatsache zeigt, daß noch eine weitere Korrektur an der einfachen OSTWALDschen Vorstellung notwendig werden wird.

An dieser Stelle verdienen Versuche von A. HANTZSCH (145) Besprechung, die *Wirksamkeit undissoziierter Säuren ganz allgemein* zu bekräftigen. Von optischen Beobachtungen ausgehend, gelangte er zu der Ansicht, daß die Stärke einer Säure nicht lediglich durch ihre Wasserstoffionenkonzentration gemessen wird, sondern daß (zumal in homogener Säure oder indifferenten Lösungsmitteln) die Säuremolekel selbst das wirksame Agens sei. So setzte er die OSTWALDschen Messungen der *Rohrzuckerinversion* nach höheren Konzentrationen hin fort und erhielt nebenstehende Tabelle.

n	k/n für HCl	k/n für HBr	
0,01	0,00313	0,00318	OSTWALD
0,1	0,00334	0,00341	OSTWALD
0,5	0,00434	0,00447	OSTWALD
1	0,00573	0,00683	HANTZSCH
2	0,00895	0,01175	HANTZSCH
4	0,0245	0,0410	HANTZSCH

n ist hier die Normalität der Säure, k/n die Geschwindigkeitskonstante pro Äquivalent Säure, also die spezifische Wirksamkeit. Daraus, daß diese mit der Säurekonzentration ansteigt, statt mit der pro Äquivalent verminderten Ionenkonzentration abzufallen, schließt HANTZSCH auf eine Katalyse durch die undissoziierten Molekeln der Säuren. Wir werden aber S. 102ff. sehen, daß in mehrfach normalen wäßrigen Elektrolytlösungen solche Schlüsse kaum bindend sind. Bemerkenswert ist indessen die bei hohen Konzentrationen hervortretende spezifische Verschiedenheit zwischen HCl und HBr.

n	k/n für HCl	k/n für HBr
0,01	2	—
0,02	2	2,7
0,1	3,2	3,7

Analoge Beobachtungen machte HANTZSCH an der Katalyse der *Hydrolyse des Diazoessigesters* in wäßriger Lösung (s. nebenstehende Tabelle).

Sind diese Beobachtungen in ihrer Deutung den später zu besprechenden Schwierigkeiten ausgesetzt, so sind die Messungen über die *Einwirkung der Säuren auf den Diazoester in nicht wäßrigen und nicht alkoholischen Medien* höchst aufschlußreich. Hier handelt es sich zwar nicht mehr um die Katalyse der Hydro- oder Alkolyse, sondern entweder um die (in hydroxylhaltigen Medien zurücktretende) Addition der Säure nach

$$\underset{\underset{N=N}{\diagup\diagdown}}{H-C-COO\cdot C_2H_5} + HX = \underset{\underset{H\quad X}{\diagup\diagdown}}{H-C-COO\cdot C_2H_5} + N_2$$

oder um die katalytische Bildung von Fumarester nach:

$$2\,\underset{\underset{N=N}{\diagup\diagdown}}{H-C-COO\cdot C_2H_5} \xrightarrow{HX} C_2H_5\cdot OOC-\overset{H}{C}=\overset{H}{C}-COO\cdot C_2H_5 + 2\,N_2.$$

Nimmt man aber an, daß in all diesen Fällen die gleiche Zwischenverbindung Säure—Substrat vorgeschaltet ist, so lassen sich die Konstanten der Stickstoffentwicklung wohl miteinander vergleichen. Es wird gefunden (wegen der außerordentlich hohen Geschwindigkeit sind die Messungen nicht sehr genau):

in Tetrachloräthan:

n	k/n für HCl	k/n für HBr
0,01	160	250
0,02	150	300
0,1	>120	—

und in Toluol:

n	k/n für HCl
0,01	2,2
0,02	14
0,1	27

In dem indifferenten Tetrachloräthan ist die Geschwindigkeit also nicht nur viel größer als in Wasser oder Toluol, sondern auch von der Konzentration unabhängig (aufs Äquivalent Säure bezogen). Hier dürfte also nur die undissoziierte Säure wirksam sein. In Toluol verhält sich die Geschwindigkeit ähnlich wie in Wasser, und da eine Toluolverbindung des Chlorwasserstoffs bekannt ist, wird angenommen, daß Toluol durch Bildung solcher Verbindungen die unterschüssige Säure ebenso schwächt wie Wasser durch Hydroxoniumsalzbildung bzw. Ionenbildung. Dem entspricht auch, daß 2,6-Dimethylpyron, das Pyroniumsalze bildet,

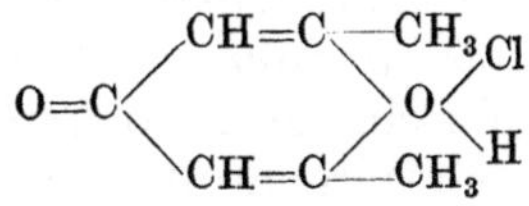

in Chloroform zu einer Geschwindigkeit führt, die nur den 700. Teil derjenigen in Tetrachloräthan beträgt.

Die auf eine gemeinsame Wirkung von Wasserstoffion und Säuremolekel weisenden Befunde von ARRHENIUS, GOLDSCHMIDT und BREDIG und Mitarbeitern fanden eine Art *Zusammenfassung* durch SNETHLAGE (146), einen Schüler BREDIGS. Er stellt zunächst durch Messungen an der Pikrinsäurekatalyse des Diazoessigesters fest, daß die Herabdrückung der Konstante bis zur Restkonstante mit steigendem Salz- (bzw. Basen-) Zusatz für alle Arten von Aminbasen auf einer gemeinschaftlichen Kurve liegt. Die Theorie fordert für diese Kurve die Gleichung:

$$k = [k_H \cdot \alpha + k_m(1 - \alpha)] \cdot c_{\text{Säure}},$$

wo k_H die Katalysenkonstante des Wasserstoffions, k_m die der undissoziierten Molekeln (Restkonstante) darstellt. SNETHLAGE nimmt nun alle die Fälle zusammen, wo α aus Leitfähigkeitsmessungen bekannt ist und berechnet aus ihnen k_H und k_m einzeln. Es sind dies:

Veresterung in Äthylalkohol von GOLDSCHMIDT
„ in Methylalkohol „ „
Alkolyse des Diazoessigesters in Äthylalkohol von BRAUNE (144) und SNETHLAGE (146)
Zuckerinversion in Wasser von ARRHENIUS (107)
„ „ „ „ SPOHR (147).

Er fand dabei erstmals den wichtigen *allgemeinen Zusammenhang zwischen der Dissoziations-Gleichgewichtskonstante* (Affinitätskonstante) *und dem Verhältnis* $k_m : k_H$. Die folgende Tabelle gibt eine Auswahl seiner Berechnungen:

Reaktion	Katalysator	Diss.-Konst.	$k_m : k_H$	Lösungsmittel
Diazomethylester .	Pikrinsäure	$5{,}7 \cdot 10^{-4}$	0,1	Äthylalkohol
Diazoäthylester . .	Pikrinsäure	$5{,}7 \cdot 10^{-4}$	0,06	,,
Veresterung	Pikrinsäure	$5{,}7 \cdot 10^{-4}$	0,04	,,
Diazoäthylester . .	Trichloressigsäure	$4{,}5 \cdot 10^{-6}$	0,0018	,,
,,	Trinitrobenzoesäure	$2 \cdot 10^{-6}$	0,0012	,,
Inversion	Bernsteinsäure	$7 \cdot 10^{-5}$	0,01	Wasser
,, ...	Essigsäure	$1{,}8 \cdot 10^{-5}$	0,006	,,
,, ...	Buttersäure	$1{,}5 \cdot 10^{-5}$	0,003	,,

Obgleich natürlich die einzelnen Geschwindigkeitskonstanten der verschiedenen Reaktionen in verschiedenen Lösungsmitteln sehr stark schwanken, zeigt sich ihr Verhältnis in demselben Lösungsmittel doch für dieselbe Säure als fast unabhängig von der jeweils katalysierten Reaktion und von Säure zu Säure wie von Lösungsmittel zu Lösungsmittel nur durch eine einzige Größe bestimmt, nämlich die Dissoziationskonstante der Säure in dem betreffenden Lösungsmittel. Es läßt sich der Satz aufstellen, *daß der undissoziierte Anteil einer Säure um so wirksamer katalysiert, je stärker die Säure im klassischen Sinne ist.*

Für die in unserer Tabelle nicht aufgeführten stärksten Säuren, wie Salzsäure und Salpetersäure in Wasser oder Sulfosalicylsäure in Alkohol, steigt das Verhältnis $k_m : k_H$ bis auf $1 \div 2$.

Dawson und Powis (148) fügten den drei Reaktionen, an denen diese Beziehung aufgefunden worden war, eine neue hinzu, für die sie ebenfalls gilt, nämlich die *Enolisierung des Acetons*,

$$H_3C{-}CO{-}CH_3 \rightarrow H_2C{=}COH{-}CH_3.$$

Sie läßt sich kinetisch als geschwindigkeitsbestimmender Vorgang verfolgen, wenn man durch die sehr rasche *Folgereaktion mit Jod* die Enolform als Jodoform abfängt, ehe sie zurückreagiert. Da dabei Jodwasserstoff entsteht, der selbst eine Säurekatalyse ausübt, muß die Geschwindigkeitskonstante auf die Anfangszeit extrapoliert werden. Hinsichtlich des Acetons ist die Reaktion nullter Ordnung, solange es in erheblichem Überschuß angewandt wird. Die so erhaltenen Konstanten lassen sich nun bei allen Konzentrationen zugesetzter Säuren nach der soeben entwickelten Theorie Snethlages, die von Dawson den treffenden Namen „*Duale Theorie*" erhalten hat, ausgezeichnet darstellen. Es ergeben sich folgende Werte:

Katalysator	k_m	k_H	$k_{m\,\text{korr.}}$	$k_m : k_H$	Diss.-Konst.
Salzsäure	811	437	780	1,77	$5{,}1 \cdot 10^{-2}$
Dichloressigsäure. . . .	203	445	220	0,50	$5{,}1 \cdot 10^{-2}$
α, β-Dibrompropionsäure	74	440	67	0,152	$0{,}67 \cdot 10^{-2}$
Chloressigsäure.	23,7	448	24,5	0,055	$0{,}155 \cdot 10^{-2}$
Essigsäure.	1,55	425	1,5	0,0034	$0{,}0018 \cdot 10^{-2}$
		440			

(unter $k_{m\,\text{korr.}}$ sind die mit dem Mittelwert $k_H = 440$ berechneten Zahlen angeführt).

Es ergibt sich deutlich derselbe Zusammenhang mit der Säurestärke wie bei Snethlage. Das zeigt auch der von Dawson und Powis durchgeführte Vergleich mit dem $k_m : k_H$ der anderen Reaktionen:

Katalysator	Zuckerinversion (ARRHENIUS 107) (PALMAER) (SNETHLAGE 196)	Esterhydrolyse (H. S. TAYLOR 49)	Enolisierung (DAWSON 148)
Salzsäure	2	2 bis 3	1,77
Dichloressigsäure	—	0,02 bis 0,16	0,5
Essigsäure	0,006	—	0,0034

Wir sahen und sehen hier wieder, daß das Verhältnis der beiden Katalysenkonstanten nur von der Dissoziationskonstanten bestimmt wird. Zwischen beiden Größen muß also ein *universeller funktionaler Zusammenhang* bestehen. Diesen zu ergründen, macht sich H. S. TAYLOR (150) zur Aufgabe, indem er beide Größen logarithmisch gegeneinander aufträgt. Die Figur enthält außer den bereits besprochenen Messungen noch eigene über die Esterhydrolyse in Wasser in Gegenwart von Säuren(151), die ebenfalls durch die duale Theorie in sich darstellbar waren. Das betreffende Diagramm ist in Fig. 14 wiedergegeben. Man sieht, daß die beiden Logarithmen (die als Logarithmen echter Brüche negativ sind) trotz starker individueller Schwankungen sich doch recht merklich um eine Grade gruppieren, deren Neigungswinkel ungefähr 26° beträgt, also den Tangens 0,5 besitzt. Außerdem geht die Grade durch den Koordinatenanfangspunkt, so daß sich die Gleichung ergibt:

$$\frac{k_m}{k_H} = G^{0,5}.$$

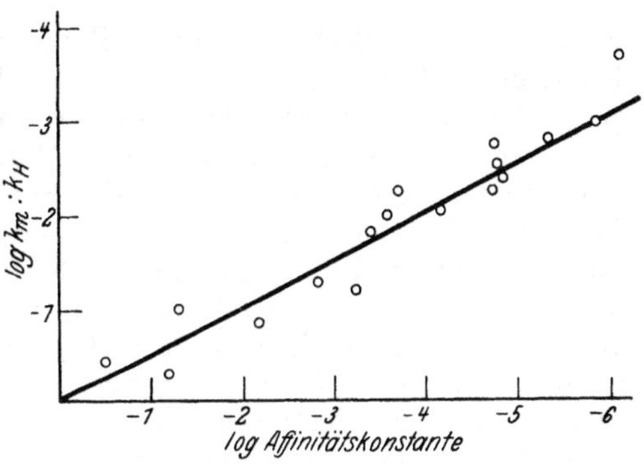

Fig. 14. Zusammenhang zwischen Molekelkatalyse und Säurestärke nach H. S. TAYLOR.

Wir werden eine derartige Abhängigkeit in verallgemeinerter Form noch einmal antreffen (S. 99) und dort sehen, daß ihr eine allgemeine Bedeutung zuzukommen scheint. (Bezüglich der Temperaturunabhängigkeit dieser Beziehung siehe TAYLOR (149).

Hier sei die Schilderung des Entwicklungsganges der dualen Theorie kurz unterbrochen, um ein paar Arbeiten nachzuholen, die, mehr oder weniger unabhängig von ihm, von andern Seiten her zu denselben Schlüssen geführt haben.

BLANKSMA (152 u. 153) hatte gefunden, daß die Reaktion:

$$H_3C{-}CO{-}\underset{Cl}{N}{-}C_6H_5 + HCl \rightarrow H_3C{-}CO{-}\underset{H\ Cl}{\overset{Cl}{N}}{-}C_6H_5 \rightarrow H_3C{-}CO{-}\underset{H}{N}{-}C_6H_4\overset{p}{Cl} + HCl,$$

also der *salzsäurekatalysierte Wasserstoff-Chlor-Platzwechsel*, erster Ordnung nach dem Amid und *zweiter* Ordnung nach der Salzsäure ist. Daß die Formulierung der Zwischenstufe als Ammonium*salz* richtig ist, geht aus dem Verlauf der von ACREE (154) studierten Reaktionen hervor:

$$\left.\begin{matrix} H_3C{-}CO{-}NCl{-}C_6H_5 + HBr \\ H_3C{-}CO{-}NBr{-}C_6H_5 + HCl \end{matrix}\right\} \rightarrow H_3C{-}CO{-}\underset{H\ Cl}{\overset{Br}{N}}\cdots C_6H_5 \rightarrow H_3C{-}CO{-}NH{-}C_6H_4Br + HCl,$$

deren identisches Endprodukt auf diese Weise verständlich wird. Wichtig ist nun für uns, daß auch die letzteren Reaktionen dem Quadrat der Säurekonzentration proportional verlaufen und daß die HBr-Reaktion 1000mal rascher ist als die HCl-Reaktion, daß ferner auch Schwefelsäure und Essigsäure den Halogenplatzwechsel in derselben Weise, aber mit ganz individuellen Geschwindigkeiten, katalysieren. Alle diese Tatsachen sind mit einer Katalyse durch Wasserstoffionen unverträglich. Das intermediäre Entstehen eines Ammonium*ions*

$$H_3C{-}CO{-}\underset{H\ Cl}{\overset{+}{N}}\cdots C_6H_5$$

kommt nämlich deshalb nicht in Frage, weil seine Konzentration, wie leicht ersichtlich, der *ersten* Potenz der Konzentration starker Säuren proportional sein müßte. Dagegen wäre das undissoziierte Ammonium*salz*, wie oben geschrieben, der Konzentration der Wasserstoffionen *und* der Anionen, also dem *Quadrat* der Säurekonzentration proportional. Diese Überlegungen führten ACREE schon 1907 zu der Annahme einer Katalyse durch die undissoziierten Säuremolekeln. Wie eine solche, den damals herrschenden Vorstellungen der bevorzugten Stellung der Ionen entgegen, zu denken wäre, begründete er dann 1913 (155), als auch in Europa die duale Theorie gerade im Entstehen war, schon recht modern mit der *Dipolnatur* solcher salzartiger Molekeln. Er deutete auch damals die von ARRHENIUS (107) für die Wirkung der Säuren auf die Inversion aufgestellte Gleichung:

$$k = ac + bc^2 \quad (c \text{ die Säurekonzentration}),$$

deren Deutung durch ARRHENIUS selbst wir noch kennenlernen werden, einfach so, daß das quadratische Glied wiederum den undissoziierten Molekeln der Säure zuzuschreiben sei. Für starke Säuren, deren Leitfähigkeit dem Verdünnungsgesetz nicht gehorcht, setzt er statt dessen direkt die aus der Leitfähigkeit entnommenen Dissoziationsgrade bei jeder Konzentration empirisch ein in der Form:

$$k = [a'\alpha + b'(1 - \alpha)]\,c$$

und berechnet so mit Erfolg die Versuche von ARRHENIUS und OSTWALD (124, 125). Er kommt auch zu dem Schlusse, daß die Wirkung der undissoziierten Anteile bei den starken Säuren am größten ist. Interessant ist, daß das gleiche Ergebnis sich auch für die *Basenkatalyse* der KOELICHENschen Kondensation des Acetons zu Diacetonalkohol hinsichtlich der undissoziierten Basenmoleküle ergibt. (Indessen werden wir sehen, daß die Beweiskraft dieser letzten Schlüsse durch einen unberücksichtigten physikalischen Faktor herabgesetzt wird.)

Eine Katalyse durch undissoziierte Basenmolekeln sehen übrigens auch BREDIG und FAJANS [(156); FAJANS (156)] in der *Zersetzung der optisch aktiven Camphocarbonsäuren*. Diese Reaktion geht nur in basischen Lösungsmitteln, wie Anilin oder Nicotin, vor sich, in anderen Lösungsmitteln, wie Acetophenon oder Nitrobenzol, nur dann, wenn solche Basen in ihnen gelöst werden. Da unter den vorliegenden Umständen Ionen kaum anzunehmen sind, werden auch hier die undissoziierten Salze als ARRHENIUSsche Zwischenkörper angesprochen, die durch Reaktion mit den undissoziierten Basenmolekeln entstehen.

Die *weitere Entwicklung der dualen Theorie*, die wir jetzt wieder aufnehmen, hat sich insbesondere DAWSON angelegen sein lassen. Zunächst werden gemeinsam mit REIMANN (157) die von SNETHLAGE und BRAUNE sowie GOLDSCHMIDT festgestellten Restkonstanten bei Zusatz gleichioniger Salze zur Katalysatorsäure auch für die Enolisierung des Acetons aufgefunden. Die aus der Katalyse und der Leitfähigkeit der reinen Chloressigsäure unter gewissen Annahmen abgeleiteten Konstanten $k_H = 482$ und $k_m = 21$ erlauben auch die Versuche bei Zusatz von bis zu 0,2 n Natriumsalz zur 0,05 und 0,1 n Säure quantitativ wiederzugeben. Spätere unveröffentlichte Versuche (s. 158) zeigten jedoch, daß die bis hierhin beobachtete Abnahme der Geschwindigkeit bei Salzzusatz bei größeren Salzzusätzen in ein *Minimum* übergeht, das zu einer mit der Salzkonzentration *ansteigenden* Geraden führt.

Dieser Befund machte es notwendig, da er offenbar mit der einfachen dualen Theorie unverträglich ist, nunmehr auch dem *Anion der Säure* eine katalytische Wirksamkeit zuzuschreiben, die bei großen Salzmengen merklich wird. Über die Arbeiten, die diese Erweiterung der Theorie geliefert haben und die sich bis in die neueste Zeit erstrecken (gemeinsam mit CARTER, KEY, DEAN, LOWSON, HOSKINS), hat der Verfasser (158) selbst eine Übersicht gegeben, an die wir uns hier halten und die die Originalzitate enthält.

Es stehen drei Methoden zur Verfügung, um die katalytischen Konstanten der nunmehr drei Katalysatoren nebeneinander zu bestimmen. Die erste ist die bisher allein betrachtete *Variation der Salzkonzentration y* bei konstanter Säurekonzentration *c*. Die Grundgleichung für die kombinierte Katalyse lautet stets:

$$\frac{dx}{dt} = v = k_H(\mathrm{H}^{\cdot}) + k_a(\mathrm{Ac}') + k_m(\mathrm{HAc})\,.$$

Für schwache Säuren und große y kann dafür geschrieben werden:

$$v = k_H \cdot \frac{Gc}{y} + k_a \cdot y + k_m \cdot c\,.$$

Jenseits des Minimums (Gebiet der Restkonstante bei nur dualer Katalyse, hier linearer Anstieg mit y) verschwindet nur der erste, dem Wasserstoffion zugehörige Summand; die Neigung der Geraden liefert k_a, die Anionenkonstante, und ihre rückwärtige Verlängerung schneidet die v-Achse bei $v = k_m c$. Auf diese Weise wurde für die Enolisierung durch Essigsäure $k_a = 4 \cdot 10^{-6}$, $k_m = 1{,}5 \cdot 10^{-6}$ bestimmt, während k_H aus verdünnter Salzsäure zu $4{,}65 \cdot 10^{-4}$ folgt.

Die zweite Methode ist die der *isohydrischen Lösungen*, d. h. Lösungen mit konstantem $c/y = q$, die durch Verdünnen einer gegebenen Mischung erhalten werden. Hier gilt:

$$v = v_0 + (k_a + q k_m) y,$$

wo v_0 die Geschwindigkeit in unendlicher Verdünnung ist. Die Neigung der Geraden gegen y gibt hier die Summe zweier Größen, und aus zwei Meßreihen mit verschiedenem q lassen sich wieder die Einzelkonstanten entnehmen. Sie stimmen gut mit denen nach der ersten Methode überein.

Die dritte Methode ist die anfänglich schon von allen Autoren für k_H und k_m benutzte, die Konstanten aus dem Konzentrationsgang der Geschwindigkeit in *reiner, salzfreier Säure* zu bestimmen. Hier gilt:

$$(H^{\cdot}) = (Ac') \quad \text{und} \quad (HAc) = c - (H^{\cdot}),$$

so daß folgt:

$$v = (k_H + k_a - k_m)(H^{\cdot}) + k_m \cdot c.$$

Für sehr schwache Säuren (Verdünnungsgesetz!) kann hier gesetzt werden:

$$(H^{\cdot}) = \sqrt{Gc},$$

woraus folgt:

$$\frac{v}{\sqrt{c}} = (k_H + k_a - k_m)\sqrt{G} + k_m \sqrt{c}.$$

Die so reduzierte Geschwindigkeit $v/\sqrt{c}$ wird also dann eine lineare Funktion von $\sqrt{c}$ (nicht die Geschwindigkeit selbst, in Übereinstimmung mit GOLDSCHMIDT und BRAUNE). Der Neigungstangens liefert jetzt k_m und der Ordinatenabschnitt daraus bei bekanntem k_H und bekanntem oder kleinem k_a die Dissoziationskonstante G. Die so erhaltenen k_m stimmen tatsächlich mit denen der beiden anderen Methoden überein und sogar die G decken sich mit den OSTWALDschen Leitfähigkeitsmessungen. Für Säuren, die nicht mehr so schwach sind, daß der dissoziierte Teil verschwindet, bestimmt DAWSON auf diesem Wege nur eine erste Näherung für k_m und G und berechnet dann aus G die Dissoziationsgrade α. Diese werden eingesetzt in:

$$(H^{\cdot}) = \sqrt{Gc(1-\alpha)},$$

worauf die Gleichung:

$$\frac{v}{\sqrt{c(1-\alpha)}} = (k_H + k_a + k_m)\sqrt{G} + k_m \sqrt{c(1-\alpha)}$$

in entsprechender Weise ausgewertet wird. Dies Verfahren kann wiederholt werden, jedoch liefert meist schon die zweite Näherung sehr gute Werte (z. B. Glykolsäure: erste Näherung: $G = 1{,}38 \cdot 10^{-4}$, zweite Näherung $1{,}50 \cdot 10^{-4}$, identisch mit OSTWALDS Wert).

Die katalytische Kettenkurve.

Aus den Beziehungen:

$$(Ac') = \frac{G[c - (H^{\cdot})]}{(H^{\cdot})} \quad \text{und} \quad (HAc) = c - (H^{\cdot})$$

folgt die Geschwindigkeit als Funktion der Wasserstoffionenkonzentration:

$$v = (k_H - k_m)(\mathrm{H}^{\cdot}) + \frac{k_a G c}{(\mathrm{H}^{\cdot})} + k_m c - k_a G,$$

was die Gleichung einer Kettenkurve ist mit einem Minimum bei

$$(\mathrm{H}^{\cdot})_i = \sqrt{\frac{k_a G c}{k_H - k_m}}.$$

Es läßt sich zeigen, daß in diesem Punkt die Katalysen durch Wasserstoffionen und Anionen gleiche Werte erreichen („isokatalytischer Punkt"), und ferner, daß die ganze Kurve der Geschwindigkeiten gegen log $(\mathrm{H}^{\cdot})$ bzw. gegen p_{H} in bezug auf diesen Punkt symmetrisch ist. Wir werden diese Kurve noch als sehr wichtig kennenlernen für den Spezialfall, daß (OH') das wirkende Anion ist (s. Fig. 15 S. 90). Die Messungen DAWSONS stimmen mit dieser Kurve und den Forderungen betreffend ihre Lage in weitem Bereich überein.

Wie die ganze Auffassung sich zu den neueren Anschauungen über Elektrolytlösungen verhält, sei an anderer Stelle (s. S. 115ff.) besprochen.

Zum Schluß werde noch eine andere Reaktion erwähnt, auf die die Gesichtspunkte der erweiterten dualen Theorie sich mit Erfolg haben anwenden lassen. Es handelt sich um die von LOWRY [mit SMITH (159)] kinetisch studierte *Mutarotation der Glukose*. Wir werden diese Reaktion, die zu einem sehr wertvollen Beispiel in der weiteren Entwicklung der Lösungskatalyse geworden ist, noch eingehender betrachten. An dieser Stelle müssen aber einige Tatsachen betrachtet werden, die über den Rahmen der im nächsten Abschnitt behandelten Auffassung hinausgehen und mit der dualen Theorie behandelt werden müssen.

LOWRY und SMITH stellten fest, daß in saurer Lösung die Mutarotationsgeschwindigkeit oberhalb einer Salzsäurekonzentration von 0,4n stärker als diese Konzentration ansteigt. Das kann wieder als eine Wirkung *undissoziierter Säuremolekeln* gedeutet werden, wobei $k_m : k_H = 1{,}5$ resultiert, in guter Übereinstimmung mit den anderen Reaktionen (s. S. 83). Genauere Resultate lassen sich bei der schwächeren Essigsäure erzielen, wo $k_m : k_H = 0{,}018$ folgt, also etwas zu hoch. Auch hier findet eine starke *Anionenkatalyse* statt, was aus der Tatsache eines starken linearen Anstiegs mit der Konzentration zugesetzten Acetats folgt. Es ergibt sich $k_a = 0{,}07$; das Verhältnis zu k_H ist ähnlich wie bei der Enolisierung. Von Interesse ist im Hinblick auf das Spätere, daß hier auch *Ammoniumionen* katalysieren, sowie auch undissoziiertes Ammoniak im Ammoniumacetat. Die Wirkung dieses Salzes geht daher wegen seiner Hydrolyse über die Summe der berechneten Ionenwirkungen hinaus (scheinbare Verstärkung; s. S. 67). Hinsichtlich der Anionenkatalyse ist noch interessant, daß hier ähnliche *Zusammenhänge mit der klassischen Säurestärke* zu existieren scheinen, wie bei Neutralmolekeln, indem z. B. Kresolanionen erkennbar wirken, Chlorionen aber gar nicht.

Wir haben im vorstehenden verfolgt, wie die Berücksichtigung verschiedener Abweichungen von der alten Auffassung der reinen $\mathrm{H}^{\cdot}$- und OH'-Ionenkatalyse schließlich zu einer Theorie geführt hat, die in der Verbreitung katalytischer Fähigkeiten weit über jene Ansicht hinausgeht. Sie bedeutet einen erheblichen Fortschritt, zumal sie mit fest eingewurzelten Vorurteilen von der ausschließlichen Reaktivität der Ionen zu kämpfen hatte. Wir haben die duale Theorie bisher, wie sie ja auch entstanden ist, ganz auf dem Boden der *klassischen Dissoziationstheorie* entwickelt. Natürlich ist sie wegen dieses ihres Gewandes starken Angriffen von seiten der neueren Auffassung der Elektrolyte begegnet und auch von dieser Seite in mancher Einzeldeutung berechtigten Bedenken ausgesetzt. Aber es steht wohl fest, daß sich nicht alle Effekte von diesem Standpunkt aus wegdiskutieren lassen, zumal ja die Musterkatalysatoren für diese Theorie gerade die *schwachen* Säuren gebildet haben. Im folgenden wird sich zeigen, daß die Erkenntnis der *chemischen* Mannigfaltigkeit der Katalysatoren, wie sie durch die duale Theorie angebahnt worden ist, sich noch erweitert und so schließlich zu Einblicken in den inneren Chemismus der Lösungskatalyse den Weg geebnet hat.

Die Theorie der reaktionsvermittelnden Ionen.

Bevor wir diesen Weg folgerichtig weitergehen, müssen wir aber noch eine Theorie betrachten, die in ihrer Ideologie von dem entgegengesetzten Standpunkt ausgegangen ist, die der „reaktionsvermittelnden Ionen". Sie ist aber, modern aufgefaßt, nicht sehr weit von unserer bisherigen Darstellung verschieden, kommt ihr in ihrem Formalismus sogar sehr nahe und hat vor allem das Verdienst, einen ganzen Erscheinungskomplex von großer Wichtigkeit für die Folge einbegriffen und kinetisch formuliert zu haben. Sie muß deshalb hier eingeschaltet werden.

Es handelt sich um die hauptsächlich von H. von Euler vertretene sog. *Theorie der reaktionsvermittelnden Ionen.* Sie geht aus von der vor Auffindung der dualen katalytischen Phänomene herrschenden Auffassung von der hervorragenden Reaktionsfähigkeit von Ionen. Sie bewegt sich in einer Richtung, in der z. B. schon früh Bredig [bei Brode (118)] die Reaktion zwischen Hydroperoxyd und Jodionen gedeutet hatte. Dieser Vorgang zerfällt nämlich in einen wasserstoffionenkatalysierten Anteil

$$\frac{dx_1}{dt} = k \cdot (H_2O_2)(H^\cdot)(J')$$

und einen unkatalysierten Anteil. Dieser kann aufgefaßt werden als ebenfalls katalysierte Reaktion eines *reaktionsvermittelnden Anions* der Säure Hydroperoxyd:

$$\frac{dx_2}{dt} = k'(HO_2')(H^\cdot)(J'),$$

und da

$$(HO_2') = \frac{G(H_2O_2)}{(H^\cdot)}$$

ist, so hebt sich die Wasserstoffionenkonzentration wieder heraus, wie gefunden.

In gleichem Sinne stellt sich EULER (160) auf den Standpunkt, daß ganz allgemein *Ionen des als schwacher Elektrolyt aufgefaßten Substrats* die Zwischenkörper der Reaktion sind und daß die Katalysatoren, Wasserstoff- oder Hydroxylionen oder Salze, nur deren Konzentration und damit die „Beweglichkeit" des Systems erhöhen. Zwischenstufe dazu soll die Salzbildung mit dem Katalysator sein. Z. B. bei der Esterhydrolyse mit Salzsäure sollen sich nach der ursprünglichen Formulierung zuerst Acetylchlorid und Äthylchlorid bilden, die rascher dissoziieren und so Acetyl- und Äthylkationen liefern. Der Temperaturkoeffizient soll dann durch die Dissoziationswärmen der Substrate gegeben sein, für die Rohrzuckerinversion z. B. durch die Summe der Dissoziationswärmen von Zucker und Wasser (161).

WEGSCHEIDER (162) hat diese Ansicht dahin kritisiert, daß er zeigte, daß eine bloße Verlagerung des Dissoziations*gleichgewichts* durch den Katalysator noch keine Beschleunigung bedeutet, da, wenn alle Gleichgewichte dauernd eingestellt wären, überhaupt keine Reaktion stattfände (Beispiel: Salzbildung aus Säure und Base). Man müsse daher mindestens die *Geschwindigkeit* der Dissoziations*einstellung* betrachten. EULERS Entgegnung (163) bewegt sich denn auch auf ähnlicher Linie, indem er ebenfalls Eingestelltsein aller Dissoziationsgleichgewichte nur im Falle erreichten Gleichgewichts annimmt, vorher aber eine Beeinflussung der Einstellungsgeschwindigkeit durch Veränderung der maßgebenden Ionenkonzentrationen. Formal ist in dieser Auffassung kein Unterschied gegenüber derjenigen vorgelagerter ARRHENIUSscher Zwischenverbindungen Katalysator—Substrat. Wir kommen darauf noch zurück.

In dieser Form, die spezieller besagt, daß die stabile Konzentration der Substrationen sich je nach der Katalysatorkonzentration einstellt und diese Ionen dann geschwindigkeitsbestimmend reagieren, wird die Theorie dann in einer großen Reihe späterer Arbeiten (z. B. 164) auf *Inversion und Mutarotation* und ihre *Säure- und Basenkatalyse* angewandt. Die Zucker werden dabei als *amphotere schwache Elektrolyte* aufgefaßt, die dissoziieren nach:

$$Z + H_2O \rightleftharpoons ZH^{\cdot} + OH' \quad \text{mit der Diss.-Konst. } K_b$$

und

$$Z + H_2O \rightleftharpoons ZOH' + H^{\cdot} \quad \text{,, \quad ,, \quad ,,} \quad K_a.$$

Dann ist:

$$(ZOH') = \frac{K_b}{K_b + (OH')}$$

und

$$(ZH^{\cdot}) = \frac{K_a}{K_a + (H^{\cdot})}.$$

Wenn nun K_w die Dissoziationskonstante des Wassers bedeutet und ferner die undissoziierten Rohrzuckermolekeln (oder die Zwitterionen) mit einer Geschwindigkeit k_u reagieren, wenn ferner die spezifische Reaktionsfähigkeit der Ionen einander gleich und im verwandten Maßsystem gleich eins ist, so wird die Geschwindigkeit:

$$k\left(1 + \frac{K_b}{K_b + \frac{K_w}{[H^{\cdot}]}} + \frac{K_a}{K_a + [H^{\cdot}]}\right) = k_u + \frac{K_b}{K_b + \frac{K_w}{[H^{\cdot}]}} + \frac{K_a}{K_a + [H^{\cdot}]}$$

oder näherungsweise:

$$k = k_u + \frac{K_b}{K_w}(\mathrm{H}^\cdot) + \frac{K_a}{(\mathrm{H}^\cdot)}.$$

Man sieht an dieser Gleichung, daß man hier zu ganz analogen *Kettenkurven* gelangt, wie sie etwa DAWSON (s. S. 86) für die Katalyse durch Säureionen und -molekeln aufstellt. Fig. 15 zeigt die Konstanten k der Hydrolyse von Benzamid und Äthylacetat in Abhängigkeit vom p_H nach EULER und ÖLANDER (164).

Nach ÖLANDER (165) tritt ein derartiges Minimum auch bei der Verseifung von Estern und Sulfosäureestern auf.

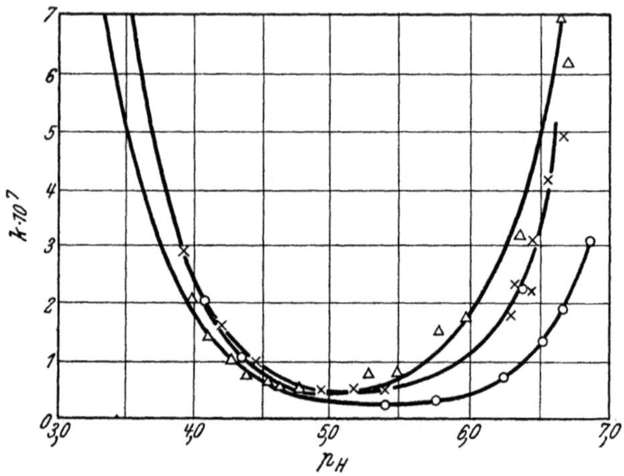

Fig. 15. Die katalytische Kettenkurve nach v. EULER und ÖLANDER.

Das Minimum der Kurven ist abgeflacht dadurch, daß auch die unkatalysierte Reaktion eine bestimmte Geschwindigkeit k_u aufweist. Der genaue Minimumspunkt oder „*isokatalytische Punkt*“ liegt bei

$$p_{\mathrm{H}_i} = \sqrt{\frac{K_a K_w}{K_b}},$$

solange man gleiche spezifische Reaktionsfähigkeiten für beide Ionengattungen annimmt. Unter dieser Annahme wird z. B. aus der noch meßbaren Säurekonstante K_a des Traubenzuckers und seinem Stabilitätsmaximum (isokatalytischer Punkt) seine Basenkonstante K_b zu 10^{-19} berechnet und mit dieser Zahl auch die Kettenkurve für die Rohrzuckerinversion befriedigend dargestellt. EULER hofft also, auf diesem Wege nicht nur Katalysatoren, sondern sogar katalytische Geschwindigkeiten vorhersagen zu können.

In einer ausführlichen Arbeit von KUHN und JAKOB (166) wurde diese Behandlung der Mutarotation und Inversion nachgeprüft und erweitert. Die Autoren finden, daß die Inversions-p_H-Kurve unsymmetrisch um den isokatalytischen Punkt liegt und schreiben daher den Anionen eine 2,1mal größere spezifische Reaktionsfähigkeit zu als den Kationen. Der isokatalytische Punkt fällt dann *nicht* mehr, wie nach der oben gegebenen Gleichung, mit dem *isoelektrischen* zusammen, sondern liegt bei

$$p_{H_i} = \sqrt{\frac{K_a}{K_b} \cdot K_w \cdot \frac{k_a}{k_b}},$$

wo die k die spezifischen Reaktionsfähigkeiten der Ionen bezeichnen. Mit Berücksichtigung dieser Korrektur liefert der isokatalytische Punkt jetzt $K_b = 7{,}8 \cdot 10^{-17}$, also wesentlich mehr.

Es ist hervorzuheben, daß alles Bisherige zwar *Anwendungen*, aber keinen *Beweis* der Grundanschauung von den reaktionsvermittelnden Ionen gebracht hat. Auf diesen Umstand weist SKRABAL (108) mit Nachdruck hin. Unter anderem zeigt er, daß auch die Annahme spezifischer Reaktionsfähigkeiten eine Unsymmetrie in der Kurve nicht deutet, da sie nur als Faktor eingeht und daher die Geschwindigkeitskonstante, z. B. logarithmisch gegen p_H aufgetragen, unter *allen* Umständen zwei unter 45° geneigte symmetrische Äste besitzen muß. Die Zahlenwerte der Konstanten bewirken nur seitliche Verschiebungen oder eine Variation der Breite des horizontalen k_u-Gebietes. In der Fig. 16 zeigt SKRABAL, welche Gestalten derartige Kurven annehmen können, je nach dem Verhältnis der drei Konstanten.

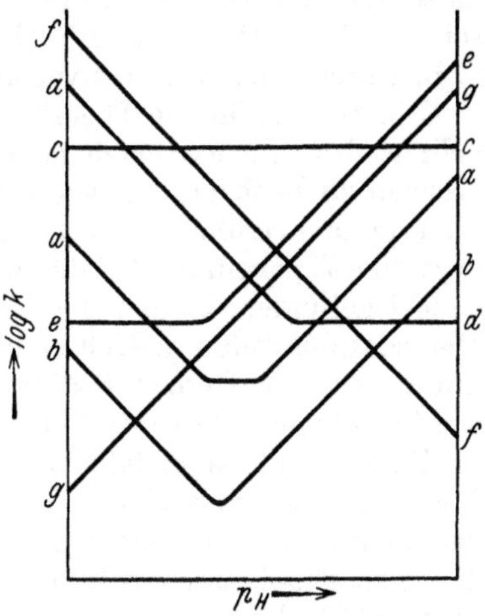

Fig. 16. Die logarithmierte katalytische Kettenkurve bei verschiedenen Verhältnissen der Einzelkonstanten. Nach SKRABAL.

Nach zum großen Teil eigenen Untersuchungen SKRABALS gehören

zum Typus	die Reaktionen
c	CO_2-Abspaltung aus Camphocarbonsäure und Acetessigsäure,
b	Hydrolyse von Säureamiden und γ-Lactonen,
d	Orthoessigsäureäther → Essigester,
	Orthokohlensäureäther → Kohlensäureester,
e	Hydrolyse von β-Lactonen und Mineralsäureestern,
g	Nitrosotriacetonamin → Stickstoff + Phoron,
	Diacetonalkohol → Aceton,
	Versch. Autoracemisierungen,
	Hydrolyse von Kohlensäureestern,
f	Hydrolyse der Diazoessigester,
	Kreatin → Kreatinin,
	Hydrolyse von Äthern,
	Zuckerinversion.

Die katalytischen Konstanten für H˙ und OH′, die die Lage dieser Kurven bestimmen, lassen sich nach SKRABAL bemerkenswerterweise rein phänomenologisch für die aufgeführten Austauschreaktionen von „Organooxyden“ (Alkohole A—O—H, Säuren R—O—H, Ester R—O—A, Anhydride R—O—R, Äther A—O—A, Wasser H—O—H)

einheitlich als Funktion der beteiligten Radikale A, R und H einordnen.

Das führt SKRABAL zu dem Schluß, daß die Wahrscheinlichkeit nicht für die EULERsche Theorie spricht, zumal die Dissoziationskonstanten, soweit bekannt, oft andere konstitutive Veränderlichkeiten zeigen als die Geschwindigkeiten. Insbesondere weist er darauf hin, daß die bloße Gestalt der Kettenkurve noch kein Nachweis für diese Theorie sei, da Proportionalität mit ($H^{\cdot}$) und (OH') auch auf anderem Wege, z. B. durch eine Zwischenverbindung, deutbar sei.

Ein Beweis für die Theorie ist nach SKRABAL erst erbracht, wenn es gelingt, bei sehr extremen p_H-Werten ein *erneutes Horizontalwerden* der Kurven zu beobachten, das von der nunmehr *völligen* Dissoziation des Substrates herrühren würde. EULER hat zwar neuerdings (167) eine derartige Erscheinung bei der Hydrolyse des Acetamids im stark sauren Gebiet gefunden, bei der des Dioxypiperazins sogar die Wirkung zweier Dissoziationsstufen, jedoch glaubt SKRABAL (106), daß solche Prüfungen nur unter so extremen Bedingungen der Konzentration vorgenommen werden können, daß ihre Umrechnung (Salzfehler!) zu unsicher werde.

Zusammenfassend läßt sich wohl sagen, daß die durch die Theorie der reaktionsvermittelnden Ionen angeregte *experimentelle* Erforschung der Säure-Basen-Katalyse mit geringen Abweichungen zu ganz eindeutigen Ergebnissen geführt hat [um so mehr, als auch LOWRY und SMITH (159) die KUHN-JAKOBsche Formel der Mutarotation bestätigen]. Hinsichtlich der *Deutung* kann aber zur Zeit noch nicht behauptet werden, daß diese Theorie wirklich bewiesen ist. Gewiß entspricht sie in allen Punkten den Tatsachen, jedoch sahen wir bereits, daß darin allein noch kein Beweis liegt, ein solcher auch schwer zu erbringen sein wird. Mit Sicherheit kann man wohl nur sagen, daß eine unkatalysierte oder wasserkatalysierte, eine $H^{\cdot}$-katalysierte und eine OH'-katalysierte Reaktion nebeneinander vorliegen. Über die Zusammensetzung des dabei auftretenden Zwischenkörpers (Verbindung oder Ion) kann aber die Kinetik allein nicht aussagen, eben wegen der jeder Proportionalität innewohnenden Mehrdeutigkeit, von der wir uns ja schon früher (s. S. 56) überzeugt haben.

Jedoch ist die Sachlage in Wirklichkeit nicht so verwickelt, wie es nach diesen Betrachtungen scheinen könnte, denn vom chemischen Standpunkt ist es eigentlich fast gleichbedeutend, ob die Primärreaktion lautet:

$$Z + H^{\cdot} \rightarrow ZH^{\cdot} \quad \text{[BROENSTED (130)]}$$

oder

$$Z + H^{\cdot} \rightleftharpoons ZH^{\cdot} \quad \text{[BJERRUM (109)]}$$

oder

$$Z + H_2O \rightleftharpoons ZH^{\cdot} + OH' \quad \text{[EULER]}.$$

Alle diese Auffassungen münden in der bedeutsamen Tatsache, daß der *H-Kern des Hydroxoniumions oder des Wassers* eine besondere Wirksamkeit auf bestimmte Substrate hat, eine Tatsache, die zu recht grundsätzlichen Einblicken in die homogene Lösungskatalyse geführt hat, wie im folgenden zu zeigen ist.

Der Protonenmechanismus der Säure-Basen-Katalyse.

Von zwei verschiedenen Seiten her, von LOWRY und von BRONSTED, wurde im letzten Jahrzehnt eine Auffassung vertreten und experimentell belegt, die anscheinend berufen ist, die Erscheinungen der homogenen Katalyse in wäßriger Lösung, soweit sie eine Säure-Basen-Katalyse ist, unter einheitliche Gesichtspunkte zu bringen, Gesichtspunkte, von denen aus anscheinend auch alle die verschiedenen bisher besprochenen Standpunkte miteinander vereinbar erscheinen.

Für LOWRY war der Ausgangspunkt seiner Überlegungen die Beobachtung der *Mutarotation,* also der anscheinend spontanen Drehungsänderung optisch aktiver Stoffe, wie Nitrocampher oder Glukosederivate. Sie beruht auf einer Umlagerung unter Verlagerung eines H-Atoms und Verschiebung der Bindungen in der Molekel, einer Art von Tautomerie oder Desmotropie, für die LOWRY (168) den Namen *Prototropie* prägte.

Es wurde nun gefunden, daß diese prototropen Veränderungen in der Tat *nicht spontan* verlaufen, sondern in Abwesenheit von Katalysatoren *zum Stillstand gebracht* werden können. So kommt die Mutarotation von Nitrocampher in Chloroform völlig zum Stillstand, wenn das Lösungsmittel Spuren von Phosgen enthält [LOWRY und MAGSON (169)], das basische Verunreinigungen durch Karbamidbildung an der Katalyse verhindert. Weiterhin [LOWRY und RICHARDS (98), LOWRY und FAULKNER (98), LOWRY und OWEN (170), s. a. LOWRY (171)] konnte die Mutarotation sowohl von Nitrocampher als von (wegen der besseren Löslichkeit) methylierten und acetylierten Glukosen in Chloroform, Benzol, Äthylacetat, Pyridin durch sorgfältige Arbeit, insbesondere Ausschluß von *Wasser,* zum Stillstand gebracht werden. Alle diese Lösungsmittel sind also *für sich keine* Katalysatoren, während Wasser ein „vollständiger" Katalysator ist. Besonders bemerkenswert erscheint (98), daß sowohl reines, trockenes Pyridin, wie auch reines, trockenes Kresol für sich die Mutarotation nicht hervorrufen können, daß aber *jedes von beiden in Verbindung mit Wasser,* wie auch *beide miteinander,* eine rasche Mutarotation bewirken.

Aus diesen Tatsachen schließt LOWRY, daß sowohl indifferente Lösungsmittel, als auch Basen oder Säuren allein die Mutarotation nicht katalysieren, daß dazu vielmehr entweder ein *amphoteres* Lösungsmittel, wie Wasser, oder eine *Kombination von Säure und Base* oder eine Kombination von Säure *oder* Base *mit Wasser* notwendig ist, wobei das Wasser als Base bzw. Säure fungiert.

Da sich diese Befunde auch auf nichtwäßrige Lösungen erstrecken, so können Säuren und Basen nicht mehr im Sinne der klassischen physikalischen Chemie definiert werden als Stoffe, die bei der Dissoziation $H_3O^{\cdot}$-Ionen bzw. OH'-Ionen liefern. Es muß vielmehr die *neuere weitere Definition* zugrunde gelegt werden, die auch BROENSTED (172, 173) vertritt. Sie sagt aus: *Säure heißt jede Molekel, die ein Proton abgeben kann, und Base jede Molekel, die ein Proton aufnehmen kann.* Es ist dabei gleichgültig, ob die betreffende Molekel geladen oder neutral ist. Es gilt also allgemein die Beziehung:

$$\text{Säure} \rightleftharpoons \text{Base} + H^{\cdot}$$

Einige Beispiele mögen dieses Verhältnis verdeutlichen:

Säure	$\rightleftharpoons$	Base	+ H˙
HSO_4'	$\rightleftharpoons$	SO_4''	+ H˙
CH_3COOH	$\rightleftharpoons$	CH_3COO'	+ H˙
OH_2	$\rightleftharpoons$	OH'	+ H˙
$OH_3^{\cdot}$	$\rightleftharpoons$	OH_2	+ H˙
$NH_4^{\cdot}$	$\rightleftharpoons$	NH_3	+ H˙
$[Co(NH_3)_5OH_2]^{\cdots}$	$\rightleftharpoons$	$[Co(NH_3)_5OH]^{\cdot\cdot}$	+ H˙

Man sieht, daß diese Definition die ältere wohl mit enthält, aber über sie hinausgeht. Die besondere Rolle der Hydroxonium-(„Wasserstoff"-)ionen und der Hydroxylionen besteht in ihr nur mehr darin, daß ihre koordinierte Base bzw. Säure zufällig in wässeriger Lösung das Lösungsmittel ist.

In Wasser, das sowohl als „Protonendonator" (Säure), als auch als „Protonenacceptor" (Base) auftreten kann, ist demnach eine Katalyse prototroper Reaktionen nicht nur durch die Säuren und Basen selbst in Verbindung mit dem Wasser, sondern auch eine solche durch *Anionen* oder *Kationen* zu erwarten, die im neuen Sinne Basen oder Säuren sind, insbesondere also die *Anionen schwacher Säuren*. Wir sehen, daß diese Erwartung gerade dem entspricht, was DAWSON (s. S. 85) gefunden und in seiner erweiterten Theorie der *dualen Katalyse* zum Ausdruck gebracht hat. LOWRY (171, 111) rechnet denn auch die Enolisierung von Ketonen, also DAWSONS Musterbeispiel, zu den prototropen Reaktionen, wie wir noch sehen werden.

Seine eigenen Versuche über die *Mutarotation der Glukose* in wässeriger Lösung stellen denn auch eine Bestätigung und eine sinngemäße Erweiterung der dualen Theorie dar. LOWRY und SMITH (159) finden, daß auch hier *Hydroxonium-* und *Hydroxylion* nicht die einzigen Katalysatoren sind, sondern daneben auch *Wasser* selbst (wegen seiner amphoteren Eigenschaft; s. o.), sowie die *undissoziierten Säuremolekeln* als Donatoren und die *Säureanionen* als Acceptoren (Basen). Bei letzteren ist bemerkenswert, daß *Acetationen* recht gut, *Cl'-Ionen* aber wegen der mangelnden Tendenz zur Protonenaufnahme (starke Dissoziation der Salzsäure) gar nicht katalysieren. Ferner stellen auch *Ammoniumionen*, die hier als Säuren im Sinne unserer obigen Aufstellung anzusehen sind, einen Katalysator etwa von $^1/_{10}$ der Stärke des Wassers dar. Im einzelnen ergeben sich folgende Geschwindigkeitskonstantenbeiträge für molaren Katalysator:

Säuren:	HCl (?)	0,54	
	$H_3O^{\cdot}$	0,36	
	CH_3COOH	0,0065	
	$NH_4^{\cdot}$	0,0012	
Amphoter:	Wasser	0,0147	
Basen:	OH'	8000	[LOWRY und WILSON (174)]
	CH_3COO'	0,069	

Es sei noch bemerkt, daß *Salze schwacher* Basen und Säuren, wie Ammoniumacetat oder Pyridiniumphenolat, wegen der bei Hydrolyse entstehenden Säure-Basenpaare *stärker* wirken, als der Additivität der Ionen entspräche. Weiteres Material über die Katalyse dieser Reaktion bringen wir weiter unten bei Besprechung der gleichgerichteten Arbeit von BROENSTED und GUGGENHEIM (s. S. 98).

Welche *Deutung* ist nun diesem Befund von der gleichzeitigen Notwendigkeit von Säure *und* Base bei prototropen Änderungen zu geben? Diese Frage sucht LOWRY (111, 171) im Anschluß an die in den letzten Jahren ausgebaute Elektronentheorie der homöopolaren Valenz zu beantworten. Der Grundgedanke ist der: die Umlagerung besteht in einer Ortsveränderung eines Wasserstoffatoms und einer Verschiebung einer Bindung in der Molekel. Während nun das Proton von seinem alten Platz durch eine „Base“ entfernt wird und an seinem neuen Platz durch ein aus einer „Säure“ stammendes ersetzt wird, wandert gleichzeitig ein Valenzelektron unter Bindungsverschiebung durch das Innere der Molekel. Man kann daher von einer „elektrolytischen Theorie der Katalyse“ sprechen, wobei Säure und Base die Elektroden bilden, zwischen denen die Molekel elektrolysiert wird.

Zur Erläuterung wird dieser Vorgang, obgleich LOWRY (171) ihn grundsätzlich als simultan aufgefaßt wissen will, im folgenden an dem Beispiel der *Ketisierung eines Enols* in Einzelschritte zerlegt:

Vom Enol ausgehend:

$$\mathrm{H} : \mathrm{O} : \underset{\cdot}{\mathrm{C}} :: \underset{\cdot}{\dot{\mathrm{C}}}$$

(es sind nur die Valenzelektronen, und von ihnen wieder für die weggelassenen Substituenten nur die kohlenstoffeigenen eingezeichnet), wird zunächst durch eine Base ein Proton entfernt, wobei ein Enolanion hinterbleibt:

$$: \overline{\mathrm{O}} : \underset{\cdot}{\mathrm{C}} :: \underset{\cdot}{\dot{\mathrm{C}}} \quad + \mathrm{H}^{+} .$$

Dieses lagert sich durch Elektronenverschiebung in ein Zwitterion mit semipolarer Bindung um:

$$: \overline{\mathrm{O}} : \overset{+}{\underset{\cdot}{\mathrm{C}}} :.\,.\,\underset{\cdot}{\dot{\mathrm{C}}}^{-} \quad + \mathrm{H}^{+} .$$

Aus dem Zwitterion wird durch Elektronenverschiebung (immer von links nach rechts!) zwischen dem O-Atom und dem benachbarten C-Atom ein Ketonion:

$$\mathrm{O} :: \underset{\cdot}{\mathrm{C}} : \underset{\cdot}{\dot{\mathrm{C}}} :^{-} \quad + \mathrm{H}^{+} ,$$

das endlich aus einer Säure ein Proton entnimmt und so zur neutralen Ketonmolekel wird:

$$\mathrm{O} :: \underset{\cdot}{\mathrm{C}} : \underset{\cdot}{\dot{\mathrm{C}}} : \mathrm{H}.$$

Die Enolisierung (s. S. 82) ist dementsprechend umgekehrt zu schreiben.

Die *Hydrolysenreaktionen* (Verseifung, Inversion), für die ja auch eine katalytische Kettenkurve und somit Säure-Basenkatalyse im alten Sinne besteht, lassen sich bezeichnenderweise durch einen entsprechenden, aber doch abweichenden Mechanismus darstellen:

Das Valenzelektronenpaar des Esters:

$$H_3CCO : OC_2H_5$$

wird durch Anlagerung eines Protons aus einer Säure im neuen Sinn ganz zur Äthoxylhälfte herübergezogen unter Bildung von Alkohol:

$$C_2H_5\overline{O}: + H^{\cdot} = C_2H_5O : H,$$

während sich der verbleibende elektronenlose Säurerest mit einem Hydroxylion durch dessen Valenzelektronenpaar verbindet zur Säuremolekel:

$$H_3CC\overset{+}{O} + :\overset{-}{O}H = H_3CCOOH.$$

Der charakteristische *Unterschied* ist, daß hier die Base im neuen Sinne *nur* das Hydroxylion sein kann und daher ist es verständlich, daß hier eine Katalyse durch *andere* Basen, insbesondere durch Säureanionen, *nicht* gefunden wurde. Bezüglich der Säure bestehen aber keine Beschränkungen, und wir sahen ja auch (S. 83), daß undissoziierte Säuremolekeln das Hydroxoniumion durchaus vertreten können.

Wir haben hier also eine gute physikalische Interpretation der Befunde der dualen Theorie vor uns. Wir sehen aber auch die Grundgedanken der Theorie der reaktionsvermittelnden Ionen in einem veränderten Gewand wieder vor uns, in den bei Betrachtung der Ketisierung eingeschalteten intermediären Ionen. Der Unterschied ist nur der (171), daß die von EULER postulierten Substrationen nicht wirklich im Gleichgewicht (ARRHENIUSsche Zwischenkörper) auftreten sollen, sondern daß ihre Entstehung und ihr Verschwinden bei der „Elektrolyse“ *einen* Vorgang bilden sollen. Dadurch liefert der zweite, exotherme Teilvorgang die Energie für den ersten, stark endothermen Ionisierungsvorgang, und dessen *energetische Erleichterung durch Katalyse* wird erst so verständlich. Die Ionen erscheinen so bei LOWRY nur bestenfalls als ganz kurzlebige VAN 'T HOFFsche Zwischenkörper.

Diese Frage nach der *kinetischen Natur der Zwischenkörper* bei prototroper Katalyse hat nun SKRABAL (106) rechnerisch geprüft. Das zugrunde liegende Reaktionsschema lautet z. B. für Säurekatalyse:

$$S + H^{\cdot} \underset{k_2}{\overset{k_1}{\rightleftharpoons}} Z_1 \qquad (Z_1 = \text{Kation})$$

$$Z_1 + M \underset{k_4}{\overset{k_3}{\rightleftharpoons}} Z_2 + H^{\cdot} \quad (M = \text{Wasser})$$

$$Z_2 \xrightarrow{k_5} B + M\,.$$

Im Sinne von S. 55f. leitet man nun leicht ab, daß die experimentell gefundene Gleichung

$$\frac{d(B)}{dt} = k(S)(K)$$

für konstantes (überschüssiges) (M) nur dann resultiert, wenn Z_1 VAN 'T HOFFscher Zwischenkörper ist, oder wenn Z_1 ARRHENIUSscher und Z_2 VAN 'T HOFFscher Zwischenkörper sind, *nicht* aber, wenn beide Zwischenkörper im Gleichgewicht vorliegen.

Für die „unkatalysierte", d. h. durch die amphotere Wirkung des Wassers katalysierte Reaktion dagegen lautet das entsprechende Schema:

$$S + H_2O \underset{k_2}{\overset{k_1}{\rightleftharpoons}} Z_1 + OH' \quad (Z_1 = \text{Kation})$$

$$Z_1 + H_2O \underset{k_4}{\overset{k_3}{\rightleftharpoons}} Z_2 + H^{\cdot}$$

$$Z_2 \xrightarrow{k_5} B$$

$$H^{\cdot} + OH' \underset{K_w}{\rightleftharpoons} H_2O.$$

In diesem Falle wird gemessen:

$$\frac{d(B)}{dt} = k(S),$$

woraus folgt, daß entweder Z_1 VAN 'T HOFFscher Zwischenkörper ist oder beide Zwischenkörper ARRHENIUSscher Natur sind, während hier das Vorliegen des Kations als ARRHENIUSscher und von Z_2 allein als VAN 'T HOFFscher Zwischenkörper nicht zur gefundenen Gleichung führt. Daraus, daß nur die Annahme, das Kation sei VAN 'T HOFFscher Zwischenkörper, bei beiden Fällen gemeinsam zum Ziele führt, schließt SKRABAL, daß mit einiger Wahrscheinlichkeit *stets der erste Akt* (bei Säurekatalyse die Protonenanlagerung) *geschwindigkeitsbestimmend* ist. (Es muß allerdings hinzugefügt werden, daß bei zeitlicher Vertauschung von Protonenanlagerung und -abspaltung gerade nur ARRHENIUSsche Zwischenkörper allgemein brauchbar sind.)

Wir sahen bereits am Beispiel der Hydrolyse, daß die hier besprochene Auffassung keineswegs auf reine Prototropien beschränkt ist. Ebensowenig ist sie auf Fälle beschränkt, in denen sowohl die Säure- als die Basenkatalyse im erfaßbaren Bereich liegen. SKRABAL (s. S. 91) konnte ja zeigen, daß diese Fälle auch nur Spezialfälle der allgemeinen Kettenkurve sind. So findet sich denn auch bei „reinen" Säure- und bei „reinen" Basenkatalysen die Wirksamkeit *aller* Säuren und Basen neuer Definition wieder, wie BROENSTED (130) betont. WYNNE-JONES (s. 130) untersuchte in BROENSTEDS Laboratorium die *Hydrolyse von Äthylorthoacetat,* die nur von Säuren, nicht von Basen, beschleunigt wird, und fand auch hier eine deutliche Wirkung undissoziierter schwacher Säuren als Donatoren.

Umgekehrt liegen die Verhältnisse bei der *Zersetzung des Nitramids* in wässeriger Lösung, die sich vollzieht nach:

$$H_2N \cdot NO_2 \rightarrow H_2O + N_2O,$$

und die nur von *Basen* katalysiert wird. Sie läßt sich durch Volummessung des entwickelten Stickoxyduls bequem kinetisch verfolgen. BROENSTED und PEDERSEN (175) haben das getan und fanden dabei eine ganze Reihe von Basen wirksam, gleichgültig, ob diese negativ geladen waren, wie Hydroxylion, Acetation und andere Säureanionen, oder neutral, wie Anilin und andere Amine, oder positiv geladen, wie etwa $[CO(NH_3)_5OH]^{\cdot\cdot}$ und andere. Auf die quantitativen Resultate kommen wir unten (S. 100) zurück.

BROENSTED und GUGGENHEIM (176) haben von demselben Gesichtspunkt aus die KUHN und JAKOBschen (166) und LOWRYschen (159) Untersuchungen über die Katalyse der *Mutarotation der Glukose* bedeutend erweitert. Sie verwandten nicht, wie ihre Vorgänger, die Drehungsänderung als Maß des Reaktionsfortgangs, sondern die begleitende Volumänderung der Lösung in einem empfindlichen Dilatometer. Die Arbeit ist schon deshalb besonders wertvoll und zuverlässig, weil die Autoren sich überzeugten, daß keine primären Salzeffekte (s. S. 102) auftreten, wie ja auch bei einer Reaktion mit einem ungeladenen Partner zu erwarten ist (s. S. 108).

Hinsichtlich der *Säurekatalyse* fanden auch sie nicht nur das Hydroxoniumion wirksam, sondern auch die undissoziierten Molekeln schwacher Säuren. Die Methode war die, daß in einem p_H-Gebiet, wo die Wasserstoffionenkatalyse in der Kettenkurve noch neben dem horizontalen Kurvenstück der Wasserkatalyse verschwindet (s. S. 90), also bei $p_H > 4$, bei konstanter puffernder Salz- und damit Anionenkonzentration die Säurekonzentration variiert wurde. [Es ist klar, daß diese Methode an dem Dilemma leidet, daß sehr schwache Säuren auch schwache Katalysatoren sind (s. weiter unten und auch S. 82f.), stärkere aber nicht zu sehr hohen Konzentrationen verfolgt werden können, ohne daß $H_3O^{\cdot}$-Katalyse auftritt.]

An *Basen* wurden zunächst die Anionen schwacher Säuren untersucht, indem, wie bei DAWSONS erster Methode (S. 85), die Salzkonzentration bei konstanter Säurekonzentration variiert wurde. Die Geschwindigkeit steigt dann linear mit der Anionenkonzentration an. An ungeladenen Basen wurde Pyridin als Katalysator erkannt (Anilin gibt Störungen durch eine Molekülverbindung), ferner die NH_3-Molekel, sowie verschiedene Kobalti- und Chromo-Hydroxokomplexe, die teilweise sogar stärker basisch katalysieren als das Hydroxoniumion als Säure. Auch das Sulfation zeigte sich bei Untersuchung sehr schwach saurer Sulfatlösungen als katalysierende Base.

Äußerst bemerkenswert sind nun die Ergebnisse, die dieses Zahlenmaterial BROENSTED (130) über den *Zusammenhang zwischen katalytischer Wirksamkeit und Säuren- bzw. Basenstärke* geliefert hat. Wir erinnern uns, daß schon SNETHLAGE (146) erkannte, daß die undissoziierten Molekeln der stärksten Säuren die besten Katalysatoren sind, daß ferner TAYLOR (113) dieses Gesetz in die Formel faßte:

$$k = a \cdot G^{0,5} \quad \text{(s. S. 83).}$$

Wir können diesen Befund jetzt dahin verstehen, daß *leicht dissoziierende Säuremolekeln auch gute Protonendonatoren sein müssen.*

Nach der neuen Definition von Säure und Base hat man nun zu definieren:

$$\textit{Säurekonstante}\quad K_s = \frac{\text{Base} \cdot \text{OH}_3^{\cdot}}{\text{Säure}}.$$

Ist die Säure eine Säure im alten Sinne, so wird dieser Ausdruck gleich der alten Säurekonstante. Ist die Säure ein Kation, z. B. das Ammoniumion, so wird sie:

$$K_s = \frac{NH_3 \cdot OH_3^{\cdot}}{NH_4^{\cdot}} = \frac{NH_3 \cdot K_w}{NH_4^{\cdot} \cdot OH'},$$

also gleich der Hydrolysenkonstanten der Base. Entsprechendes gilt umgekehrt für die *Basenkonstanten*. Eine besondere Definition ist nur noch für die saure und basische *Konstante des Wassers* nötig. Erstere ist:

$$K_s = \frac{\mathrm{OH' \cdot OH_3^{\cdot}}}{\mathrm{H_2O}} = \frac{K_w}{55{,}6} = 1{,}8 \cdot 10^{-16},$$

da 55,6 die Molarität des Wassers in homogener Phase ist. Diese Konstante ist zugleich die Basenkonstante K_b des Hydroxylions.

Die Basenkonstante des Wassers dagegen ist

$$K_b = \frac{\mathrm{OH_2 \cdot OH_3^{\cdot}}}{\mathrm{OH_3^{\cdot}}} = 55{,}6.$$

Dies ist zugleich die Säurekonstante des Hydroxylions. Die Logarithmen beider Konstanten betragen 0,26 — 16 und 1,75.

Die so definierten Säure-Gleichgewichtskonstanten K_s sind nun ihrerseits die Quotienten der Geschwindigkeitskonstanten der Dissoziation und der Assoziation:

$$K_s = \frac{k_d}{k_{as}}.$$

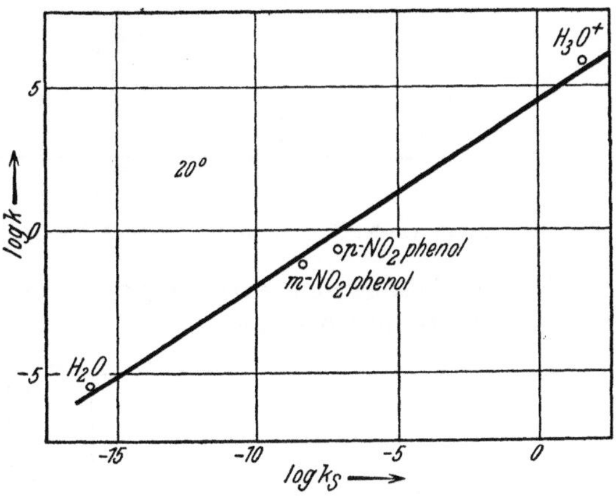

Fig. 17. Säurekatalyse der Äthyl-orthoacetat-Hydrolyse und Säurestärke. Nach BRÖNSTED.

Nimmt man nun an, daß innerhalb einer Reihe von Säuren die Änderung von K_s auf einer gleichsinnigen Änderung von k_d und einer entgegengesetzten von k_{as} beruht, daß ferner die Katalysenkonstante der Säure mit einem der Reaktion charakteristischen Proportionalitätsfaktor F_1 dem k_d proportional ist (also der Protonenlieferungsbereitschaft), so läßt sich vermuten, daß für die Katalysenkonstante gelten wird:

$$k_s = F_1 \cdot K_s^x,$$

wo x ein echter Bruch ist. Die Übereinstimmung mit der Beziehung von TAYLOR (S. 83) ist unverkennbar. Logarithmiert bedeutet das:

$$\log k_s = \log F_1 + x \cdot \log K_s.$$

Für die Basenkatalyse wird ebenso gelten:

$$\log k_b = \log F_2 + y \cdot \log K_b,$$

oder, da $\log K_b$ einer Base (Anion) gleich $-\log K_s$ der zugeordneten Säure ist:

$$\log k_b = \log F_2 - y \cdot \log K_s.$$

Diese linearen Beziehungen sind nun tatsächlich sowohl für die Hydrolyse der Orthoacetats, wie für die Nitramidspaltung (S. 97), wie für die Mutarotation recht gut erfüllt. Fig. 17 zeigt die Geschwindigkeit der *Orthoacetathydrolyse*, logarithmisch gegen die Säurekonstanten der Katalysatoren aufgetragen.

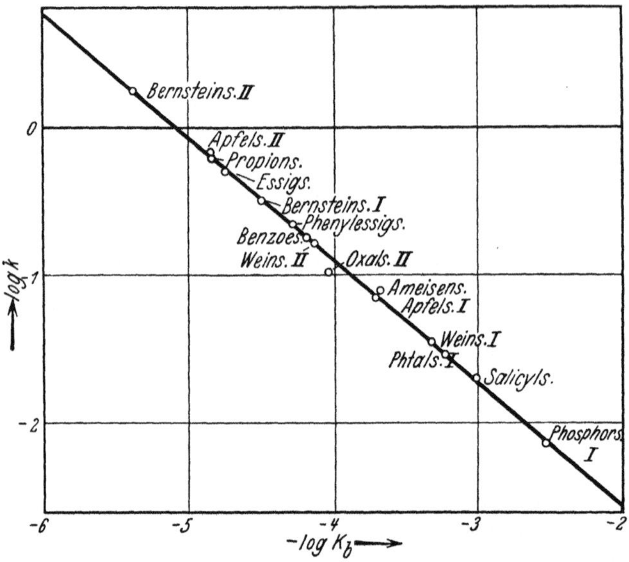

Fig. 18. Basenkatalyse der Nitramidspaltung durch Anionen und deren Basenstärke. Nach BRÖNSTED.

Fig. 18 zeigt dieselbe Auftragung für die *Nitramidspaltung* durch Säure-Anionen als Basen; Abszissen sind die negativen Logarithmen der Basenkonstanten, d.h. die Logarithmen der Dissoziationskonstanten der zugrunde liegenden Säuren.

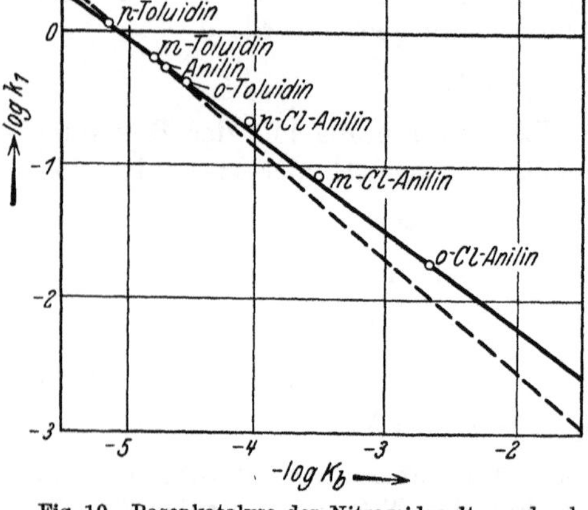

Fig. 19. Basenkatalyse der Nitramidspaltung durch Neutralmolekeln und deren Basenstärke. Nach BRÖNSTED.

In Fig. 19 sind die Geschwindigkeiten derselben Reaktion eingezeichnet, wie sie bei Katalyse durch neutrale Basenmolekeln (Aminbasen) erhalten werden. Abszissen sind hier wieder die negativen Logarithmen der Basenkonstanten. Die punktierte Linie zeigt die Lage der Geraden von Fig. 18. Die nahe Übereinstimmung beweist, daß einfach negative und neutrale Basen sich praktisch nicht unterscheiden. Positiv geladene Basen (Hydroxo-Komplexkationen) liegen zwar auf einer höheren, aber wiederum parallelen Geraden.

Für die Mutarotation der Glukose sind die Konstanten

in Fig. 20 gegen die Basenkonstanten selbst der betreffenden Säureanionen eingezeichnet. Die Gleichung lautet:

$$k_b = 6{,}2 \cdot 10^{-5} K_b^{0{,}83}.$$

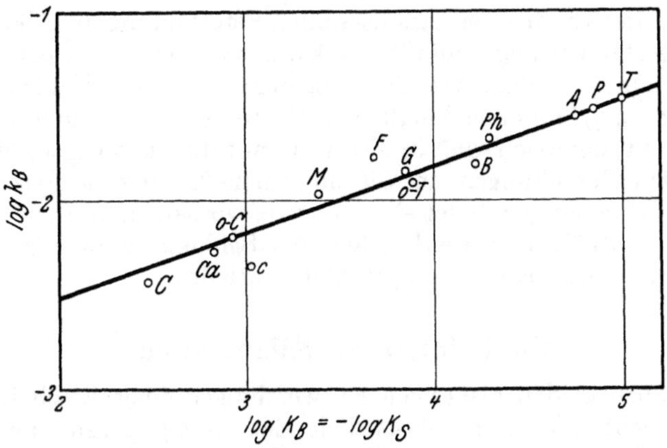

Fig. 20. Basenkatalyse der Mutarotation durch Säure-Anionen und deren Basenstärke. Nach BRÖNSTED.

T	Trimethylacetat	*P*	Propionat	*o – T*	o-Toluylat
Ph	Phenylacetat	*B*	Benzoat	*M*	Mandelat
G	Glykolat	*F*	Formiat	*Ca*	Monochloracetat
S	Salicylat	*o – C*	o-Chlorbenzoat		
C	Cyanacetat	*A*	Acetat		

Fig. 21 endlich enthält auf der aufsteigenden Geraden die Mutarotationskonstanten einer Reihe von Säuren, auf der absteigenden einiger Basen gegen die betreffenden Gleichgewichtskonstanten ein-

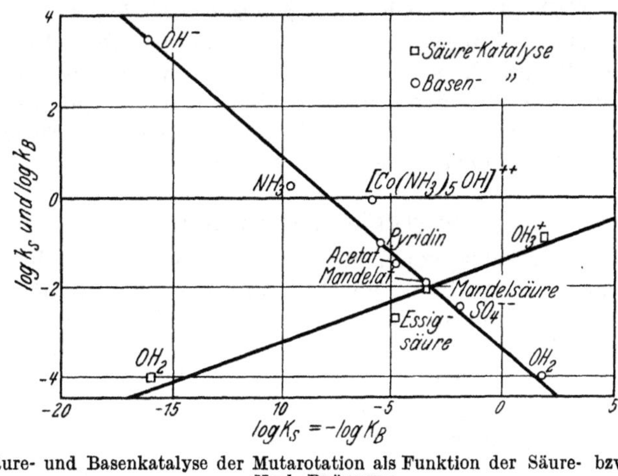

Fig. 21. Säure- und Basenkatalyse der Mutarotation als Funktion der Säure- bzw. Basenstärke. Nach BRÖNSTED.

gezeichnet. Sieht man von dem wieder nach oben herausfallenden positiven Basenion $[Co(NH_3)_5OH]^{\cdot\cdot}$ ab, so liegen beide Wertegruppen wieder auf Geraden. Besonders beachtlich ist, daß der Wert für die Wasserkatalyse sowohl auf der Basenlinie bei der Basenkonstanten des

Wassers, als auf der Säuregeraden bei der sauren Dissoziationskonstanten des Wassers richtig liegt, die amphotere Katalyse also hier direkt augenfällig wird.

Nehmen wir hierzu noch die von Taylor entworfene Fig. 14, die Inversion, Esterhydrolyse, Enolisierung, Esterbildung in Alkohol und Diazoessigesterspaltung umfaßt, so kann trotz einiger Ungenauigkeit nicht geleugnet werden, daß die Beziehung zwischen Elektrolytstärke bzw. *Protonenaffinität und Katalyse* in sehr weiten Bereichen bestätigt ist. Es scheint demnach, daß in diesem Punkt die vielseitigen, oft widersprechenden Bemühungen um die homogene Lösungskatalyse doch in eine Auffassung eingemündet sind, die, wie wir sahen, von allen wesentliche Züge enthält und wohl sicher den Schlüssel zum allgemeineren Verständnis dieses Erscheinungsgebiets enthält.

Die katalytische Salzwirkung.

Wir haben in den bisherigen Entwicklungen einer Erscheinung absichtlich nicht oder nur gelegentlich Erwähnung getan, die die Erforschung der besprochenen Zusammenhänge an vielen Stellen recht erschwert hat, an sich aber von grundsätzlicher Bedeutung für die Katalyse in wäßrigen Lösungen ist, nämlich der *Salzwirkung*. Sie besteht darin, daß die katalytische Wirksamkeit einer Molekelart oder allgemein eine Reaktionsgeschwindigkeit nicht unabhängig sind von den Lösungsgenossen. Insbesondere ist der Gesamtgehalt der Lösung an *Ionen*, sei es solchen der Partner, sei es solchen zugesetzter Stoffe, in dieser Weise wirksam. Man spricht in diesem Zusammenhang, da der Effekt bei zugesetzten neutralen Salzen in der Säure-Basen-Katalyse besonders auffallend ist, auch von „*Neutralsalzwirkung*".

Diese Wirkung interessiert uns hier einerseits deshalb, weil, wie gesagt, die Wirksamkeit vieler Katalysatoren ihr unterliegt, zum anderen aber, weil die Beeinflussung einer Reaktionsgeschwindigkeit, sei sie katalytisch oder nicht, durch die Anwesenheit von Salzen an sich ja schon definitionsgemäß eine Katalyse ist.

Die primäre Salzwirkung.

Es sei hier zunächst von dem Effekt abgesehen, den insbesondere zugesetzte gleichionige Salze auf Substrat oder Katalysator ausüben und der massenwirkungsmäßig zu deuten ist. Wir haben von diesem „sekundären" Salzeffekt ja schon fruchtbaren Gebrauch gemacht (S. 70 und 85) und werden ihn weiter unten noch einmal streifen. Unter der Bezeichnung „primärer" Salzeffekte faßt man vielmehr Wirkungen zusammen, die allgemein von der *Ionenstärke der Lösung* abhängen und somit ebensowohl auch von *fremdionigen* Elektrolyten ausgeübt werden können.

Die Kenntnis dieses Effekts ist so alt wie die der Ionenkatalyse selbst. Schon Arrhenius (107) machte in seinen ersten Arbeiten über dieses Gebiet die Beobachtung, daß sowohl zugesetzte Neutralsalze die Geschwindigkeit proportional ihrer Konzentration erhöhen, als auch, daß mit zunehmender Säurekonzentration die Geschwindigkeit rascher zunimmt als die Wasserstoffionenkonzentration. Der Anstieg mit der Säurekonzentration läßt sich nach ihm darstellen durch:

$$k = a \cdot m + b \cdot m^2,$$

wobei k die Konstante der Rohrzuckerinversion und m die Säurekonzentration bedeutet (s. a. S. 84). ARRHENIUS deutete das Ergebnis in schon ziemlich moderner Weise so, daß das quadratische Glied die Katalyse der der Säurekonzentration proportionalen Wasserstoffionen an dem in seiner „Aktivität" (d. i. Reaktionsbereitschaft) wiederum säureproportional erhöhten Zucker bedeutet. Die Erhöhung der aktiven Masse des Zuckers soll dabei so erfolgen, daß die Ionen des Salzes bzw. der Säure selbst ihm das Lösungswasser streitig machen. Später (126) versuchte ARRHENIUS denn auch, die Konzentration des Zuckers in der Berechnung durch den der thermodynamischen Aktivität (s. weiter unten) besser entsprechenden osmotischen Druck zu ersetzen.

Diese Vorstellungen wurden auch von v. EULER (160, 161) im Rahmen seiner Auffassung (s. S. 88) ausgebaut, nach der der aktive Zustand des Substrats seine Ionen sein sollen. Durch die Fremdionen wird nach ihm nicht nur der osmotische Druck der reaktionsvermittelnden Ionen vermehrt, sondern auch die Dissoziation der Substrate und des Wassers in diese.

Auch noch von anderen Seiten wurden sehr bald spezifische Einflüsse der starken Elektrolyte auf die Geschwindigkeiten beobachtet, so von FRAENKEL (138), PRICE (177) u. a. Abweichungen von der massenwirkungsmäßig berechneten Dualität bei hohen Säure- bzw. Salzkonzentrationen zeigten sich auch bei der Esterbildung in Alkohol [z. B. GOLDSCHMIDT und SUNDE (133)] und bei der Diazoessigesterspaltung [BRAUNE (144)].

Eine mehr systematische und theoretisch begründete Bearbeitung erfuhren diese Effekte jedoch erst, nachdem durch Arbeiten von MILNER, BJERRUM, LEWIS u. a. die *Theorie der starken Elektrolyte* überhaupt den klassischen Boden der ARRHENIUSschen Auffassung zugunsten *völliger Dissoziation und elektrostatischer Wechselwirkung* verließ.

Die neue Auffassung sagt bekanntlich aus, daß bei Überführung eines Mols Ionen von der Konzentration c_1 zur Konzentration c_2 nicht wie bei neutralen Molekeln die Arbeit

$$A = RT \ln \frac{c_2}{c_1}$$

aufzuwenden ist, sondern die kleinere Arbeit

$$A' = RT \ln \frac{c_2 f_2}{c_1 f_1},$$

weil aus der elektrostatischen Wechselwirkung der Ionen die Arbeit

$$A - A' = RT \ln \frac{f_1}{f_2}$$

dabei gewonnen wird. Die f, die demnach ein Maß dafür sind, um wieviel sich die „Aktivität" der Ionen von der gleichkonzentrierter

Neutralteile unterscheidet, führen die Bezeichnung „*Aktivitätskoeffizienten*" und die Produkte

$$c \cdot f = a$$

heißen *Aktivitäten*. Bei unendlicher Verdünnung und damit verschwindender Wechselwirkung werden die $f = 1$ und die $c = a$ *.

Die über solche Konzentrierungsarbeiten geführte Ableitung der VAN 'T HOFFschen Reaktionsisochore führt wegen des Auftretens der Aktivitätskoeffizienten in diesen Arbeitsausdrücken für Elektrolyte nicht zu dem klassischen Massenwirkungsgesetz (Konzentrations-Massenwirkungsgesetz):

$$G = \frac{c' \cdot c'' \ldots}{c''' \cdot c'''' \ldots}$$

(wo die c Gleichgewichtskonzentrationen der Reaktionspartner bedeuten), sondern zu:

$$G = \frac{c' \cdot c'' \ldots}{c''' \cdot c'''' \ldots} \cdot \frac{f' \cdot f'' \ldots}{f''' \cdot f'''' \ldots}.$$

Die Aktivitätskoeffizienten f der einzelnen Ionenarten sind dabei Funktionen der später (s. S. 110) genauer zu definierenden Ionenstärke der betrachteten Lösung.

Zur *Anwendung auf die Geschwindigkeiten* entsteht nun die Aufgabe, diese thermodynamische Gleichung durch Sonderannahmen in zwei kinetische Geschwindigkeitsausdrücke *aufzuspalten*, analog der klassischen GULDBERG-WAAGEschen Aufspaltung des Konzentrations-Massenwirkungsgesetzes in zwei Konzentrationsfunktionen der Geschwindigkeiten (s. S. 13). Der einfachste Weg hierzu, der schon von VAN 'T HOFF beschritten wurde, besteht darin, jede Geschwindigkeit nur von den Aktivitäten ihrer Ausgangsstoffe abhängen zu lassen, also zu setzen:

$$+\frac{dx}{dt} = k_1 \cdot c' \cdot c'' \ldots f' \cdot f'' \ldots$$

und

$$-\frac{dx}{dt} = k_2 \cdot c''' \cdot c'''' \ldots \cdot f''' \cdot f'''' \ldots$$

Gleichsetzung beider Geschwindigkeiten liefert dann den thermodynamischen Gleichgewichtsausdruck. Es sei jedoch betont, daß das noch *kein Beweis* für die vorgenommene Aufspaltung ist, da andere geeignete Setzungen dies auch leisten können. Es handelt sich vielmehr nur um einen möglichen Versuch und es bleibt zu prüfen, ob die thermodynamischen Aktivitäten fc auch wirklich *zugleich die „kinetischen Aktivitäten"* darstellen.

Versuche in dieser Richtung sind von verschiedenen Seiten, insbesondere von HARNED und von ÅKERLÖF, angestellt worden. Diese Forscher haben die katalytische Aktivität (Geschwindigkeit bei Einheitskonzentrationen) der Ionen mit ihrer aus elektromotorischen Kräften entnommenen Aktivität verglichen.

* Zur begrifflichen Vereinfachung arbeiten wir hier und im folgenden immer mit Aktivitäten der Einzelionen, obgleich thermodynamisch nur solche des ganzen Elektrolyten bestimmbar sind.

So finden HARNED und SEITZ (178) bei der Reaktion:

$$C_6H_5 \cdot \underset{\text{Cl}}{N}{-}COCH_3 + H^{\cdot} + Cl' \rightarrow C_6H_5 \cdot \underset{\text{H}}{N}{-}COCH_3 + Cl_2$$

$$\rightarrow C_6H_4Cl \cdot \underset{\text{H}}{N}{-}COCH_3 + H^{\cdot} + Cl'$$

(s. a. S. 83), daß die Geschwindigkeit pro Mol Salzsäure bei variierter Säurekonzentration dem Quadrat des Aktivitätskoeffizienten der Säure (d. h. $f_{H^{\cdot}} \cdot f_{Cl'}$) sehr gut proportional ist und, wie dieser, bei etwa 0,5-normaler Säure ein Minimum aufweist. Jedoch stimmen die Aktivitäten aus Ketten mit *Neutralsalz*zusatz mit den Geschwindigkeiten unter gleichen Umständen *nicht* überein.

Ebenso weist die Geschwindigkeit der *Esterhydrolyse* nach HARNED und PFANSTIEL (179) ein Minimum in der Gegend des Minimums des Aktivitätskoeffizienten des Wasserstoffions auf (zwischen 0,07 und 0,3 n), jedoch ist hier eine merkliche Abweichung von der Proportionalität vorhanden, die vielleicht durch einen von eins verschiedenen Aktivitätskoeffizienten (Aussalzwirkung) des Esters selbst zu beseitigen sein soll.

Bezogen sich diese Feststellungen im wesentlichen auf die Variation der Ionenstärke durch die Katalysatorsäure selbst, so wendet ÅKERLÖF (180, 181) sein Hauptaugenmerk dem Zusatz von *Salzen* zu. Er findet, daß bei der Esterverseifung zu jeder Aktivität der Wasserstoffionen, gleichgültig durch welchen Salzzusatz diese erzielt worden ist, eine bestimmte Geschwindigkeit gehört. Der Zusammenhang ergibt sich aber nicht als linear, sondern durch die Gleichung darstellbar:

$$k = C \cdot \sqrt[3]{c_{H^{\cdot}} \cdot f_{H^{\cdot}}}\,.$$

GRUBE und G. SCHMIDT (182) zeigen, daß diese Formel ein Spezialfall einer allgemeineren Formel

$$v = C' (c_{H^{\cdot}} \cdot f_{H^{\cdot}})^n$$

ist, die an eigenen Messungen über die *Hydrolyse des Cyanamids* zu Harnstoff, an den Versuchen von HARNED, ÅKERLÖF, HANTZSCH u. a. bestätigt wird. Es ist aber zu bemerken, daß ÅKERLÖFS Konstante C sowohl von Salz zu Salz, als auch bei verschiedenen Säurekonzentrationen stark veränderlich ist. Immerhin schließt er aus den Ergebnissen, daß nur die thermodynamische Aktivität der katalysierenden Ionen ihre Wirksamkeit bestimme.

Die *Spaltung von Diazetonalkohol*:

$$H_3C{-}CO{-}CH_2{-}O{-}CH(CH_3)_2 \rightarrow 2\,(CH_3)_2CO,$$

die *durch Hydroxylionen katalysiert* wird [ÅKERLÖF (181)], zeigt einen Salzeffekt, der sowohl hinsichtlich der Richtung wie hinsichtlich der Reihenfolge der Geschwindigkeit in Anwesenheit verschiedener Salze umgekehrt liegt, wie bei der soeben besprochenen $H^{\cdot}$-Katalyse. Das wird dahin gedeutet, daß Salze, die die $H^{\cdot}$-Aktivität erhöhen, die OH'-Aktivität erniedrigen, so daß auch hier die Aktivität der Ionen bestimmend sei.

Direkte Proportionalität der Geschwindigkeit mit der Aktivität des Wasserstoffions (und des Substrats) stellen auch JONES und W. C. LEWIS (183) an der *Zuckerinversion* fest. Auch KUHN und JAKOB (166) stellen sich wegen des Auftretens von Salzeffekten bei der *sauren Mutarotation der Glukose* im Gegensatz zu BRÖNSTED (s. weiter unten) auf den Standpunkt, daß nur die Aktivität der Ausgangsstoffe die Geschwindigkeit bestimme.

Dieser kurze Überblick, der noch beliebig zu erweitern wäre, zeigt schon, daß die einfache Vorstellung, die Aktivität der in die Reaktion eintretenden Stoffe bestimme deren Geschwindigkeit, zu mindestens ungleichmäßigen und nicht widerspruchsfreien Resultaten führt. HARNED und ÅKERLÖF selbst geben dies neuerdings zu (184) und neigen sich mehr der nun zu besprechenden Auffassung BRÖNSTEDS zu. Sie zeigen gleichzeitig, daß überhaupt bei hohen Konzentrationen verschiedene Reaktionen sich recht verschiedenartig verhalten.

Trotzdem konnte durch eine *andersartige Aufspaltung der Gleichgewichtsformel* unter Verwendung der Anschauungen über starke Elektrolyte schließlich eine Formulierung gefunden werden, die zum mindesten in verdünnten Lösungen theoretisch und experimentell befriedigt. Es ist das Verdienst von BRÖNSTED (185), diese Theorie des primären Salzeffekts aufgestellt zu haben.

Er geht von der Vorstellung aus, daß aus zwei Reaktionspartnern, bzw. aus Katalysator und Substrat, zunächst beim Zusammenstoß ein *Komplex maximaler Instabilität*, ein sog. „kritischer Komplex" entsteht, und daß dessen Entstehung bei jeder, auch elementaren, Reaktion als geschwindigkeitsbestimmende Stufe gefordert werden muß. Dieser Komplex existiert nicht im Gleichgewicht, sondern er ist nur *Durchgangszustand* vom Ausgangssystem zum Endsystem. Eine Reaktion $A + B \rightarrow D$ wird demnach geschrieben:

$$A + B \rightarrow AB \rightarrow D,$$

und umgekehrt:

$$D \rightarrow AB \rightarrow A + B.$$

(Für AB wird auch X geschrieben und solche kritische Komplexe als „X-Zustände" bezeichnet.) AB ist nun natürlich ein unwahrscheinlicher Zustand. Es wird angenommen, daß die Wahrscheinlichkeit des Übergangs in einen solchen vom Potentialunterschied, also von

$$RT \ln \frac{f_A f_B}{f_{AB}}$$

abhängt, der Übergang unwahrscheinlicher in wahrscheinliche Zustände (D) dagegen eine konstante Wahrscheinlichkeit 1 hat. Dadurch wird der erstere Vorgang geschwindigkeitsbestimmend (X ein VAN 'T HOFFscher Zwischenkörper), und die Reaktionsgeschwindigkeit als Produkt von Stoßzahl und Übergangswahrscheinlichkeit gleich:

$$\frac{d(D)}{dt} = k \cdot c_A \cdot c_B \cdot \frac{f_A \cdot f_B}{f_{AB}}.$$

Der wesentliche Unterschied gegenüber der VAN 'T HOFFschen Aufspaltung besteht also darin, daß hier *neben die Aktivitätskoeffizienten der Ausgangsstoffe noch der des kritischen Komplexes als Nenner* tritt.

Man muß natürlich fordern, daß diese Formulierung die thermodynamische Gleichgewichtsbedingung unberührt läßt, d. h. ebenfalls eine Aufspaltung dieser darstellt. Dies ist der Fall, sobald man für die Rückreaktion $D \rightarrow A + B$ *denselben* kritischen Komplex als Durchgangszustand einführt. Dann erhält man:

$$-\frac{d(D)}{dt} = k' \cdot c_D \cdot \frac{f_D}{f_{AB}}$$

und unter Gleichsetzung beider Geschwindigkeiten:

$$\frac{c_A \cdot c_B}{c_D} \cdot \frac{f_A \cdot f_B}{f_D} = \frac{k'}{k} = G,$$

wie verlangt.

Der Bruch $f_A f_B / f_{AB}$, der die Korrektur gegenüber der klassischen Formulierung enthält, wird als „*kinetischer Aktivitätsfaktor*" F bezeichnet.

Zu seiner Auswertung ist nun die *Kenntnis der Aktivitätskoeffizienten* der reaktionsteilnehmenden Ionen bzw. Molekeln erforderlich. In erster Näherung sind diese nur von der Ladung (Wertigkeit) des betreffenden Ions und der die Ionenstärke der Lösung hauptsächlich bestreitenden Fremdionen abhängig und werden daher, einmal bestimmt, zunächst für alle Ionen gleicher Ladung als Mittelwerte eingesetzt, d. h. die individuellen Unterschiede vernachlässigt. Als Bestimmungsmethode diente zuerst die Bestimmung der Löslichkeitsbeeinflussung schwerlöslicher Salze durch Zusatz anderer Salze zum Lösungsmittel. Es wurden so folgende Zahlen erhalten:

c	f_0	f_1	$f_{2(1)}$	$f_{2(2)}$	$f_{3(1)}$	$f_{3(2)}$
0,01	1,00	0,85	0,81	0,63	—	—
0,02	1,01	0,81	0,72	0,53	0,30	0,17
0,45	1,02	0,76	0,57	0,39	0,19	0,08
0,1	1,04	0,70	0,43	0,29	0,11	0,04

Die ersten Indices beziehen sich hierbei auf die Wertigkeit des betrachteten Ions, die geklammerten Indices auf die des entgegengesetzt geladenen Ions des Mediums, c ist dessen Äquivalentkonzentration.

Man sieht zunächst, daß hier nur das Gebiet geringer Konzentrationen berücksichtigt wird, also z. B. die von HARNED betrachteten Aktivitätskoeffizienten-Minima bei 0,3 bis 0,5 molarer Lösung nicht mehr innerhalb des Bereiches dieser Theorie der verdünnten Lösungen liegen. Man sieht ferner, daß die *einfache* Aktivitätstheorie der oben zitierten Autoren im betrachteten Gebiet *nur negative* Salzeffekte zulassen würde, da die Aktivitätskoeffizienten mit der Salzkonzentration durchweg fallen. In Wahrheit tritt jedoch ebensooft eine Beschleunigung ein (s. auch weiter unten).

Der wahre Salzeffekt ergibt sich eben erst, wenn man diese Aktivitätskoeffizienten nach der Definition zum kinetischen Aktivitätsfaktor F zusammensetzt. Der kritische Komplex wird dabei einfach als ein Ion angesehen, dessen Ladung durch die algebraische Summe der Ladungen der beiden Ionen gegeben ist, die ihn zusammensetzen. Z. B. für die Reaktion zwischen Ferriion und Jodion wird als geschwindigkeitsbestimmend angesetzt der Schritt:

$$Fe^{\cdot\cdot\cdot} + J' \rightarrow [FeJ]^{\cdot\cdot}$$

und daher ist für den kinetischen Faktor zu schreiben:

$$F = \frac{f_3 \cdot f_1}{f_2}.$$

Ebenso wird für jede homogene Katalyse als kritischer Komplex ein solcher aus einem Katalysatorion und einem Substration, bzw. -molekel, angesehen. Je nach den Ladungen der beiden Partner sind dann verschiedene Reaktionstypen zu unterscheiden (s. nebenstehende Tabelle). Die aufgeführten Typenbezeichnungen beziehen sich auf die Fig. 22, in der der Konzentrationsverlauf von F für die verschiedenen Ladungsverhältnisse graphisch dargestellt ist. Man sieht, daß im allgemeinen die Typen I und II, also die Reaktionen zwischen *gleichnamigen* Ionen, *positive* Salzeffekte aufweisen, die Typen VI bis X aber, die Reaktionen zwischen *ungleichnamigen* Ionen bedeuten, *negative* Salzeffekte. Reaktionen zwischen Ionen und *neutralen Molekeln* haben dagegen fast *gar keinen* Salzeffekt, weil die Aktivitätskoeffizienten von Ion und gleichgeladenem kritischem Komplex sich wegheben und der der neutralen Molekeln nahezu eins bleibt. (Näheres S. 110.)

Ladungen der Partner	Ladung der Medium-ionen	F	Typus
Gleichnamige Ionen:			
0 n		f_0	0
1 1	1	$f_1^2/f_{2(1)}$	I 1
1 1	2	$f_1^2/f_{2(2)}$	I 2
1 2	1	$f_1 f_{2(1)}/f_{3(1)}$	II 1
1 2	2	$f_1 f_{2(2)}/f_{3(2)}$	II 2
Ungleichnamige Ionen:			
1 1		f_1^2/f_0	VI
1 2	1	$f_{2(1)}$	VII 1
1 2	2	$f_{2(2)}$	VII 2
1 3	1	$f_1 f_{3(1)}/f_{2(1)}$	VIII 1
1 3	2	$f_1 f_{3(2)}/f_{2(2)}$	VIII 2
2 2	1	$f_{2(1)}^2/f_0$	IX 1
2 2	2	$f_{2(2)}^2/f_0$	IX 2
2 2	1; 2	$f_{2(1)} f_{2(2)}/f_0$	IX 12
2 3	1	$f_{2(1)} f_{3(1)}/f_1$	X 1
2 3	2; 1	$f_{2(2)} f_{3(1)}/f_1$	X 21
2 3	1; 2	$f_{2(1)} f_{3(2)}/f_1$	X 12
2 3	2; 2	$f_{2(2)} f_{3(2)}/f_1$	X 2

Daß diese Folgerungen den Tatsachen entsprechen, zeigt Brönsted an einer ganzen Reihe von untersuchten Reaktionen. Zunächst an den Arrheniusschen Messungen über die *Zuckerinversion* (107). Ob man hier ansetzt (D = Dextrose, L = Läculose):

$$Z + H^{\cdot} \rightarrow ZH^{\cdot}; \qquad ZH^{\cdot} + H_2O \rightarrow D + L + H^{\cdot},$$

oder

$$Z + H^{\cdot} \rightleftharpoons ZH^{\cdot}; \qquad ZH^{\cdot} + H_2O \rightarrow D + L + H^{\cdot};$$

auf alle Fälle ist die geschwindigkeitsbestimmende Reaktion (im ersten Schema die erste, im zweiten die zweite) eine solche eines Ions mit einer Neutralmolekel. Der Salzeffekt darf also die Erhöhung der Aktivität solcher Molekeln nicht übersteigen, also nach der Tabelle S. 107 nur etwa 4% bei 0,1 normaler Elektrolytlösung betragen. In der Tat werden etwa 3—4% gefunden. Ganz entsprechende Ergebnisse liefert die bei BREDIG untersuchte *Hydrolyse des Diazoessigesters.* Die *Esterhydrolyse,* die demselben Gesetz folgen sollte, zeigt statt dessen eine geringe (2%) Salzhemmung, wohl weil die Aktivitätskoeffizienten von OH′ und Esteranion EOH′ nicht völlig gleich sind (individueller Einfluß).

Von Reaktionen mit *großer Salzwirkung* sei hier nur die Diskussion der PRICEschen (177) *Reaktion* (s. S. 64) zwischen *Persulfat und Jodid* erwähnt. Sie gehört, da ihr kritischer Komplex aus $S_2O_8'' + J'$ besteht, dem Typus II an, und man entnimmt der Fig. 22, daß von einer Salzkonzentration von 0,02 bis 0,1 in Lösung einwertiger Kationen (II 1) die Geschwindigkeitskonstante (auf Konzentrationen berechnet) auf das 1,8fache steigen sollte; das 2,0fache wird gefunden. Genauer wurde diese Reaktion daraufhin neuerdings von VON KISS und BRUCKNER (186) untersucht. Sie finden ebenfalls die Forderungen der Theorie gut erfüllt. Sie sowohl, wie auch BRÖNSTED selbst, der noch eine große Zahl von Reaktionen in Bestätigung der Theorie diskutiert, finden aber natürlich auch eine vom Standpunkt der strengeren Theorie nicht verwunderliche *spezifische Veränderlichkeit* der Aktivitätskoeffizienten, insbesondere bei Variation des ungleichnamigen Mediumions.

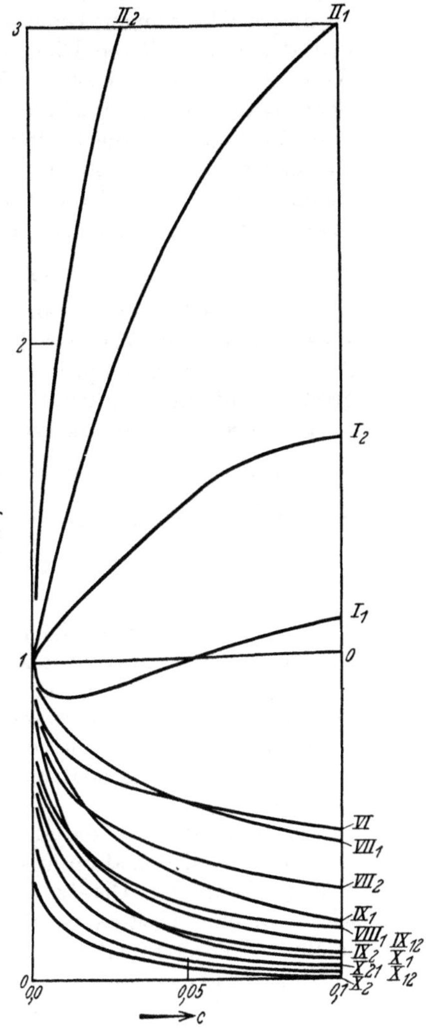

Fig. 22 Kinetischer Aktivitätsfaktor als Funktion der Konzentration für verschiedene Ladungsverhältnisse (Reaktionstypen). Nach BRÖNSTED.

In einer späteren Arbeit (187) geht BRÖNSTED auf die Beziehungen seiner Theorie zu der inzwischen aufgestellten DEBYE-HÜCKELschen *Theorie der starken Elektrolyte* ein. Diese erlaubt nämlich, für sehr verdünnte Lösungen die Aktivitätskoeffizienten theoretisch vorauszusagen. Die Theorie liefert [s. z. B. HÜCKEL (188)] für zu vernachlässigende Ionenradien den in diesem Gebiet kleiner Konzentrationen allgemein gültigen Ausdruck:

$$\log f = -\frac{\varepsilon^2 z^2}{2DkT}\varkappa,$$

wo $\varkappa$ die Dimension einer reziproken Länge hat und ein Maß für den elektrostatischen Wirkungsbereich des einzelnen Ions ist. Es ist:

$$\varkappa = \sqrt{\frac{4\pi\varepsilon^2}{DkT}}\sqrt{\Sigma n z^2}.$$

In diesen Gleichungen bedeuten: ε die Elementarladung, z die Wertigkeit der Ionen, D die Dielektrizitätskonstante, k die BOLTZMANNsche Konstante, T die absolute Temperatur, n die Zahl der Ionen einer Gattung im cm^3. $\Sigma n z^2$ ist die Größe, die wir als „Ionenstärke" (s. S. 104) bezeichnet haben. Sie ist für jedes Salz allein gleich seiner doppelten Normalität. Für eine Lösung mit einem dominierenden Salzzusatz kann sie also durch dessen Konzentration ersetzt werden. Durch Zusammenfassen der Konstanten beider Gleichungen erhält man dann:

$$\log f = -0{,}5\, z^2 \sqrt{c}\,,$$

einen Ausdruck, den BRÖNSTED und LA MER (189) für sehr verdünnte Lösungen auch experimentell verifizieren können. So können die oben (S. 107) benutzten empirischen Aktivitätskoeffizienten, wenigstens für große Verdünnung, auch theoretisch gerechtfertigt werden. Für den gesamten kinetischen Aktivitätsfaktor F erhält man dann:

$$\log F = \log f_A + \log f_B - \log f_{AB} = -0{,}5\,(z_A^2 + z_B^2 - z_{AB}^2)\sqrt{c}\,,$$

und, weil $z_{AB} = z_A + z_B$ ist:

$$\log F = z_A \cdot z_B \sqrt{c}$$

oder

$$F = 10^{z_A z_B \sqrt{c}}.$$

Es ergibt sich hier theoretisch, was wir auf S. 108 schon aus den empirischen Einzelaktivitätskoeffizienten erschlossen und experimentell belegt gefunden haben, nämlich, daß wegen der Multiplikation der Wertigkeiten (die mit Vorzeichen zu nehmen sind) Reaktionen zwischen gleichnamigen Ionen positive, zwischen ungleichnamigen Ionen negative und Reaktionen mit neutralen Molekeln gar keine Salzeffekte besitzen müssen.

Ferner ergibt sich, daß der Salzeffekt exponentiell mit der Quadratwurzel der Konzentration ansteigt, solange die Lösungen sehr verdünnt, also die benutzten Gesetze erfüllt sind. Das ist tatsächlich der Fall, wie z. B. eine Diskussion der Fig. 22 zeigen würde. Diesen Fall bezeichnet BRÖNSTED (130) als „*exponentiellen Salzeffekt*".

Bekanntlich gelten die bisher benutzten Ansätze der DEBYE-HÜCKELschen Theorie nur als „Grenzgesetze" für äußerst verdünnte Lösungen, d. h. solche, in denen die charakteristische Länge $1/\varkappa$ groß ist gegenüber den Ionendurchmessern selbst. Sobald dies nicht mehr der Fall ist, d. h. bei großer Konzentration (starker Abschirmung des Einzelions durch die Nachbarn) ist die allgemeinere Formel:

$$\log f = -\frac{\varepsilon^2 z^2}{2DkT} \cdot \frac{\varkappa}{1 + \varkappa a}$$

die nächste zu benutzende Näherung, in der a den mittleren Durchmesser der Ionen darstellt. Der nun an Stelle von $\varkappa$ stehende Bruch beginnt, entwickelt, mit $\varkappa - \varkappa^2 a$, so daß für große $\varkappa a$ das nächste Glied in dem Ausdruck für $\log f$ *linear* in c wird [s. z. B. HÜCKEL (188), S. 245, auch 224]. Durch diese Überlegung kommt BRÖNSTED [mit LA MER (189)] zu einer entsprechenden zweigliedrigen Formel. Sie erscheint ihm (190) schon deshalb plausibel, weil neutrale Molekeln empirisch eine vorwiegend lineare Abhängigkeit des $\log f$ von c ergeben, ein Effekt, der a priori bei Ionen als über die Wurzelbeziehung überlagert angenommen werden kann. Die so theoretisch durch Plausibilitätsbetrachtungen und auch durch Aktivitätsmessungen gestützte explizitere Gleichung für höhere Konzentrationen bzw. große $\varkappa a$ formuliert nun BRÖNSTED folgendermaßen:

$$\log f = -0{,}5\, z^2 \sqrt{c} - \beta c \quad (130)\,*.$$

Nach dieser Gleichung ergibt sich eine Korrektur dessen, was wir für Reaktionen zwischen neutralen Molekeln und Ionen gesagt haben, nämlich, daß sie gar keiner Salzwirkung unterlagen. Der erste Summand fällt zwar wegen des $z = 0$ der Molekel weg, wie schon S. 110 gezeigt. Der zweite Summand ergibt aber jetzt einen Salzeffekt gemäß:

$$\log F = 10^{c(\beta_A + \beta_B - \beta_{AB})}.$$

(Vgl. aber die Anm.) Für den Fall, daß A ein Wasserstoffion und B eine Neutralmolekel ist, überwiegt erfahrungsgemäß das β_A beide anderen β (auch das β_{AB}), so daß ein Salzeffekt gemäß

$$\log F = 10^{bc}$$

resultiert. Wenn $bc \ll 1$ ist, also bei großer Verdünnung, kann man dafür setzen:

$$F = 1 + bc,$$

was einen „*linearen Salzeffekt*" (130) für solche Wasserstoffionenkatalysen bedeutet. Dieser ist ja, wie wir S. 109 für Zuckerinversion, Diazoessigesterspaltung und Esterverseifung schon feststellten, tatsächlich vorhanden, nur natürlich prozentisch viel geringer als der exponentielle Effekt reiner Ionenreaktionen. In besonderen Fällen, wie der Hydrolyse von Äthylenoxyd o. ä. (130), kann aber auch der lineare Salzeffekt beträchtlicher werden.

Indessen ist vielleicht ein derartiger Ausbau der Betrachtung bis zu Konzentrationen oberhalb etwa 0,1 normal auf diesem Wege, wie in der Theorie der starken Elektrolyte überhaupt, so auch bei der Katalyse in ihnen und durch sie nur als ein erster Versuch zu werten, und eine vollständige Berücksichtigung der korrigierenden Faktoren — außer dem Ionendurchmesser auch der Deformierbarkeiten, der Veränderlichkeit der Dielektrizitätskonstanten — ist erst in der Zukunft zu erwarten. In dieser Richtung ist für die Entwicklung der Katalyse die der Elektrolyttheorie, wie bisher, wohl auch in Zukunft geschwindigkeitsbestimmend. Es ist aber unserer heutigen Einsicht nach kaum zu erwarten, daß hierbei noch sehr grundsätzliche Gesichtspunkte über die Katalyse selbst

* Es ist schwer ersichtlich, warum in dem zweiten Summanden der Faktor z^2, wie für das folgende wichtig, verschwunden ist.

hinzukommen werden. (Gewisse Dinge, insbesondere das von HARNED und ÅKERLÖF [S. 106] festgestellte verschiedene Verhalten verschiedener Reaktionen, harren allerdings noch der Aufklärung.) Immerhin kann heute schon der große Fortschritt als gesichert gelten, daß es möglich geworden ist, die primäre Salzwirkung durch die Aktivitätsbeeinflussung zu verstehen und in verdünnter Lösung auch quantitativ darzustellen.

Es seien nun noch einige Überlegungen besprochen, die von anderer Seite zu den theoretischen Grundlagen der allgemein akzeptierten BRÖNSTEDschen Grundformel

$$F = \frac{f_A \cdot f_B}{f_{AB}}$$

angestellt worden sind.

Zunächst hat BJERRUM (109) im Gegensatz zu BRÖNSTED diese Gleichung dahin interpretiert, daß an Stelle des kritischen oder X-Komplexes ein ARRHENIUS*scher Zwischenkörper* oder „S-Komplex" gesetzt wird, der proportional seiner *Konzentration* (nicht Aktivität) weiterreagieren soll. Wenn dieser mit A und B im thermodynamischen Gleichgewicht steht, ist es ohne weiteres klar, daß seine Konzentration und damit auch seine Reaktionsgeschwindigkeit proportional

$$c_A c_B \cdot \frac{f_A \cdot f_B}{f_S}$$

sein muß. Auf diesem Wege ist also die BRÖNSTEDsche Formulierung ebenfalls streng erhältlich und die *Zweideutigkeit* der kinetischen Befunde erstreckt sich auch auf die Salzwirkung. BJERRUM leitet dieses Ergebnis auch noch auf kinetischem Wege ab, indem er die Wahrscheinlichkeit des Vorliegens einer Konstellation AB bestimmten Potentials in einer Lösung aus einem Kreisprozeß errechnet und dann deren Weiterreaktion ihrer Konzentration proportional setzt. Es zeigt sich, daß der für die Wahrscheinlichkeit solcher Konstellationen erhältliche Ausdruck mit der BRÖNSTEDschen Kombination der aus BJERRUMS Elektrolyttheorie stammenden Aktivitätskoeffizienten-Ausdrücke identisch wird.

Während also BRÖNSTED kinetisch die Bildungsgeschwindigkeit des Komplexes von den Aktivitäten abhängen läßt, legt BJERRUM Wert auf die „*Konzentrationshypothese*", nach der Geschwindigkeiten immer proportional Konzentrationen sein sollen, wie bei der Radioaktivität, und läßt nur das vorgelagerte *Gleichgewicht* durch die Ionenstärke bestimmt sein. Bei BRÖNSTED reagieren ferner *alle* gebildeten X-Komplexe durch zu D, und der ganze Temperaturkoeffizient liegt daher in ihrer Bildungsgeschwindigkeit, wogegen nach BJERRUM die Weiterreaktion des S-Komplexes noch stark temperaturabhängig ist.

Einen Weg, der beide Auffassungen vereinigt, beschreitet CHRISTIANSEN (191), der die Gleichung von Grund auf aus der DEBYEschen Theorie ableitet. Er setzt, analog zu der allgemeinen Gleichung SKRABALS (s. S. 54)

$$k = \frac{k_3 k_1}{k_2 + k_3}$$

die Reaktionsgeschwindigkeit gleich:

$$v = c'_A c'_B \cdot Z_{AB} \cdot \sqrt{T} \cdot e^{-q/RT} \cdot \Omega \cdot \frac{\varrho}{\varrho + \Sigma \eta c}.$$

$Z_{AB} \cdot \sqrt{T}$ ist hier die gaskinetische Stoßzahl bei Einheitskonzentrationen, q die Aktivierungswärme, Ω der „sterische Faktor" von der Größenordnung 1, ϱ die Wahrscheinlichkeit, daß der Komplex weiterreagiert, $\Sigma \eta c$ die Wahrscheinlichkeit, daß er von irgendwelchen Molekeln der Konzentration c mit einer Einzelwahrscheinlichkeit η zu $A + B$ desaktiviert wird. Wichtig ist nun, daß für Zusammenstöße nicht die Bruttokonzentrationen c_A und c_B in Betracht kommen, sondern die Konzentrationen, die nach der Debyeschen Theorie in unmittelbarer *Nachbarschaft* des zu stoßenden Ions herrschen, d. h.

$$c'_A = c_A \cdot e^{-\varepsilon z_A \varphi_B / RT},$$

wo φ_B das Potential um Ion B im Stoßabstand bedeutet. Für dieses gilt nun:

$$\varphi_B = \frac{\varepsilon z_B}{D} \cdot \frac{e^{-\varkappa a}}{a}.$$

Die Symbole $\varkappa$ und a haben hier dieselbe Bedeutung wie auf S. 110. Die weitere Entwicklung aus diesen Ansätzen heraus wollen wir nur andeuten: Es wird an Stelle der Geschwindigkeit die Konstante, bezogen auf Konzentrationen, angeschrieben. Dadurch entfallen die Konzentrationen c in unserer Ausgangsformel. Die Konzentrationsabhängigkeit dieser „Konstanten" ist dann bis auf einen Faktor (Summanden im log) die gesuchte des F. Ferner wird statt $e^{-\varkappa a}$ gesetzt: $1 - \varkappa a$, was für kleine $\varkappa$, d. h. wieder verdünnte Lösung, erlaubt ist. Auf diesem Wege erhält man schließlich nach Einsetzen der Zahlenwerte:

$$\log k = \log Z_{AB} + \log \alpha + {}^1/_2 \log T - \frac{q}{4{,}6\,T} - \frac{3{,}07\, z_A z_B}{a} + 1{,}003\, z_A z_B \sqrt{\Sigma c z^2}.$$

$\left(\alpha \text{ bedeutet hier } \frac{\varrho}{\varrho + \Sigma \eta c} \text{ und ist als konstant behandelt.}\right)$

Wir sehen sofort, daß das einzig konzentrationsvariable letzte Glied genau dem Brönstedschen Ausdruck für $-\log F$ entspricht, dessen Zusammensetzung aus den einzelnen Aktivitätskoeffizienten wir ja bereits auf S. 110 abgeleitet haben. Damit ist gezeigt worden, daß die Brönstedsche Formel schon für die *Zahl der Zusammenstöße überhaupt* gilt. Letzten Endes gilt sie eben bei Brönsted, wie bei Bjerrum und bei Christiansen, für einen Komplex, der A und B im Abstande a enthält, und es ist mehr eine Definitionsfrage, ob man das Vorliegen einer solchen Konstellation als Stoß oder als X-Bildung oder als Gleichgewichtskonzentration von S ansehen will. Es wird hier klar, daß der *Unterschied* beider Auffassungen mehr in dem bisher nicht näher betrachteten Ausdruck α liegt. Ist nämlich

$$\Sigma \eta c \gg \varrho,$$

so steht der Komplex im Gleichgewicht mit den Ausgangsstoffen (Bjerrum), im entgegengesetzten Falle aber reagiert er fast stets, ehe er desaktiviert wird (Brönsted). Christiansen selbst sucht zu entscheiden, indem er aus Experimenten nach seiner Endgleichung a berechnet.

Er findet etwa doppelt zu hohe Werte und schließt daraus, daß α kleiner als eins ist, d. h. $\Sigma \eta c$ *nicht* verschwindet, also eher BJERRUMsche S-Komplexe vorliegen. Es ist aber wohl fraglich, ob die Gleichung bereits genau genug ist, um in diesem Sinne entscheiden zu können.

Jedenfalls ist zu verstehen, daß spezifische Hemmungen durch Desaktivierung, wenn sie auftreten, vorwiegend den Ionen *entgegengesetzten* Zeichens (entgegengesetzt dem Komplex und damit dem Katalysator) zukommen, und daß daher nur *diese eine spezifische Individualität* über die universellen Beziehungen hinaus entfalten [s. dazu BRÖNSTED (185), V. KISS und BRUCKNER (186), HOLMBERG (zitiert in 185)].

Die sekundäre Salzwirkung.

Das Ergebnis der im vorhergehenden dargestellten Arbeiten besteht darin, daß ganz allgemein die Anwesenheit irgendwelcher Ionen im Reaktionsmedium die Reaktionsgeschwindigkeiten, und speziell die Wirksamkeit der Katalysatoren, verändert. Neben dieser primären Salzwirkung haben wir aber noch einen *spezifischen Einfluß der gleichionigen Salze* kennengelernt (S. 78ff.). Er besteht darin, daß diese Salze insbesondere die Dissoziation der Katalysatorsäure zurückdrängen und dadurch ihre Wirksamkeit beeinflussen. Dieser Effekt ist in erster Näherung nach dem klassischen Massenwirkungsgesetz berechenbar und auch seit ARRHENIUS berechnet worden.

Als ein schönes Beispiel, in dem übrigens auch der Einfluß einiger fremdioniger Salze in dieser Weise gedeutet werden konnte, sei die *Hydrolyse des Bromessigsäureions* besprochen, die von SENTER und BULLE (192) und SENTER und WARD (193) studiert wurde. In alkalischer Lösung wird diese Reaktion durch *Natriumformiat, -acetat und -tartrat* etwa auf das Doppelte *beschleunigt*, während Ferrocyanid und Chlorat ohne Einfluß sind. Das Studium der Reaktion in neutraler Lösung bei Zusatz der beschleunigenden Salze zeigte nun, daß sie nicht in einer Stufe verläuft:

$$Br \cdot CH_2COO' + H_2O \rightarrow HO \cdot CH_2COO' + H^{\cdot} + Br',$$

sondern daß bei Salzzusatz die Säuerung langsamer erfolgt als die Ionisierung des Broms, daß also in einem vorgelagerten Gleichgewicht das Salz eingelagert wird:

$$Br \cdot CH_2COO' + H_3CCOO' \rightleftharpoons H_3C \cdot \underset{\underset{\displaystyle O}{\|}}{C}O-CH_2COO' + Br',$$

und daß dann erst die Zwischenverbindung durch Wasser meßbar langsam,

$$H_3C \cdot \underset{\underset{\displaystyle O}{\|}}{C}O-CH_2COO' + H_2O \rightarrow H_3C \cdot COO' + HO \cdot CH_2COO' + H^{\cdot},$$

durch Hydroxylion aber so rasch verseift wird:

$$H_3C \cdot \underset{\underset{\displaystyle O}{\|}}{C}O-CH_2COO' + OH' \rightarrow H_3C \cdot COO' + HO \cdot CH_2COO',$$

daß gegenüber der salzfreien Verseifung der Bromessigsäure im letzteren Falle die erwähnte Beschleunigung auftritt. In neutraler Lösung ist die Konzentration der Zwischenstufe nach dem massenwirkungsmäßigen Gleichgewicht, in alkalischer Lösung die gesamte vergrößerte Geschwindigkeit nach der Formel für Folgereaktionen erster Ordnung (zeitliches Maximum der Zwischenstufe!) berechenbar.

Diese Erfolge der klassischen Theorie veranlassen SENTER (194), ganz allgemein die Salzwirkung auf die massenwirkungsmäßige Beeinflussung einer Zwischenkonzentration zurückzuführen, und man hegte damals (s. z. B. ABEL (123)] überhaupt die Hoffnung, den Salzeffekt in dieser Weise in die Zwischenreaktionshypothese auf klassischem Boden einreihen zu können (zwischen primärem und sekundärem Effekt wurde noch nicht genau geschieden).

Besonderes Interesse haben in diesem Sinne die Fälle beansprucht, in denen die massenwirkungsmäßige Berechnung bei gleichionigem Salzzusatz zu Abweichungen von der Erfahrung führte, in denen z. B. die Geschwindigkeit einer Säurekatalyse durch ein Salz der Säure nicht auf Null zurückgedrängt werden konnte. Aus solchen Beobachtungen wurde dann auf neue Effekte geschlossen, insbesondere auf eine Katalyse durch Anionen und neutrale Molekeln. Es sei an die Arbeiten von GOLDSCHMIDT, BRAUNE, SNETHLAGE, DAWSON u. a. (s. S. 77ff.) erinnert, die wir auch in diesem Sinne interpretiert haben.

Die Erkenntnis eines allgemeinen, rein physikalischen primären Salzeffekts läßt aber natürlich *Abweichungen vom Konzentrations-Massenwirkungsgesetz* unter allen Umständen erwarten, und es ist nunmehr die Frage zu erörtern, inwieweit die *Schlüsse*, die aus solchen Abweichungen gezogen wurden, nicht lediglich durch die Vernachlässigung primärer Salzeffekte *vorgetäuscht* wurden.

Eine solche Diskussion ist leider bisher noch nicht in einheitlicher Weise am zugrunde liegenden experimentellen Material ausgeführt worden, da die verschiedenen Autoren immer entweder nur die primären Effekte in der Sprache der Aktivitätstheorie oder die sekundären in mehr klassischer Form behandeln und den anderen Gesichtspunkt in nicht direkt vergleichbarer Weise berücksichtigen.

Es ist zu bedenken, daß ein vorliegender sekundärer Effekt *immer* von einem primären *begleitet* sein wird. Zunächst verändert zugesetztes Neutralsalz gleichen Anions die Ionenstärke des Mediums und damit nach BRÖNSTED die Reaktionsgeschwindigkeit, die zu einer bestimmten Konzentration gehört. Dieser Effekt fällt bei Reaktion mit *Neutralmolekeln* in *verdünnter* Lösung fort; glücklicherweise gehören hierher die *meisten* studierten Säure-Basen-Katalysen, wie Mutarotation, Inversion, Verseifung, Enolisierung, Diazospaltung. Immerhin ist der lineare Salzeffekt auch in solchen Fällen in konzentrierterer Lösung erheblich (bei 3 n NaCl 90%). In reiner Form ist diese Beeinflussung der Wirksamkeit bei konstanter Konzentration nur studierbar, wenn das Salz keine Veränderung der Dissoziation der Katalysatorsäure hervorbringt, also bei notorisch völlig dissoziierten starken Säuren, wie Salzsäure.

Bei Säuren aber, die so schwach sind, daß auch nach der neueren Theorie in ihnen undissoziierte Anteile anzunehmen sind, kommt noch eine Wirkung hinzu, die ebenfalls als sekundärer Effekt bezeichnet wird, obgleich sie von fremdionigen Salzen ausgeübt wird, nämlich die *Veränderung der Dissoziation* durch die Ionenstärke.

Dawson und Key (195, 158) berücksichtigen diesen Effekt in folgender Weise: An Salzsäurelösungen, in denen sicher völlige Dissoziation vorliegt, also die Wasserstoffionenkonzentration ($H^{\cdot}$) gleich der analytischen Säurekonzentration und daher bekannt ist, wird der Einfluß des Salzes auf die katalytische Aktivität gemessen. Dieses k_H muß dann auch für eine schwache, nur teilweise dissoziierte Säure bei gleicher Salzkonzentration gelten und geht daher in die Gleichung (s. S. 86) ein:

$$v = (k_H + k_a - k_m)(H^{\cdot}) + k_m c.$$

k_a und k_m werden hier nach den Methoden von S. 47ff. bestimmt, selbstverständlich in Gegenwart des Salzes, und auf diese Weise ($H^{\cdot}$) bestimmt. Hieraus kann nun formal eine nur für die betreffende Salzkonzentration geltende Konstante G des Dissoziationsgleichgewichts (Konzentrationsmassenwirkungsgesetz) berechnet werden. Ihre Veränderlichkeit enthält dann die Beeinflussung der Dissoziation durch das Salz, während Einflüsse auf die k sich in diesen selbst bemerkbar machen.

Es ergab sich so für die Enolisierung des Acetons durch Essigsäure in Gegenwart von Natriumchlorid bzw. -nitrat, daß zwar k_H bei einer Steigerung der Salzkonzentration von 0 bis 4 n etwa linear von 4,65 auf 11 zunimmt, k_a und k_m aber fast unverändert bleiben (in Brönstedscher Ausdrucksweise: starker spezifischer linearer Salzeffekt für Wasserstoffionen, auch bei Reaktion mit Molekeln [S. 111]), aber kein Effekt für andere Ionen (Anionen) und erst recht keiner für Säuremolekeln). Die Zahlen sind auszugsweise:

cNaCl	$k_H \cdot 10^4$	$k_a \cdot 10^6$	$k_m \cdot 10^6$	$G \cdot 10^5$
—	4,65	4,0	1,4	1,82
0,5	5,30	3,7	1,4	2,91
2,0	7,26	3,4	1,4	2,02
4,0	11,10	3,4	1,3	0,84

Es sei noch besonders bemerkt, daß G ein Maximum in der Nähe von 0,5normaler Salzlösung zeigt.

Dawson (158, 196) zeigt, daß seine Methode, k_a und k_m durch Zusatz kleiner Mengen gleichioniger Salze zu bestimmen, aller Erwartung nach unabhängig von Fremdsalzzusatz sein muß und daher die nach ihr bestimmten Werte in Abwesenheit und Anwesenheit der Fremdsalze zuverlässig sind. Somit dürfte es ziemlich sicher sein, daß die Resultate seiner neueren Arbeiten, und damit die duale Katalyse überhaupt, durch die Salzeffekte nicht oder doch nur in zweiter Näherung berührt werden.

Die Veränderlichkeit der G, die Dawson rein empirisch einführt, stellen nun Harned und Åkerlöf (184) als Funktion der Aktivitätskoeffizienten dar und kommen so zu einem anderen Vorschlag, wie der

Einfluß der Salze auf die Dissoziation zu berücksichtigen sei. Es wird nämlich das Aktivitäten-Massenwirkungsgesetz angesetzt:

$$G_a = \frac{f_{H^\cdot} \cdot f_{Ac'}}{f_{HAc}} \cdot \frac{(H^\cdot)^2}{c - (H^\cdot)} .$$

Der hier auftretende Bruch der Aktivitätskoeffizienten sei mit f^2 bezeichnet; er stellt das Quadrat des aus Ketten meßbaren „gesamten Aktivitätskoeffizienten des Elektrolyten" in der betreffenden Salzlösung dar. Für die klassische (konzentrationsmäßige) Dissoziationskonstante G gilt dann:

$$G_a = G \cdot f^2 .$$

Es ist demnach zu erwarten, daß G mit der Ionenstärke den inversen Gang aufweist, wie f^2. Wir erinnern uns nun (S. 105), daß nach den Messungen von HARNED f^2 in etwa 0,5 n Lösung ein Minimum durchläuft. Vergleichen wir damit das Maximum, das DAWSONS G (S. 116) bei derselben Konzentration aufweist, so wird deutlich, daß die beiden Verfahren, den sekundären Einfluß ionenfremder Salze zu berücksichtigen, wesentlich gleichbedeutend sind, nur daß DAWSON die Deutung der Gänge durch die Aktivitätstheorie vermeidet und sie nur empirisch eliminiert.

In dieser Beziehung scheinen also die Arbeiten, die zur Erkenntnis der Anionen- und Molekelkatalyse geführt haben, der Kritik der neueren Elektrochemie standzuhalten, wenigstens in ihrer letzten Durcharbeitung. Ebenso dürften alle Untersuchungen, die Dualität bei der Katalyse an neutralen Molekeln (Mutarotation, Enolisierung usw.) feststellten, völlig aufrecht zu erhalten sein, da solche Reaktionen ja in verdünnter Lösung in erster Näherung keinen Salzeffekt besitzen. Daß diese Resultate tatsächlich gültig bleiben, beweist die schöne Arbeit von BRÖNSTED selbst mit GUGGENHEIM (176), in der für die Mutarotation die Resultate LOWRYS bzw. DAWSONS bestätigt und erweitert werden, in einem Gebiet, in dem ausdrücklich die Abwesenheit von Salzwirkungen festgestellt wurde. Das Vorhandensein einer *Restgeschwindigkeit* nach völliger Zurückdrängung der Dissoziation eines schwachen Elektrolyten durch gleichioniges Salz kann eben auch auf dem neuen Boden nur durch eine Molekelkatalyse gedeutet werden.

Mit *Vorsicht* sind dagegen alle die Arbeiten aufzunehmen und zu benutzen, in denen [z. B. ACREE (154), HANTZSCH (145)] *ausschließlich* aus der nicht linearen Abhängigkeit der Katalyse von der *Katalysatorkonzentration* auf solche Erscheinungen geschlossen wird; hier kann a priori stets der durch die eigene Ionenstärke des Katalysators auf ihn selbst ausgeübte Salzeffekt die Abweichungen bedingen, und es ist im einzelnen zu prüfen, ob diese Erklärung hinreicht oder nicht.

Im ganzen bleiben die Hauptresultate, die auf dem klassischen Boden erhalten wurden, bezüglich der Anionen- und Molekelkatalyse und daher besonders auch die moderne Auffassung der Säure-Basen-Katalyse, die aus ihnen erwachsen ist, in ihrer *Existenz* von der Erkenntnis der Salzwirkung unberührt. Dagegen ist nun die Notwendigkeit gegeben, sie quantitativ zu verfeinern, wie wir das auf S. 88 schon angedeutet haben.

Der Einfluß des Lösungsmittels.

Im bisherigen haben wir im wesentlichen die bei verschiedenen Reaktionen gemeinsamen Merkmale der Katalyse betrachtet und dabei das Medium der Reaktion, das Lösungsmittel, meist Wasser, festgehalten. Betrachtet man dagegen eine festgehaltene Reaktion in verschiedenen Medien und stellt von Medium zu Medium Unterschiede der Geschwindigkeit fest, so hat man auch diese Beeinflussung definitionsgemäß als Katalyse zu bezeichnen, selbst wenn die Reaktion an sich keines gelösten „Katalysators" bedarf.

Das Studium dieser Einflüsse schließt sich eng an den speziellen Fall des durch Salzzusatz variierten Mediums an, den wir ja schon besprochen haben. Jedoch sind nunmehr die Variationen breiter und wegen der wegfallenden Beschränkung auf geladene Molekeln auch die Einflüsse nicht so allgemein theoretisch übersehbar.

Wenn wir eine echt monomolekulare Reaktion, wie etwa den Zerfall des Stickstoffpentoxyds, betrachten, so wird die nächstliegende Vorstellung die sein, daß die relative Reaktionsgeschwindigkeit oder die Geschwindigkeitskonstante in einem Lösungsmittel dieselbe sein wird wie im Gasraum und das Lösungsmittel lediglich insofern einen Einfluß ausübt, als es die Erreichung höherer Konzentrationen bei derselben Temperatur und damit höherer absoluter Geschwindigkeiten zuläßt. Denn bei solchen Vorgängen ist ja (s. S. 20) die Geschwindigkeit der Stoßaktivierung und deren etwaige Veränderung durch Stöße des Lösungsmittels belanglos und nur die Schwingungsfrequenz der Energie innerhalb der aktiven Molekeln geschwindigkeitsbestimmend. In der Tat erwies sich sowohl die *Racemisierung des Pinens* [SMITH (197)], als auch die *Spaltung* von *Stickstoffpentoxyd* [LUECK (198)] unverändert gleich in verschiedenen Lösungsmitteln und im Gaszustand. RICE und SULLIVAN (110) schließen daraus, daß eine solche Unabhängigkeit überhaupt für monomolekulare Reaktionen, unter anderem auch für den Zerfall eines Komplexes Katalysator—Substrat in Lösungen gilt. Das entspräche der oben (S. 112) gestreiften „Konzentrationshypothese" BJERRUMS (109), wonach der S-Komplex proportional seiner Konzentration, unbeeinflußt von der Umgebung, zerfällt.

Von einem anderen Standpunkt aus, der mehr dem des vorigen Abschnitts entspricht, wäre aber ein wesentlich abweichendes Resultat zu erwarten. Man wird sich, insbesondere für bimolekulare Reaktionen, auf den Standpunkt stellen können, daß nicht alle gelösten, sondern nur die nicht solvatisierten Molekeln für die Reaktion in Frage kommen. Die Abschirmung durch das Lösungsmittel spielt dann dieselbe Rolle wie in der Theorie der Geschwindigkeit in Elektrolyten die Abschirmung durch Ionen. Auch für solche Lösungen kann man also einen „Aktivitätskoeffizienten" definieren.

Wir schreiben zu diesem Zweck dem *gesättigten Dampf des gelösten Stoffes die Aktivität eins* zu. Dieselbe Aktivität kommt dann auch allen gesättigten Lösungen desselben Stoffes zu, da sie dieselbe Konzentration freier Molekeln (solche, auf die das Medium *keine* Kräfte ausübt) enthalten müssen. (Für Elektrolyte haben wir den Aktivitätskoeffizienten eins der unendlich verdünnten Lösung zugeschrieben, da dann f nur den Einfluß der Ionen und nicht den des Lösungsmittels enthält. Jetzt aber kommt es auf letzteren an, da das Medium variiert wird, Ionen aber nicht betrachtet werden sollen. Der Unterschied bedeutet nur eine andere Nullmarke für $\log f$ bzw. einen konstanten Faktor in f, ändert also nichts an den Gesetzen.)

In einer gesättigten Lösung der Löslichkeit (Sättigungskonzentration) L beträgt also die Aktivität 1, demnach das Verhältnis „freier“ zu solvatisierten Molekeln $1 : L$. Dasselbe Verhältnis muß auch in jeder verdünnteren Lösung der Konzentration c herrschen (Massenwirkungsgesetz), solange das Lösungsmittel einigermaßen im Überschuß ist. Die Konzentration freier Molekeln ist nun nichts anderes als die Aktivität a. Es folgt für die Aktivität a:

$$\frac{a}{c} = \frac{1}{L}.$$

Der *Aktivitätskoeffizient* in der hier benutzten Zählung hat also den Wert:

$$f = \frac{a}{c} = \frac{1}{L},$$

d. h. er ist gleich der *reziproken Löslichkeit.*

Eine entsprechende Definition gewinnt man nach VAN 'T HOFF auch durch folgende Gleichgewichtsbetrachtung [vgl. DIMROTH (199). Für die Reaktion

$$A + B = C$$

gilt im Dampfraum, und zwar auch für die gesättigten Dämpfe über den Bodenkörpern oder den gesättigten Lösungen:

$$G_1 = \frac{p_A p_B}{p_C}.$$

Ferner gilt für die gesamten Konzentrationen in den gesättigten Lösungen (solvatisiert + frei), also für die Löslichkeiten, der NERNST-HENRIsche Verteilungssatz:

$$L = s \cdot p.$$

Daraus folgt:

$$\frac{L_A L_B}{L_C} = G_1 \cdot \frac{s_A s_B}{s_C} = G_2.$$

Das Konzentrationsmassenwirkungsgesetz in beliebiger Verdünnung in beliebigem Lösungsmittel lautet:

$$G_M = \frac{c_A c_B}{c_C}$$

und geht durch Division durch obigen Ausdruck über in:

$$\frac{c_A c_B}{c_C} \cdot \frac{L_C}{L_A L_B} = \frac{G_M}{G_2} = \frac{a_A a_B}{a_C} = G_3,$$

also in das *Aktivitätsmassenwirkungsgesetz,* wenn man wieder $c/L = a$ setzt. Seine Konstante G_3 ist vom Lösungsmittel unabhängig, wie es sein muß, wenn das Gleichgewicht zwischen den „freien“ Molekeln betrachtet wird. Diese Konstante bezeichnet DIMROTH (199) demnach als „*absolute*“ *Gleichgewichtskonstante.*

Es liegt nun wieder, wie bei den Elektrolyten, die Aufgabe vor, diesen Gleichgewichtsausdruck in die Geschwindigkeitsausdrücke *aufzuspalten.* Zunächst liegt es wieder nahe, die VAN 'T HOFFsche Aufspaltung zu versuchen, die annimmt, daß nur die „freien“ oder „aktiven“ Molekeln reagieren. Man hätte dann zu setzen:

$$\frac{dx}{dt} = k \cdot a_A a_B = k \cdot \frac{c_A c_B}{L_A L_B} = k_{\text{beob}} \cdot c_A c_B$$

oder:

$$k_{\text{beob}} = k \cdot \frac{1}{L_A L_B}.$$

Dieselbe Aufspaltung erhält auch TRAUTZ (200), indem er das Gleichgewicht im Dampf über der Lösung durch die Lösungswärme mit dem in der Lösung verbindet und die so erhaltene Isochore in geeigneter Weise in Geschwindigkeitsausdrücke aufspaltet. Es folgt dann, daß die Geschwindigkeit in der Lösung dem Partialdruck des Ausgangsstoffs über der Lösung proportional ist, was wiederum seine Aktivität bedeutet. Danach wäre also die beobachtete Geschwindigkeitskonstante in allen Lösungsmitteln *umgekehrt proportional den Löslichkeiten der Ausgangsstoffe* in dem betreffenden Lösungsmittel. DIMROTH (199) hat Versuche gemacht, die diese Auffassung zu bestätigen scheinen an der Reaktion:

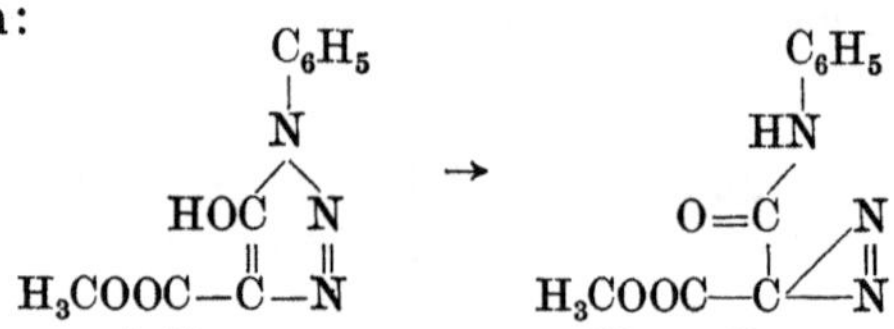

Aciform → Neutralform

des (*1*)*Phenyl*(*5*)*oxytriazolcarbonsäureesters.*

In der folgenden Tabelle ist für fünf Medien die Geschwindigkeitskonstante k_{beob} für 10° C, die Löslichkeit des Aciesters in dem betreffenden Lösungsmittel und endlich das Produkt beider, also das universelle k, eingetragen, wobei aus DIMROTHs Zahlen nur einige ausgewählt wurden.

Lösungsmittel	k_{beob}	L (g/Liter)	$k_{\text{beob}} \cdot L = k$
Methylalkohol	0,00053	218	0,116
Äthylalkohol	0,00103	97,7	0,101
Acetonitril	0,0047	41,5	0,195
Chloroform	0,0211	8,8	0,186
Nitrobenzol.	0,046	6,5	0,299

Man sieht, daß die Löslichkeiten und die Zerfallskonstanten antibat gehen, während das Produkt beider zwar einen Gang zeigt, aber doch annähernd die Schwankungen der Geschwindigkeit von zwei Zehnerpotenzen im Sinne der Theorie ausgleicht.

Leider ist jedoch diese Beziehung nicht so allgemein gültig, wie es nach diesem Beispiel erscheint. Etwa gleichzeitig (201) und später

(202, 203) zeigt v. HALBAN (s. a. weiter unten), daß der Zerfall *substituierter Sulfonium- und auch Ammoniumsalze*, dessen Geschwindigkeit in verschiedenen Medien wie 1 : 300 variieren kann, in keiner Weise der Löslichkeit des Substrats antibat ist, und daß der *Zerfall der Xanthogensäure*, die mit Alkohol und mit Schwefelkohlenstoff vollkommen mischbar ist, trotzdem in jenem 10^6 mal rascher zerfällt. Auch neuere genauere Messungen von EYRING und DANIELS (204) über den *Zerfall des Stickstoffpentoxyds* gehorchen der VAN 'T HOFFschen Aufspaltung nicht. Nach ihnen ist nämlich ein wenn auch geringer (1 : 2) Einfluß des Mediums auch bei dieser Reaktion vorhanden. In gesättigter Lösung, die ja immer die Aktivität Eins besitzt (s. S. 118), sollte dieser Einfluß aber verschwinden, wenn die Aktivität des Substrats allein maßgebend ist, und die absolute Geschwindigkeit (nicht die auf Bruttokonzentrationen bezogene Konstante erster Ordnung!) sollte dann überall dieselbe sein. Es wird aber gefunden:

Lösungsmittel	10^5 · Mol Zersetzung/Liter · Sec.
Gas	0,008
Nitromethan	5,92
Tetrachlorkohlenstoff	8,75

Man sieht, daß die verlangte Beziehung keineswegs erfüllt ist.

v. HALBAN (201, 203) sieht sich aus solchen Gründen veranlaßt, eine *andere Aufspaltung* zu verwenden als VAN 'T HOFF und DIMROTH, die ebenfalls thermodynamisch erlaubt ist, also das Gleichgewicht wiedergibt, aber im übrigen gerade *entgegengesetzt gerichtet* ist. Er schreibt nämlich:

$$\frac{d(C)}{dt} = k \cdot c_A c_B \cdot L_C \quad \text{oder} \quad k_{\text{beob}} = k \cdot L_C$$

und entsprechend:

$$\frac{-d(C)}{dt} = k' \cdot c_C \cdot L_A L_B \quad \text{oder} \quad k'_{\text{beob}} = k' L_A L_B .$$

Man überzeugt sich leicht, daß so das Massenwirkungsgesetz in seiner Beziehung zur Löslichkeit wieder erhalten wird, daß aber jetzt nicht eine hohe Löslichkeit der Ausgangsstoffe hemmend, sondern eine solche der Endstoffe beschleunigend wirkt. Eine ebenso anschauliche Deutung wie für die VAN 'T HOFFsche Aufspaltung läßt sich wohl für diese Theorie, in der die Geschwindigkeit von Eigenschaften des *reziproken* Systems abhängt, schwer geben. DIMROTHs Resultate widersprechen zwar diesem Schema, aber v. HALBANs eigene Versuche werden dadurch besser dargestellt.

So beträgt für den *Zerfall des Triäthylsulfoniumbromids*:

$$(C_2H_5)_3SBr \rightarrow (C_2H_5)_2S + C_2H_5Br$$

die Geschwindigkeit in Alkoholen 1 ÷ 4, in hydroxylfreien Flüssigkeiten dagegen 200 ÷ 400, ein Unterschied, der nach v. HALBAN (201) nicht durch einen entgegengesetzten in der Löslichkeit des Salzes, sondern nur durch einen gleichgerichteten in den Löslichkeiten der Spaltstücke erklärt werden kann.

Für die Reaktion

$$O_2N-C_6H_5-CH_2-\overset{\overset{CH_3}{\cdot}}{\underset{\underset{CH_3}{\cdot}}{N}} + CH_3J \rightarrow \left[O_2N-C_6H_5-CH_2-\overset{\overset{CH_3}{\cdot}}{\underset{\underset{CH_3}{\cdot}}{N}}-CH_3\right]J$$

hat v. HALBAN (203) direkt die Löslichkeiten der Komponenten gemessen und festgestellt, daß sie auch hier den Gang der Geschwindigkeit, die von 1 bis 9300 variiert, nicht nur nicht beseitigt, sondern sogar auf 0,023 ÷ 9300 steigert. Auch hier hofft er mit der entgegengesetzten Zerlegung besser zum Ziele zu kommen.

Man sieht, daß *beide* Aufspaltungen *nicht* den Anspruch erheben können, ein allgemeines Gesetz des Lösungsmitteleinflusses zu sein. In konsequenter Verfolgung der Gedankengänge, die uns die Abschirmung durch Ionen im Wasser mit der Abschirmung durch Solvatation in Nichtelektrolyten in Parallele setzen ließen, müssen wir aber auch hier die *dritte Zerlegung* in Betracht ziehen, die ebenfalls der Gleichgewichtsbedingung genügt, nämlich die BRÖNSTEDsche (s. S. 106), und schreiben:

$$\frac{dx}{dt} = k \cdot c_A c_B \cdot \frac{f_A f_B}{f_{AB}} = k \cdot c_A c_B \cdot \frac{L_{AB}}{L_A L_B}\,.$$

Diese Schreibung unterscheidet sich ja von der VAN 'T HOFFschen dadurch, daß hier im Nenner noch der *Aktivitätskoeffizient des kritischen Komplexes*, bzw. im Zähler seine Löslichkeit (wenn eine solche definiert werden kann) auftritt. Es ist klar, daß über diesen neuen Faktor nichts ausgesagt werden kann. Bei Elektrolyten und ihrer Salzwirkung setzte uns hierzu ja nur der Umstand in den Stand, daß dieser Faktor dort in erster Näherung nur von der Ladung berechenbar abhängig ist, während bei der Aktivitätsverminderung durch Solvatation viel spezifischere Eigenschaften der Molekeln und auch des ja völlig unstudierbaren kritischen Komplexes bestimmend sind. An sich könnte man also beliebige Effekte auf diesen unbekannten Faktor schieben. BRÖNSTED glaubt aber nicht (187), daß alle Abweichungen von den älteren Aufspaltungen durch die Einführung des Aktivitätskoeffizienten des X-Komplexes behoben werden können, der von der Reaktion abhängt, sondern führt noch einen *reaktionsunabhängigen Mediumsfaktor* k_{Medium} ein. Dies ist schon deshalb wahrscheinlich, weil nach v. HALBAN (203) und auch den alten, aber grundlegenden Messungen MENSCHUTKINS (205) gewisse Lösungsmittel ganz allgemein „schnelle Lösungsmittel“ zu sein scheinen. BRÖNSTED kommt so zu dem Ausdruck:

$$\frac{dx}{dt} = k_{\text{Reaktion}} \cdot k_{\text{Medium}} \cdot \frac{f_A f_B}{f_X} \cdot c_A c_B\,.$$

Nunmehr liegen *zwei* unbekannte Faktoren vor und anscheinend entzieht sich damit die Theorie jeder Prüfung. Aber eines wird man wohl verlangen dürfen: Daß nämlich im ganzen die *Reihenfolge* der Lösungsmittel, d. h. ihres k_{Medium}, verschiedenen Reaktionen gegenüber dieselbe bleibt.

Das ist nun ganz und gar nicht der Fall: In Alkoholen zerfallen Ammoniumsalze am langsamsten, Xanthogensäure am schnellsten (v. HALBAN), und schon MENSCHUTKIN (206) stellte Ähnliches an viel genauer vergleichbaren Reaktionen fest: Die Bildung von Ammoniumsalzen aus Anilinderivaten mit Halogenalkyl verläuft in Kohlenwasserstofflösung rascher als die aus Seitenkettenaminen, in Aceton dagegen kehrt sich das Verhältnis um.

Es scheint nach allem, daß die Ansicht, nur die „freien" oder „aktiven" Molekeln im thermodynamischen Sinne seien auch die kinetisch aktiven, selbst unter Anfügen von Hilfsannahmen nicht zum Ziele einer Umfassung aller bekannten Fälle führt. Es sind sich denn auch alle beteiligten Forscher darüber klar, daß außer universellen und Aktivitäts-(Gleichgewichts-)verschiebenden Einflüssen das Lösungsmittel noch sehr spezifische, im engeren Sinne *katalytische* Einflüsse ausüben kann. Sie alle schließen aus den auftretenden Abweichungen auf eine solche Katalyse.

BRÖNSTED z. B. drückt dies so aus, daß die Anwesenheit des Lösungsmittels eine *neue Reaktion* hervorbringt, indem das Lösungsmittel mitreagiert. Schließt man Fälle aus, in denen dies Mitreagieren zu einem Verbrauch des Lösungsmittels führt (dies wäre keine ideale Katalyse!), [vgl. EYRING und DANIELS (207)], so handelt es sich im wesentlichen um ein *Reagieren der solvatisierten Molekeln* mit einer spezifischen Geschwindigkeit. Die Katalyse besteht eben darin, daß diese Geschwindigkeit *von der der freien Molekeln verschieden* ist. Besonders aufschlußreich sind hier wieder die Versuche von EYRING und DANIELS (204) am *Stickstoffpentoxyd.* Wäre nämlich die spezifische Geschwindigkeit für solvatisierte und freie Molekeln gleich, so bestünde in den Geschwindigkeitskonstanten, d. h. in den Geschwindigkeiten bei gleicher Gesamtkonzentration, *nicht* der gemessene Unterschied bis 1 : 2. Aus ihren Messungen können die Verfasser ferner entnehmen, daß die Änderung der Geschwindigkeit durch Solvatation wahrscheinlich in einer Änderung der *Aktivierungswärme,* nicht der inneren Schwingungsfrequenzen, besteht. Diese Änderung ist meist eine Erleichterung, in Propylenchlorid aber eine Erschwerung der Reaktion. Es zeigt sich hier also eine ganz echte Katalyse, wie sie auch BJERRUM (109) als „*Deformationskatalyse*" für diesen Fall fordert. Der Effekt kann, wie wir ja schon sahen, so weit gehen, daß z. B. die *Mutarotation* in vielen Lösungsmitteln überhaupt nicht abläuft, in solchen mit amphoteren Eigenschaften dagegen mit erheblicher Geschwindigkeit [LOWRY (98)].

Die Verschiebung der Aktivierungswärmen durch das Lösungsmittel gibt sich nach SCHEIBE, FELGER und RÖSSLER (208) auch in einer Verschiebung $\Delta\nu$ der Maxima der Absorptionsbanden zu erkennen, und zwar ist für zwei Medien:

$$\frac{k_1}{k_2} = e^{-\frac{h\,\Delta\nu}{RT}}.$$

Jedoch ist diese Änderung der Aktivierungswärme nicht der einzige Einfluß des Mediums. Sowohl SCHEIBE und Mitarbeiter (209), als

NORRISH und SMITH (210) stellen an der Ammoniumsalzbildung fest, daß die einfachere Gleichung:

$$k = Z \cdot e^{-q/RT}$$

in der Z die Stoßzahl bedeutet, in Lösungen nicht zutrifft, obgleich die obige, für die *Veränderlichkeit* der k richtige erst aus ihr abgeleitet wird. SCHEIBE findet, daß man in den Werten von MENSCHUTKIN und WALDEN (211) für jedes Medium ein anderes Z einsetzen muß, und NORRISH und SMITH finden, daß bei ihrer Reaktion (ebenfalls einer Ammoniumsalzbildung) in Benzol die Stoßzahl 10^8 mal kleiner herauskommt, als man aus den Konzentrationen gaskinetisch berechnen würde. Sie deuten das so, daß das Medium die aktivierten Molekeln wieder in wechselndem Maße desaktiviere, also analog zu CHRISTIANSEN (191; s. a. S. 113). Mit der Forderung, daß das Medium dann auch die *Aktivierungs*geschwindigkeit ebenso vergrößern muß, ist diese Theorie aber wohl nur bei Annahme von Kettenreaktionen (s. S. 129) verträglich.

Es ist schwer zu übersehen, inwieweit diese auf die Stoßzahl geschobenen Unstimmigkeiten nicht darauf beruhen, daß die Aktivitätskoeffizienten weder der Ausgangsstoffe, noch der kritischen Komplexe in den Gleichungen für k_{beob} berücksichtigt worden sind.

Jedenfalls gewinnt man den Eindruck, daß *verschiedenartige Einflüsse* am Werke sind, um die Geschwindigkeit in verschiedenen Lösungsmitteln zu verändern, und daß daher die reine Empirie hier noch viel Arbeit vor sich hat. So ist denn auch von verschiedenen Seiten der Einfluß einer *planmäßigen Variation* bestimmter chemischer oder physikalischer Eigenschaften des Mediums auf die Geschwindigkeit empirisch untersucht worden.

So fand MENSCHUTKIN (205) eine ganze Reihe von konstitutiven Einflüssen auf die Wirksamkeit des Mediums bei der Ammoniumsalzbildung und entdeckte auch den auffallenden Parallelismus mit der Leitfähigkeit (d. h. Dissoziation) der Salzsäure in denselben Lösungsmitteln. Das hat dann NERNST (s. z. B. 212) veranlaßt, allgemein einen *Zusammenhang der Geschwindigkeit mit der „dissoziierenden Kraft" des Lösungsmittels* zu vermuten, eine Hypothese, die mit der Theorie der reaktionsvermittelnden Ionen vieles, auch ihre Schwächen, gemein hat. Sie käme etwa darauf hinaus, die *Dielektrizitätskonstante* des Mediums zur Geschwindigkeit in Beziehung zu setzen. WALDEN (211) hat diesen Gedanken quantitativ weiter verfolgt und tatsächlich gefunden, daß die Geschwindigkeiten der Tetraäthylammoniumjodidbildung in 11 Medien bei einer Variation von 1 : 27000 sich wiedergeben läßt durch:

$$\sqrt[3]{k_{\mathrm{beob}}} = \frac{D}{160},$$

daß also die „lineare Geschwindigkeit" der *Dielektrizitätskonstante proportional* ist. Ebenso findet er, daß auch für die „lineare Löslichkeit" des Reaktions*produkts* (Salz) eine analoge Beziehung gilt:

$$\sqrt[3]{L_C} = \frac{D}{48}.$$

Aus beiden Gleichungen folgt leicht:

$$k_{\text{beob}} = 0{,}027 \cdot L_C,$$

also die HALBANsche Aufspaltung. Wir sahen ja schon, daß diese Aufspaltung *speziell* für die Ammoniumsalzbildung galt (s. S. 121f.). An *anderen* Reaktionen aber konstatieren DIMROTH (l. c.) und auch v. HALBAN (202), daß ein Zusammenhang mit der Dielektrizitätskonstanten *nicht* besteht. Dieser scheint also eine Eigenschaft der *Salzbildung* zu sein, und hier speziell wäre ja ein Mechanismus über die Ionen auch eine plausible Deutung dafür.

Nur erwähnt sei der Versuch von RASCHIG (213), die *Viscosität* des Mediums heranzuziehen. Die Beobachtung, auf die er sich stützt, ist die bekannte *Hemmung der Chloraminzersetzung zugunsten der Hydrazinbildung durch Leim.* Da aber BODENSTEIN (214) zeigen konnte, daß auch andere, nicht viscositätserhöhende Stoffe diesen Effekt liefern, ist ein solcher Einfluß fraglich (s. S. 128). Überdies berechnen NORRISH und SMITH (210), daß die Stoßzahl (auf die doch wohl ein solcher Einfluß wirken müßte) von der Anwesenheit der Lösungsmittelmolekeln nahezu unberührt bleibt.

Ein methodisch fruchtbarer Gedanke ist in neuerer Zeit durch eine Arbeit von GRIMM und RUF (215) benutzt worden, nämlich der, nicht planlos die Medien zu variieren, sondern solche mit *analoger Konstitution* zu verwenden, und ferner, gleichzeitig Z und q zu messen. Benutzt wurden die Halogenbenzole, Benzol, Cyanbenzol, Nitrobenzol und Toluol.

Zunächst zeigt sich, daß in allen diesen Medien die Aktivierungswärme der *Tetraäthylammoniumjodidbildung* universell ist (Toluol fällt heraus), und ferner, daß die Z-Werte sich nach den Substituenten in der Reihe anordnen lassen:

$$\mathrm{H} < \mathrm{F} < \mathrm{Cl} < \mathrm{Br} < \mathrm{J}.$$

Das ist die *Reihenfolge der Atomradien* der Substituenten bzw. der Molekelgrößen der Lösungsmittel. Durch eine Korrektur wegen der Viscosität (?) versuchen die Autoren die Übereinstimmung mit den Atomgrößen noch zu verbessern. Jedenfalls ist sicher, daß bei dieser Reaktion irgendeine mit ihnen in Zusammenhang stehende Eigenschaft des Mediums die Z-Werte beeinflußt, ohne q wesentlich zu ändern.

Ferner stellt sich heraus, daß Nitrobenzol und Cyanbenzol, die *Dipolmomente* (hohe Dielektrizitätskonstanten) besitzen, wesentlich (bis 30 mal) höhere Z-Werte aufweisen.

Es ist zunächst noch ungewiß, welche von diesen Effekten solche der Aktivitätsveränderung, und welche Einflüsse auf die Stoßzahl bzw. Stoßausbeute selbst darstellen, da die Löslichkeiten nicht mitgemessen wurden (die Konstanz der scheinbaren q würde allerdings ziemlich übereinstimmende oder kleine Lösungswärmen verlangen). Aber jedenfalls scheint eine solche systematische Variation der Mediumseigenschaften weiter zu führen.

Eine ebensolche planmäßige Variation wäre allerdings auch hinsichtlich der zu untersuchenden Reaktion notwendig, denn wir sahen ja, daß eine ganze Reihe von Möglichkeiten existiert, wie das Medium die Reaktion beeinflussen kann, und sahen auch, daß wahrscheinlich diese verschiedenen Möglichkeiten nicht sämtlich allen Reaktionen gemeinsam sind. Wahrscheinlich ist die Ammoniumsalzbildung nicht einmal ein sehr typisches Beispiel für Reaktionen von (organischen) Neutralmolekeln. Erst von einer auch in dieser Richtung systematisch ausgebreiteten Experimentalforschung darf man wohl eine Separation der Einflüsse erwarten, die heute noch so untrennbar erscheinen.

Negative Katalyse in Lösungen.

Die ersten quantitativen Beobachtungen einer Reaktionsverzögerung oder negativen Katalyse (auch „Paralyse" genannt) durch in der Lösung anwesende und scheinbar unbeteiligte Stoffe waren die von BIGELOW (216), der 1898 die *Oxydation von Sulfit durch Luftsauerstoff* studierte. Er stellte fest, daß alle möglichen *organischen Zusätze*, die Hydroxylgruppen enthalten, die Sulfatbildung stark *verzögern*. Da er bereits fand, daß die Reaktion sehr empfindlich gegen die Vorgeschichte des benutzten Wassers ist, hatte er keine sehr reinen Verhältnisse vor sich, konnte aber feststellen, daß die Halbwertszeiten etwa proportional der Konzentration des Zusatzes waren, und daß die Reihenfolge der negativ-katalytischen Wirksamkeit etwa die folgende ist: Benzylalkohol — β-Butylalkohol — Allylalkohol — i-Butylalkohol — n-Butylalkohol — Propylalkohol — Äthylalkohol — Mannit — Äthylenglykol — Methylalkohol — Glycerin — tert. Butylalkohol.

TITOFF (217) hat diese Beobachtungen etwas später wieder aufgenommen und im wesentlichen bestätigt. Was zunächst die große Empfindlichkeit der Sulfit-Autoxydation gegen die Beschaffenheit des Wassers angeht, so gelang es ihm, diese dahin aufzuklären, daß Spuren von Eisenionen, ganz besonders aber die schwer auszuschließenden *Kupfer*ionen, als positive Katalysatoren wirken. 1 g Kupfer in 16 Millionen Liter Lösung beschleunigt die Reaktion noch um 30%! Er arbeitete daher in der Folge mit bekannten Kupfergehalten und erhielt so reproduzierbare Daten. Zahlreiche Versuche mit Mannit als Verzögerer zeigten, daß 1800 Mol Mannit die Wirkung eines Mols $Cu^{\cdot\cdot}$ kompensieren und daß die Geschwindigkeit etwas rascher absinkt als der reziproke Wert der Mannitkonzentration. Zinnsalze, Ammoniumsalze und Kaliumcyanid verzögern noch stärker, auf Kupfermole bezogen.

Wenn wir (s. S. 9) in der positiven Katalyse die Eröffnung eines neuen Reaktionsweges gesehen haben, so ist klar, daß ein Gleiches von der negativen nicht gelten kann, da nicht einzusehen ist, warum die Reaktion etwa einen neuen, langsameren Weg statt des bequemeren alten Weges einschlagen sollte. Jede Theorie dieser Erscheinung muß daher darauf hinauslaufen, daß der Paralysator an irgendeiner Stelle in den alten Reaktionsweg eingreift und ihn ungangbar macht oder doch erschwert. Vom Standpunkt der Theorie der Zwischenreaktionen wird man annehmen, daß er durch Bildung einer unwirksamen Verbindung irgendein *Glied dieses Weges ganz oder teilweise beseitigt*, sei es einen Katalysator, sei es eine Komponente der Reaktion selbst, sei es einen Zwischenstoff, über den sie geht.

Die Versuche TITOFFS, insbesondere über die Kupferempfindlichkeit, drängten nun automatisch ihn sowohl wie LUTHER (218) zu der ersten Annahme, daß *der negative Katalysator einen positiven beseitigt.* Wir wissen ja, daß Kupfer mit vielen organischen Oxyverbindungen Komplexe eingeht. TITOFF (217) nimmt nun an, daß die ungehemmte Reaktion nach

$$\frac{dx}{dt} = k(Cu^{\cdot\cdot}) \cdot (SO_3'')$$

verläuft, und daß andererseits Kupferion mit dem negativen Katalysator Ng gemäß:

$$Cu^{\cdot\cdot} + Ng \rightleftharpoons [CuNg^{\cdot\cdot}]$$

reagiert. Die $Cu^{\cdot\cdot}$-Konzentration ist dann nur noch:

$$Cu^{\cdot\cdot} = (Cu^{\cdot\cdot})_{ges} \cdot \frac{G}{(Ng)}$$

[G ist die Dissoziationskonstante des Komplexes, sie ist klein gegen (Ng) vorausgesetzt, ferner $(Ng) \gg (CuNg^{\cdot\cdot})$]. Es folgt also:

$$\frac{dx}{dt} = \frac{Gk(Cu^{\cdot\cdot})_{ges} \cdot (SO_3'')}{(Ng)}.$$

Damit wäre die umgekehrte Abhängigkeit der Geschwindigkeit von der Mannitkonzentration erklärt, und wenn der Komplex mehr als ein Mol Mannit enthält, sogar die stärker als hyperbolische. Die Wirkung der Sn-Salze erklärt LUTHER (218) durch lackartige Adsorption der Kupferionen an Zinndioxyd. Beide Vorgänge machen dem reaktionsfördernden Vorgang:

$$3\,SO_3'' + 2\,Cu^{\cdot\cdot} + H_2O \rightarrow SO_4'' + 2\,[Cu^ISO_3]' + 2\,H^{\cdot} \quad \text{(meßbar langsam)}$$
$$2\,[Cu^ISO_3]' + 2\,H^{\cdot} + 1{,}5\,O_2 \rightarrow 2\,SO_4'' + 2\,Cu^{\cdot\cdot} + H_2O \quad \text{(äußerst rasch)}$$
$$\text{Summa:}\quad 3\,SO_3 + 1{,}5\,O_2 \rightarrow 3\,SO_4''$$

Konkurrenz.

Wir werden bald sehen, daß LUTHER diesen Gedanken an einem ungeeigneten Objekt entwickelt hat; dennoch ist er in vielen anderen Fällen ein *sehr fruchtbares Prinzip* geblieben und es ist wohl nicht ganz richtig, wenn BÄCKSTRÖM (219) erklärt, Beispiele einer derartigen Beseitigung positiver Katalysatoren durch negative gebe es außer der sekundären Salzwirkung, die ja auch hierher gehört, überhaupt nicht.

SLATOR (220) studierte die durch Jodionen katalysierte *Zersetzung von Äthylenjodid* in Äthylen und Jod und stellte fest, daß alle Stoffe, die *mit Jodionen Komplexe bilden*, diese Katalyse hemmen, z. B. J_2, HgJ_2 und $Cd^{\cdot\cdot}$. Eine Hemmung durch dieselben Stoffe erfährt nach BREDIG und WALTON (114) auch die *Jodionenkatalyse des Hydroperoxydzerfalls.* Daß diese eigentlich als Jodjodionenkatalyse anzusprechen ist (s. S. 60), ändert natürlich nichts an ihrer Beweiskraft. Vor allem gehören hierher alle die S. 71 u. 74 besprochenen Fälle, in denen *Wasser* die *Säurekatalyse in Alkohol* hemmt, indem es die Säure bzw. die Wasserstoffionen dem Alkohol streitig macht [Veresterung, GOLDSCHMIDT (133),

Diazoessigesterspaltung, BREDIG (139, 144)]. LOWRY (98) zeigte, daß der *Stillstand der Mutarotation* in Chloroform (s. S. 93) dadurch begünstigt wird, daß entstandenes *Phosgen* etwaige basische Katalysatoren durch Bildung von Carbimiden *entfernt*. Auch die von RASCHIG (213) beobachtete *Hemmung des Chloraminzerfalls* durch Leim (s. S. 125) und ähnliche Stoffe kann nach BODENSTEIN (214) auf einer Komplexbindung katalysierenden Kupfers beruhen.

Bei Reaktionen aber, die ohne positiven Katalysator ablaufen, muß eine andere Theorie Platz greifen, und zwar am einfachsten die, daß die reaktionsfähige Form bzw. der aktive Zwischenzustand einer *Komponente* selbst oder eine *Zwischenverbindung* durch den negativen Katalysator entfernt wird. BREDIG und LICHTY (221) beobachteten, daß die *Spaltung der Oxalsäure* in Kohlenoxyd und Kohlendioxyd in konzentrierter Schwefelsäure durch *Wasser* außerordentlich stark, nämlich gemäß:

$$k = \frac{k_0}{(H_2O)^2}$$

gehemmt wird. Sie stellen sich vor, daß je zwei Molekeln Wasser hier eine Zwischenstufe, sei es ein Anhydrid der Oxalsäure $\left(\begin{matrix}CO\\|\\CO\end{matrix}\!\!>O\right)$, sei es eine Zwischenverbindung beider Säuren, sei es nach CHRISTIANSEN (222) SO_3, binden und so der Reaktion entziehen.

Auch MOUREU und DUFRAISSE (95) nehmen diese Art der Deutung für ihre höchst interessanten Beobachtungen über „*Antioxygene*" in Anspruch. Sie haben gefunden, daß die *Autoxydation von Aldehyden*, aber auch von ungesättigten Verbindungen an der Luft vollständig hinangehalten werden kann, wenn diesen Stoffen ganz geringe Mengen anderer, an sich oxydabler Substanzen, insbesondere Phenole, zugesetzt werden. Ihre Deutung steht in engem Zusammenhang mit den Vorstellungen, die wir uns (s. S. 49) über den Vorgang der Verbrennungsexplosion gemacht haben. Analog der Erscheinung, daß zwei sauerstoffreiche Oxyde miteinander zwei niedere Oxyde und Sauerstoff liefern können:

$$H_2O_2 + MnO_2 \rightarrow H_2O + MnO + O_2,$$

soll auch die Hemmung der Autoxydation in einer Wiederentwicklung molekularen Sauerstoffs aus intermediären Peroxyden bzw. Moloxyden bestehen. Die Autoxydation selbst soll das Schema verfolgen (s. S. 49) (der geklammerte Sauerstoff ist locker gebundener aktiver Sauerstoff):

$$A + O_2 \rightarrow A(O_2)$$
$$A(O_2) + A \rightarrow 2\,A(O) \rightarrow 2\,AO.$$

Das Antioxygen B greift nun entweder so ein:

$$A + O_2 \rightarrow A(O_2)$$
$$A(O_2) + B \rightarrow A(O) + B(O)\ (\rightarrow A + B + O_2?),$$

oder so:

$$A + O_2 \rightarrow A(O_2)$$
$$A(O_2) + B \rightarrow A + B(O_2)$$
$$A(O_2) + B(O_2) \rightarrow A + B + 2\,O_2\ (?).$$

Die interessante Tatsache, daß derselbe Stoff, ja nach Umständen, eine Autoxydation sowohl hemmen als auch beschleunigen kann [z. B. Pyrogallol das Altern des Kautschuks, s. z. B. MOUREU (223)], wird durch den Mechanismus gedeutet:

$$A + O_2 \rightarrow A(O_2)$$
$$A(O_2) + B \rightarrow A(O) + B(O).$$

Beschleunigung: $B(O) + A \rightarrow AO + B$ Hemmung: $A(O) + B(O) \rightarrow A + B + O_2$.

Dies entspricht also immer der Vorstellung, daß der Zusatz das primäre aktive Zwischenprodukt wegnimmt.

Hierher gehört noch eine andere Gruppe von Deutungsversuchen der negativen Katalyse, nämlich die Ansicht, daß *angeregte Molekeln*, die auf Grund ihrer Aktivierungsenergie reagieren sollten, durch Zusätze desaktiviert werden können. So sahen wir schon, daß NORRISH und SMITH (210) den hemmenden Einfluß von Lösungsmitteln auf diese Weise deuten; wir sahen auch, daß CHRISTIANSEN (191) bei Ionenreaktionen eine Desaktivierung des Stoßkomplexes durch die Ionen der Umgebung annimmt. Indessen haben wir auch schon (s. S. 26) darauf hingewiesen, daß diese Theorie in ihrer einfachsten Form einer Schwierigkeit begegnet: Die Energieübertragung von der aktivierten Substratmolekel auf den negativen Katalysator muß *umkehrbar* sein, da sonst der Katalysator das MAXWELLsche Aktivierungsgleichgewicht verschieben würde. Daher muß der Zusatz ebensosehr auch die Aktivierungsgeschwindigkeit steigern wie die Desaktivierungsgeschwindigkeit. Ist nun das aktive Produkt ARRHENIUSscher Zwischenkörper, d. h. die Abreaktion geschwindigkeitsbestimmend, so ändert der Katalysator nichts, weil die Konzentration des Zwischenkörpers unverändert geblieben ist; ist der Zwischenkörper aber ein VAN 'T HOFFscher, d. h. die Aktivierungsgeschwindigkeit maßgebend, so kann sie höchstens beschleunigt worden sein.

Derselbe Einwand trifft auch alle die soeben für die Antioxygene angeschriebenen Mechanismen, in denen der letzte Schritt zu $A + B + O_2$ führt. Das würde immer bedeuten, daß B, *ohne verbraucht zu werden*, die Reaktion $A + O_2 \rightleftharpoons A(O_2)$, d. i. das Aktivierungsgleichgewicht, verschiebt. Das kann aber ein Stoff, der nicht verbraucht wird, ein idealer Katalysator, nach S. 12 nicht leisten. Andererseits werden die Antioxygene tatsächlich nur äußerst langsam verbraucht.

Es ist daher noch eine Hilfsannahme nötig, um die negative Katalyse durch Desaktivierung zu erklären, und zwar eine, die uns aus der negativen Gaskatalyse (s. S. 46) schon vertraut ist: Das Auftreten von *Kettenreaktionen* und der *Abbruch der Ketten* durch den negativen Katalysator.

Es gibt noch einen zweiten Grund, der zu dieser Annahme zwingt: Nur so ist es erklärlich, daß, weniger in den Versuchen TITOFFS, als in denen MOUREUS und DUFRAISSES, so außerordentlich geringe Mengen des negativen Katalysators schon wirksam sind. H. S. TAYLOR (224) hatte versucht, die negative Katalyse durch ein Wegfangen der aktivierten Ausgangsstoffe zu deuten, ohne Ketten anzunehmen. Er stellt sich dabei vor, daß der negative Katalysator wie ein Wärter unter 100 Verrückten arbeite (die „Verrückten" sind die Substratmolekeln; wenn sie aktiviert sind, „toben" sie): „Wenn alle Verrückten gleichzeitig tobten, wäre der Wärter machtlos. Aber jeder Verrückte gehört nur von Zeit zu Zeit einmal in die Gummizelle. Der Wärter bringt ihn unter und die übrigen 99 brauchen derzeit keine Bewachung." CHRISTIANSEN (222) bemerkt wohl mit Recht, daß das dem Katalysator zuviel Intelligenz zutrauen hieße.

BÄCKSTRÖM (225, 226) ist es nun zu danken, den Kettencharakter sowohl des TITOFFschen als des MOUREUschen Vorganges *direkt erwiesen* zu haben. Zunächst zeigt er (225), daß die *Autoxydation der Aldehyde* (Benzaldehyd, Oenanthaldehyd) *im Licht* eine Quantenausbeute von einigen tausend Molekeln pro Quant hat, also tatsächlich eine Kette darstellt. Dasselbe ist auch bei *Natriumsulfit* der Fall. Ferner geht die Quantenausbeute nach Zusatz von Hemmungskörpern zurück, z. B. in einem Fall bei Sulfit mit Mannit von 40000 auf 13000. Die Stoffe, die diese photochemischen Ketten hemmen, sind nun *dieselben*, die auch die Dunkelreaktion hemmen, und zwar in vielen Fällen auch im gleichen Maße. Man wird daraus schließen dürfen, daß die genannten Reaktionen *auch im Dunkeln* Kettenreaktionen sind und daß für den Kettenabbruch hier dieselben Gesetze gelten, die wir für Gasketten kennengelernt haben (S. 46ff.). Tatsächlich gehorcht die Geschwindigkeit im Dunkeln sowohl bei Oenanthaldehyd als bei Sulfit einer Gleichung:

$$v_d = \frac{k(A)}{k_1(A) + k'(\mathrm{Ng})},$$

die der Form nach bei einer Kettenhemmung zu erwarten ist. k und k' sind dabei in irgendeiner Weise aus Sauerstoffkonzentration und spezifischen Geschwindigkeitskonstanten zusammengesetzt zu denken. Bei konstanter Sulfitkonzentration gehen diese Gleichungen über in:

$$v_d = \frac{K}{K_1 + (\mathrm{Ng})}.$$

Für die Lichtreaktion gelten nun *dieselben* Gleichungen mit *derselben Hemmungskonstanten* k', so daß immer die Geschwindigkeit im Licht

$$v_L = k'' v_d$$

ist.

Später (226) werden diese Resultate an der *Sulfitoxydation* noch verschärft. Es ist nämlich zu erwarten, daß die Alkohole die Ketten dadurch abbrechen, daß sie *selbst oxydiert werden*, schon weil der tertiäre Butylalkohol nach BIGELOFF (216) unwirksam ist. Dies läßt sich durch empfindlichen Nachweis des entstandenen Aldehyds oder Ketons direkt beweisen. Ist nochmals die Reaktions(Sulfatbildungs-)geschwindigkeit

$$v_d = \frac{k(A)}{k_1(A) + k'(\mathrm{Ng})},$$

so ist die Wahrscheinlichkeit, daß eine Kette durch eine Alkoholmolekel abgebrochen wird:

$$\frac{k'(\mathrm{Ng})}{k_1(A) + k'(\mathrm{Ng})},$$

und, wenn n Ketten in der Zeiteinheit ablaufen, die Oxydationsgeschwindigkeit des Alkohols:

$$\frac{-d(\mathrm{Ng})}{dt} = \frac{n k'(\mathrm{Ng})}{k_1(A) + k'(\mathrm{Ng})} = \frac{n k'(\mathrm{Ng})}{k(A)} \cdot v_d .$$

Bei konstantem (A) ist also $(\mathrm{Ng})v_d$ *proportional der Alkoholoxydationsgeschwindigkeit* $\frac{-d(\mathrm{Ng})}{dt}$. BÄCKSTRÖM hat nun $(\mathrm{Ng})v_d$ für sich und $\frac{-d(\mathrm{Ng})}{dt}$ durch colorimetrische Messung der Oxydationsprodukte bestimmt.

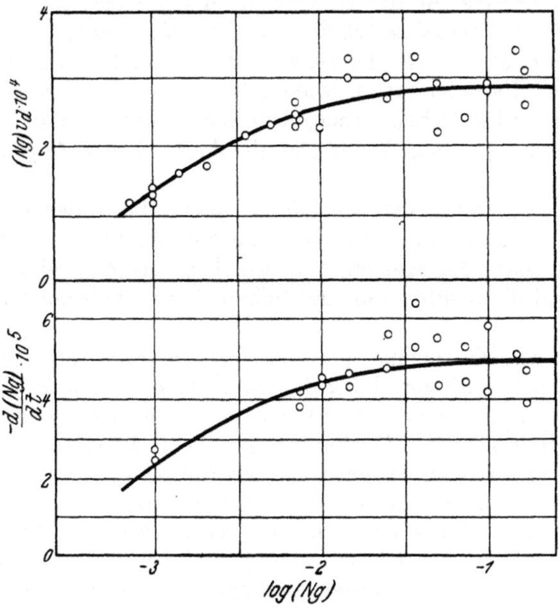

Fig. 23. Negative Kettenkatalyse nach BÄCKSTRÖM. (Hemmung der Autoxydation des Sulfits durch Benzylalkohol; oben die Oxydationsgeschwindigkeit des Alkohols nach der Kettentheorie, unten nach der Analyse.)

Fig. 23 zeigt am Benzylalkohol, daß beide Werte tatsächlich die gleiche und die von der Gleichung verlangte Abhängigkeit von (Ng) besitzen. [In der Figur ist log(Ng) als Abszisse eingetragen.]

Bei großen Alkoholkonzentrationen wird die Zahl der abgebrochenen Ketten $\left(\frac{-d(\mathrm{Ng})}{dt}\right)$ unabhängig von der Alkoholkonzentration, weil jetzt eben *alle* Ketten durch den Alkohol abgebrochen werden. In diesem Gebiet der Konstanz darf sich die induzierte Oxydationsgeschwindigkeit verschiedener Alkohole voneinander nicht unterscheiden. Die Tabelle zeigt, daß das der Fall ist:

Alkohol	Alkohol-Konzentrationsgebiet, in dem Konstanz herrscht	Daselbst $(\mathrm{Ng})\,v_d$	Daraus k'	$\frac{d(\mathrm{Ng})}{dt}$	Kettenlänge
Isopropyl-	0,05 ÷ 1,5	0,0034	3,0	0,000046	740
β-Butyl-	0,15 ÷ 1,8	0,0103	1	0,000049	2100
Benzyl-	0,0073 ÷ 0,167	0,00028	37	0,000048	58

Alle diese Alkohole werden im Konstanzgebiet trotz sehr verschiedener hemmender Wirkung k' gleich rasch oxydiert. Die letzte Spalte gibt die *mittlere Kettenlänge,* die, wie leicht einzusehen, im Konstanzgebiet gleich

$$(\mathrm{Ng})\, v_d : \frac{d(\mathrm{Ng})}{dt}$$

ist. Sie ist natürlich bei den am schwächsten hemmenden Alkoholen am größten.

Der beste Beweis für die Richtigkeit der Theorie liegt nun darin, daß die *direkte photochemische Bestimmung der Kettenlänge*, d. i. Quantenausbeute, identische Werte liefert, z. B. für Benzylalkohol statt obiger 58 Glieder 64! Es geht daraus wieder hervor, daß die Ketten, gleichgültig ob ihr erster Schritt thermisch oder photochemisch ausgelöst wurde, mit der gleichen Wahrscheinlichkeit *in der Oxydation einer Alkoholmolekel enden.*

Wie steht es nun mit der *Rolle des Kupfers*, die in der alten Theorie so entscheidend gewesen war? Hier konnte Bäckström zeigen, daß es nur auf die Zahl der Ketten, also auf ihren *Anfang*, einen beschleunigenden Einfluß ausübt, die Häufigkeit ihres Abbruchs aber nicht beeinflußt.

Damit ist der Kettencharakter der Titoffschen und der Moureuschen Reaktionen erwiesen. Über die *einzelnen Kettenglieder* kann natürlich kinetisch wieder keine Aussage gemacht werden, aber es dürfte durchaus möglich sein, die Mechanismen, wie sie Luther oder Moureu und Dufraisse aus chemischen Gründen für möglich halten, auch als Ketten zu konstruieren, die den einfachen kinetischen Formeln Bäckströms gehorchen. Daneben haben wir aber noch eine kleine Anzahl von negativen Katalysen kennengelernt, die von der Bäckströmschen Untersuchung nicht erfaßt werden, und auf die wir daher bis auf weiteres noch die alte Theorie anwenden dürfen.

Heterogene Katalyse.

Vorbemerkungen.

Es ist eine bekannte Tatsache, daß die Mehrzahl aller katalytischen Reaktionen (diejenigen im Organismus vielleicht teilweise abgezogen) nicht zu den bisher besprochenen Typen gehören, sondern *heterogene Katalysen* sind. Wir verstehen darunter Katalysen im heterogenen System, und zwar nicht in dem Sinne, daß irgendeine Phase eines solchen Systems Substrat und Katalysator enthält (homogene Katalyse), sondern unter der Einschränkung, daß Katalysator und Substrat nunmehr zwei *verschiedenen* Phasen angehören sollen. Die Reaktion findet dann naturgemäß, wenigstens in dem katalytisch beschleunigten Maße, nur an der Phasengrenze, der zweidimensionalen Grenzfläche zweier dreidimensionalen Phasen, statt. Der wesentliche Unterschied in der Erscheinungsform gegenüber der homogenen Katalyse liegt daher in dieser Tatsache der *Lokalisierung* des Chemismus, und Fragen, die dort ganz gegenstandslos waren, wie die nach der Struktur der Grenzflächen und nach der Verteilung ihrer wirksamen Stellen, nach der Verschiebung oder Veränderung der Grenzfläche durch die Reaktion selbst, also *topochemische* Probleme, treten hier neu auf und kommen zu den alten Grundproblemen der Katalyse hinzu.

Man kann sich also fragen, warum man, ehe diese gelöst sind, noch neue Probleme hinzufügt und heterogene Katalysen studiert. Dazu ist auf der einen Seite zu sagen, daß wir über einige reaktionskinetische Grundtatsachen doch soweit informiert sind, daß wir, diese voraussetzend, die speziellen Fragen der heterogenen Vorgänge in Angriff nehmen können. Andererseits zwingt uns die biologische Wichtigkeit sowie die fortschreitende technische Nutzung gerade der heterogenen Katalysen dazu, sie wissenschaftlich schon jetzt zu erforschen.

Die Tatsache der großen Mannigfaltigkeit heterogen-katalytischer Reaktionen in der Technik sowohl wie in der organisierten Welt ist in der Natur dieser Vorgänge begründet. Für das Zusammenkommen zweier Molekelarten, Substrat und Katalysator, sind naturgemäß viel größere Variationsmöglichkeiten geschaffen, wenn die Nebenbedingung der gegenseitigen Löslichkeit oder doch der gemeinsamen Vergasbarkeit oder Löslichkeit im gleichen Lösungsmittel wegfällt.

Weniger verständlich scheint auf den ersten Blick, wie überhaupt die Anwesenheit des Katalysators in einer Phase die Reaktionsgeschwindigkeit in der anderen beeinflussen kann. Hier hilft eine *Modellvorstellung* weiter, die Bredig (227) herangezogen hat. Denken wir uns einen reaktionsfähigen Stoff A in einem Lösungsmittel I gelöst, in dem die Reaktionsgeschwindigkeit sehr gering ist. Dieses Lösungsmittel grenze an ein anderes *II*, in dem die Geschwindigkeit der Umwandlung $A \rightarrow B$ beträchtlich ist. [Man denke z. B. an das von HUGHES experimentell verifizierte Beispiel: $A = AgNO_3 + HCl$, I = Äther, II = Wasser; (228)]. Es wird sich zunächst Verteilungsgleichgewicht hinsichtlich *A* zwischen *I* und *II* herstellen oder doch herzustellen trachten. Das so nach *II* gelangte *A* reagiert dort rasch zu *B*, und durch Einstellung des Verteilungsgleichgewichts hinsichtlich *B* entsteht im Resultat eine Umwandlung von *A* in *B* innerhalb des Lösungsmittels *I*. Bedingung für die Beschleunigung ist nur, daß von den drei Folgevorgängen: Diffusion von *A* aus *I* nach *II*, Reaktion in *II*, Diffusion von *B* aus *II* nach *I*, jeder einzelne rascher geht als die Umwandlung in *I* selbst. Man sieht ferner, daß die Reaktion nicht in der gesamten Phase *II* vor sich gehen muß, sondern sie nur in deren Oberfläche einzudringen braucht, um dieselben Effekte zu liefern. Insbesondere bei festen Katalysatoren werden wir diese Vorstellung vorziehen. Wir kommen so zu dem Schlusse: *Die Oberfläche des heterogenen Katalysators ist ein Ort erhöhter Reaktionsgeschwindigkeit.* Ob diese Geschwindigkeit nun schließlich tatsächlich selbst zur Messung gelangt, oder ob sie durch die vorgelagerte bzw. nachfolgende Diffusion wegen deren größeren Zeitbedarfs verschleiert wird, ist eine besondere Frage, die von Fall zu Fall entschieden werden muß und die wir später (s. S. 154) behandeln werden.

Wenn wir uns nun die Frage vorlegen, warum die Reaktionsgeschwindigkeit an der Grenzfläche die in dem Lösungsmittel *I* übertrifft, so können wir an Hand unseres Modells direkt anknüpfen an die Überlegungen, die wir (S. 118) über den Einfluß des Lösungsmittels gemacht haben. Wir sahen dort, daß durch eine bloße Änderung der Geschwindigkeit mit der Aktivität (bezogen auf $a = 1$ für gesättigte Lösungen) ein solcher Effekt *nicht* erzielbar ist. Vielmehr wäre, wenn in allen Medien nur die Molekeln reagieren, die wir damals „frei" nannten, gleiche Absolutgeschwindigkeit in miteinander im Gleichgewicht stehenden Lösungen zu erwarten (S. 121).

Zur Deutung der vorhandenen großen Abweichungen von dieser Forderung schlossen wir damals schon, daß noch eine „spezifische katalytische" Wirkung des Mediums vorhanden ist, daß also Molekeln, auf die das Lösungsmittel besondere Kräfte ausübt, beschleunigt reagieren. Dasselbe muß in unserem Falle vorliegen, denn wenn *II* mit *I* im Gleichgewicht steht, und wir trotzdem eine größere absolute Geschwindigkeit in *II* haben, so ist der Einfluß einer etwa verschiedenen Löslichkeit ausgeschaltet, und es liegt eine solche spezifische Wechselwirkung, eine „Deformationskatalyse" (BJERRUM) vor. Wir kommen so zu dem zweiten Satz: *Die Reaktionsbeschleunigung in der Grenzfläche kommt durch eine Kraftwirkung des Katalysators auf die Substratmolekeln, eine Deformation irgendwelcher Art, zustande.*

Wenn wir wieder den Schritt von der Tiefenreaktion in der Lösung *II* zu der Oberflächenreaktion am festen Kontakt tun, so werden wir den in dessen Grenzschicht „gelösten", d. h. den *adsorbierten* Substratmolekeln, ebenfalls einen veränderten Zustand zuschreiben müssen. Die katalytisch wirksame Adsorption muß also eine Deformation (diesen Begriff vorläufig im allerweitesten Sinne!) bewirken. Man hat für die Adsorption, soweit sie diese Bedingung erfüllt, den besonderen Namen „Chemosorption“ [z. B. SAUTER (229)] in Vorschlag gebracht, jedoch dürfte keine scharfe Grenze zu ziehen sein. Im einzelnen werden wir die Art des Eingriffs, den der Katalysator an der Substratmolekel vornimmt, noch gesondert besprechen (S. 168ff.).

Wir können die heterogenen Katalysen je nach dem Aggregatszustand der aneinandergrenzenden Phasen *einteilen.* Es ergeben sich folgende Kombinationen:

I. Substrat gasförmig, Katalysator flüssig.
II. Substrat gasförmig, Katalysator fest.
III. Substrat flüssig, Katalysator gasförmig.
IV. Substrat flüssig, Katalysator flüssig.
V. Substrat flüssig, Katalysator fest.
VI. Substrat fest, Katalysator gasförmig.
VII. Substrat fest, Katalysator flüssig.
VIII. Substrat fest, Katalysator fest.

Zunächst ist zu bemerken, daß die Typen III, VI und VII praktisch in ihrer Häufigkeit sehr zurücktreten gegenüber den übrigen. SAUTER (229) weist mit Recht darauf hin, daß es sich hier immer um Fälle handelt, wo der Katalysator den weniger dichten Aggregatzustand besitzt. Damit sind auch die an seiner Oberfläche ungesättigten Kräfte geringer und daher die Adsorptionswirkung auf das Substrat. Jedoch ist dies nur ein für die Statistik der Fälle orientierender Gesichtspunkt; wir kennen immerhin auch Katalysen dieser seltenen Typen.

Die weitaus häufigsten und wichtigsten Katalysen sind indessen diejenigen von Gas- oder Lösungsreaktionen mit festen Katalysatoren. Da die Lösungsreaktionen noch mit einer großen Zahl von Adsorptions- und Aktivitätskomplikationen belastet sind, werden wir als Prototyp der heterogenen Katalyse in diesem Kapitel *hauptsächlich Gasreaktionen an festen Grenzflächen* (Typ II) behandeln und die *Lösungsreaktionen* (Typ V) nur gelegentlich in durchsichtigen Fällen heranziehen. Andere Möglichkeiten, insbesondere auch den wichtigen Fall VIII, werden wir dann am Schluß behandeln.

Wenn wir die Katalyse von Gasreaktionen durch feste Grenzflächen, also Typ II, für sich betrachten, so fällt ihre große *Verbreitung* zunächst in die Augen. Nach einer Zusammenstellung BODENSTEINS (230) erleiden fast alle Messungen homogener Gasreaktionen „Störungen“ durch die Wände des Versuchsgefäßes, d. h. durch heterogene Katalyse. Diese Katalyse kann eine *positive* sein; so ist vielen Reaktionen, insbesondere Zerfallsreaktionen (PH_3), eine Nebenreaktion an der Wand überlagert, die oft größenordnungsmäßig rascher verläuft als die homogene Reaktion. Andererseits übt die Wand oft auch eine *negative* Katalyse aus, insbesondere bei Kettenreaktionen, wo sie imstande ist, die Ketten abzubrechen. Wir haben diesen Effekt bereits beiläufig gestreift (S. 42), werden uns aber später noch eingehender mit ihm beschäftigen, ebenso auch mit der neuerdings aufgefundenen interessanten Fähigkeit der Wände, auch Reaktionsketten *auszulösen.*

Die Adsorption.

Als den Sitz der katalysierten Reaktion haben wir die Grenzfläche: gasförmiges System/Katalysator erkannt, als die Bedingung eines Eingriffs ins Substrat die Adsorption an ihr. Wir stehen also bei der heterogenen Katalyse vor einer neuartigen Aufgabe, nämlich den Teil des Substrats, der adsorbiert und daher allein reaktionsbereit ist, gesondert zu betrachten. Einer Besprechung der heterogenen Reaktion muß daher eine solche der *Adsorption* nach Art und Größe vorangehen.

Die Kräfte, die die dichtere Phase des Katalysators (Adsorbens) zusammenhalten, sind in Flüssigkeiten und Molekelgittern die VAN DER WAALSschen Kräfte, in Ionengittern die elektrostatischen Kräfte, in Atomgittern die homöopolaren Bindungskräfte und in Metallgittern die ihnen verwandten Kräfte der „metallischen Bindung“. An der Oberfläche bewirken alle diese Kräfte einen einseitigen Zug nach innen, der sich in einem Bestreben nach Verkleinerung der Oberfläche, der „Oberflächenspannung“, auswirkt. Das Produkt aus Oberflächenspannung und Oberfläche ist die *freie Oberflächenenergie*. Der Gleichgewichtszustand ist dann erreicht, wenn die freie Energie, und damit auch die freie Oberflächenenergie, ein Minimum wird. Jeder Vorgang, der die Oberflächenspannung erniedrigt, wird also, solange er dazu beiträgt, freiwillig verlaufen.

Eine solche Verminderung ist nun dadurch möglich, daß irgendwelche geeigneten Molekeln aus einem angrenzenden Gase (Lösung) an der Oberfläche die dort freien Bindungskräfte des Adsorbens absättigen, indem sie von ihnen elektrostatisch, homöopolar, durch Dipolanziehung, also physikalisch oder chemisch, gebunden werden. Die Ursache der Adsorption liegt demnach in *Bindungskräften*, die die Oberflächenbausteine des Adsorbens auf die Molekeln des Adsorptivs ausüben (den adsorbierten Stoff pflegt man als „Adsorptiv“ zu bezeichnen, die gebildete Oberflächenverbindung als „Adsorbat“; letzterer Name hat sich indessen, sprachlich etwas inkorrekt, auch für den adsorbierten Stoff selbst eingebürgert).

Das Bild, das man bei einem Überblick über das Gebiet der Adsorptionserscheinungen erhält, ist nun bei weitem nicht so klar und einheitlich wie etwa dasjenige bei der homogenen Lösung. Das liegt einmal daran, daß, wie oben angedeutet, die Art der Kraftwirkung auf den adsorbierten Stoff recht wesensverschieden sein kann; dadurch wird die Auswahl der jeweils adsorbierbaren Stoffe und die Größe ihrer Adsorption großen Verschiedenheiten unterworfen. Zum anderen ist die Größe der wirksamen Kräfte, d. i. der Oberflächenspannung, bei festen Adsorbentien keineswegs an der ganzen Oberfläche dieselbe; auf diesen für die Katalyse äußerst wichtigen Umstand des Vorhandenseins von „aktiven Zentren“ werden wir im folgenden immer wieder stoßen.

Drittens kommt noch ein komplizierender Umstand hinzu, der in der Natur des adsorbierten Stoffes selbst liegt; nämlich die Tatsache, daß dessen Molekeln *aufeinander* noch anziehende Kräfte ausüben, ähnlich wie in der Flüssigkeit, wo sie einander ebenso nahekommen. Dies hat zur Folge, daß die Oberfläche, auch wenn sie ganz mit einer Schicht von Adsorbatmolekeln bedeckt ist, oft noch nicht auf dem Minimum ihrer Oberflächenspannung angekommen ist, da die Anziehungskräfte der adsorbierten Molekeln für ihresgleichen nach außen noch nicht abgesättigt sind. Daher wird nunmehr, wenn auch mit verringerter Energie, noch eine zweite Schicht adsorbiert, darauf eine dritte usf., bis die Kraft ganz abgeklungen ist.

Ist der Gasdruck *kleiner* als der Sättigungsdruck *flüssigen Adsorptivs* bei gleicher Temperatur, so kommt die Adsorption zum Stillstand, ist er aber größer, so geht sie schließlich in *Kondensation* der freien Flüssigkeit über. Wir sehen also, daß durch die Kräfte des Adsorbens eine Art Kondensation schon *unterhalb* des Dampfdrucks, beschränkt auf die Oberflächenschicht, erzielt werden kann. Ganz besonders stark ist dieser Effekt, wenn das Adsorbens eine sehr aufgerauhte Oberfläche mit vielen Poren, Kanälen und kapillaren Hohlräumen besitzt, da dann sehr viele Molekeln so untergebracht werden können, daß sie innerhalb der durch die VAN DER WAALSschen Kräfte erweiterten Wirkungssphäre des Adsorbens liegen. Von dieser Art ist die typische Adsorption, wie wir sie z. B. an oberflächenreicher Adsorptionskohle oder an Kieselgel beobachten. Für sie gilt die Faustregel, daß die am leichtesten kondensierbaren Stoffe (hohe kritische Temperatur) auch am stärksten adsorbiert werden. Das kommt daher, daß die anziehenden Kräfte zwischen den Adsorbatmolekeln bei ihnen am größten sind. Andererseits ist auch verständlich, daß eine gewisse Selektivität hinsichtlich des Adsorbens wegen der Verschiedenheit seiner eigenen primären Kraftwirkungen besteht. Wir können diese Adsorption auch mit dem Namen „*Kapillarkondensation*“ belegen, ohne deshalb behaupten zu wollen, daß sie in allen Fällen nur in kapillaren Hohlräumen und nicht auch auf einigermaßen glatten Oberflächen auftritt. Immerhin ist auffällig, daß sie an Kohle durch Glättung der Oberfläche durch hohes Erhitzen oder chemische Behandlung (N_2O) zum Verschwinden gebracht werden kann [MC BAIN (231)].

Mit dieser Adsorption haben sich viele Forscher experimentell und theoretisch beschäftigt. Es seien hier MAGNUS, POLANYI (232, 233) genannt und im einzelnen auf die zusammenfassenden Darstellungen von HÜCKEL (234), CASSEL (235) und JAQUET (236) verwiesen.

Allen diesen Theorien ist gemeinsam, daß sie die Größe der Adsorption und die Adsorptionswärme mit den VAN DER WAALSschen Kräften oder Dipolkräften in Zusammenhang bringen. Es ist nun einleuchtend, daß diese Kräfte, auch auf molekulare Abstände hin ausgeübt, nur *Energiewirkungen von der Größenordnung von Verdampfungswärmen* aufbringen können. Diese (einige kcal, z. B. maximal 11 kcal für SO_2 an C) sind nun recht gering, verglichen mit den Wärmetönungen oder Aktivierungswärmen chemischer Umsetzungen, die bis zu einer Zehnerpotenz höher liegen. So wird zu erwarten sein, daß die Kapillarkondensation im weiteren Sinne *nicht* diejenige Form der Adsorption ist, die das Substrat chemisch zu aktivieren vermag. Es kommt noch hinzu, daß wir bei den meisten Katalysen mit *schwer kondensierbaren Gasen bei hohen Temperaturen*, weit über ihrer kritischen Temperatur, zu tun haben, wo Kapillarkondensation, auch wenn sie in demselben System bei tieferer Temperatur beobachtbar ist, nicht mehr auftritt. Die chemisch wirksame Adsorption muß daher einem anderen Typus angehören und ihre Ursache muß in anderen, nämlich in *chemischen* Kräften gesucht werden.

Es ist ohne weiteres anschaulich klar, daß derartige Kraftwirkungen nur auf die direkt dem Adsorbens anliegenden Molekeln ausgeübt werden können; insbesondere die *homöopolare Valenzkraft* sinkt nach quantenmechanischen Überlegungen exponentiell mit der Entfernung ab. Zur Untersuchung der katalytisch wirksamen Adsorption haben wir uns also den Verhältnissen in der ersten Adsorptionsschicht, der „*unimolekularen Schicht*“, zuzuwenden.

Ist die Bildung dieser ersten Adsorptionsschicht nun überhaupt *für sich beobachtbar*? Ohne weiteres natürlich dann, wenn die Kapillarkondensation in dem betreffenden System oder unter den betreffenden Druck- und Temperaturbedingungen gar nicht auftritt. Unter solchen Verhältnissen konnte LANGMUIR (237) direkt berechnen, daß die bei seinen Messungen unter sehr geringen Drucken von der festen Oberfläche maximal aufgenommene Gasmenge eben genügt, um sie unimolekular zu bedecken. PANETH und VORWERK (238) fanden dasselbe Ergebnis auch bei Adsorption von Farbstoffen aus Lösung an Mineralien.

Diese Art der Adsorption besitzt offenbar eine ganz definierte obere Grenze in dem Zustand, in dem die gesamte Oberfläche gerade von einer lückenlosen unimolekularen Schicht des Adsorbats bedeckt ist. Die Adsorption strebt bei steigendem Druck (Lösungskonzentration) einem *Sättigungswert* zu. Das ist ihr wesentliches Charakteristikum gegenüber der Kapillarkondensation im weiteren Sinne. Da nun die Molekeln der meisten einfacheren Stoffe recht annähernd gleich groß sind (Durchmesser von einigen Å), so haben auf derselben Oberfläche rund gleichviele Molekeln aller Gase Platz, d. h. es wäre zu erwarten, daß die Größe des Sättigungswertes in Molen an einem Adsorbens *für alle Gase gleich* ist. Das ist geprüft worden [LANGMUIR l. c., ROWE (239), BENTON (240)] und hat sich bestätigt. Freilich kommen auch erhebliche Abweichungen vor, die dann so zu verstehen sind, daß für verschiedene Gase *verschiedene Teile* der Oberfläche bindefähige Kräfte besitzen.

In den soeben besprochenen Fällen ist die echte Adsorption, wie wir sie nennen können, deshalb für sich beobachtbar, weil unterhalb des Dampfdruckes bzw. eines infolge der Adsorptionskräfte etwas tieferen Druckes [BRAY und DRAPER (241), LENHER (242), ROWE (239), HOOVER und RIDEAL (243)] Kapillarkondensation nicht mehr möglich ist. Es ist dabei für das Auftreten der echten Adsorption ganz gleichgültig, welcher Art die sie bewirkenden Kräfte sind; die unimolekulare Gashaut finden wir ohne Zweifel, mehr oder weniger gesättigt, an jeder Oberfläche. Auffallend ist sogar, daß die Bindungskräfte sehr oft ausreichen, um sehr permanente Gase bei sehr hohen Temperaturen noch an Metalle zu binden, wie aus der Kinetik der Katalysen hervorgeht (s. S. 156ff.).

Wenn aber bei Kapillarkondensation *auf* dieser primären Schicht noch weitere adsorbiert werden, wie wir das auf S. 137 dargestellt haben, dann ist die Ausbildung der ersten Schicht trotzdem bisweilen für sich beobachtbar. Wenn sie nämlich durch viel stärkere als VAN DER WAALSsche Kräfte bewirkt wird, kann sie schon bei einem Druck Sättigung erreicht haben, bei dem die Kapillarkondensation nach dem vorigen Absatz noch gar nicht begonnen hat. Diese bewirkt dann einen deutlichen *zweiten Anstieg* in der Adsorptionskurve, wie ihn Fig. 24 zeigt.

Das erste horizontale Stück in der Figur bedeutet die eingetretene Sättigung der unimolekularen Schicht. Es kommt auch der Fall vor [POLANYI und WELKE (232)], daß der neue Anstieg schon vor Eintritt dieser Sättigung einsetzt, dann nämlich, wenn Abstoßungskräfte im Adsorbat [parallel gerichtete Dipole nach MAGNUS (244)] diese Sättigung hinauszögern.

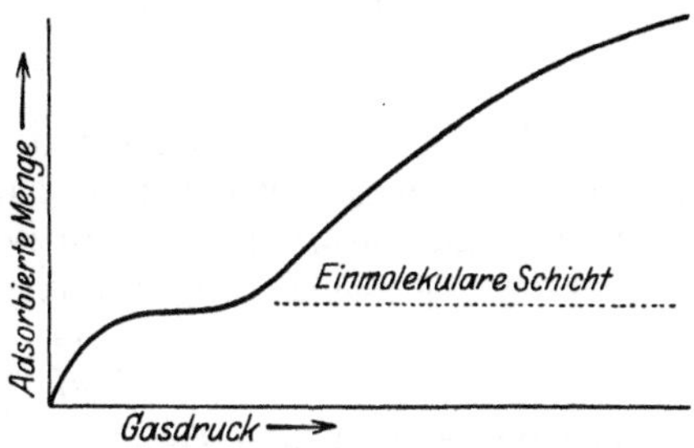

Fig. 24. Adsorption und Kapillarkondensation.

Theoretisch hat SEMENOFF (245) den Übergang von der Adsorption zur Kondensation behandelt. Er zeigt, daß er in der geschilderten Weise *sprunghaft* einsetzen muß, wenn ein bestimmter Druck nicht unterschritten und eine bestimmte Grenztemperatur nicht überschritten wird. In voller Schärfe zeigt sich das Phänomen bei der Kondensation übersättigter Metalldämpfe aus Molekularstrahlen, wo Versuche insbesondere von ESTERMANN (z. B. 246) vorliegen. Genauer können wir auf die Deduktionen SEMENOFFS erst etwas später eingehen (S. 144).

Jedenfalls geht aus den letzten Betrachtungen hervor, daß die echte Adsorption durch direkte Kräfte in unimolekularer Schicht *tatsächlich* entweder allein oder neben der Bildung von „adsorbierten Gasatmosphären" *beobachtbar* ist. Mit ihren *quantitativen Gesetzmäßigkeiten* haben wir uns, wegen ihrer Wichtigkeit für das katalytische Geschehen, genauer zu beschäftigen.

Im wesentlichen ist es LANGMUIR (247) gewesen, der diese Gesetze theoretisch abgeleitet, experimentell bestätigt und reaktionskinetisch ausgenutzt hat.

Es sei ein Gas vom Drucke p im dynamischen Gleichgewicht mit der Oberfläche 1, von der in diesem Zustand ein Bruchteil σ von adsorbierten Molekeln bedeckt ist. Es entsteht die Aufgabe, diesen Bruchteil als Funktion von p bei konstanter Temperatur darzustellen. Das so erhaltene Gesetz, die „*Adsorptionsisotherme*", ist für uns deshalb von besonderer Bedeutung, weil es eine Aussage über die Zahl der reaktionsbereiten Molekeln und damit meist auch über die Reaktionsgeschwindigkeitsgleichung bei konstanter Temperatur erlaubt.

Im *Gleichgewicht* ist definitionsgemäß die Zahl der in der Zeiteinheit an der Oberfläche haftenbleibenden Molekeln gleich der der in der

Zeiteinheit desorbierten, d. h. verdampfenden. Für das *Haftenbleiben* kommt, da ja nur der Fall rein unimolekularer Adsorption als katalytisch bedeutungsvoll betrachtet werden soll, nur die nackte Oberfläche $1 - \sigma$ in Frage. Die Zahl der sie treffenden Molekeln ist gegeben durch die HERTZ-KNUDSENsche Formel [vgl. HERZFELD (248)]:

$$N_0(1 - \sigma)\, p \sqrt{\frac{1}{2\pi M R T}},$$

in der N_0 die LOSCHMIDTsche Zahl, M das Molekulargewicht bedeuten. Ein bestimmter Bruchteil der hiernach ankommenden Molekeln bleibt nun haften. Dieser Bruchteil ist durch eine meist wenig von Eins verschiedene und wenig temperaturabhängige Konstante, den „Akkomodationskoeffizienten", gegeben. Die Zahl der pro sec. adsorbierten Mole wird also proportional dem Druck, im ganzen also:

$$+\frac{d\sigma}{dt} = k_1 \cdot p(1 - \sigma).$$

Die Zahl der in der gleichen Zeit die Oberfläche *verlassenden* Molekeln ist davon abhängig, welcher Bruchteil innerhalb der statistischen Energieverteilung im Adsorbat die dazu notwendige Energie besitzt, also der bedeckten Oberfläche proportional:

$$-\frac{d\sigma}{dt} = k_2 \cdot \sigma.$$

Gleichsetzung beider Geschwindigkeiten liefert dann ohne weiteres die Gleichgewichtsbedingung:

$$\sigma = \frac{k_1 p}{k_2 + k_1 p}.$$

Führen wir noch für k_1/k_2 den *Adsorptionskoeffizienten* b ein, so erhalten wir:

$$\boldsymbol{\sigma = \frac{bp}{1 + bp}}$$

als Gleichung für den bedeckten Teil der Oberfläche, oder, mit deren Größe multipliziert, für die überhaupt adsorbierte Menge, ausgedrückt in Fläche.

k_1 ist, wie wir sahen, nur von der Wurzel aus der Temperatur, also von dieser selbst nur sehr wenig abhängig. k_2 dagegen, das den Bruchteil der adsorbierten Molekeln angibt, die mehr Energie als die Adsorptionsenergie λ (in cal/Mol) besitzen, muß eine BOLTZMANNsche Exponentialfunktion sein:

$$k_2 = k_0 \cdot e^{-\lambda/RT}.$$

Der Adsorptionskoeffizient wird so eine Größe, die stark *mit steigender Temperatur fällt*, gemäß:

$$b = \frac{k_1}{k_0} \cdot e^{+\lambda/RT}.$$

Dem entspricht die Tatsache, daß die Adsorption immer bei höherer Temperatur geringer ist. Da es sich bei der Adsorptionswärme λ im unimolekularen Falle immer um Nahkräfte, oft nach dem Ausgeführten um echte chemische Bindungsenergie handelt, kann die Steilheit der Adsorptionsabnahme beträchtlich sein. Näheres hierüber S. 147ff.

Die Abhängigkeit der adsorbierten Menge vom Gasdruck wird gemäß der abgeleiteten Isotherme durch eine Kurve dargestellt, die schematisch in Fig. 25 gezeichnet ist und die einem Grenzwert der Adsorption bei völliger Bedeckung der Oberfläche zustrebt.

Für die Reaktionskinetik sind noch zwei *Spezialfälle* dieser Isotherme wichtig: Bei sehr geringer Adsorption oder sehr geringem Druck, allgemein bei $bp \ll 1$, wird

$$\lim \sigma = b\,p,$$

eine Gleichung, die den linearen Anlauf der Kurve Fig. 25 umfaßt. Umgekehrt wird bei hohem Druck oder großer Adsorbierbarkeit, allgemein bei $bp \gg 1$, die Schicht immer gesättigt sein, also

$$\lim \sigma = 1.$$

Dieses Stück der Isotherme ist der asymptotisch der quantitativen Sättigung zustrebende, fast horizontale Ast der Kurve. Nur im Zwischengebiet mittelstarker Adsorption braucht die Isotherme daher in extenso angesetzt zu werden.

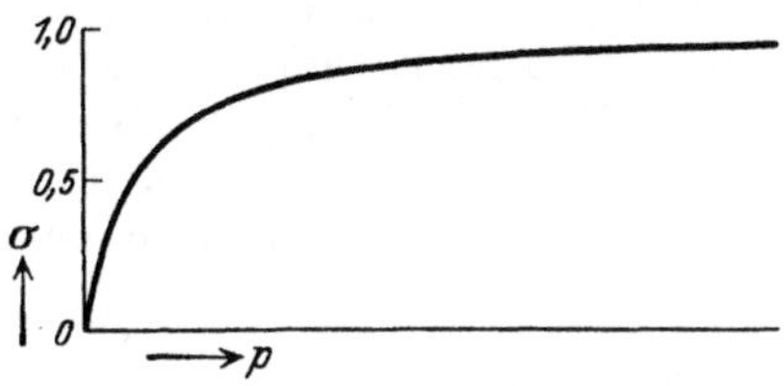

Fig. 25. Die LANGMUIRsche Adsorptionsisotherme.

Diese kinetische Ableitung der Isotherme kann nun nicht die gleiche Sicherheit beanspruchen wie etwa eine aus der Thermodynamik gewonnene, ähnlich wie die VAN 'T HOFFsche Ableitung des Massenwirkungsgesetzes beweisender ist als die GULDBERG-WAAGEsche aus den Geschwindigkeiten der Hin- und Herreaktion. Die Gültigkeit des zweiten Hauptsatzes besitzt eben einen anderen Grad von Sicherheit als jede molekularstatistische Annahme über Geschwindigkeiten. Es ist daher als ein großer Fortschritt zu bezeichnen, daß es VOLMER (249) gelang, *auf thermodynamischem Wege* zu derselben Gleichung zu kommen.

Der *zweite Hauptsatz* führt zunächst nur zu der Aussage, daß die Arbeit bei isothermer Überführung einer unendlich geringen (Reversibilität!) Gasmenge aus dem Gas in die damit im Gleichgewicht stehende Adsorptionsschicht Null sein muß. Diese Arbeit setzt sich aus der bei Kompression des Gases aufzuwendenden und der bei Dilatation des Adsorbats gewonnenen zusammen, also

$$d A_{\text{Gas}} - d A_{\text{Ads}} = 0.$$

Für die Auswertung dieser Arbeitsgrößen in den fraglichen Zustandsgrößen p und σ des Gleichgewichts ist nun eine außerthermodynamische Setzung über die *Zustandsgleichung* in Gas und Adsorbat notwendig, analog, wie man bei Ableitung des Massenwirkungsgesetzes die idealen Gasgesetze einführen muß. Für das Gas führen wir diese ebenfalls ein:

$$pv = RT.$$

Für das Adsorbat bedienen wir uns einer sehr wichtigen Erkenntnis von VOLMER und ADHIKARI (250), wonach nämlich die Bindung an das Adsorbens [auch bei chemischen Kräften, s. ADHIKARI und FELMAN

(251)] *nicht* derart ist, daß völliges Festhalten an Oberflächenpunkten stattfindet. Vielmehr ließ sich ein *Wandern* der adsorbierten Molekeln längs der adsorbierenden Oberfläche direkt beobachten. Wir können demnach den adsorbierten Stoff als eine Art Gas ansehen, in dem freie (oder doch ungeordnete) Beweglichkeit herrscht, aber nicht in allen Richtungen des Raumes, sondern nur in den zweien längs der Oberfläche. Um für dieses „*zweidimensionale Gas*" eine Zustandsgleichung aufzustellen, müssen wir seinen „Druck" definieren. Dieser Druck ist (analog zum Gasdruck) eine auf die Einheit der Umgrenzungs*linien* der Fläche wirkende Kraft, die das Adsorbat auszudehnen, also die Fläche zu vergrößern strebt. Eine solche Kraft bewirkt aber eine *Verminderung der entgegengesetzt gerichteten Oberflächenspannung* γ. Wir können also diese Verminderung als Maß des „zweidimensionalen Drucks" benutzen:

$$\Phi = \gamma_0 - \gamma .$$

Die Zustandsgleichung des zweidimensionalen Gases hat nun diesen Druck Φ mit der Oberfläche pro Mol, Ω, zu verknüpfen. Daß hier *nicht* die *ideale* Gasgleichung gilt, geht ohne weiteres aus der Tatsache einer *Adsorptionssättigung* hervor. Diese bedeutet ja eine endliche eigene Flächenerfüllung β für ein Mol adsorbierter Moleküle, die den freien Bewegungsraum verkleinert. So kommt VOLMER zu einer der VAN DER WAALSschen Gleichung unidealer Gase analogen *Gleichung für das Adsorbat*:

$$\Phi(\Omega - \beta) = RT .$$

Für die beiden gleichzusetzenden Arbeiten haben wir nun zu setzen:

$$v\,dp = \Omega\,d\Phi .$$

Die beiden Zustandsgleichungen erlauben uns, p und Φ durch v bzw. Ω auszudrücken, und wir erhalten:

$$\frac{\Omega\,d\Omega}{(\Omega - \beta)^2} = \frac{dv}{v} .$$

Unter der vereinfachenden Annahme (die freilich eine gewisse Einschränkung der Gültigkeit bedeutet), daß $\beta \ll \Omega$, wird daraus:

$$\frac{d\Omega}{\Omega - 2\beta} = \frac{dv}{v}$$

oder, integriert und delogarithmiert:

$$\frac{\Omega - 2\beta}{v} = \text{const} = k .$$

Führen wir jetzt den bedeckten Teil der Fläche

$$\sigma = \frac{\beta}{\Omega}$$

und den Gasdruck

$$p = \frac{RT}{v}$$

ein, so erhalten wir schließlich:

$$\sigma = \frac{\frac{\beta}{RTk}\,p}{1 + \frac{2\beta}{RTk}\,p} ,$$

also eine der LANGMUIRschen ganz analoge Gleichung. (Der Unterschied besteht nur darin, daß bei dieser Auffassung bei $p = \infty$, also bei Sättigung, $\sigma = {}^1/_2$ ist. Das bedeutet nur, daß den Molekeln zu ihrer Bewegung noch Fläche zur Verfügung bleiben muß.)

Man kann die Ableitung auch anschaulicher als hier geschehen, aber unter Einführung der erwähnten Vernachlässigung an versteckterer Stelle, nach SCHWAB und PIETSCH (252) völlig analog dem VAN 'T HOFFschen Vorgehen so ausführen, daß man die Adsorption eines Mols durch einen *Gleichgewichtskasten* führt, dessen Wände im Adsorptionsgleichgewicht mit dem Gasinhalt stehen. Die hier gegebene Rechnung ist der Originalweg VOLMERS.

Es sei hier betont, daß REICHINSTEIN (253) die Isotherme schon mindestens gleichzeitig mit LANGMUIR aus noch anderen Grundlagen abgeleitet hatte, nämlich aus seinem „*Verdrängungsprinzip*", d. i. einer Art Verteilungssatz, verbunden mit der Aussage, daß die Summe der adsorbierten Mole konstant sei.

Man kommt also auf sehr verschiedenen Wegen zu derselben Darstellung der Adsorptionsisotherme, so daß wir diese in Zukunft unseren reaktionskinetischen Betrachtungen zugrunde legen dürfen. Für diesen Zweck ist noch die Kenntnis der *Adsorption aus Gasgemischen* von Wichtigkeit, da ja auch bei der einfachsten Reaktion mindestens zwei Stoffe, Ausgangsstoff und Reaktionsprodukt, auftreten und daher auch für die Adsorption in Betracht kommen können. Die Verhältnisse bei Gasmischungen sind noch recht wenig klar, wenigstens was die Ergebnisse direkter Adsorptionsmessungen betrifft; es kommen ziemlich gegensätzliche Erscheinungen vor. Die Theorie liefert dagegen für den ihr zugrunde liegenden idealisierten Grenzfal (s. S. 140) eine sehr einfache Aussage. Beschränken wir uns auf die kinetische Betrachtungsweise der Adsorption und bezeichnen wir das zweite betrachtete Gas mit gestrichenen Größen (p', b', σ', k'), so lautet nunmehr die Gleichgewichtsbedingung:

$$k_1 p(1 - \sigma - \sigma') = k_2 \sigma$$

und

$$k_1' p'(1 - \sigma - \sigma') = k_2' \sigma',$$

woraus für jedes der beiden Gase eine Adsorptionsisotherme erhalten wird:

$$\sigma = \frac{b p}{1 + b p + b' p'},$$

$$\sigma' = \frac{b' p'}{1 + b p + b' p'}.$$

Die Anwesenheit des zweiten Gases verringert also die Adsorption des ersten gemäß seinem Partialdruck p' und seiner Adsorbierbarkeit b', die im Nenner auftreten. Die Gase *verdrängen* sich gegenseitig aus der Grenzfläche (253).

Weiterhin folgt:

$$\sigma : \sigma' = (p : p') \cdot \frac{b}{b'},$$

also *Konstanz des Adsorptionsverhältnisses* bei konstanter Gaszusammensetzung unabhängig vom Gesamtdruck. PALMER (254) konnte diese Forderung bestätigen. Die Thermodynamik [CASSEL (255)] fordert nur:

$$\left(\frac{d \log p}{d \sigma'}\right)_{\sigma} = \left(\frac{d \log p'}{d \sigma}\right)_{\sigma'},$$

eine Forderung, die von dem vorigen Ausdruck in der Tat erfüllt wird.

Die *Analogie* zwischen dem zweidimensionalen Gas in der Adsorptionsschicht und dem freien dreidimensionalen Gas, die in der thermodynamischen Ableitung VOLMERS eine Rolle spielte, läßt sich übrigens noch weiterführen. Zunächst können wir bei manchen Stoffen noch der gegenseitigen Anziehung der adsorbierten Molekeln Rechnung tragen, indem wir, wie VAN DER WAALS, bei Gasen eine hierauf bezügliche Druckkorrektur einführen. Es ist bekannt, daß die VAN DER WAALSsche Gleichung dadurch eine Theorie der Kondensationserscheinungen wird. So kommen wir hier dazu, bei gewissen Adsorptiven auf die Bildung einer *zweidimensionalen Flüssigkeit* bei Steigerung der Adsorptionsdichte zu schließen. Ähnlich wie bei Flüssigkeitskondensation nach Erreichen des Dampfdrucks der Druck nicht weiter steigt, solange noch Kondensation stattfindet, so steigt auch Φ im Adsorbat nicht weiter, bis die ganze Oberfläche mit zweidimensionaler Flüssigkeit bedeckt ist. Das ist nach SEMENOFF (245) der oben (S. 139) erwähnte Übergang zur Kapillarkondensation, indem nämlich nunmehr auch die dreidimensionale Flüssigkeit leicht entsteht, da die zweidimensionale als Keim für sie wirkt.

Auch eine Analogie zum festen Körper läßt sich denken, in Form eines „*zweidimensionalen Krystalls*". Unterhalb einer gewissen Temperatur und insbesondere bei sehr starken Bindungskräften dürften die adsorbierten Molekeln nicht mehr frei beweglich sein, sondern mehr oder weniger fest an Gitterpunkten der Unterlage, also in regelmäßiger Struktur, adsorbiert sein [s. dazu A. GLASER (256)]. Die Existenz solcher zweidimensionalen Krystalle ist erst in jüngster Zeit durch die Entdeckung der Elektroneninterferenz *nachweisbar* geworden. Die Auffassung materieller Bewegungen als Wellenvorgänge hat dazu geführt, auch einem Elektronenstrahl eine Wellenstrahlung der Wellenlänge

$$\lambda = \frac{h}{m v} = \sqrt{\frac{150}{V}} \cdot 10^{-8}$$

zuzuordnen. (λ = Wellenlänge in cm, m = Elektronenmasse, v = Fluggeschwindigkeit der Elektronen, V = erzeugende Spannung in Volt.) Man sieht, daß zu Elektronen von 150 V gerade eine Wellenlänge von 1 Å gehört, daß man also bequem in die Größenordnung der zu Krystalluntersuchungen geeigneten Röntgenstrahlen gelangt. Die Eigenheit der neuen „*Materiewellen*" ist aber, daß sie infolge ihrer viel stärkeren Wechselwirkung mit den Krystallbausteinen viel stärker gestreut werden als Röntgenstrahlen, und daß daher ihr Beugungsdiagramm ein Abbild nur der *allerobersten Netzebenen* des Krystalls ist. So konnte man sogleich nach der Auffindung dieser Erscheinung erhoffen [SCHWAB

(257; S. 331)], daß sie zur Erforschung von Katalysatoroberflächen Nutzen bringen würde.

GERMER (258) hat derartige Aufnahmen zuerst an Nickel mit und ohne Wasserstoff(?)belegung gemacht. Beim Abkühlen erhitzter Nickelkrystalle unter geringem Gasdruck erhielt er vor dem Auftreten einer amorphen Schicht (mehrmolekulare Adsorption?) *intermediär das Interferenzdiagramm eines adsorbierten Gaskrystalls*, in dem die einzelnen Wasserstoffatome um Gitterpunkte so angeordnet sind, daß sie den doppelten Gitterabstand der Nickelatome haben. Oberhalb 150° tritt dieses Diagramm nicht mehr auf, d. h. der „*Schmelzpunkt*" des zweidimensionalen Krystalls ist überschritten.

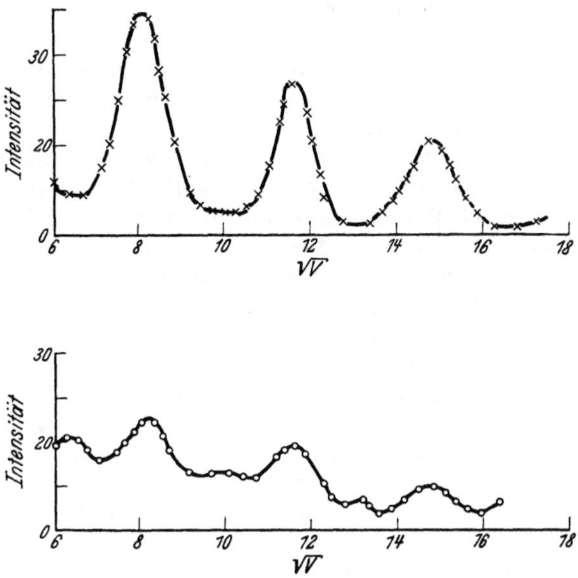

Fig. 26. Elektronenstrahlendiagramm von Nickel (oben) und von Nickel mit adsorbiertem Wasserstoff (unten) nach RUPP.

Dieselben Ergebnisse erhielt auch RUPP (259). In Fig. 26 ist im oberen Teil das Diagramm des gasfreien Nickelkrystalls, darunter das von Nickel mit adsorbiertem Gaskrystall nach RUPP abgebildet; er besitzt, wie man sieht, halbe Streifenabstände, also nach der BRAGGschen Beziehung doppelte Gitterkonstante. (Über RUPPs elektroneninterferometrische Beobachtung der katalytischen Reaktion selbst werden wir später berichten [S. 177].)

Bei den hohen Temperaturen, bei denen katalytische *Reaktionen*, insbesondere mit schwer kondensierbaren Gasen, vor sich gehen, dürfen wir aber wohl annehmen, daß sowohl der Schmelzpunkt des zweidimensionalen Krystalls, als die kritische Temperatur der zweidimensionalen Flüssigkeit überschritten sind, und mit der Adsorptionsisotherme rechnen, die wir für das zweidimensionale *Gas* gefunden haben.

Es ist [zuletzt mit Nachdruck von POLANYI (260)] darauf hingewiesen worden, daß diese Isotherme in den allermeisten praktischen

Fällen von Adsorptionsmessung *experimentell versagt*, und daß, wo sie gilt, dafür die auf S. 140 geforderte Temperaturabhängigkeit ihrer Konstanten nicht erfüllt ist. Dies wird als ein ernstlicher Einwand gegen die Anwendung der LANGMUIRschen Isotherme auf die katalytische Kinetik angesehen. Die gefundenen *Abweichungen* von unserer Isotherme erfordern daher eine besondere Besprechung.

Zunächst muß von allen den Fällen abgesehen werden, in denen das Auftreten eines *Sättigungswertes vermißt* wird, und das ist die Mehrzahl aller direkten Adsorptionsmessungen. Solche Versuche lassen sich dann am besten durch die empirische FREUNDLICHsche Isotherme

$$\text{adsorb. Menge} = b_1 \cdot p^n$$

darstellen, wo n einen echten Bruch bedeutet. Hier haben wir es stets mit Adsorption in *mehreren Lagen*, also mit chemisch nicht in Betracht kommenden Vorgängen zu tun.

Weiter findet man aber auch bei unimolekularer Adsorption oft Abweichungen, d. h. *Inkonstanz der „Konstanten"* der LANGMUIRschen Gleichung. So findet PALMER (254) an Metallen, daß b/b', das nach S. 143f. eine Konstante für Gemischadsorption sein sollte, bei Beteiligung von Wasserstoff stets zu groß zugunsten des Wasserstoffs ist. Umgekehrt verschiebt sich nach HOOVER und RIDEAL (261) dieses Verhältnis bei Adsorption von Wasserstoff und Kohlenoxyd an Platin mit steigendem Gesamtdruck zugunsten des Kohlenoxyds, usf. Man kann ein derartiges Verhalten verstehen [s. HINSHELWOOD (12; S. 159)], wenn man die praktisch adsorbierende Oberfläche als die *Summe mehrerer Oberflächenarten* mit abgestuften b-Werten ansieht. Dann wird von jedem Gas zuerst der Flächenteil mit dem größeren b-Wert belegt werden, und bei verschiedenartiger Abstufung für verschiedene Gase sind so die beobachteten Erscheinungen verständlich. Es ist ja auch zu erwarten, daß an einer einigermaßen rauhen Oberfläche nicht alle Stellen die gleiche Adsorptionsfähigkeit haben. Beim Studium der Adsorptionswärmen λ (S. 147ff.) werden wir diese Annahme direkt bestätigt finden.

Ist nun damit nicht die Einführung konstanter b-Werte in die Kinetik der Katalysen unberechtigt geworden? Die *Rückschlüsse*, die sich aus den *Geschwindigkeiten* auf die Adsorption ziehen lassen, beweisen fast stets, daß der *Teil* der adsorbierenden Oberfläche, an dem die *Katalyse* stattfindet (es ist meist nur ein recht kleiner Teil), in sich ein konstantes b besitzt. Es sind eben nur die „aktivsten" Teile der Oberfläche, an denen die Geschwindigkeit beobachtbare Größe annimmt, und ihnen gegenüber treten im chemischen Effekt die Teile zurück, die wohl meßbar und mit verändertem b adsorbieren, aber nur sehr langsam katalysieren können. Wir werden auf diese Tatsachen, die das Verständnis katalytischer Erscheinungen außerordentlich vertieft haben, noch mehrmals ausführlich zurückkommen. Hier genüge uns der Schluß, daß die abgeleitete Isotherme für die *meßbare* Adsorption *nicht* scharf gültig zu sein braucht, um doch den katalytisch *wirksamen* Teil der Adsorption *richtig* darzustellen [s. SCHWAB (262)].

Die Adsorptionswärme.

Gemäß S. 140 ist die Adsorptionswärme durch die Steilheit des Temperaturabfalls der Adsorptionskonstanten b gegeben, gemäß:

$$b = \frac{k_1}{k_0} \cdot e^{\lambda/RT} \quad \text{bzw.} \quad \frac{d \ln b}{d(1/T)} = \frac{\lambda}{R}.$$

Man kann auf diese Weise durch entsprechende Auswertung von Adsorptionsmessungen bei verschiedenen Temperaturen λ bestimmen.

Dies gilt nun aber nur, solange b wirklich bei jeder Temperatur eine Konstante und von dem Druck bzw. der Belegungsdichte σ unabhängig ist. Wir sahen aber schon (S. 146), daß dies für die praktische Adsorptionsmessung selten erfüllt ist, daß vielmehr bei steigender Belegung immer schwächer adsorbierende Flächenteile mit fallendem b an die Reihe kommen. Man erhält also auf diese Weise weder konstante noch richtige Werte für λ.

Eine bessere Methode ist daher die Vergleichung der Gleichgewichtsdrucke bei *konstanter Belegung* und verschiedener Temperatur.

Für diese Gleichgewichtsdrucke gilt, ebenso wie für die über einer verdampfenden Flüssigkeit, die CLAUSIUS-CLAPEYRONsche Gleichung:

$$\frac{d \ln p}{d(1/T)} = \frac{-\lambda}{R}.$$

Man erhält durch Anwendung dieses Verfahrens direkt die Wärmetönung, die zu der *vorliegenden* Belegungsdichte gehört, also die Wärme, die frei wird, wenn bei der vorliegenden Belegungsdichte noch ein Mol zu unendlich vielen schon adsorbierten hinzukommt. Dies ist die *differentielle* Adsorptionswärme. Sie ist zu unterscheiden von der *integralen*, die die mittlere Wärmetönung pro Mol bei Adsorption sämtlicher adsorbierten Mole an einer anfänglich leeren Oberfläche bis zur jeweiligen Belegung angibt. (Wäre die differentielle Adsorptionswärme konstant, d. h. würden die ersten Mole mit derselben Wärmetönung adsorbiert werden wie die weiteren, so wären differentielle und integrale Adsorptionswärme identisch; wir sind aber praktisch immer zu dieser Unterscheidung gezwungen.)

Daneben steht natürlich noch der *direkte* Weg einer Bestimmung der Adsorptionswärme *im Kalorimeter* offen. Man kann hier entweder die integrale Adsorptionswärme messen, indem man auf das entgaste Adsorbens auf einmal eine größere Menge Gas gibt, die adsorbierte Menge durch Druckmessungen bestimmt und die auftretende Erwärmung des Kalorimeters mißt. Man kann aber ebensogut (und darum handelt es sich meist, wenigstens für die Diskussion) auf diesem Weg die integrale Adsorptionswärme über ein sehr *kleines* Intervall der Belegungsdichte messen, indem man kleine Gasmengen stufenweise adsorbiert. Auf diese Weise erhält man Werte, die sehr nahe als differentielle Adsorptionswärmen bei der jeweiligen *mittleren* Belegung anzusehen sind.

Fig. 27 zeigt ein dazu von TAYLOR, KISTIAKOWSKY und FLOSDORF (263) konstruiertes Vakuumkalorimeter mit äußerem Heizdraht zur

Eichung und innerem Platin-Widerstandsthermometer mit einer Empfindlichkeit von 10^{-4}°.

Eine ebenso leistungsfähige Konstruktion mit Thermoelement geben MAGNUS und GIEBENHAIN (264) an.

Die nach CLAUSIUS-CLAPEYRON und die calorimetrisch ermittelten differentiellen Adsorptionswärmen stimmen im allgemeinen gut miteinander überein, so daß sie Vertrauen verdienen [MAGNUS und GIEBENHAIN (264), MAGNUS und KIEFFER (265)].

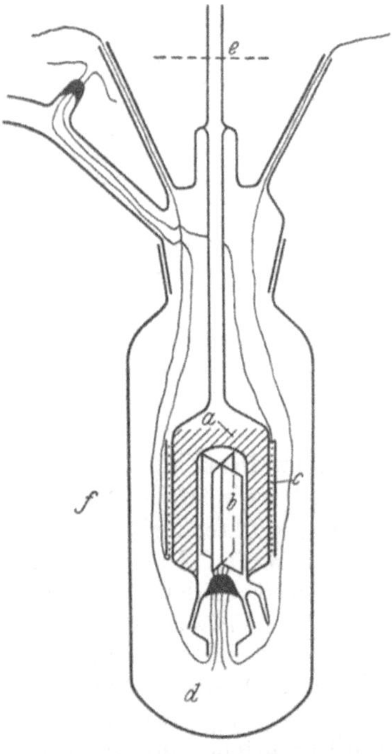

Fig. 27. Adsorptionskalorimeter nach H. S. TAYLOR, KISTIAKOWSKY und FLOSDORF.
a Adsorbens, *b* Platin-Widerstands-Thermometer, *c* Heizdraht zur Eichung, *d* Vakuummantel, *e* Gaseinlaß, *f* Eisthermostat.

Alle so ausgeführten Bestimmungen haben nun tatsächlich die Bestätigung dessen gebracht, was wir oben als Ursache der Ungültigkeit der LANGMUIRschen Isotherme angesehen haben (S. 146), nämlich der *energetischen Ungleichwertigkeit der Oberfläche.* Sie äußert sich im Kalorimeter darin, daß die ersten Mole des Gases, die an die noch reine Oberfläche kommen, fast immer mit größerer Wärmeentwicklung gebunden werden als später zugelassene Mengen, die die Oberfläche schon teilweise besetzt finden. Dies Ergebnis weist deutlich darauf hin, daß verschiedene Stellen der Oberfläche verschiedene Adsorptionsfähigkeit besitzen, und wir verstehen auch, daß sie verschiedenes b aufweisen. Man wird sich zwar nicht vorstellen, daß zuerst *nur* die Stellen mit der größten Adsorptionswärme gesättigt werden und die anderen *gar nicht,* dann die mit der nächstkleineren Wärmeentwicklung usf. in energetischer Reihenfolge; aber durch sinngemäße Superposition der *nebeneinander* mit verschiedener Lebhaftigkeit (gemäß $b = b_0 e^{\lambda/RT}$) verlaufenden Adsorptionen an verschiedenen Flächenteilen [TAYLOR und KISTIAKOWSKY (266); ref. SCHWAB (257, S. 289)] erhält man leicht die zu erwartende Kurve, die tatsächlich, wie die Messungen, einen *Abfall* der Adsorptionswärme mit steigender Belegungsdichte zeigt. Fig. 28 gibt z. B. die Adsorptionswärme von Wasserstoff an schwach angelaufenem Kupfer wieder.

Es sei hier, ohne Anführung weiterer Beispiele, betont, daß *fast alle* gemessenen differentiellen Adsorptionswärmen einen derartigen Abfall mehr oder weniger stark aufweisen.

Bevor wir unsere Schlüsse aus dieser Tatsache ziehen, müssen wir noch einige *Anomalien* besprechen, die sich bei derartigen Untersuchungen ergeben haben. Diese beziehen sich auf den absoluten Wert von b in Abhängigkeit einerseits von der Adsorptionswärme, andererseits von der Belegungsdichte. Wir haben oben (S. 140) b definiert als das Verhältnis der kinetischen Konstanten k_1/k_2. Man kann aber andererseits b auch thermodynamisch als eine *Gleichgewichtskonstante* definieren. Im Gebiet geringer, linearer Adsorption ($\sigma = b p$) können wir nämlich setzen:

$$\frac{N_{\text{ads}}}{N_{\text{Gas}}} = \frac{\sigma \cdot O \cdot RT}{\beta \cdot p} = \frac{ORT}{\beta} \cdot b .$$

Hier bedeutet O die gesamte pro cm³ Gas verfügbare Oberfläche (ausgedrückt in cm³ Rauminhalt der unimolekularen Schicht; s. S. 168) und N die Zahl der Molekeln in jedem der beiden Zustände. Andererseits muß nach dem Boltzmannschen *Verteilungsgesetz* sein:

$$\frac{N_{\text{ads}}}{N_{\text{Gas}}} = O \cdot v \cdot e^{\lambda/RT},$$

wo v die Wahrscheinlichkeit a priori für eine Molekel ist, sich im adsorbierten Zustand zu befinden („a priori" heißt: ohne Berücksichtigung der Energieverhältnisse, die in der e-Potenz enthalten sind; dieser Faktor entspricht der Zahl von Realisierungsmöglichkeiten des betreffenden Zustandes). Wir kommen so zu:

$$b = \frac{\beta \cdot v}{RT} \cdot e^{\lambda/RT}.$$

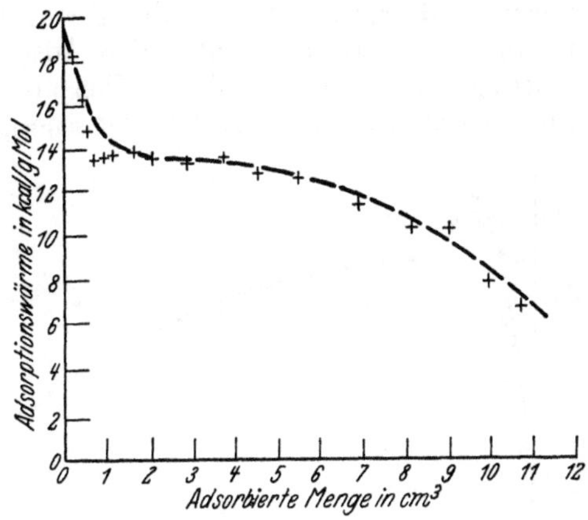

Fig. 28. Adsorptionswärme von Wasserstoff an (vergiftetem) Kupfer nach Taylor.

Man sollte danach erwarten, daß wenigstens im *linearen Gebiet* der Adsorption, wo b deutlich konstant ist, wegen des eindeutigen Zusammenhanges auch λ, die differentielle *Adsorptionswärme, von der Belegung unabhängig* ist. Das ist bisweilen *nicht* der Fall. Kälberer, Mark und Schuster (267; Theorie gemeinsam mit Dunkel) fanden, daß sowohl an Tonerde wie an Kieselgel für verschiedene Gase die Adsorptionswärme schon im *linearen* Gebiet *veränderlich* ist, und zwar mit zunehmender Belegung *steigend*, so daß heftiger adsorbierende Zentren später an die Reihe kommen als solche geringerer Adsorptionswärme. Weiter fanden sie, daß bei Variation des Adsorbens die Adsorption für ein Gas, und bei verschiedenen Gasen die an einem Adsorbens ebenfalls nicht nach obiger Gleichung veränderlich ist, sondern $\beta \cdot v$ seinerseits noch von der Adsorptionswärme abhängt. Diese Abhängigkeit ist so beschaffen, daß eine Steigerung des λ in ihrer Wirkung auf b kompensiert wird durch eine Verminderung des βv, etwa gemäß:

$$\beta v = e^{-\lambda/RT} \cdot \text{const}.$$

So erklärt sich formal die Konstanz von b trotz steigender Adsorptionswärme.

Es ist schwer, diese Veränderlichkeit von βv qualitativ zu verstehen, noch schwerer, sie quantitativ abzuleiten. Entweder nimmt man an, daß mit steigender Adsorptionswärme die *Beweglichkeit* der adsorbierten Molekeln abnimmt [POLANYI (232)] und damit der Wert β, der ja das beanspruchte „Adsorptionsvolumen" ausmacht. Oder man nimmt an [das haben quantitativ DUNKEL und MARK (267), qualitativ auch SCHWAB und PIETSCH (252) getan], daß v, die a priori-Wahrscheinlichkeit, keine Konstante ist, sondern daß zuerst Stellen zur Wirkung gelangen, die zwar relativ geringe Adsorptionswärme, aber große Adsorptionswahrscheinlichkeit besitzen. Diese Stellen sieht man in den *Umgrenzungslinien* von „*Pfützen*" oder „*Inseln*" des Adsorbats. Später, bei höherer Belegung, würde das Adsorbat von diesen Stellen auf solche höherer Adsorptionswärme, aber geringerer a priori-Wahrscheinlichkeit, nämlich die aktiven Stellen des Adsorbens, *übersiedeln* und so den Anstieg des λ hervorrufen. Thermodynamisch kommt dies darauf hinaus, daß mit einem Anstieg der Energie einer der Entropie verknüpft ist. Wir werden sogleich auf diese Möglichkeit zurückkommen.

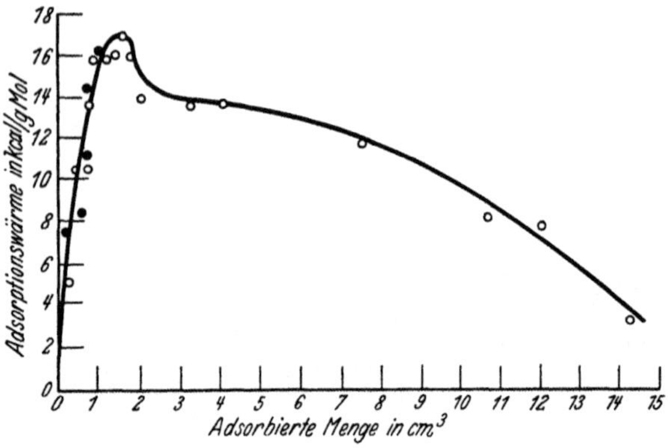

Fig. 29. Das Maximum in der Adsorptionswärme von Wasserstoff an Kupfer nach TAYLOR.

Noch überraschender sind die Resultate, die verschiedene Autoren für die *allerersten Adsorptionswärmen* (d. i. bei den allerersten adsorbierten Molen) von Gasen an hochaktiven Katalysatoren [FRYLING (268), FORESTI (269), TAYLOR, KISTIAKOWSKY und FLOSDORF (263)] und auch an Aktivkohle [GARNER (270)] erhalten haben. Unter Umständen geht nämlich die *differentielle Adsorptionswärme durch ein Maximum*, das bei sehr geringen Belegungsdichten liegt. Fig. 29 zeigt einen solchen Fall, die Adsorptionswärme von Wasserstoff an sehr reinem Kupfer als Funktion der Belegungsdichte.

Der abfallende Ast dieser Maxima ist wieder leicht durch eine Abnahme der Adsorptionsfähigkeit der Gebiete zu erklären; hier geht zugleich auch b zurück, denn diese Gebiete adsorbieren ja erst bei höherem Druck als die ersten; im ansteigenden Teil aber bleibt b nicht nur nicht konstant, sondern, über MARKs Befunde hinaus, nimmt es bei steigender Adsorptionswärme sogar ab (die Stellen, die hauptsächlich das Maximum bestreiten, adsorbieren ja später als die ersten mit ihrer geringeren Wärmetönung).

Hier sind also die Schwierigkeiten der Deutung noch größenordnungsmäßig höher. Aus der Veränderlichkeit der Lage des Maximums mit der Vorbehandlung des Adsorbens entnahm TAYLOR (266, 263) zunächst eine Theorie, die sehr bestechend diese Erscheinung erklärte und zugleich mit der Katalyse in Zusammenhang brachte. Das Maximum wird nämlich durch *Vergiftung beseitigt* (s. Fig. 28), durch *Verstärkung* des Katalysators (s. S. 204ff.) nach *höheren adsorbierten* Mengen, durch *Hitzebehandlung* und -schädigung des Kontakts aber wieder nach *kleineren* Mengen verschoben. [Neuere Versuche von FLOSDORF und KISTIAKOWSKY (271) zeigen allerdings weniger einfache Verhältnisse.] Die Lage des ansteigenden Asts macht also gerade die Veränderungen durch, die man von dem *aktiven* Bruchteil der Oberfläche erwarten würde. TAYLOR und Mitarbeiter schlossen daraus, daß gerade die zu kleinen ersten Adsorptionswärmen diejenigen an den *chemisch aktiven Stellen* seien. An sich wäre demnach die Adsorptionswärme an ihnen noch höher als die im Maximum, sie wird aber nicht thermometrisch meßbar, sondern für den *Aktivierungsprozeß* am Substrat teilweise *aufgebraucht*. Beim Wasserstoff sollte danach die erste Adsorptionswärme um dessen Dissoziationswärme erniedrigt sein, also um einen Betrag von vielen großen Calorien, und die Effekte liegen tatsächlich in dieser Größenordnung. Bei den später und weniger stark adsorbierenden Stellen fällt diese Verminderung fort, weil ihr Feld nicht mehr dissoziierend wirken kann. So ist das Auftreten eines Maximums in der gemessenen Wärmetönung anschaulich zu verstehen.

Indessen geben die Autoren selbst zu (263; auf einen Hinweis HERZFELDS hin), daß diese Auffassung einer *thermodynamischen Schwierigkeit* begegnet. Wenn nämlich der Wert von b nach der Gleichung von S. 147 eindeutig durch die Wärmetönung λ und nicht durch eine Änderung von βv im Laufe der Adsorption bestimmt wird, dann ist schwer einzusehen, warum in der freiwerdenden Wärmetönung nur der Minuend, der der Adsorption zukommt, und nicht auch der Subtrahend, der der inneren Arbeit am Adsorbat zukommt, für die Reaktionsarbeit, d. h. für den Gleichgewichtswert b, bestimmend sein sollte. Anschaulicher würde das bedeuten, daß der Übergang adsorbierter Atome in freie Molekeln, obgleich er nur das kleine gemessene λ als Wärmetönung benötigt, sich doch so vollzieht, als ob die volle Desorptionswärme von Molekeln zugeführt werden müßte.

HERZFELD selbst (272) hat daher versucht, die gefundenen Anstiege durch die Annahme einer *veränderlichen a-priori-Wahrscheinlichkeit* v zu deuten.

(Es sei hier bemerkt, daß dies auf eine Veränderung der chemischen Konstanten und teilweise der Spezifische-Wärme-Glieder in der Reaktionsisochore hinauskommt; denn wenn man die Gleichung für b logarithmiert, erhält man:

$$\log b = \frac{\lambda}{RT} + \log \beta v - \log RT\,,$$

woraus hervorgeht, daß $\log \beta v$ die obengenannten Glieder der Isochore enthält.)

HERZFELD untersucht nun, ob v dadurch bei den aktivsten Adsorptionsstellen erniedrigt sein kann, daß an diesen die adsorbierten Molekeln in ihren *Freiheitsgraden* (Beweglichkeit, Realisierungsmöglichkeit eines bestimmten Energiezustandes) stärker beschränkt sind als an der übrigen Oberfläche, z. B. durch Verschiedenheiten der Schwingungsfrequenzen gegen das Adsorbens oder innerhalb der Molekel, Wegfall von Rotationsfreiheiten. Es zeigt sich aber, daß diese Effekte höchstens einige Kilocalorien in der Adsorptionswärme kompensieren können, d. h. nur Maxima dieser Höhe erklären würden. Die aussichtsreichste Möglichkeit scheint demnach die zu sein, daß die Adsorptionswärme infolge *Bildung von Molekelpaaren* mit VAN DER WAALSscher Anziehung oder gar Molekelgruppen bei größerer Belegung einen Anstieg erfährt. Die Berechnung unter der Annahme einer Adsorption gerichteter Dipole, die sich in Anziehungslage benachbart sind, zeigt, daß die zusätzliche *Energie* aus dieser Quelle *ausreicht*, um der Höhe des Maximums Rechnung zu tragen. Die Durchrechnung der Isotherme führt aber dazu, daß dies nur dann möglich ist, wenn gleichzeitig die *Form* des Anstiegs (s. Fig. 29) völlig entstellt wiedergegeben wird, und umgekehrt. Immerhin ist diese Möglichkeit, die einigermaßen der von DUNKEL und MARK (267) diskutierten entspricht, noch die beste.

Jedoch kann es immer noch sein, daß die Maxima in den Adsorptionswärmen durch noch weniger grundsätzliche Zusatzeffekte bedingt sind, die wir heute noch nicht übersehen. Bevor die Frage experimentell weiter untersucht ist, wird man vielleicht gut daran tun, von dieser merkwürdigen Erscheinung abzusehen und zu untersuchen, was uns die Adsorptionswärmemessungen sonst für die heterogene Katalyse gelehrt haben.

Wesentlich sind da zunächst die *Zahlenwerte* der Adsorptionswärmen. Wenn wir von Fällen reiner Dipoladsorption absehen, bei denen Wärmeeffekte wenig oberhalb von Verdampfungswärmen erreicht werden (s. S. 137), so stellen wir fest, daß gerade für die Adsorption von Gasen an katalytisch aktiven Adsorbentien Werte von der *Größenordnung chemischer Reaktionswärmen* auftreten. Wir stellen in der Tabelle einige davon zusammen:

Gas	Adsorbens	λ in kcal	Beobachter
H_2	Cu	9,6	BEEBE und TAYLOR (273)
H_2	Cu	20	TAYLOR und KISTIAKOWSKY (266)
H_2	Cu	11,3	TAYLOR (274)
CO	Cu	30 ÷ 35	BEEBE (275)
CO	Cu	10	TAYLOR und KISTIAKOWSKY (266)
NH_3	Cu	7	DEW und TAYLOR (276)
C_2H_4	Cu	16	TAYLOR (274)
C_2H_6	Cu	11	TAYLOR (274)
C_2H_5OH	Cu	14	HOOVER und RIDEAL (243)
H_2	Ni	20,6	BEEBE und TAYLOR (273)
H_2	Ni	15	DEW und TAYLOR (276)
NH_3	Ni	11,3	DEW und TAYLOR (276)
NH_3	Fe	16	DEW und TAYLOR (276)
NH_3	Fe	18	TAYLOR (274)
H_2	Pt	über 30	TAYLOR (274)
O_2	Pt	bis 100	TAYLOR (274)
O_2	C	70 ÷ 115 (hohe Temp.)	GARNER und MCKIE (277)
O_2	C	20 ÷ 40 (tiefe „)	WARD und RIDEAL (278)

Aus der Größe dieser Werte kann man entnehmen, daß die Adsorption in diesen Fällen ihrer Natur nach eine echte *chemische Bindung* ist, z. B. dürfte die Bindung von CO an Kupfer von derselben Natur sein wie die von CO an Nickel im Nickelcarbonyl, d. h. eine homöopolare Bindung, die durch die spezifische Wechselwirkungsenergie (wellenmechanische Resonanz) der beteiligten Atomsysteme zustande kommt. Wir werden noch sehen, daß gerade diese Gleichsetzung der katalytisch wirksamen Adsorption mit der echten chemischen Bindung für die energetische Deutung der Reaktionsbeschleunigung sich als äußerst fruchtbar erweist.

Der Unterschied zwischen einer solchen Adsorption und einer „chemischen Verbindung" ist lediglich ein konventioneller. Wenn die verbundenen Atome sich vom Gitter, z. B. des Metalls, lösen und eine abgeschlossene Molekel [$Ni(CO)_4$] bilden können, pflegen wir von „Verbindungen" zu sprechen, weil nämlich in diesen Fällen das Gesetz der konstanten Proportionen gilt. Wenn aber das Metallatom (Cu) noch teilweise an das Metallgitter gebunden bleibt (die Überlegung gilt natürlich für andere Gitter mit anderen Bausteinen ebenso), so ist von einer stöchiometrischen Festlegung des Verbindungsverhältnisses offenbar keine Rede mehr, da dieses von der Oberflächenentwicklung des Adsorbens abhängt. Jetzt spricht man von Adsorption (über „Chemosorption" s. S. 135). Man kann aber ebensogut von einer „*Oberflächenverbindung*" sprechen. Die Frage, ob der Deutung der heterogenen Katalyse durch Adsorption oder der durch Zwischenverbindungen der Vorzug zu geben sei, wird von diesem Standpunkt aus gegenstandslos, da beides wesentlich dasselbe bedeutet, soweit chemisch wirksame Adsorption in Frage kommt. Auch der heuristische Nutzen der Vorstellung der Zwischenverbindungen, den NEUMANN (279) als ihren großen Vorteil ansieht, ist der Adsorptionsauffassung in der gekennzeichneten Form nicht unzugänglich, da ja die Frage, *ob* eine bestimmte Oberflächenverbindung zu erwarten ist, doch auch nach ihr eine Frage des „chemischen Gefühls" bleibt. Nur erweitert sie die chemischen Möglichkeiten um eine Anzahl von Verbindungen, die außerhalb der Oberfläche nicht isolierbar sind. Die Isolierbarkeit gibt aber nach OSTWALD (s. S. 54) kein Argument für oder gegen die katalytische Rolle einer Zwischenverbindung.

Die zweite wichtige Aussage ist die, daß die Adsorptionswärmen an wirksamen Katalysatoren fast immer *mit steigender Belegungsdichte fallen*. Wir haben darin eine Bestätigung dessen gesehen, was wir bereits aus Erfahrungen über Adsorptionsisothermen geschlossen hatten, nämlich, daß die Oberfläche aus energetisch verschiedenen Bezirken abgestufter Adsorptionswärme besteht. Gerade die Variabilität der Adsorptionswärmen bildet für TAYLOR (280, 281) die direkte experimentelle Stütze seiner Theorie der „aktiven Zentren" (s. S. 193ff.) auf der Katalysatoroberfläche, einer Theorie, die er ursprünglich vor allem aus rein katalytisch-chemischen und kinetischen Befunden erschlossen hat. Diese Argumente, deren Beweiskraft allein schon bedeutend ist, werden wir noch kennenlernen[1].

[1] Es wird neuerdings von SAUTER (229) der Versuch gemacht, diese Theorie rückgängig zu machen. Die Argumentation ist etwa folgende: An einer Kohle,

Qualitativ können wir also die Tatsache der energetischen Differenziertheit der Oberflächen als zweite Aussage der Adsorptionswärmen buchen. *Quantitativ* könnten wir aus solchen Messungen grundsätzlich die energetische Struktur der Oberfläche völlig entnehmen [ein Beispiel s. bei TAYLOR (274) und S. 195] und darüber hinaus die ersten Adsorptionswärmen der Reaktionsteilnehmer, die in die energetischen Bedingungen der Reaktion an den aktiven Stellen eingehen, direkt messen. Leider ist diese Möglichkeit, die außerordentlich wichtig wäre (s. S. 166) vorderhand mehr prinzipiell als praktisch vorhanden. Teils ist der Abfall der ersten Adsorptionswärmen so steil, daß die Extrapolation zu unsicher wird, teils weisen gerade sie die besprochenen ungeklärten Anomalien auf, und schließlich sind die Temperaturen, unter denen wir Adsorptionen messen, meist völlig andere als die der katalytischen Reaktionen [s. dazu auch TAYLOR (274)]. Solange diese Schwierigkeiten bestehen, sind die an der Bruttooberfläche gewonnenen Ergebnisse der Adsorptionsmessungen nur mit Vorsicht auf den katalytisch wirkenden Bruchteil dieser Fläche übertragbar und zu dessen Kennzeichnung die Ergebnisse von Versuchen, die sich direkt auf ihn beziehen, also kinetische Messungen, einstweilen noch aufschlußreicher. Es geht nicht an [wie SAUTER (229) will], ihre Aussagen abzuleugnen, weil sie noch keine kalorimetrischen Analoga besitzen.

Wir werden nunmehr, von einem ganz bestimmten Bilde von der Adsorptionsschicht aus, an die Betrachtung der chemischen Vorgänge selbst in ihr gehen, insbesondere der katalytischen Kinetik.

Kinetik heterogener Katalysen.

Wie wir bereits auf S. 134 grundsätzlich ersehen haben, besteht der Ablauf einer heterogenen Katalyse aus mindestens drei Stufen: Der Diffusion der Ausgangsstoffe zum Katalysator hin, der chemischen

---

an der die erste Adsorption von Kohlendioxyd Abweichungen vom Verteilungssatz und eine von 20÷30 kcal aus fallende Wärmetönung ergeben hatte, konnten MAGNUS, SAUTER und KRATZ (282) durch gründliche Reinigung des Materials ein lineares Anlaufen der Isotherme erzielen und die erste Adsorptionswärme auf den Wert von 7,5 kcal drücken. Die vorher aufgetretenen Abweichungen sind darauf zurückzuführen, daß die Kohle Spuren von Alkali- oder Erdalkalioxyden enthalten hatte, deren lebhafter und stark wärmegetönter Übergang in Carbonate als „erste Adsorption" gemessen worden war. Aus diesem Experiment schließt SAUTER, daß der Anstieg der Adsorptionswärme mit fallender Belegung an Katalysatoren ebenfalls immer nur vorgetäuscht sei und die kinetische Auszeichnung der „aktiven Zentren" daher nicht wesentlich auf ihrer energetischen Auszeichnung beruhe. Das Bedenkliche dieser Verallgemeinerung liegt natürlich in der Annahme, daß die Verunreinigung einer Kohle und die Homogeneität ihrer Oberfläche nach Reinigung auch für jedes andere Adsorbens und jeden Katalysator die Anwesenheit von hohe Adsorptionswärmen vortäuschenden Verunreinigungen beweise. Nach dieser Ansicht soll die größere Geschwindigkeit der Reaktion an den aktiven Stellen nicht in ihrer Energie, sondern in der größeren Lebensdauer des Adsorbats auf ihnen liegen. Das bedeutet aber nichts anderes, als ein größeres b, und HERZFELD hat ja gezeigt (s. S. 152), daß die Unterschiede in b bei gleicher Energie nur recht gering sein können. Abgesehen davon ist die Annahme einer prinzipiell vollkommen aktiven Oberfläche mit experimentellen Tatsachenkomplexen heute nicht mehr vereinbar, wie im einzelnen noch klar werden wird.

Umwandlung an diesem und endlich der Wegdiffusion der Reaktionsprodukte vom Katalysator weg. Hierzu kommt nun nach unserer Kenntnis der Adsorptionsvorgänge noch die Bildung der Adsorptionsverbindung Katalysator—Ausgangsstoff nach vollzogener Diffusion bzw. die Zersetzung der Verbindung Katalysator—Endstoff, die der Wegdiffusion des Endstoffes vorhergehen muß. Wie wir schon auseinandersetzten, ist von diesen fünf Vorgängen, wenn sie nicht zufällig ähnliche Geschwindigkeiten aufweisen, immer der langsamste geschwindigkeitsbestimmend, da sie ja alle nacheinander verlaufen (Folgereaktionen). Nach FRANKENBURGER (283) ist die Unterscheidung dieser fünf Möglichkeiten der Geschwindigkeitsbestimmung je nach der Reaktionsordnung und dem Temperaturkoeffizienten, die erste Aufgabe der katalytischen Kinetik.

Wenn nämlich die *Hindiffusion* zum Kontakt den gemessenen Vorgang darstellt, so muß der Temperaturkoeffizient, entsprechend dem aller Diffusionsvorgänge in Gasen oder Lösungen, *klein*, die Geschwindigkeit aber der Gas(Lösungs-)konzentration proportional, also von *erster* Ordnung sein. Bestimmt dagegen die *Bildung des Adsorptionskomplexes* in der Oberfläche die Geschwindigkeit, so gilt für die Ordnung das *gleiche*, der Temperaturkoeffizient aber soll nach FRANKENBURGER der einer chemischen Reaktion, also *groß*, sein. Wenn wir, wie oben, aber die Adsorption als mit der Verbindungsbildung identisch ansehen, so zeigt die Gleichung für diesen Vorgang nach S. 140, daß er erstens fast *ohne* Temperaturabhängigkeit (d. i. ohne Aktivierungswärme) verläuft, zweitens aber, wie der Zahlenwert für k_1 bei normal vorkommenden Molekeln und Temperaturen zeigt, unmeßbar *rasch* ist. Man darf diesen Fall daher wohl ausschließen oder doch als Grenzfall des nächsten ansehen, in dem nämlich das Adsorptionsgleichgewicht stets vorgelagert und eingestellt ist, das Adsorbat also als ARRHENIUSscher Zwischenkörper (s. S. 54) fungiert. Dann wird die Ordnung normalerweise ebenfalls die *erste* (s. jedoch später) und der Temperaturkoeffizient der normal *große* chemischer Vorgänge, nämlich der *Umwandlung des Adsorbats*, sein. Anders wird das Bild, wenn Vorgänge des *Abtransports*, entweder die Desorption (Zerfall der Verbindung Katalysator—Endstoff) oder die Wegdiffusion bestimmend werden. Dann soll die Ordnung die *nullte* oder *reziproke erste* werden können, während sich beide Fälle voneinander wieder durch den Temperaturkoeffizienten in der bereits angedeuteten Weise unterscheiden.

Besonders bezeichnend für diese letzten beiden Fälle ist das Verhalten gegen Änderungen der *Strömungsgeschwindigkeit*. Ihre Erhöhung bedeutet nämlich eine beschleunigte Abfuhr der Reaktionsprodukte und damit eine Reaktionsbeschleunigung.

Was zunächst die *Diffusionsvorgänge* zum und vom Katalysator angeht, so sind diese tatsächlich in vielen praktischen Fällen bestimmend für die Geschwindigkeit. Besonders bei technischen Katalysen, wo große Umsätze in der Zeiteinheit bewältigt werden sollen, ist die Strömungsgeschwindigkeit, die das Reaktionsgut zum Kontakt bzw. das Produkt von ihm weg fördert, oft der limitierende Einfluß. Dasselbe gilt auch im allgemeinen für die *heterogene Katalyse in Lösungen*, wo die Diffusion ja viel langsamer verläuft als im Gas. Hier können wir fast durchweg annehmen, daß die eigentliche Umwandlung am Katalysator so rasch geht, daß die *Hindiffusion* des Substrats zu ihm die Geschwindigkeit bestimmt. Diese Diffusion gleicht einem Vorgang erster Ordnung. Es gilt also hier [s. z. B. BREDIG und TELETOW (284)] die Theorie, die von NERNST, BRUNNER und NOYES (vgl. Lehrbücher) für die Auflösung fester Stoffe ausgearbeitet wurde.

Bei Gasreaktionen indessen ist es immer möglich, durch geeignete Versuchsanordnung, wie statische Messung unter günstigen Strömungs- oder Konvektionsverhältnissen (HINSHELWOOD, DOHSE), oder unter sehr geringen Drucken (LANGMUIR, SCHWAB-PIETSCH, CASSEL-GLÜCKAUF) den Einfluß der Transportvorgänge auszuschalten und den Vorgang an der Grenzfläche selbst zu messen. [Man glaubte lange [BODENSTEIN und FINK (285)], daß auch dieser noch ein Diffusionsphänomen *durch eine adsorbierte Gashaut* sei; jedoch ist diese Theorie seit der Erkenntnis von der Unimolekularität der katalytischen Adsorption nicht mehr haltbar; vgl. BODENSTEIN (286).]

Hinsichtlich der Geschwindigkeitsbestimmung durch den *Desorptionsvorgang* ist noch ein Wort zu sagen. Es ist nämlich notwendig eine langsame Desorption mit einer Aufstauung des Reaktionsprodukts in der Oberfläche verbunden. Dadurch wird aber, da die Adsorptionsschicht unimolekular ist, allmählich die ganze Oberfläche bedeckt werden und damit die Reaktion selbst, die ja nicht an der produktbedeckten, sondern der noch freien Oberfläche vor sich gehen muß, schließlich der langsamste Vorgang werden; erst dann sind stationäre Verhältnisse erreicht. Die Geschwindigkeitsbestimmung durch Desorption, die FRANKENBURGER (l. c. 283) von der Blockierung der Oberfläche scheidet, ist demnach im *stationären* Zustand mit ihr identisch.

Zur Behandlung der katalytischen Kinetik im Sinne der vorhergehenden Ausführungen soll daher immer *Adsorptionsgleichgewicht* für alle im Gasraum vorhandenen Ausgangs- und Endstoffe *vorausgesetzt* werden und dann die Geschwindigkeit der Reaktion in der zweidimensionalen Phase nach üblichen Methoden angesetzt werden. Sie erscheint so als Funktion der Gaskonzentrationen, und alle Hemmungs- und Beschleunigungseffekte, die im strömenden System durch Änderungen der Strömungsgeschwindigkeit bewirkt werden, wirken sich nur insofern aus, als sie eben die Konzentrationen im Gasraum ändern.

Wir betrachten nunmehr verschiedene denkmögliche Fälle, wie sie in letzter Zeit von verschiedenen Seiten, insbesondere von LANGMUIR, HINSHELWOOD und anderen, studiert worden sind. Zunächst wollen wir einfache Zerfallsreaktionen, also Reaktionen nur eines Ausgangsstoffes, behandeln.

I. Reaktionen mit einem Ausgangsstoff.

1. **Keine Hemmung,** d. h. die Adsorption der Reaktionsprodukte fehlt, wenigstens an den Bezirken der Oberfläche, die den Umsatz

katalysieren. Die Reaktionsgeschwindigkeit ist dann einfach der adsorbierten Menge bzw. Belegungsdichte des Ausgangsstoffs proportional. Je nach der Stärke der Adsorption im Meßbereich haben wir drei Fälle:

a) Schwache Adsorption. Nach S. 141 lautet die Isotherme

$$\sigma = bp,$$

und daher

$$\frac{dx}{dt} = k'\sigma = k'bp = kp,$$

d. h. die Reaktion verläuft einfach nach erster Ordnung. Hierher gehört der Zerfall der Hydride, wie AsH_3, PH_3, JH an Platin, SeH_2, CH_4, sowie der Zerfall von N_2O an Au. [Literatur s. SCHWAB (257).]

b) Mittelstarke Adsorption. Die explizite LANGMUIRsche Isotherme ist zu berücksichtigen:

$$\frac{dx}{dt} = k'\sigma = \frac{kp}{1 + bp},$$

Annäherungsweise läßt sich diese Form („gebrochene Ordnung") auch wiedergeben durch:

$$\frac{dx}{dt} = k \cdot p^n,$$

entsprechend der FREUNDLICHschen Isotherme (s. S. 146), wie dies STOCK und BODENSTEIN (287) am Zerfall des SbH_3 getan haben.

c) Starke Adsorption: Die Oberfläche ist bei jedem vorkommenden Druck gesättigt.

$$\frac{dx}{dt} = k'\sigma; \qquad \sigma = 1; \qquad \text{(s. S. 141)}$$

$$\frac{dx}{dt} = k'.$$

Dieser Fall, der sehr charakteristisch für die Adsorptionskatalyse ist, bedeutet Unabhängigkeit der Reaktionsgeschwindigkeit von der Konzentration, also „nullte Ordnung". Die Zersetzung von HJ an Au (288) ist ein recht genaues, die von NH_3 an W (289) ein weniger ideales Beispiel hierfür. Wichtig ist, daß fast alle heterogenen *Hydrierungen in Lösungen* diesem Gesetz gehorchen, was den Wasserstoffakzeptor angeht, da dieser meist in gesättigter Schicht am Kontakt adsorbiert ist. (Für den Wasserstoff gilt dort wohl erste Ordnung.)

2. **Hemmung.** Wie schon S. 156 angedeutet, tritt häufig der Fall ein, daß ein Reaktionsprodukt so langsam desorbiert wird, d. h. nach S. 139f. so stark adsorbiert wird, daß es einen Teil der katalytisch wirksamen Oberfläche im Gleichgewicht besetzt und so der Reaktion entzieht. Die Endstoffe der Reaktion wirken hier analog den Kontaktgiften (s. S. 186ff.).

a) Ein Gas (Index A) wird *schwach*, das *Produkt* (Index B) *mittelstark* adsorbiert. Die von B *freigelassene* Fläche ist:

$$1 - \sigma_B = \frac{1}{1 + b_B p_B};$$

an dieser Fläche wird A, weil es nur schwach adsorbierbar ist, erstens linear, zweitens, ohne durch Verdrängung $1 - \sigma_B$ zu verändern, adsorbiert gemäß

$$\sigma_A = b_A(1 - \sigma_B)p_A = \frac{b_A p_A}{1 + b_B p_B}$$

und

$$\frac{dx}{dt} = \frac{k \cdot p_A}{1 + b_B p_B}.$$

Am Zerfall des N_2O an Platin haben HINSHELWOOD und PRICHARD (290) diese Gleichung recht genau verifiziert. Leider haben Untersuchungen bei sehr geringen Drucken von CASSEL und GLÜCKAUF (291) ein ganz anderes Ergebnis gezeitigt, das auf eine Mitwirkung sowie eine Hemmung *atomar* adsorbierten Sauerstoffs (B) hindeutet, während unveröffentlichte Messungen des Verfassers mit EBERLE mit beiden Formulierungen nicht vereinbar sind.

b) A wird *schwach*, B *stark*, d. h. fast bis zur Sättigung adsorbiert. Da nunmehr $b_B p_B \gg 1$ ist, braucht nur in der vorigen Gleichung der Summand 1 im Nenner weggelassen zu werden:

$$\frac{dx}{dt} = k \cdot \frac{p_A}{p_B},$$

d. h. die Geschwindigkeit ist nun dem Druck des Produkts *umgekehrt proportional*. Nach GREEN und HINSHELWOOD (292) entspricht der Zerfall von NO an Pt mit $B = O_2$ dieser Gleichung; jedoch ist nach BACHMANN und G. B. TAYLOR (293) zwar die Formulierung der Verdrängungshemmung richtig, aber der Zähler und damit die Reaktion bimolekular (ein gasförmiges NO stößt erfolgreich auf ein adsorbiertes). Der Zerfall des Ammoniaks an Pt gehorcht dagegen mit $B = H_2$ der abgeleiteten Gleichung streng zwischen 0,25 mm und 10 mm Druck [SCHWAB und SCHMIDT (294)], während bei größeren Drucken eine ungeklärte Komplikation (s. S. 216), bei kleineren eine zusätzliche Stickstoffhemmung auftritt (s. u.).

c) A *und* B werden *stark* adsorbiert. Hier haben wir die Gemisch-Isotherme von S. 143 anzuwenden, nur daß im Gebiet starker Adsorption noch der Summand 1 entfällt. Wir erhalten so:

$$\frac{dx}{dt} = \frac{k \cdot p_A}{b_A p_A + b_B p_B}.$$

Nach CONSTABLE (295, 296) ist dies die Geschwindigkeitsgleichung der Alkoholdehydrierung an Cu.

d) A wird *schwach*, *zwei* Reaktionsprodukte B *und* C *stark* adsorbiert:

$$\frac{dx}{dt} = \frac{k \cdot p_A}{b_B p_B + b_C p_C}.$$

Nach dieser Gleichung zerfällt Ammoniak [SCHWAB (297)] an Platin bei Drucken unterhalb 0,25 mm, wo H_2 und N_2 hemmen.

II. Reaktion zweier Ausgangsstoffe.

Es sollen nun noch die wichtigsten Möglichkeiten bei einer Reaktion zweier Ausgangsstoffe miteinander behandelt werden.

1. **Keine Hemmung** durch die Reaktionsprodukte:

a) *Beide* Gase werden nur *schwach*, linear adsorbiert; die Reaktionsgeschwindigkeit folgt einfach dem kinetischen Massenwirkungsgesetz, d. h. ist den mit den entsprechenden Exponenten versehenen Partialdrucken proportional. Hierher gehören die Knallgasreaktion an Porzellan, die Hydrierung des Äthylens an Kupfer bei hoher Temperatur, die Bromierung des Äthylens an Glas [Literatur bei SCHWAB (257)].

b) *Ein* Ausgangsstoff A wird *schwach*, der *andere* B *mittelstark* adsorbiert: Die B-freie Fläche ist, wie bei Fall I 2 a, von A proportional dessen Partialdruck bedeckt:

$$\sigma_A = \frac{b_A p_A}{1 + b_B p_B},$$

während

$$\sigma_B = \frac{b_B p_B}{1 + b_B p_B},$$

so daß im ganzen:

$$\frac{dx}{dt} = k' \sigma_A \sigma_B = \frac{k p_A p_B}{(1 + b_B p_B)^2},$$

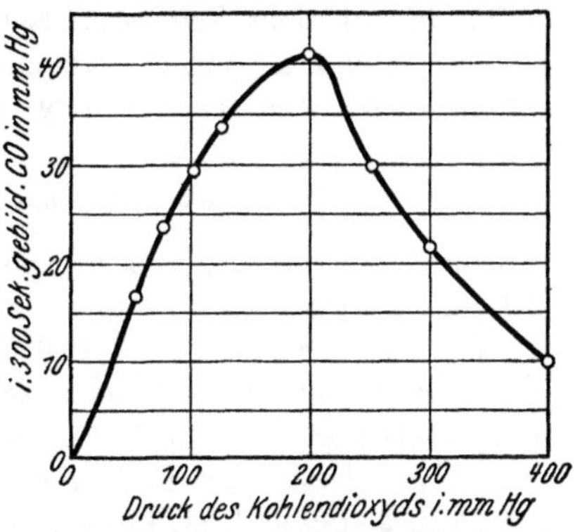

Fig. 30. Einfluß des Kohlendioxyddrucks auf die Geschwindigkeit der Reaktion $CO_2 + H_2 = CO + H_2O$ an Platin. $[H_2] = 100$ mm; $T = 1273°$. Nach HINSHELWOOD.

ein Ausdruck, der, wie ersichtlich, bei konstantem p_A für $p_B = b_B$ ein *Maximum* durchläuft. Fig. 30 zeigt diesen Verlauf für die Hydrierung des Kohlendioxyds mit Wasserstoff an Platin bei 100 mm Wasserstoff und variiertem CO_2-Druck nach HINSHELWOOD und PRICHARD (298). Ebenso verhält sich die Wasserbildung, die an geschmolzenem Schwefel unter Knallgas die Schwefelwasserstoffbildung begleitet [NORRISH und RIDEAL (299)].

c) Wenn in demselben Fall B bis fast zur *Sättigung* adsorbiert wird, also $b_B p_B \gg 1$, so vereinfacht sich die Gleichung zu:

$$\frac{dx}{dt} = \frac{k p_A}{p_B},$$

d. h. das Maximum ist jetzt nach unmeßbar kleinen Partialdrucken von B verschoben, *B hemmt seine eigene Reaktion* durchweg durch Verdrängung seines Partners. Das tut z. B. am Platin nach grundlegenden Untersuchungen LANGMUIRS (300) der Sauerstoff gegenüber Wasserstoff, sowie das Kohlenoxyd gegenüber Sauerstoff, wenigstens bis 700° abs. Noch eine Reihe anderer Katalysen [Literatur SCHWAB (257)] befolgen dies Gesetz.

d) Gehen wir zu höheren Temperaturen über, so wird das Gas mit dem geringeren Partialdruck *gar nicht mehr merklich* adsorbiert, sondern *stößt* mit einer Häufigkeit, die proportional seinem Partialdruck ist, auf eine *gesättigte Schicht* des Überschußgases, das demnach seinerseits die Geschwindigkeit unbeeinflußt läßt:

$$\frac{dx}{dt} = k p_A \quad \text{bzw.} \quad k p_B.$$

Oberhalb 700° zeigen die beiden LANGMUIRschen Reaktionen dieses Verhalten.

2. **Hemmung durch die Reaktionsprodukte.** Der einzige hierher gehörige Fall ist die *Synthese des* SO_3 *am Platin*, also die Kontaktschwefelsäurereaktion. Sie ist auch zugleich eines der schwierigsten Probleme heterogener Kinetik. Nach den Messungen von BODENSTEIN und FINK (285) befolgt sie ein Gesetz, das bei Schwefeldioxyd: Sauerstoff > 1,5 lautet:

$$\frac{dx}{dt} = \frac{k \cdot p_{O_2}}{\sqrt{p_{SO_3}}} \quad \text{bzw.} \quad \frac{k \cdot p_{O_2}}{1 + b\, p_{SO_3}},$$

während bei mehr Sauerstoff SO_2 statt O_2 in den Zähler tritt.

Die Annahme einer einfachen *Adsorptionsverdrängung* würde ein *ganz anderes Verhalten* verlangen, nämlich

$$\frac{dx}{dt} = \frac{k\, p_{SO_2}\, p_{O_2}}{1 + b_1 p_{SO_2} + b_2 p_{O_2} + b_3 p_{SO_3}},$$

wo höchstens der eine oder andere Summand im Nenner wegen seiner Kleinheit wegfallen könnte.

Die alte Deutung von BODENSTEIN und FINK (l. c.), wonach SO_3 die Oberfläche durch eine *vielmolekulare* Schicht, deren Dicke proportional $\sqrt{p_{SO_3}}$ ist, bedeckt und der geschwindigkeitsbestimmende Vorgang jeweils die *Diffusion* des langsamer diffundierenden Gases durch diese Schicht ist, hat dagegen eine *völlig befriedigende* Darstellung ergeben, zumal das Konzentrationsverhältnis 1,5, bei dem der Übergang von einer Gleichung zur anderen erfolgt, tatsächlich etwa dem *Verhältnis der Diffusionskoeffizienten* von O_2 und SO_2 entspricht.

Auf Grund der Erkenntnis von dem unimolekularen Charakter der Adsorptionsschichten schien diese Auffassung indessen unhaltbar geworden zu sein. Erst neuerdings gelang es BODENSTEIN (286), sie innerhalb der zweidimensionalen Oberflächenschicht zu rehabilitieren, indem er sich vorstellt, daß die unentbehrliche Diffusion nicht *zur*, sondern *in* der Oberfläche zu den aktiven Stellen hin erfolgt. Insbesondere, wenn diese nach SCHWAB und PIETSCH (252) die linearen Umgrenzungen von inaktiven Oberflächenteilen bilden, ist diese Auffassung recht befriedigend [über eine notwendige Modifizierung s. SCHWAB und PIETSCH (252)[1]].

In fast allen bisher behandelten Fällen, mit Ausnahme dieses letzten, und vielleicht der Reaktionen von Kohlenoxyd und Wasserstoff mit Sauerstoff an Platin (s. S. 159), über die noch auf die Darstellung bei EUCKEN (301) verwiesen sei, hat sich die Auffassung des Adsorbats als ARRHENIUSschen Zwischenkörpers, wonach also die *Adsorptionsgleichgewichte* stets eingestellt bleiben und die Umwandlung die Reaktion bestimmt, als völlig ausreichend erwiesen. Daß damit die andere Auffassung, die der geschwindigkeitsbestimmenden Adsorption, also der Reaktion bei einem *aliquoten Teil der Stöße* aus der Gasphase, *nicht* widerlegt ist, ist indessen ebenso wahr wie bei homogenen Reaktionen (s. S. 54). SCHWAB und PIETSCH (252) zeigen dies noch besonders. In

[1] Fortsetzung der Zusammenstellung der Geschwindigkeitsgleichungen auf S. 162.

der Tat ist diese Behandlungsform von verschiedenen Seiten mit Erfolg auf katalytische Fragen angewandt worden, insbesondere von CONSTABLE (302, 296, 295). Die in seinen Gleichungen auftretende „Verweilzeit des Adsorbats an den aktiven Stellen" ist indessen rechnerisch völlig gleichbedeutend mit unserem Adsorptionskoeffizienten b. Der Unterschied besteht darin, daß CONSTABLE einen Platzaustausch der adsorbierten Molekeln nur über den Gasraum, wir hier auch *innerhalb* der Oberfläche, gemäß VOLMER, zulassen.

Daß der Ansatz einer im Gleichgewicht befindlichen Adsorptionsschicht indessen nicht nur keine Einbuße an Anschaulichkeit bedeutet [wie SAUTER (229, S. 68) meint], sondern sogar in einer recht typischen Reihe von Fällen der *Wirklichkeit völlig entspricht*, hat neuerdings DOHSE in schönen Arbeiten (303; teilweise mit KÄLBERER) *direkt bewiesen*. Er hat den *Zerfall von Alkoholen in Olefin und Wasser* an der Oberfläche von *Aluminiumoxyd* kinetisch verfolgt. Die Geschwindigkeit fällt mit fortschreitendem Umsatz ab, jedoch nicht, weil sie dem Alkoholdruck proportional wäre, sondern weil das entstandene *Wasser* eine *Hemmung* durch Verdrängung ausübt. Entfernt man den Wasserdampf mit BaO laufend aus der Gasphase, so resultiert streng nullte Ordnung. Nach unserer Auffassung (S. 157) würde das Fall I 1 c, also das Abreagieren einer stets gesättigt bleibenden Adsorptionsschicht von Alkohol bedeuten.

Es muß nun gelingen, diese Ansicht zu beweisen, indem man die *Wiederherstellung der Sättigung verhindert*. Das ist möglich, weil die Adsorption so stark ist, daß auch noch bei sehr geringen Drucken die Schicht gesättigt bleibt, wie festgestellt wurde. Pumpt man also über der gesättigten Schicht den restlichen Dampf ab, so erhält man die Adsorptionsschicht sozusagen in Reinkultur, ohne die Möglichkeit von Stößen aus dem Gasraum auf diese. Das Abreagieren solcher Schichten wurde nun durch Druckmessung des entwickelten Olefins verfolgt. Es zeigt sich, daß die Reaktion nunmehr nach *erster Ordnung* verläuft, d. h. die Adsorptionsschicht als solche reagiert jetzt tatsächlich *proportional ihrer Belegungsdichte* ab, gemäß:

$$\frac{dx}{dt} = -\frac{d\sigma}{dt} = k'\sigma .$$

Diese Beobachtungen konnten mit ganz gleichem Resultat für Iso-propyl-, n-Propyl-, n-Butyl-, sekundären Butyl- und tertiären Butylalkohol, außerdem auch für die Reaktion

$$CH_2O \rightarrow CO + H_2$$

an Zinkoxyd durchgeführt werden. Damit ist der Zerfall der im vorgelagerten Gleichgewicht stehenden Adsorptionsschicht direkt erwiesen, und man wird gut tun, solange sich keine Widersprüche ergeben, ihn allgemein anzunehmen. Es kann allerdings sein, daß gegenteilige Fälle einmal beobachtet werden, jedoch ist dies nach S. 155 für normale Verhältnisse wenig wahrscheinlich.

Es muß nun noch eine Gruppe von Geschwindigkeitsgleichungen nachgetragen werden, die nur durch eine neue *Zusatzvorstellung* verständlich sind. Es handelt sich nämlich um

III. Reaktionen zwischen zwei Gasen, die *beide adsorbiert* werden, *ohne sich gegenseitig zu verdrängen.*

Es seien hier nur die Fälle herausgegriffen, die ganz einwandfrei untersucht sind und keinerlei andere Deutung zulassen als die angeführte. Die betreffende Geschwindigkeitsgleichung lautet bei beiderseitiger mittelstarker Adsorption:

$$\frac{dx}{dt} = \frac{k p_A}{1 + b_A p_A} \cdot \frac{p_B}{1 + b_B p_B}.$$

Es sind dies die Reaktionen:

$H_2 + N_2O = H_2O + N_2$ an Gold [Hutchinson und Hinshelwood (304)]
und $H_2 + CO_2 = H_2O + CO$ an Wolfram [Hinshelwood und Prichard (305)].

Bei der zweiten Reaktion findet bei sehr hohen Drucken eine geringe gegenseitige Verdrängung statt.

Es bleibt hier nur übrig anzunehmen, daß der Katalysator aus *zwei verschiedenen Flächenarten* zusammengesetzt ist, deren *jede nur eins* der beiden Gase adsorbiert und an deren gemeinsamer *Grenze* dann die Reaktion gemäß dem Produkt der beiderseitigen „zweidimensionalen Konzentrationen“ vor sich geht.

Noch eine ganze Anzahl von Reaktionen lassen sich als Grenzfälle dieser Gleichung verstehen [Literatur Schwab (257)], jedoch sind sie alle nicht so gut studiert und so eindeutig, wie die zwei erwähnten.

Wir sind hier an einem sehr wichtigen Punkt angelangt. Nicht nur muß man hier schließen, daß für eine Reaktion zwei verschiedenartige Flächenarten am einheitlichen Metall wirksam sind, es liegen vielmehr auch kinetische Anzeichen dafür vor, daß ein und derselbe Katalysator auch *verschiedenen Reaktionen gegenüber* nicht immer mit *derselben Art* von Teilflächen wirksam ist.

Bezeichnend ist das Beispiel des *Platins.* Wir sahen, daß der Zerfall des *Ammoniaks* (s. S. 158) an diesem Metall bei *niedrigen* Drucken an einer Fläche verläuft, die Wasserstoff *und* Stickstoff gemeinsam bis fast zur Sättigung adsorbiert enthält, daß derselbe Zerfall aber bei *mittleren* Drucken an einer Fläche verläuft, die *nur* noch Wasserstoff adsorbiert. Die erstgenannte Flächenart fällt also für den Zerfall bei mittleren Drucken ganz weg, weil sie schon völlig blockiert ist, während die zu zweit genannte bei niederen Drucken verschwindet, weil sie zu wenig wirksam ist.

Beide Flächenarten sind dagegen als *unwirksam* zu betrachten in denjenigen von Platin katalysierten Reaktionen, bei denen Wasserstoff auftritt, *ohne* erheblich adsorbiert zu werden, wie beim HJ-Zerfall [Hinshelwood und Burk (306)], der Kohlendioxydreduktion (s. S. 159), der Knallgasreaktion (s. S. 159), der Stickoxydulreduktion [Hinshelwood (307)].

So ergeben sich eine Anzahl von Fällen (die eine weitere Entwicklung noch vermehren dürfte), in denen aus der *vergleichenden Reaktionskinetik* dasselbe hervorgeht, was wir bereits aus dem Verlauf der Adsorption und ihrer Wärmetönung geschlossen haben: daß nämlich die katalytischen Oberflächen *nicht in sich homogen* sind, sondern aus unter sich verschiedenen Flächenarten bestehen. Die Erscheinungen der Vergiftung (s. S. 186) und der selektiven Katalyse (s. S. 181) werden uns noch weitere Hinweise in dieser Richtung liefern.

Während die Adsorptionsmessungen indessen nur diese Tatsache auszusprechen erlaubten, geben die kinetischen Messungen noch einen *genaueren* Aufschluß: Daß nämlich für jede einzelne Reaktion die *wirksamen* Flächenteile (Stellen) *unter sich gleichartige* Eigenschaften haben. Dies geht daraus hervor, daß wir jeweils eine Reaktion in ihrem ganzen Ablauf bei veränderter Belegungsdichte durch *ein* konstantes b und *ein* konstantes k, also durch konstantes Adsorptionsvermögen und konstantes katalytisches Vermögen, darstellen konnten.

Wie dies auch bei einer stetigen Mannigfaltigkeit von Stellenarten zu verstehen ist, werden wir erst durch Betrachtung der Energieverhältnisse einsehen können (S. 196 ff.). Hier aber sei kurz auf einen Versuch hingewiesen, den man machen kann, um dieses Ergebnis der Kinetik *direkt* zu deuten. Es liegen nämlich neben den bereits besprochenen Reaktionen vom Typus III und neben den Erscheinungen an heterogenen Mischkatalysatoren (s. d.; S. 209) noch eine Anzahl von Beobachtungen vor, die es denkbar erscheinen lassen, daß die unter sich homogenen Gebiete, die katalytisch wirken, nicht Flächenteile sind, sondern deren *lineare Begrenzungen*, also etwa *Krystallkanten* und *Korngrenzen*. FELMAN und ADHIKARI (251) haben festgestellt, daß die *Vereinigung von Quecksilber mit Joddampf* nicht etwa an der ganzen Oberfläche eines Quecksilbertropfens erfolgt, sondern nachweislich nur an der Phasengrenzlinie Hg/HgJ_2 (von der übrigen Oberfläche verdampft Jod molekular). BENTON und EMMET (308) sowie LARSON und SMITH (309) finden, daß die *Knallgasvereinigung* an *Nickel* und *Kupfer* ebenfalls nicht an der Fläche, sondern nur an der Grenzlinie Metall/Metalloxyd stattfindet. Ebenso ist die katalytische *Zersetzung des Hydroperoxyds an Quecksilber*, die schöne Erscheinung der sog. „pulsierenden Katalyse", nach BREDIG und seinen Mitarbeitern (310) an den wachsenden und wieder verschwindenden Grenzlinien zwischen Quecksilber und seiner zerreißenden Peroxydhaut lokalisiert.

SCHWAB und PIETSCH (252) haben daher den Versuch unternommen, eine Auffassung zu prüfen, nach der *allgemein* die katalytischen Stellen solche Grenzlinien zwischen chemisch oder krystallographisch verschiedenen Flächenteilen sind. Insbesondere haben sie gezeigt, daß eine solche Auffassung den kinetischen Gleichungen, wie wir sie in diesem Abschnitt abgeleitet haben, nicht widerspricht, indem nämlich die Vorstellung einer „*Adlineation*" an „*aktiven Linien*" zu *denselben* Gleichungen führt wie die *Adsorption* an der *Fläche* nach LANGMUIR. Wir werden an späterer Stelle (s. S. 201) noch energetische Argumente zugunsten dieser Auffassung kennenlernen. Inwieweit eine somit *zulässige* Verallgemeinerung der eben erwähnten Befunde auch *gültig* ist [s. SAUTER (229)], das kann erst an Hand weiteren Materials wirklich entschieden werden.

Aktivierung des Substrats.

Wir sind bisher von der Vorstellung ausgegangen und haben sie reaktionskinetisch bestätigt gefunden, daß das Substrat einer Katalyse dadurch eine Vergrößerung seiner Umwandlungsbereitschaft erfährt, daß es am Katalysator adsorbiert wird. Worin nun diese *Veränderung des Substrats* gegenüber seinem freien Zustand besteht, ist bisher offen geblieben.

Es gibt grundsätzlich mehrere Wege, dieser Frage näherzukommen. Der nächstliegende scheint der zu sein, daß man direkt energetische Messungen an den Grenzflächenvorgängen macht und aus den insbesondere bei der *Adsorption* beobachtbaren Energieeffekten Rückschlüsse zu ziehen sucht. Wir sahen indessen, daß dieser direkte Weg wegen der Inhomogeneität der Katalysatorflächen leider meist nur qualitative Aufschlüsse liefern kann, weil er einen Durchschnitt von Stellen umgreift, von denen nur eine geringe Auswahl merklich katalysiert.

Der zweite Weg wäre also der, die Energieverhältnisse an *eben diesen* Stellen zu studieren. Leider ist er nur indirekt gangbar, indem nur das Studium der Geschwindigkeit selbst (in ihrer Abhängigkeit insbesondere von der Temperatur) Aufschlüsse über die jeweils kinetisch wirksamen Oberflächenteile allein gewähren kann. Immerhin verdanken wir diesem Wege bereits sehr viel. Der dritte Weg besteht darin, *anderweitige Tatsachen* der Physik und Chemie, neuerdings auch der theoretischen Physik, und neue Beobachtungen nicht kinetischer Art auf die Katalyse anzuwenden. Hier liegt das meiste noch in der Zukunft.

Temperaturkoeffizient und Aktivierungswärme.

Wir wollen zunächst den an zweiter Stelle genannten Weg besprechen, die *energetische Ausdeutung kinetischer Messungen* an der katalytischen Oberfläche. Für die homogene Reaktion im zweidimensionalen Gas der Adsorptionsschicht werden wir dieselben Gesetze annehmen dürfen wie bei homogenen Reaktionen in dreidimensionalen Gasen, nämlich die ARRHENIUSsche Gleichung:

$$k' = \text{const} \cdot e^{-q/RT},$$

wo q die Aktivierungswärme der Reaktion, const eine Konstante bedeutet, die bei bimolekularen Reaktionen die Stoßzahl, bei monomolekularen die Übergangswahrscheinlichkeit der aktivierten Molekel, außerdem noch Faktoren für die Freiheitsgrade (s. S. 8) enthält. Bei homogenen Gasreaktionen kann man heute in einigen wenigen Fällen den Wert von „const" einigermaßen theoretisch angeben; für heterogene Katalysen ist dies noch nicht möglich, wenn auch kein Grund vorliegt, daß er durch wesentlich andere Faktoren bestimmt ist. Daher kann die Aktivierungswärme *nicht* aus einer *einzelnen* k'-Messung entnommen werden, sondern nur aus der *differentiellen* Form der ARRHENIUSschen Gleichung, in der „const“ *eliminiert* ist:

$$\frac{d \ln k'}{dT} = \frac{q}{RT^2} \quad \text{bzw.} \quad \frac{d \ln k'}{d(1/T)} = \frac{-q}{R}.$$

Es ist daher die Bestimmung des *Temperaturkoeffizienten* die Quelle für die Bestimmung von q. Hierin unterscheiden sich die katalytischen Reaktionen nicht von den spontanen homogenen.

Es ist hier aber zu beachten, daß die Überlegung sich auf das k' bezieht, das nach S. 157 und S. 161 die Geschwindigkeit mit der *Adsorptionsdichte* verbindet. Gemessen wird aber gewöhnlich [eine Ausnahme s. DOHSE (303; s. S. 161)] die Konstante k, die die Geschwindigkeit auf den *Gasdruck* (Lösungskonzentration) bezieht. Deren Temperaturabhängigkeit darf nun *nicht* ohne weiteres für die Aktivierungswärme im Adsorbat ausgewertet werden. (Es wäre derselbe Fehler, wenn man bei einer Reaktion in Lösung nicht die Lösungskonzentration, sondern den Sättigungsdruck des *überstehenden Dampfes* des gelösten Stoffes zur Berechnung von k heranziehen und dann aus $d \ln k/d(1/T)$ etwa die Aktivierungswärme berechnen wollte. Man sieht leicht, daß diese dann durch die Temperaturabhängigkeit der Löslichkeit, also die *Lösungswärme*, gefälscht wäre.) Wir müssen also die verschiedenen Typen heterogener Katalysen erst auf die Bedeutung ihrer Temperaturkoeffizienten hin untersuchen.

Wir definieren dazu die „*scheinbare Aktivierungswärme*“ [HINSHELWOOD (12, S. 164)] q_s, die mit der Temperaturabhängigkeit des *gemessenen* k verknüpft ist durch:

$$\frac{d \ln k}{dT} = \frac{q_s}{RT^2}.$$

Es gibt nun *drei einfache Fälle*, in denen die Beziehung zwischen dem so gemessenen q_s und dem interessierenden q klarliegt.

Der erste ist unser Fall I 1 c, die *Reaktion nullter Ordnung*, wo zwischen Reaktionsgeschwindigkeit und Gasdruck Unabhängigkeit besteht, wo nämlich nach S. 157 gilt:

$$\frac{dx}{dt} = k'\sigma; \qquad \sigma = 1; \qquad \boldsymbol{k = k'}.$$

Hier wird dann

$$\boldsymbol{q = q_s},$$

d. h. die „wahre“ Aktivierungswärme direkt der Messung zugänglich. (Dies rührt daher, daß hier die Belegung, da immer gesättigt, nicht von der Temperatur abhängt.) Man kennt von diesem Typus z. B. die Aktivierungswärme des Ammoniakzerfalls an Wolfram (s. S. 157, 289) zu 39 kcal, und die des Jodwasserstoffzerfalls an Gold (s. S. 157, 288) zu 25 kcal. (Es ist bemerkenswert, daß im homogenen System die Aktivierungswärme der ersten Reaktion sicher über 90 kcal beträgt [sie ist so hoch, daß k unmeßbar klein ist], die der zweiten 44 kcal; es ist demnach eine *Erniedrigung* durch den Katalysator eingetreten, auf die wir noch zurückkommen.)

Wenn dagegen die Reaktion nach *erster Ordnung* verläuft (Fall I 1 a) (s. S. 157), so ist:

$$\frac{dx}{dt} = k'\sigma; \qquad \sigma = b p; \qquad \frac{dx}{dt} = k' b p; \qquad \boldsymbol{k = k' b}.$$

Jetzt ist die Belegungsdichte von der Temperatur abhängig und damit auch q von q_s verschieden. Und zwar gilt ja:

$$\frac{d \ln b}{dT} = \frac{-\lambda}{RT^2}$$

(differenziert aus der Gleichung S. 140). Damit wird:

$$\frac{d \ln k}{dT} = \frac{q_s}{RT^2} = \frac{d \ln k'}{dT} + \frac{d \ln b}{dT} = \frac{q}{RT^2} - \frac{\lambda}{RT^2},$$

$$\boldsymbol{q_s = q - \lambda}.$$

Die scheinbare Aktivierungswärme ist also in diesem Falle *um die Adsorptionswärme des Ausgangsstoffes vermindert* gegenüber der wahren. Damit verliert ein großer Teil aller gemessenen Aktivierungswärmen (bei erster Ordnung) ihre direkte Bedeutung. Die fraglichen ersten Adsorptionswärmen der Ausgangsstoffe sind nämlich wegen der erwähnten Gänge der Adsorptionswärme direkt vorläufig nicht faßbar. In günstigen Fällen können sie aber klein gegenüber der Aktivierungswärme selbst bleiben (s. weiter unten).

Eine theoretisch ähnlich definierte Aussage, wie hier, läßt sich drittens noch im Falle der *Hemmung durch ein stark adsorbiertes Reaktionsprodukt* [oder Gift; CONSTABLE (302)] machen. Hier (Fall I 2 b) gilt ja (s. S. 158)

$$\frac{dx}{dt} = k'\sigma; \qquad \sigma = \frac{b_A p_A}{b_B p_B}; \qquad \frac{dx}{dt} = k\frac{p_A}{p_B}; \qquad \boldsymbol{k = k' \frac{b_A}{b_B}}.$$

Dementsprechend wird hier

$$\frac{d \ln k}{dT} = \frac{q_s}{RT^2} = \frac{d \ln k'}{dT} + \frac{d \ln b_A}{dT} - \frac{d \ln b_B}{dT} = \frac{q}{RT^2} - \frac{\lambda_A}{RT^2} + \frac{\lambda_B}{RT^2}.$$

$$\boldsymbol{q_s = q - \lambda_A + \lambda_B}.$$

Hier tritt also eine *Vermehrung der scheinbaren Aktivierungswärme um die Adsorptionswärme des Reaktionsprodukts ein.* POLANYI (311) hat diesen Umstand, daß dessen Desorption einen Energieaufwand bedeutet, wenn man die Reaktion vom Gasraum aus betrachtet, bereits berücksichtigt. Die exakte Ableitung der drei behandelten Fälle stammt aber erst von HINSHELWOOD (12, S. 164).

Die Vermehrung der scheinbaren Aktivierungswärme bei Hemmung zeigt sich deutlich z. B. bei der Äthylenhydrierung an Kupfer [PEASE und HARRIS (312)], wo die Aktivierungswärme der gehemmten Reaktion 13,4 kcal beträgt, bei 100° aber, wo die Hemmung entfällt, nur noch 12,2 kcal und weniger. Für die *Bedeutung* der *gemessenen* Aktivierungswärmen gilt hier naturgemäß dieselbe Einschränkung wie im vorigen Falle. Es ist aber, wie gesagt, möglich, daß die Korrektur nicht sehr ins Gewicht fällt; so ist die scheinbare Aktivierungswärme der Ammoniakspaltung an verschiedenen Metallen, an denen sie teils *mit*, teils *ohne* Hemmung verläuft, *nicht* sehr verschieden:

Pt-W-Gemisch	Mo	Fe	Ni	W	Pt
35	36	40	40	42	44 kcal

[Messungen von HINSHELWOOD, BURK, KUNSMAN, SCHWAB-SCHMIDT, z. T. Mittelwerte, vgl. (294)].

(Möglicherweise liegt aber auch eine Kompensation von q und λ vor.)

Neuerdings ist ein Beispiel bekannt geworden, das die angegebenen Gesetzmäßigkeiten *direkt beweist*, indem die Differenz der wahren und der scheinbaren Aktivierungswärme mit der calorimetrisch gemessenen Adsorptionswärme des Reaktionsprodukts verglichen wird. Zugleich liegt hier einer der seltenen Fälle vor, wo eine Anwendung von Adsorptionsmessungen auf die katalytische Kinetik direkt und quantitativ möglich geworden ist. Es handelt sich um die schon S. 161 erwähnte *Zersetzung von Alkoholen an Tonerde*. DOHSE (303) hat ja, wie ausgeführt, einmal die durch Wasserdampf gehemmte Reaktion gemessen, andererseits durch ständige Entfernung des Wasserdampfs die ungehemmte, die nach nullter Ordnung verläuft. Ihre Aktivierungswärme ist beträchtlich erniedrigt und gleich der, die man auch aus dem Temperaturkoeffizienten des direkt beobachteten Abreagierens der Adsorptionsschicht (s. S. 161) erhält. Wir dürfen sie also mit Sicherheit als wahre Aktivierungswärme q ansprechen. Die Werte sind nach DOHSE:

Substrat	q_s gehemmt	q wahr	Differenz
n-Propylalkohol	41	28,5	12,5
i-Propylalkohol	39	26	13
n-Butylalkohol	44	28	16
sek. Butylalkohol	36	24	12
tert. Butylalkohol	—	20	—

Die Werte der letzten Spalte sollten der Theorie nach bei allen Alkoholen gleich der *Adsorptionswärme des Wassers* am Aluminiumoxyd sein. Tatsächlich liegen auch die von den Autoren kalorimetrisch gemessenen Werte für λ_{H_2O} zwischen 13 und 16 kcal. Die Übereinstimmung mit der letzten Spalte der Tabelle ist also so gut, wie man es bei der Schwankungsbreite direkter Adsorptionsmessungen erwarten darf.

In allen Fällen, wo die Reaktionsgeschwindigkeit nicht mehr durch einfache Potenzen der reagierenden Stoffe zu kennzeichnen ist, sondern die ausführliche LANGMUIRsche Isotherme heranzuziehen ist, bestehen so einfache Beziehungen zwischen Temperaturkoeffizient und Aktivierungswärme *nicht*. Während man in den drei einfachen Fällen statt der Konstanten k auch die Anfangsgeschwindigkeiten oder die Halbwertszeiten bei gleichem Anfangsdruck in die ARRHENIUSsche Gleichung einsetzen durfte (da die ersten k, die zweiten $1/k$ als einzigen temperaturabhängigen Faktor enthalten), ist das nunmehr nicht mehr möglich. Man überzeugt sich leicht, daß für Fälle wie I 1 b, I 2 a oder III die so erhaltenen sog. „*Brutto-Aktivierungswärmen*“ in Wahrheit sehr komplizierte und *inkonstante* Ausdrücke sein müssen, die Partialdrucke und Adsorptionskoeffizienten enthalten.

Hingegen besteht ja in diesen Fällen die Möglichkeit, durch exakte kinetische Messung die Konstanten k und b *getrennt* für jede Temperatur zu bestimmen und so Aktivierungswärme und Adsorptionswärme (letztere gleich für den aktiven Oberflächenbruchteil!) einzeln zu erhalten. Einen Ansatz in dieser Richtung haben CASSEL und GLÜCKAUF (291) gemacht, indem sie aus dem *Stickoxydulzerfall an Platin* die *Adsorptionswärme des Sauerstoffatoms* berechneten. Jedoch sind leider (s. S. 158) bei dieser Reaktion die kinetischen Verhältnisse noch nicht recht einheitlich.

Die Herabsetzung der Aktivierungswärme.

Die Bedeutung der gemäß dem vorigen Abschnitt erhältlichen Energiegrößen für das Problem der *Reaktionsbeschleunigung* mag aus folgenden Überlegungen hervorgehen:

In der Gleichung

$$k' = Z \cdot e^{-q/RT},$$

die allgemein eine chemische Reaktionsgeschwindigkeit angibt und deren Bedeutung zuletzt auf S. 164 besprochen wurde, sind es zunächst zwei Werte, die der Beeinflussung durch Katalyse unterliegen können: Z und q. Eine Erhöhung von Z, der Stoßzahl, etwa durch Adsorption, würde naturgemäß eine Beschleunigung der Reaktion in der Adsorptionsschicht bedeuten. So hat man denn auch, schon seit DÖBEREINER, oft die Wirkung der Katalysatoren in der *Verdichtung* der Substrate an ihrer Oberfläche gesehen. Eine einfache Überlegung zeigt aber nach POLANYI (311), daß dieser Einfluß *nicht* das Wesentliche trifft.

Nach S. 149 ist die Verdichtung durch Adsorption gegeben durch

$$\frac{N_{\text{ads}}}{N_{\text{Gas}}} = O \cdot v \cdot e^{\lambda/RT}.$$

Bei einer Oberfläche von 1 cm² pro cm³ und unimolekularer Schicht ist O zu 10^{-8} zu setzen (O muß das Verhältnis des Adsorptionsraumes — Fläche mal Schichtdicke 10^{-8} cm — zu dem Gasraum ausdrücken, da es ja eine reine Zahl sein muß). Der Faktor v ist, wie wir sahen (S. 151 f.) wenig veränderlich für verschiedene Zustände, also auch wohl für den Gaszustand, und kann daher gleich ~ 1 gesetzt werden. Bei einer Adsorptionswärme von 5 kcal, wie sie gewöhnliche Gase an Porzellan höchstens haben werden, und bei 900° abs. ist demnach

$$\frac{N_{\text{ads}}}{N_{\text{Gas}}} = 10^{-8} \cdot e^{5000/2900} = 10^{-6,8}.$$

Da der Adsorptionsraum 10^{-8} mal kleiner ist als der Gasraum, beträgt demnach die Verdichtung das $10^{1,2}$fache. Eine trimolekulare Reaktion wie die Knallgasvereinigung wird also, wenn nur die Stoßzahl in Betracht kommt, im Adsorptionsraum **$10^{3,6}$ mal** beschleunigt sein. Versuche von BODENSTEIN (313) zeigen aber, daß unter den gewählten Bedingungen die Beschleunigung durch Porzellan das **$10^{7,3}$fache** beträgt. Die bloße Erhöhung der Stoßzahl durch Verdichtung bleibt also hinter der katalytischen Wirkung um Zehnerpotenzen *zurück*. Bei anderen Reaktionen, die ohne Katalysator überhaupt nicht meßbar ablaufen, oder bei niedrigeren Temperaturen, ist das Mißverhältnis noch extremer.

So wird man dazu geführt, die wesentliche Wirkung der Katalysatoren in einer Veränderung von q zu sehen. Und zwar entspricht einer Erhöhung der Geschwindigkeit k' eine *Erniedrigung der Aktivierungswärme*. Eine Verringerung um **30 kcal** würde in unserem Beispiel dem empfindlichen Exponentialausdruck bereits in dem gefundenen Maße erhöhen.

Die nächste Frage ist nun, wie die Erniedrigung der Aktivierungswärme gegenüber der unkatalysierten Reaktion *physikalisch zu denken* ist. Zunächst ist es klar, daß die Adsorption *an sich* noch *keine* Aktivierung bedeutet, daß also nicht die Adsorptionswärme an sich der Anregung des Substrats dient. Sie wird ja als thermometrisch meßbare Wärme frei, das Adsorbat ist also auf alle Fälle *energieärmer* als das freie Gas (der gelöste Stoff). Dies gilt auch noch, wenn die eigentliche Arbeit der Adsorptionskräfte aufgespalten wird in eine freiwerdende Wärmemenge und eine Erhöhung der inneren Energie der Molekeln, wie dies TAYLOR und KISTIAKOWSKY (263) annehmen (vgl. S. 151). Auch dann ist zunächst der adsorbierte Zustand der energieärmere und die exotherme Adsorption nicht etwa mit einer Aktivierung *identisch*, worauf z. B. PALMER (314) hinweist. Dagegen wirkt die Adsorption dahin, daß das Adsorbat (nach TAYLOR unter Aufwand eines Teils der primären Adsorptionswärme) so verändert wird, daß in ihm ein *neuer*, weniger thermische Schwankungsenergie erfordernder aktivierter Zustand erreicht werden kann. Diese Schlußfolgerung, die zuerst POLANYI (311) ausdrücklich gezogen hat, wird anschaulich dargestellt durch folgendes *Bild der Energieniveaus* bzw. der bei der homogenen und der heterogenen Reaktion zu durchlaufenden Energiezustände (Fig. 31).

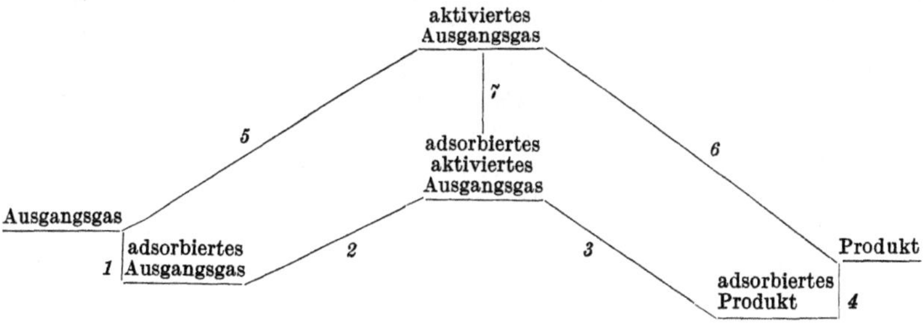

Fig. 31. Niveauschema der heterogenen Katalyse.

5—6 Reaktionswärme, *5* homogene Aktivierungswärme,
2—3 Reaktionswärme im Adsorbat, *2* wahre heterogene Aktivierungswärme,
1 Adsorptionswärme des Ausgangsgases, *7* Adsorptionswärme des aktivierten Zustandes.
4 Adsorptionswärme des Produkts.

Man sieht, daß die Aktivierungswärme der homogenen Reaktion (*5*) an der Oberfläche auf den kleineren Wert (*2*) erniedrigt ist, und daß diese Erniedrigung, von Korrekturen wegen der freiwerdenden Adsorptionswärme (*1*) des Ausgangsstoffs abgesehen, im wesentlichen durch die hohe *Adsorptionswärme des aktivierten Zustandes* (7) hervorgebracht wird. Die so entstehende Auffassung von der Wirkung des Kontakts lautet also: Der zu überschreitende Energieberg q ist in der Adsorptionsschicht erniedrigt, weil der *aktive Zustand stark adsorbierbar* ist und daher in der Schicht *weniger endotherm* und deshalb *öfter erreichbar* ist. Also nicht: das Adsorbat ist aktiviert, sondern: das Adsorbat ist leicht aktivierbar und daher im Gleichgewicht *zu höherem Prozentsatz* aktiviert als das freie Gas.

Natürlich ist dies nur ein strengerer Ausdruck für die Tatsache, daß die Adsorption die Molekeln verändert. Nur ist grundsätzlich das *ganze* Adsorbat nur dann aktiviert, wenn (2) gleich Null geworden ist. So muß die Annahme, daß der Wasserstoff an Metallen ionisiert ist [wie COEHN (315) nachgewiesen hat], eigentlich so ausgesprochen werden: Die freiwerdende Energie beim Übergang von Elektronen und Protonen in die Oberfläche wäre [z. B. wegen der dissoziierenden Kräfte des Metalls nach SCHMIDT (316), BENNEWITZ und GÜNTHER (317)] so groß, daß adsorbierter Wasserstoff mit sehr geringem oder keinem Energieaufwand und darum fast völlig oder völlig in diese Bestandteile gespalten ist (s. a. S. 176).

Es entsteht nun die weitere Frage, *warum* das *aktivierte* Substrat so besonders stark adsorbierbar ist. Diese Frage beantworten, heißt die *Natur des aktiven Zwischenzustandes* der heterogen-katalytischen Reaktionen bestimmen. POLANYI selbst (l. c.) hat seinerzeit den aktivierten Zustand in den völlig voneinander gelösten *Atomen oder Radikalen* des Substrats gesehen. Deren hohe Adsorbierbarkeit ist wegen der „freien Valenzen", die sie besitzen, gut zu verstehen. [Anders ausgedrückt: die stärkere Atomdissoziation adsorbierter Molekeln ist verständlich, weil die „freien" Atome nach ihrer chemischen Bindung (Adsorption) ans Adsorbens energieärmer sind als im Gas.]

Mit Hilfe roh geschätzter Werte für die Adsorptionswärme der Atome konnte POLANYI z. B. für die Dissoziation der Komponenten des Knallgases in Atome und damit für die Aktivierungswärme der Wasserbildung die gefundene (s. oben S. 169) Erniedrigung um etwa 30 kcal verständlich machen. Es ist ja klar, daß so Energieeffekte von der *Größenordnung chemischer Bindungsenergien* auftreten müssen. SCHWAB und PIETSCH (318) konnten nach demselben Prinzip die von ihnen für die *heterogene Methanspaltung* gefundene niedrige Aktivierungswärme von 55 kcal größenordnungsmäßig deuten, TAYLOR (280) analog diejenige des *Jodwasserstoffzerfalls* an Platin. Eine direkte experimentelle Stütze für die Rolle freier Atome als Zwischenstoffe kann vielleicht in Versuchen von KISTIAKOWSKY (319, 266) gesehen werden, der die Ionisierungsspannungen an Metall adsorbierter Gase gemessen hat und dafür die den Gasatomen zukommenden Werte fand.

In neuester Zeit haben diese Vorstellungen nun eine exaktere Interpretation erfahren durch ihre Zurückführung auf die *quantenmechanischen Vorstellungen von der homöopolaren chemischen Bindung*. Die ältere LANGMUIR-LEWIS-KNORRsche Auffassung von dieser Bindung konnte zwar ihren stöchiometrischen Charakter und gewisse Züge ihrer Selektivität formal befriedigend darstellen, indem jedem „Valenzstrich“ ein beiden Liganden *gemeinsames Elektronenpaar*, z. B. im Umlauf um beide Kerne, zugeordnet wurde. Es war jedoch ganz offengeblieben, von welcher Art die Anziehungs*kraft* ist, die durch die Existenz solcher Paare hervorgerufen wird. Die Wellenmechanik ordnet nun (s. S. 144) dem alten Elektronenumlauf einen *Wellenvorgang* zu, und die Bildung eines Elektronenpaares bedeutet dann, daß die betr. Schwingungsvorgänge zweier Atome miteinander in *Resonanz* treten. Hierdurch entsteht eine mit den Formeln der Wellenmechanik beschreibbare *Kraftwirkung*, die Anziehung oder Abstoßung bedeuten kann, die aber von den COULOMBschen Kräften der Ionenanziehung und der Dipolanziehung *wesensverschieden* ist und sich diesen *überlagert*.

Wenigstens qualitativ kann man mit dieser Theorie nicht nur die homöopolare Valenz verstehen, sondern auch — das interessiert uns hier — die *Aktivierungswärme interpretieren* und ihre Änderungen diskutieren. LONDON, der an der Entwicklung dieser Anschauungen wesentlichen Anteil hat, hat dies letztere (320) in erster Näherung getan.

Die Wechselwirkungsenergie zwischen zwei Atomen im Abstand a besteht demnach aus zwei Teilen, dem COULOMBschen Glied $A(a)$ und dem Resonanzeffekt $\alpha(a)$, ist also:

$$W(a) = A(a) \pm \alpha(a).$$

Das positive Vorzeichen in α bedeute dabei Anziehung, das negative Abstoßung durch Resonanz. Von den beiden Möglichkeiten ist, z. B. beim Wasserstoff, nur die erste in einer stabilen Molekel realisiert. Wenn man nun drei Atome betrachtet, etwa nach dem Schema:

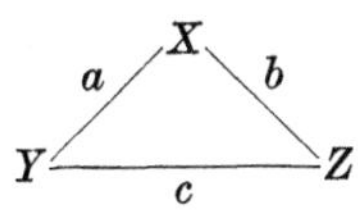

so beträgt die Wechselwirkung

$$\begin{aligned} &\text{zwischen } X \text{ und } Y\text{:} \quad W(a) = A(a) \pm \alpha(a) \\ &\text{zwischen } X \text{ und } Z\text{:} \quad W(b) = B(b) \pm \beta(b) \\ &\text{zwischen } Y \text{ und } Z\text{:} \quad W(c) = C(c) \pm \gamma(c), \end{aligned}$$

jedoch *nur*, wenn das dritte Atom unendlich weit entfernt ist. Diese Wechselwirkungen werden nämlich durch dessen Annäherung in charakteristischer *nicht additiver* Weise *verändert*, d. h. das Parallelogramm der Kräfte ist auf diese voneinander *abhängigen* Kräfte nicht anwendbar. Für die *gesamte Wechselwirkungsenergie* des Systems sind vielmehr folgende Werte möglich:

$$\begin{aligned} W_1 &= A + B + C - \alpha - \beta - \gamma \\ W_2 &= A + B + C + \alpha + \beta + \gamma \\ W_3 &= A + B + C \\ W_4 &= A + B + C \pm \sqrt{\alpha^2 + \beta^2 + \gamma^2 - \alpha\beta - \beta\gamma - \gamma\alpha}\,. \end{aligned}$$

Der Abstoßungsfall W_1 führt wieder nicht zur Molekelbildung. Der Fall der gleichzeitigen Anziehung aller drei Atome, W_2, wird durch das PAULI-*Prinzip* verboten; von den drei äquivalent gebundenen Valenzelektronen müßten nämlich zwei auch parallele Spinrichtung (magnetisches Eigenmoment) haben, und das PAULI-Prinzip sagt eben aus, daß zwei ganz gleichartige Elektronen gleicher Bindung *und* gleichen Spins nicht in einer Molekel vorliegen können. Dieses Prinzip enthält also die chemische Aussage von der *Abzählbarkeit der Wertigkeiten*; XY wäre eben schon eine gesättigte Molekel, die Z nicht mehr binden kann; siehe die Nichtexistenz von H_3.

Das Verhalten der drei Atome unseres Beispiels wird also durch W_3 und W_4 beschrieben, und zwar jeweils durch den tieferen (energieärmeren) der beiden Zustände. Der Wurzelausdruck in W_4 enthält dabei die *Resonanzenergie*. Wir können durch Einsetzen der Funktionen α, β, γ näherungsweise den Verlauf der Energie bei der Annäherung eines Atoms Z an eine Molekel XY beschreiben. Es resultiert dabei, daß bei Annäherung zunächst die Bindung zwischen X und Y *geschwächt* und dabei Z *abgestoßen* wird. Wenn die Reaktion $XY + Z = YZ + X$ exotherm ist, so erfolgt dann bei größerer Annäherung schließlich *Anziehung* von Z und *Abstoßung* von X. Die Energie durchläuft also eine *Potentialschwelle*, und das System muß diese Maximalenergie besitzen, ehe es sich auf Anziehungsabstände nähern kann. Die Schwelle spielt also die Rolle einer *Aktivierungswärme*.

Für die Diskussion wirklicher chemischer Reaktionen sind nun folgende Eigenschaften der Schwelle wichtig: Falls die Annäherung von Z so erfolgt:

$$Z \rightarrow \begin{matrix} X \\ | \\ Y \end{matrix},$$

ist sie am höchsten; falls aber Z sich in Richtung der Verbindungslinie XY annähert:

$$Z \rightarrow Y{-}X,$$

ist die Schwelle fast Null, da dann Resonanzeffekt und COULOMB-Kraft sich gerade kompensieren. Jedenfalls ist die Aktivierungsenergie dann kleiner als $^1/_7$ der Trennungsarbeit der Molekel XY. Natürlich tritt deshalb bei solchen Reaktionen zwischen Molekeln und freien Atomen dieser letzte Fall bevorzugt auf, und so ist es verständlich, daß solche Reaktionen (man denke an Teilreaktionen von Ketten, s. S. 27ff.) *ohne erhebliche Aktivierungswärme* möglich sind.

Anders wird das nun bei einer *Reaktion zwischen Molekeln*, etwa $XY + ZW = XW + ZY$. Hier können sich offenbar nicht Z und W gleichzeitig auf der schwellenfreien Verbindungslinie XY annähern, so daß auf alle Fälle eine *Aktivierungswärme nötig* ist. Am günstigsten ist es noch, wenn zuerst die Molekel YZ unter gleichzeitiger Abspaltung von X und W gebildet wird. Dazu ist dann zwar keine besondere Aktivierungswärme, aber im ganzen als solche doch die Trennungsarbeit der Ursprungsmolekeln XY und ZW, ungefähr vermindert um die Bindungsenergie YZ, nötig. XW bildet sich dann schließlich ohne Aktivierungswärme.

Diese Überlegungen, die eine physikalische Deutung der Aktivierungswärme *etwa im Sinne einer Atomdissoziation* enthalten, hat

POLANYI (321) dann benutzt, um speziell die Herabsetzung der Aktivierungswärme durch *Kontaktkatalyse* zu verstehen. Diese ist nach ihm möglich, wenn der Katalysator den sich nähernden Molekeln die Überwindung ihres eigenen Zusammenhalts, also die Vergrößerung ihrer eigenen Atomabstände, *teilweise abnimmt*, d. h. die Molekeln *dehnt* oder im Grenzfalle *spaltet*.

Dies soll *durch Adsorption* geschehen. Und zwar ist die Adsorptionsreaktion einer Molekel XY an zwei Katalysatoratomen Kat_2 wiederum als eine homöopolare Reaktion zu denken, da die Werte der Adsorptionswärmen, insbesondere an Metallen, anders unverständlich wären (s. S. 152). Die Stufenfolge ist also:

1)	XY		ZW	2)	X	ZW	Y	3)	XZ		WY
	Kat	Kat	Kat		Kat	Kat	Kat		Kat	Kat	Kat

Die Lockerung der Bindungen in einer (oder beiden) der Ausgangsmolekeln erfolgt also dadurch, daß eine *Atomverbindung mit dem Katalysator* entsteht. Auf diese Weise wird System 1, das eine Aktivierungswärme besäße, in System 2 verwandelt, das, wie wir schon sahen, keine benötigt. Es entsteht nur die Frage, ob nicht die Bildung der Oberflächenverbindung 2 *selbst* eine Aktivierungswärme hat. Wenn aber die beiden Atome des Katalysators, die mitwirken, je als freie Atome behandelt werden (d. h. ihre eigene Wechselwirkung braucht *nicht* geschwächt zu werden, da sie „freie Valenzen" besitzen), so fällt auch diese Reaktion unter die schwellenfreien Atomreaktionen. Nun kann höchstens noch die Desorption der fertigen Molekeln aus 3 Energiezufuhr verlangen, jedoch ist, wie leicht einzusehen, diese Energie nicht erheblich (s. z. B. das Beispiel des Wasserstoffs bei der Ammoniakzersetzung, S. 167). Insgesamt ist also als Aktivierungswärme die *Spaltungsenergie der Ausgangsmolekel, vermindert um die Bindungsenergie der Atome (Radikale) an den Katalysator*, zuzuführen. Man sieht durch Vergleich mit den Ausführungen S. 169—170, daß dies Resultat der Wellenmechanik eine völlige Bestätigung bzw. Interpretation der früher schon von POLANYI geäußerten Ansichten bedeutet.

In vielen Fällen wird nun die Adsorptionsenergie des aktiven Zustandes, bzw. die Bindungsenergie der Spaltstücke an den Kontakt, nicht die gesamte Spaltungsarbeit der Ausgangsstoffe aufwenden können. Dann bleibt Aktivierungsarbeit zu leisten übrig, d. h. das Substrat wird nicht völlig gespalten, sondern hat noch Reste inneren Zusammenhalts, wird *gedehnt*. Hier geht die skizzierte Auffassung, die zunächst nur für völlige Dissoziation Geltung hatte, kontinuierlich über in die einer *Deformation* des Adsorbats, wie sie sehr allgemein RASCHIG (322) schon 1906 vermutet hatte und später z. B. BÖSEKEN (323; s. a. S. 52ff.) aus organisch-chemischen, BODENSTEIN (324) aus physiko-chemischen Gründen heraus gefordert haben.

Die Diskussion organisch-chemischen Materials über katalytische Hydrierung und Dehydrierung von Gesichtspunkten aus, die den obigen eng verwandt sind, hat sich in der Hand von BALANDIN (325, 326) sehr fruchtbar erwiesen. Zu dem Postulat, daß die Bindung zwischen Atomen *zerrissen* wird, wenn diese von zwei *verschiedenen* Katalysatoratomen angezogen werden, fügt BALANDIN das weitere, daß zwischen Atomen, die an *demselben* Katalysatoratom gebunden werden, eine Bindung *geschlossen* werde. Z. B. soll die Dehydrierung bzw. Dehydratisierung von Alkohol, die ja an vielen Oxyden nebeneinanderlaufen, durch folgendes Schema verbildlicht werden:

Dehydratisierung Dehydrierung

Wenn die Punkte die adsorbierenden Katalysatoratome bedeuten, ist klar, daß auf Grund beider Postulate im ersten Fall Äthylen und Wasser, im zweiten Aldehyd und Wasserstoff entstehen müssen. Die Katalyse kommt nach dieser Ansicht durch das *geometrisch bedingte Zusammenwirken* verschiedener Zentren zustande, daher der Name „*Multiplett-Hypothese*". Im Kernpunkt ähnliche Anschauungen hatte schon vorher BURK (327) unter der Bezeichnung „*multiple Adsorption*" geäußert.

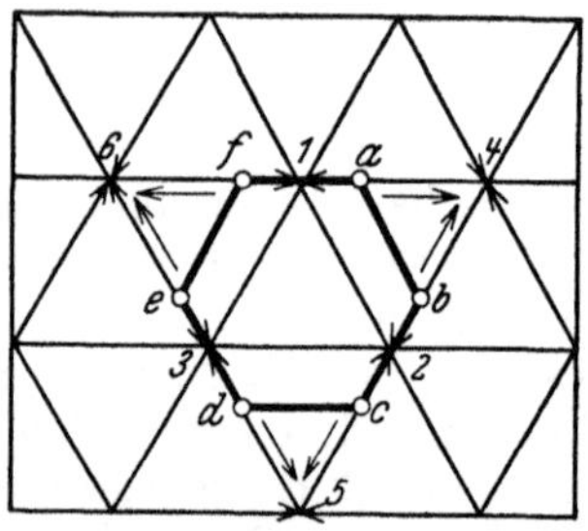

Fig. 32. Dehydrierung am Sextett nach BALANDIN.

BALANDIN geht nun weiter und diskutiert die *Dehydrierung von hydroaromatischen Ringen* in gleicher Weise, indem er den Sechsring auf der regelmäßige Atomdreiecke darbietenden Oktaederfläche kubisch-flächenzentrierter Metallgitter gemäß Fig. 32 anordnet.

Die drei Platinatome 1, 2, 3 dehnen die Abstände der zwischen ihnen liegenden C-Atome, während die drei Platinatome 4, 5, 6 die ihnen nächstgelegenen H-Atome paarweise anziehen und vereinigen. Dieses „Sextett"-Modell führt zu der Forderung, daß, wie gefunden, *nur kubisch-flächenzentrierte* Metalle dehydrieren, und daß ferner ihre *Gitterkonstante* zwischen zwei Grenzen liegen muß. Tatsächlich ist die Hydrierung bei Gitterkonstanten zwischen 1,397 Å (Pd) und 1,237 Å (Ni) möglich, während nur wenig außerhalb liegende Metalle (Sn = 1,40 Å) unwirksam sind. Immerhin bleibt abzuwarten, ob diese spezialisierten geometrischen Vorstellungen nicht etwas zu weit getrieben sind.

Für die Vorgänge an der *einzelnen C—C-Bindung* scheint die Anschauung wohl *festzustehen*, wie sich z. B. aus der Tatsache ergibt, daß die Aktivierungswärme nur vom Katalysator, nicht vom Substrat abhängt. Man vergleiche die folgende Tabelle (328):

Aktivierungswärmen in kcal/Mol.

Dehydrierung von	Piperidin	Cyclohexan	Dekalin
an Pd	16,3	15,3	—
an Ni	—	9,7	10
an Pt	19,9	18,0	18,9

Besonders deutlich ist aber die Bestätigung, die die Aktivierung durch die Adsorptionswärme des aktiven Zustands erfährt durch die bei Hydrierungen auftretenden *Spaltungsreaktionen* des Typs:

$$\equiv \mathrm{C}-X- + \mathrm{H_2} = \equiv \mathrm{CH} + \mathrm{H}X-,$$
$$-Y-Z- + \mathrm{H_2} = -Y\mathrm{H} + \mathrm{H}Z- \quad \text{od. dgl.}$$

Durch Untersuchung der Spaltstücke bei der Hydrierung von Verbindungen, die mehrere solche spaltbare Bindungen in der Molekel enthalten, läßt sich die *kinetische Reihenfolge ihrer Spaltbarkeit* entnehmen. Die Diskussion eines umfangreichen Materials aus SABATIERS Buch (329) liefert BALANDIN (326) das Resultat, daß diese Reihenfolge tatsächlich *eindeutig* ist, und zwar steigt die Spaltungsgeschwindigkeit in folgender Reihe:

$$\equiv\mathrm{C-C}\equiv;\ \equiv\mathrm{C-N}=;\ =\mathrm{N-N}=;\ \equiv\mathrm{C-O}-;\ =\mathrm{N-O}-;\ \equiv\mathrm{C-Br};\ \equiv\mathrm{C-Cl}.$$

Schon die Tatsache, daß die „Haftfestigkeit" gegenüber der Hydrierung für an C gebundene Atome dieselbe Abstufung aufweist wie für an N gebundene, läßt auf irgendeinen *additiven* Einfluß der Liganden schließen. BALANDIN gelingt es nun, zu zeigen, daß die *Bindungsenergie der zu spaltenden Bindung, vermindert um die* (aus der Bildungswärme von Nickelhalogenid, -oxyd, -nitrid, -carbid geschätzte) *Adsorptionswärme der Spaltstücke*, also die theoretisch nach unserer Vorstellung berechnete Aktivierungswärme der Reaktion, in derselben Reihe abfällt. Damit ist gezeigt, daß die katalytische Aktivierungswärme wirklich durch die eingeführten Bestandteile befriedigend gedeutet werden kann.

Ein wesentlicher Gesichtspunkt ganz anderer Art muß noch erwähnt werden. Es fällt nämlich auf, daß unter den Metallen diejenigen, die einer vielseitigen katalytischen Wirksamkeit fähig sind, im *periodischen System* auf ein ziemlich begrenztes Gebiet der letzten Gruppen zusammengedrängt sind und z. B. alle Elemente der Platin- und Eisengruppe umfassen. Dies sind [MERESCHKOWSKY (330)] vorwiegend Metalle *variabler Wertigkeit*, also wenig scharf abgegrenzter *Elektronen-Untergruppen*. Insbesondere die Metalle der achten Gruppe besitzen *unvollständig ausgebaute Schalen*. Auch unter den Verbindungen scheinen die *gefärbten*, die *locker gebundene Valenzelektronen* enthalten, bevorzugt zu sein, s. z. B. ROGINSKY und SCHULZ (331) oder SCHWAB und SCHULTES (232).

Wenn sich auch die Einteilung der Elektronen in Untergruppen eigentlich auf die isolierten Atome bezieht, so wird man sich doch mit V. M. GOLDSCHMIDT (333) und A. S. RUSSELL (334) vorstellen dürfen, daß auch die zugehörigen Gitter einen „*M*-Defekt" oder „*Elektronenhunger*" oder doch ein besonderes Bestreben haben, durch Einzelelektronen innerer Schalen, die noch nicht im „Elektronengas" der festen Metalle aufgegangen sind, in Resonanzbeziehung zu adsorbierten Atomen zu treten, d. h. diese homöopolar zu binden. So tritt diese merkwürdige Auswahlregel der Katalysatoren in Zusammenhang mit der Forderung, daß die Aktivierung homöopolare Adsorption voraussetzt; der oben erwähnte Gitterparameter (s. S. 174) wäre dann nicht der einzige Parameter für die katalytische Wirkung.

Einer besonderen Betrachtung bedarf in Hinblick auf seinen Zustand an der Oberfläche nur noch der *Wasserstoff*. Wir sahen schon, daß Messungen der Ionisierungsspannung des adsorbierten Wasserstoffs (S. 170) darauf hindeuten, daß er in *atomarer Form* vorliegt. Wir sahen ferner (S. 145), daß die Elektroneninterferenzmethode die Bindung des Wasserstoffs an Punkten eines zweidimensionalen Flächengitters ergeben hatte. Beides steht in Einklang mit der Forderung, daß er *chemisch* an Oberflächenatome gebunden sei (wenn auch eine solche Bindung ein Überspringen von Atom zu Atom, also ein „Schmelzen" des Adsorbatkrystalls (GERMER, S. 137) nicht ausschließt.

Andererseits gibt es gewichtige Gründe, daß der Wasserstoff in Metallen *in Ionenform* vorliegt. Wir wiesen schon darauf hin (S. 170), daß BENNEWITZ und GÜNTHER (317) dies wahrscheinlich gemacht haben und O. SCHMIDT (316) daraus Schlüsse auf die Rolle der Ionen in der katalytischen Hydrierung gezogen hat. Neuere, elegante Versuche von COEHN (315) haben nun den direkten *Nachweis für das Vorliegen von Protonen* speziell im Palladium geliefert. Bei Stromdurchgang durch das Metall führt der gelöste Wasserstoff nämlich eine *elektrolytische Wanderung* nach der Kathode aus, die bei Anlegen einer Spannung meßbar wird durch Wanderung des elektrochemischen Wasserstoffpotentials am Draht, durch Wanderung des Gebietes erhöhten Widerstands und endlich durch Wanderung der mit Luft (photographisch nachweisbar) H_2O_2 liefernden Gebiete.

Es scheint also ein *Gegensatz* zwischen zweierlei experimentellen Befunden vorzuliegen. Es ist jedoch möglich, daß dieser nur scheinbar ist. Wenn nämlich der Wasserstoff in Form von Protonen und Elektronen im Metall gelöst ist, werden sich die Protonen *gegenüber ihrem Medium* sicher als positive Ionen benehmen müssen. Andererseits sind sie aber von einem solchen Überschuß von Elektronen des Metalls umgeben, daß sie *nach außen hin*, also bei Loslösung durch Elektronenstoß (KISTIAKOWSKY) oder bei *Oberflächenreaktionen* (POLANYI) als an Elektronen gebundene Protonen, also ähnlich wie Atome, wirken müssen. Damit dürfte sich die Frage, ob die *Ladung* oder die *Bindung* des Wasserstoffs seine Aktivierung bedeutet, wohl in eine *Identität* auflösen.

Zwischenverbindungen.

Es wurde schon (S. 153) auseinandergesetzt, daß die Annahme der Adsorption als Zwischenstufe der Katalyse nicht wesensverschieden ist von der des Auftretens chemischer *Zwischenverbindungen*. Nachdem wir den chemischen Charakter der wirksamen Adsorption genauer erkannt haben, ist diese Identität wohl noch klarer hervorgetreten. Ob dabei die unstöchiometrische Zwischenverbindung für sich gefaßt und studiert werden kann, hängt davon ab, ob sie unter den Bedingungen der Katalyse die nötige Lebensdauer besitzt und ob die Adsorption einen genügend großen Teil der Oberfläche bedeckt. Immerhin ist es in einer großen Zahl von Fällen möglich gewesen, die Substrate im gebundenen Zustand für sich zu untersuchen.

Ziemlich direkt ist z. B. der Nachweis, den RUPP (259) für die Rolle seines adsorbierten Wasserstoffs an Eisen und Nickel für die Ammoniaksynthese führen konnte. Das Flächengitter des adsorbierten Wasserstoffs, das durch *Elektroneninterferenzen* nachweisbar ist, verschwindet nämlich, wenn Stickstoff zum Katalysator zugelassen wird, während Stickstoff den gasfreien Katalysator *nicht* in der Weise verändert. Es wird daraus auf die Bildung von (nicht gittermäßig adsorbiertem) *Ammoniak* geschlossen.

Die *Bindung von Wasserstoff an Eisen*, dem vornehmlichen Ammoniakkatalysator, wurde von FRANKENBURGER und MAYRHOFER (335) auf noch anderem Wege direkt untersucht. Sie verdampften einen Eisendraht in Wasserstoff und fanden, daß dabei Wasserstoff gebunden wird. Die Sammelkrystallisation des niedergeschlagenen Eisens an der Wand vermindert die aufgenommene Wasserstoffmenge wieder, so daß auf Oberflächenadsorption geschlossen werden muß. Wie diese Rekristallisation verhindert werden konnte, wird uns noch in anderem Zusammenhang, nämlich bei den Mischkatalysatoren, interessieren. Jedenfalls war damit der Beweis erbracht, daß zwischen Eisenatomen in bevorzugten Lagen und Wasserstoff *Valenzkräfte* wirksam sind.

MITTASCH und FRANKENBURGER haben (336) dieselbe Frage auch für den *Stickstoff* aufgeworfen, jedoch wurde dieser unter denselben Versuchsbedingungen zunächst nicht gebunden (frdl. Privatmitteilung zufolge ist jetzt auch eine Stickstoffbindung an Eisenatomen festgestellt worden).

Ob freilich die so festgestellten Adsorptionsverbindungen auch in der bei viel höheren Temperaturen verlaufenden *technischen Synthese* eine Rolle spielen, kann noch nicht behauptet werden; jedenfalls ist mit diesen schönen Versuchen der direkte Nachweis geglückt, daß es in diesem Spezialfall *berechtigt* ist, mit *Bindungskräften* zwischen Katalysator und Substraten zu rechnen.

Für die *Zersetzung* des Ammoniaks an Eisen [MITTASCH, KUSS und EMERT (337)] ist es dagegen gelungen, die Rolle eines definierten *Eisennitrids* als Zwischenstufe zu erweisen, indem direkt dessen Zersetzung gemessen und als der Ammoniakzersetzung geschwindigkeitsgleich erkannt wurde.

Ein anderer Fall, in dem die Reaktion über eine intermediäre Zwischenverbindung nachgewiesen wurde, sei noch erwähnt: der *Zerfall gelösten Hydroperoxyds an Silber*, den WIEGEL (338) studiert hat. Es ließ sich zeigen, daß kolloidales Silber in wässerigem H_2O_2 löslich ist nach Maßgabe des Ionenprodukts

$$(Ag^{\cdot}) \cdot (OOH') = \text{const.}$$ [1]

Sobald dieser Wert überschritten wird, entsteht als Bodenkörper AgOOH, an Silberteilchen adsorbiert, d. h. *hydratisiertes Silberperoxyd*

[1] Daher vermindert Alkali die Löslichkeit.

als Zwischenstufe an der Oberfläche. Dieses reagiert mit Hydroperoxyd nach:

$$\begin{array}{l} \mathrm{Ag{-}OOH} \\ \cdot \\ \mathrm{Ag{-}OOH} \end{array} + \mathrm{HOOH} = 2\,\mathrm{H_2O} + 2\,\mathrm{O_2} + \begin{array}{c} \mathrm{Ag} \\ \cdot \\ \mathrm{Ag} \end{array}$$

$$\begin{array}{l} \cdot \\ \mathrm{Ag{-}OOH} \\ \cdot \\ \mathrm{Ag{-}OOH} \end{array} + \mathrm{HOOH} = 2\,\mathrm{H_2O} + 2\,\mathrm{O_2} + \begin{array}{c} \cdot \\ \mathrm{Ag} \\ \cdot \\ \mathrm{Ag} \end{array}$$

Die mit dem AgOOH adsorbierte Schicht Silber hinterbleibt also am Katalysator, und daß diese Deutung das Richtige trifft, geht eben daraus hervor, daß erstens die Grenzkonzentration der Katalyse durch das Löslichkeitsprodukt gegeben ist, vor allem aber, daß die Silberteilchen während der Katalyse ihre Farbe nach Blau ändern, d. h. *wachsen.*

Sehr bekannte ältere Beispiele von Zwischenproduktkatalysen sind z. B. die *Kontakt-Schwefelsäure-Bildungen an oxydabeln Verbindungen,* bei denen sich ja die Adsorptionsverbindungen direkt mit isolierbaren Verbindungen identifizieren lassen. So kann man im Anschluß an NEUMANN[1] (279) formulieren:

Fe_2O_3-*Katalyse*:

$$\begin{array}{r} \mathrm{SO_2} + 3\,\mathrm{Fe_2O_3} = 2\,\mathrm{Fe_3O_4} + \mathrm{SO_3} \\ 2\,\mathrm{Fe_3O_4} + 2\,\mathrm{SO_2} + \mathrm{O_2} = 2\,\mathrm{Fe_2O_3} + 2\,\mathrm{FeSO_4} \\ 2\,\mathrm{FeSO_4} + {}^1/_2\,\mathrm{O_2} = \mathrm{Fe_2O_3} + 2\,\mathrm{SO_3} \\ \hline 3\,\mathrm{SO_2} + 1{,}5\,\mathrm{O_2} = 3\,\mathrm{SO_3}. \end{array}$$

$FeSO_4$ als Zwischenstufe ist direkt nachweisbar.

Oder die *Titankatalyse*:

$$\begin{array}{r} 2\,\mathrm{TiO_2} + \mathrm{SO_2} = \mathrm{Ti_2O_3} + \mathrm{SO_3} \\ \mathrm{Ti_2O_3} + 1{,}5\,\mathrm{O_2} + 3\,\mathrm{SO_2} = \mathrm{Ti_2(SO_4)_3} \\ \mathrm{Ti_2(SO_4)_3} + {}^1/_2\,\mathrm{O_2} = 2\,\mathrm{TiO_2} + 3\,\mathrm{SO_3} \\ \hline 4\,\mathrm{SO_2} + 2\,\mathrm{O_2} = 4\,\mathrm{SO_3}. \end{array}$$

Auch hier kann $Ti_2(SO_4)_3$ nachgewiesen werden. Bezeichnend ist, daß diese Katalysen erst bei den Temperaturen beginnen, bei denen der SO_3-Dissoziationsdruck der Zwischenstufen nach der jeweils dritten Gleichung eine Atmosphäre erreicht. Sonst wirkt nämlich das „adsorbiert" bleibende SO_3 hemmend.

Andere Mechanismen der Kontaktkatalyse.

Damit wollen wir diejenigen Einwirkungen des Katalysators verlassen, die auf einer Erniedrigung der Aktivierungswärme beruhen. Es existieren daneben natürlich auch Möglichkeiten, daß die Konstante Z in der Gleichung S. 168 durch die Anwesenheit einer festen Wand beeinflußt wird. Ihre Erhöhung bedeutet natürlich eine Katalyse, wenn auch gezeigt wurde, daß die größten beobachteten Beschleunigungen sicher nicht auf diese Weise zustande kommen (s. S. 168f.).

Zunächst kann die *Wahrscheinlichkeit* der Reaktion bei einem Stoß ohne Änderung der erfoderlichen Energie dadurch gesteigert werden,

[1] Die Formulierungen NEUMANNS sind hier vereinfacht und verkürzt wiedergegeben.

daß der Katalysator dafür sorgt, daß die Molekeln mit ihrer reaktionsfähigen *Seite* zusammenstoßen. Ein solcher Effekt ist sicher zu erwarten, da die Adsorption eine *richtende* Wirkung ausübt. Das ist verständlich, da die homöopolare Adsorptionskraft nur an einer bestimmten Stelle der Molekel angreifen kann. *Bewiesen* wird die Orientierung durch Adsorption z. B. durch die Tatsache, daß alle Alkohole dieselbe Aktivierungswärme aufweisen [für die Dehydrierung s. PALMER und CONSTABLE (339), für die Dehydratisierung s. Tabelle S. 167 von DOHSE]. Auch gibt es viele direkte röntgenographische und andere Beobachtungen dieser Tatsache.

Eine solche Orientierung kann nun die Reaktion *beschleunigen*, wenn sie die Zahl der günstigen Stöße vermehrt; sie kann aber auch *hemmend* wirken, indem sie die empfindlichen Stellen der Molekeln gerade der Katalysatoroberfläche zukehrt und so blockiert. KRUYT (340) hat Beispiele beider Richtungen bei organischen Molekeln an Kohle beobachtet. In keinem Falle aber reichen die so erzielten Änderungen an die bei *Aktivierung* durch Kontakt heran.

Dagegen sind erhebliche Beschleunigungen durch Orientierung möglich, wenn die Reaktionshemmung nicht in einer aufzubringenden Aktivierungsenergie, sondern in einem Mangel an *Keimen* für eine zu bildende *neue Phase* liegt. Dann kann die *gerichtete Adsorption* an einem Fremdstoff *keimbildend* wirken und so die Übersättigung aufheben und die Reaktion ermöglichen. Wir werden diesen Mechanismus noch kennenlernen bei Reaktionen, in denen feste Phasen entstehen (s. S. 225). Er kann aber auch eine Reaktion von Gasen zu Gasen beschleunigen, wenn diese nämlich über eine solche phasenbildende Reaktion als *Zwischenstufe* läuft. Z. B. diskutiert OKAYAMA (341) die *Knallgaskatalyse an Kupfer* von diesem Gesichtspunkt aus. Sie dürfte über die Stufen laufen:

$$1)\quad O_2 + 2\,Cu = 2\,CuO$$

$$2)\quad 2\,CuO + 2\,H_2 = 2\,H_2O + 2\,Cu,$$

und die Diskussion der Gleichgewichtslagen zeigt, daß zum mindesten die erste der beiden Reaktionen wahrscheinlich ohne Anwesenheit von Kupferoxydkeimen nicht vor sich geht. Das entspricht der Tatsache, daß die ganze Katalyse nur an der Grenzlinie Cu/CuO vor sich geht (vgl. S. 163). Jedoch ist natürlich auch eine Herabsetzung der Aktivierungswärme durch diese Linie möglich. Hierüber vgl. S. 225.

Eine andere Art, wie die feste Wand die Geschwindigkeit vergrößern kann, haben wir grundsätzlich bereits an anderer Stelle (S. 42ff.) diskutiert. Es handelt sich darum, daß sie als *dritter Partner* wirken kann bei Reaktionen, die wegen der nötigen Energieabfuhr nach FRANCK und BORN (18) nur im *Dreierstoß* möglich sind. Z. B. die Rekombination der Wasserstoffatome [BONHOEFFER (76)] wird so durch Wände verschiedener Art beschleunigt. Wir werden viele andere Fälle dieser Art, die wir ja schon bei den Kettenreaktionen (S. 27) gestreift haben, später wieder antreffen (s. S. 216).

HABER (342) hat darauf hingewiesen, daß die starke gegenseitige *Annäherung* der Molekeln in der Adsorptionsschicht möglicherweise nach der Quantenmechanik ein besonderes Moment darstellt, indem bei geringen Abständen die *Resonanzbeziehungen* zwischen den Molekeln innigere werden. So kann in der Oberfläche vielleicht Energie leichter von einer Molekel zur andern übergehen und so *Energieketten* (s. S. 9 u. 28) in der Oberfläche liefern. Das läuft darauf hinaus, daß die *einzelnen Schritte* solcher Energieketten eine Katalyse durch Überwindung der Abstoßung der Molekeln erfahren, also nach dem bereits erörterten Mechanismus der Adsorptionsaktivierung. Ob aber überhaupt Kettenreaktionen in der Oberfläche existieren, ist noch fraglich und wird gesondert diskutiert werden (S. 213ff.).

Nur erwähnt, da einer experimentellen Prüfung noch nicht unterzogen und auch schwer prüfbar, sei eine Möglichkeit der Katalyse,

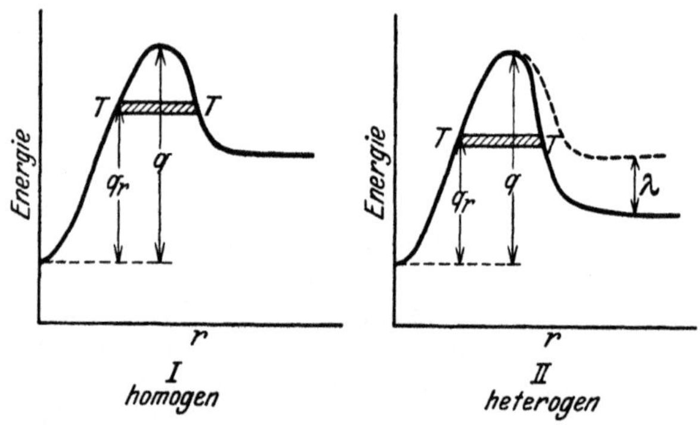

Fig. 33. Erniedrigung des aufzuwendenden Teils q_r der Aktivierungswärme q wegen der Adsorptionswärme λ des Reaktionsprodukts nach ROGINSKY und ROSENKIEWITSCH.

die ebenfalls aus der *Wellenmechanik* hergeleitet ist und ein *ganz neues Moment* in die Frage bringt. Nach dieser Mechanik ist nämlich die einem genäherten Atom zugeordnete Welle nicht genötigt, die S. 172 geschilderte Energieschwelle zu übersteigen, vielmehr kann sie dieselbe, wenn sie *schmal* (in Å) ist, und besonders wenn hinter ihr ein Zustand mit ähnlicher Energie gelegen ist, wie vor ihr, auch *durchstoßen,* oder, wie FRANCK sich ausdrückt, in einem Tunnel durch den Berg fahren, statt ihn zu übersteigen. (Der Vorgang ist analog dem Eindringen einer total reflektierten Strahlung in die oberste dünne Schicht des reflektierenden Mediums.) Auf diese Weise können z. B. α-Teilchen den Kern radioaktiver Atome verlassen, obgleich eine hohe Schwelle sie an sich darin festhält.

BORN und FRANCK (343) haben diesen Gesichtspunkt auf die Katalyse angewandt. Ihre Überlegung kommt darauf hinaus, daß im Prinzip gar keine Aktivierungsenergie aufgewandt werden muß, wenn die Molekeln nur eine so lange *Zeit* einander benachbart bleiben, daß die Wahrscheinlichkeit des Durchstoßens durch den Tunnel sich merklich auswirken kann. Ein roh durchgerechnetes Beispiel ($N_2 + 2\,H_2 = N_2H_4$ als Modell der Ammoniaksynthese) ergibt, daß der Übergang ohne Aktivierung mit *Sicherheit* zu erwarten ist, wenn die Molekeln sich *eine Sekunde lang* nahebleiben. Die Rolle des Adsorbens wäre dann einfach, diese lange *Berührungsdauer* durch Adsorption zu garantieren.

Von einer gleichen Grundannahme aus weisen ROGINSKY und ROSENKIEWITSCH (344) dem Kontakt noch eine andere Rolle zu: Wenn nämlich die fertigen Reaktionsprodukte eine große Adsorptionswärme besitzen, ist das adsorbierte Reaktionsprodukt ein stabileres System als das im Gasraum. Auf diese Weise kann der „Energieberg“ statt der Gestalt I in Fig. 33 die Gestalt II annehmen, wodurch die *Höhe des Tunnels T* gleicher Länge und damit die restlich aufzuwendende Aktivierungswärme q_r erniedrigt wird. Wir kommen in anderem Zusammenhang auf diese Arbeit zurück (s. S. 199).

Es bleibe dahingestellt, ob diese neuesten Theorien in der Behandlung der Katalyse einmal zu wesentlichen Gesichtspunkten werden.

Selektive Katalyse.

Die Aktivierungserleichterung durch Adsorption hat uns für alle gewöhnlichen Fälle eine Erklärung für die katalytische Beschleunigung geliefert. Sie erklärt aber nicht die Erscheinung, daß *ein* Katalysator von verschiedenen möglichen Reaktionen eines Substrates unter Umständen eine *andere beschleunigt* als irgendein *anderer* Katalysator. Diese Erscheinung hat daher wesentlich zu unserer Kenntnis von den Eigenschaften der Oberfläche selbst beigetragen. Zudem besitzt dieser Erscheinungskomplex so überragende Bedeutung für die *Technik* der Katalyse, daß er schon aus diesem Grunde besonderes Interesse verdient.

Zunächst ist klar, daß für Vorgänge, die ein stabiles *Gleichgewicht* erreichen, eine selektive Einwirkung des Katalysators auf dieses Gleichgewicht *nicht* möglich ist (vgl. S. 12). Bei 1500° wird man z. B., da sich bei dieser Temperatur gleich der *stabilste* Zustand einstellt, aus Ammoniak und Sauerstoff stets Stickstoff und Wasser erhalten, ganz unabhängig davon, welche Kontaktsubstanzen man für die Reaktion benutzt. Dagegen werden bei tieferen Temperaturen, wie wir noch sehen werden, einzelne Teilreaktionen dieses Vorganges stärker beschleunigt als andere. Dann bleibt entweder der Prozeß bei einem *metastabilen* Gleichgewicht stehen, oder aber er erreicht infolge vorzeitiger Unterbrechung (bei dynamischer Arbeit infolge rascher Strömung) überhaupt kein Gleichgewicht, sondern einen mehr oder weniger zufälligen *Zwischenzustand*. Die Konzentration z. B. an Stickoxyd hängt dann von dem für jeden Katalysator charakteristischen Verhältnis der Beschleunigungen ab. Besonders klar wurden diese Verhältnisse von SWIETOSLAWSKY (345) behandelt.

Es ist zweckmäßig, in diesem Rahmen mit MITTASCH (346) zwei verschiedene Arten der Selektivität zu unterscheiden: Die Auswahl der zu beschleunigenden Reaktionswege durch den Katalysator kann einmal eine solche aus einer Folge von *Stufen- oder Folgereaktionen* sein, wie in dem soeben herangezogenen Beispiel. Zweitens aber kann es sich, und diese Fälle sind theoretisch wichtig, um die Auswahl aus einer Gruppe von parallelen *Nebenreaktionen* handeln, wie bei der Dehydrierung und Dehydratisierung von Alkoholen. Bei komplizierteren Systemen ist auch beides nebeneinander an verschiedenen Katalysatoren möglich. So gibt MITTASCH (346) für die Synthese organischer Körper aus Wassergas (sog. Methanolverfahren) folgendes allgemeine Schema an:

$$CO + H_2 \rightarrow CH_2O\,? \rightarrow CH_3OH \rightarrow \begin{cases} \text{Alkohole} \\ \text{Säuren} \\ \text{Äther und Ester} \\ \text{Aldehyde und Ketone} \\ \text{Kohlenwasserstoffe} \\ \text{Cyclische Verbindungen} \end{cases}$$

Der Katalysator beschleunigt nun entweder die zum Methanol führende Reaktion und unterdrückt die Folgereaktionen, wie z. B. Zinkoxyd, oder er beschleunigt auch unter diesen noch die eine oder andere. Insbesondere durch *Mischen* von Katalysatoren läßt sich das erreichen. So führt ein Zusatz von Chromoxyd oder auch von Alkali die Reaktion in Richtung der höheren Alkohole weiter, Ferrioxyd dagegen in Richtung auf CH_4 und höhere Kohlenwasserstoffe („synthetisches Benzin"), Schwefel hält diese Eisenwirkung hintan [MITTASCH (347)].

Folgereaktionen.

Als wichtiges Beispiel sei hier die *Dehydratation von Alkohol an Alumiumoxyd* genannt. Als Zwischenstufe tritt hier *Äther* auf, gemäß dem Schema:

$$2\,C_2H_5OH \xrightarrow{Al_2O_3} (C_2H_5)_2O + H_2O$$

$$(C_2H_5)_2O \xrightarrow{Al_2O_3} 2\,C_2H_4 + H_2O.$$

Die Ausbeuten an Äther und an Äthylen bei verschiedener Strömungsgeschwindigkeit (d. i. Einwirkungsdauer des Kontakts) zeigen dies deutlich. Sie sind nach Messungen von ALVARADO (348) in Fig. 34 eingetragen.

Man sieht deutlich, daß bis 300°, wo der Äther nicht weiter zersetzt wird, die Äthylenausbeuten klein bleiben. Bei 354° aber wird nach Zeiten über eine halbe Stunde der Äther merklich aufgezehrt und in demselben Maße steigt die Ausbeute an Äthylen, das also aus dem Äther entstanden ist.

Ebenso liegen die Verhältnisse bei der *Synthese von Äthylamin aus Alkohol und Ammoniak an Tonerde*, die von DORRELL (349) studiert wurde. Das Reaktionsschema ist:

$$\text{I)}\quad C_2H_5OH + NH_3 = C_2H_5NH_2 + H_2O$$

$$\text{II)}\quad C_2H_5NH_2 = C_2H_4 + NH_3.$$

Das Äthylamin spielt hier ganz die Rolle des Äthers im vorigen Beispiel, es ist Zwischenprodukt einer Dehydratisierung. Es existiert auch hier ein Gebiet, in dem bei vergrößerter Strömungsgeschwindigkeit, d. i. verminderter Reaktionsdauer, die Ausbeute an Äthylamin steigt, ganz im Gegensatz zu einfach verlaufenden Reaktionen. Es ist wahrscheinlich, daß diese Bevorzugung von I auf der starken *Adsorption* von Ammoniak beruht, die festgestellt wurde und möglicherweise II durch Verdrängung hemmt. Kinetische Messungen würden dies prüfen lassen. Dieser Gesichtspunkt der „*Partialvergiftung*" nur einer Reaktion wird uns noch beschäftigen.

Sehr eingehend wurde wegen ihrer technischen Bedeutung die *Verbrennung von Ammoniak zu Stickoxyd am Kontakt* untersucht, und zwar besonders von ANDRUSSOW (350). Hinsichtlich der Verweilzeit am Katalysator liegen die Verhältnisse hier ganz ähnlich wie in den soeben betrachteten Fällen, indem das erwünschte Zwischenprodukt, NO, mit geringer werdender Strömungsgeschwindigkeit abnimmt, weil es zerfällt.

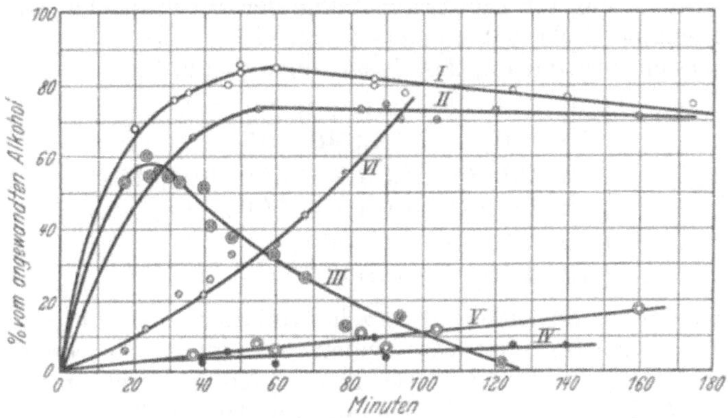

Fig. 34. Äther als Zwischenprodukt der Dehydratisierung von Alkohol an Tonerde nach ALVARADO. I Äther 269°, II Äther 300°, III Äther 354°, IV Äthylen 269°, V Äthylen 300°, VI Äthylen 354°

Daneben zerfallen aber auch die Ausgangsstoffe, d. h. das Ammoniak, bei langsamer Strömung teilweise in unerwünschter Richtung, nämlich zu Stickstoff und Wasserstoff, und ebenso auch die noch dem Stickoxyd vorgelagerten Stufen. In dem von BODENSTEIN und ANDRUSSOW (351) aufgestellten Schema tritt an solchen im wesentlichen ein instabiler Körper HNO (*Nitroxyl*) auf, der entweder, wie gesagt, ähnlich wie Stickoxyd unerwünscht zerfallen oder (erwünscht) solches liefern kann. Das Schema lautet:

$$\underbrace{NH_3 + O_2} \to HNO \to NO + H_2 \to \underbrace{N_2 + H_2 + H_2O}$$

(Die gestrichelten Pfeile bedeuten spontane homogene, die ausgezogenen heterogenkatalytische Reaktionen.)

Zum Teil sehen wir also bereits eine Selektivität unter parallelgerichteten Reaktionen vor uns.

Der Haupteinwand gegen dieses Schema war bisher, daß der Zerfall des postulierten HNO in N_2O und Wasser, obgleich er zu erwarten, ausblieb. Deshalb wurde von verschiedenen Seiten [PARTINGTON (352),

RASCHIG (353)] NH als Zwischenstufe vorgeschlagen. Neuerdings ist es jedoch v. NAGEL (354) gelungen, an MnO_2-haltigen Kontakten N_2O in großen Mengen zu erhalten.

Die Stickoxydausbeute besitzt außer der selbstverständlichen unteren auch eine *obere Temperaturgrenze*, weil oberhalb 600—700° die Selektivität des Katalysators verlorengeht, indem er nun auch die unerwünschten Reaktionen bei jeder Strömungsgeschwindigkeit bis zum Gleichgewicht beschleunigt.

Nebenreaktionen.

Wir gehen jetzt zu den Fällen über, in denen der Katalysator nur zwischen zwei nebeneinander möglichen Reaktionen desselben Substrats zu wählen hat. Diese Erscheinungen sind im allgemeinen kinetisch durchsichtiger und für die Erforschung der Struktur der wirkenden Oberflächenteile deshalb besonders wertvoll.

Es handelt sich darum, daß Reaktionen wie z. B.

$$\begin{cases} \text{I)} & C_2H_5OH = C_2H_4 + H_2O \\ \text{II)} & C_2H_5OH = CH_3CHO + H_2 \end{cases}$$

oder

$$\begin{cases} \text{I)} & CH_2:CHCH_2OH = CH_2CHCHO + H_2 \\ \text{II)} & CH_2:CHCH_2OH = CH_3CH_2CHO \end{cases}$$

oder

$$\begin{cases} \text{I)} & HCOOH = H_2 + CO_2 \\ \text{II)} & HCOOH = H_2O + CO \end{cases}$$

nebeneinander an derselben Oberfläche verlaufen, bzw. im Grenzfalle, daß der Katalysator eine von beiden bevorzugt. So beschleunigen nach SABATIER (329) Metalle, wie aktives Kupfer, fast ausschließlich die *Aldehydbildung*, Tonerde dagegen nur die *Äthylenbildung aus Alkohol*, während andere Oxyde, besonders TiO_2 und ZnO, beide Reaktionen beschleunigen.

Ameisensäure zerfällt *an Glas* nach erster Ordnung in beiden oben angeschriebenen Richtungen [HINSHELWOOD, HARTLEY und TOPLEY (355)]. Bei 280° sind beide Geschwindigkeiten einander gleich, jedoch sind die Aktivierungswärmen um 12 kcal verschieden (28 bzw. 16 kcal). Wenn es sich nun bei beiden Reaktionen um dieselben adsorbierten Molekeln handelte (auch der Anteil von λ an q_s wäre dann identisch), so wäre dieses Resultat nicht ohne weiteres verständlich, da gemäß

$$k' = \text{const} \cdot e^{-q/RT}$$

sich die Geschwindigkeiten wie $e^{-12000/2 \cdot 553} = 1:340$ verhalten sollten, statt gleich zu sein.

Es ist also eine *Zusatzhypothese* über das ARRHENIUSsche Gesetz hinaus notwendig. Eine Möglichkeit wäre die, daß man annimmt, außer der energetischen Bedingung sei noch eine *zweite* für die Umordnung des Adsorbats in den Endzustand notwendig, z. B. werde ein zur CO-Reaktion notwendiger Zwischenzustand räumlicher Anordnung („*Phase*“) seltener durchschritten als der für die CO_2-Reaktion notwendige [HINSHELWOOD (12, S. 171)]. Auch der zweite erwähnte Fall, die *Dehydrierung* oder *Isomerisierung* des *Allylalkohols* [CONSTABLE (356)] wäre dieser Deutung zugänglich.

Es gibt indessen, insbesondere an den Zersetzungen des Äthylalkohols, eine Reihe von Erfahrungen, die für eine anscheinend einfachere und allgemeiner anwendbare Erklärung sprechen, die auch durch die Ergebnisse unserer bisherigen Betrachtungen nahegelegt wird. So finden ADKINS und LAZIER (357) an *Zinkoxyd*, BISCHOFF und ADKINS (358) sowie ADKINS und MILLINGTON (359) an *Titanoxyd*, daß das Verhältnis Dehydratisierung zu Dehydrierung, also C_2H_4/H_2, sehr stark von den *Herstellungsbedingungen* abhängt. CREMER (360) findet dasselbe auch an den *Oxyden der seltenen Erden*, obgleich dort sogar die Aktivierungswärmen beider Reaktionen einander merklich gleich sind. Es ist schwer einzusehen, wie durch die Vorgeschichte des Kontakts die Zerfallswahrscheinlichkeiten von identisch adsorbierten Molekeln in beiden Richtungen verschieden beeinflußt werden können.

Noch überzeugender sind aber die Befunde von HOOVER und RIDEAL (243) für *Thoriumoxyd*, das ebenfalls beide Reaktionen katalysiert. Nicht nur haben sie auch hier trotz ähnlicher Geschwindigkeit verschiedene Temperaturkoeffizienten, sondern vor allem läßt sich die Dehydratisierung durch Wasser, Acetaldehyd oder Chloroform *selektiv vergiften*, während die Dehydrierung weiterläuft. Wie wir im nächsten Abschnitt sehen werden (S. 186ff.) besteht die Vergiftung in einer Verdrängung des Substrats aus der Oberfläche. Da nun das Substrat vorwiegend hinsichtlich der einen Reaktion verdrängt wird, ist zu schließen, was auch durch die Abhängigkeit von der Darstellung des Kontakts nahegelegt wird, daß beide Reaktionen an *verschiedenen Teilen der Oberfläche* verlaufen.

Hiermit stehen die Versuche im besten Einklang, die HOOVER und RIDEAL an derselben Reaktion und demselben Kontaktpräparat *bei geringen Drucken* gemacht haben. Hier wird nämlich das Verhältnis zugunsten der Äthylenbildung verschoben. Die Erklärung ist die, daß diese Reaktion eine Verdrängungshemmung durch ihre Produkte erfährt. Wir sahen ja schon bei DOHSE (S. 161), daß Wasser eine solche Wirkung ausübt; an Th_2O_3 ist freilich nicht festgestellt, ob nicht außerdem das Äthylen hemmt. Bei Druckverminderung geht nun die hemmende Adsorption der Produkte zurück, jedoch ist dies nur an *der* Oberfläche kinetisch bemerkbar, die die gehemmte Reaktion katalysiert, nicht an der anderen. Für diese Deutung spricht auch, daß die scheinbare Aktivierungswärme bei geringen Drucken zurückgeht, indem λ_B (s. S. 166) mehr oder weniger entfällt.

Man darf wohl mit TAYLOR (280) diesen Gesichtspunkt verallgemeinern und die selektive Aktivität eines Katalysators oder seiner Flächenteile überhaupt durch eine *selektive Adsorption* aus Gasgemischen deuten, zumal wir ja eine solche selektive Adsorption an Teilbezirken auch von einfachen Reaktionen her (S. 162) bereits kennen. So läßt sich die Tatsache, daß die Reaktion

$$CO + 3\,H_2 = CH_4 + H_2O$$

an Nickel gut, an Kupfer nicht verläuft, gut so auffassen, daß am Kupfer, wie bekannt, CO stark adsorbiert wird und so vergiftet.

Auch für die Auswahl aus Folgereaktionen ist dieser Gesichtspunkt brauchbar, indem eine *Schutzvergiftung* ein Zwischenprodukt stabilisieren kann [z. B. ARMSTRONG und HILDITCH (361)]. Wir haben diese Wirkung ja bereits beim Äthylamin (S. 182) vermutet. Die Wirkung des Schwefels auf gemischte Methanolkontakte, die wir oben besprachen (S. 182), ist ein anderer, besonders durchsichtiger Fall, indem hier nur der Flächenanteil Fe_2O_3, nicht das ZnO, vergiftet wird.

SABATIER (362) und HARA (363) betonen, daß in Fällen hoher Spezifität in der organischen Chemie die Annahme definierter Zwischenverbindungen heuristisch fruchtbarer ist. Sie bedeutet indes nur eine Spezialisierung der selektiven Adsorption auf die allein katalytisch wirksame Adsorption durch chemische Kräfte.

Vergiftung.

Wir haben soeben bereits von einem Begriff Gebrauch gemacht, der sich für das Studium der Oberflächenstruktur als sehr fruchtbar erwiesen hat: von der *Vergiftung.* Unter „Vergiftung" faßt man alle die Erscheinungen zusammen, bei denen die Anwesenheit irgendeines Stoffes im System bewirkt, daß die *katalytische Reaktionsgeschwindigkeit geringer* ist als in seiner Abwesenheit. Wir können die Vergiftung also als „negative Katalyse" auffassen, was auch dadurch nahegelegt wird, daß oft schon sehr geringe Giftmengen starke Wirkungen ausüben. Wir werden diese Erscheinung aber doch schon hier besprechen, weil wir unter „negativer heterogener Katalyse" (s. S. 216) ja den Fall zu verstehen haben, daß der *negative* Katalysator in der substratfremden Phase vorliegt, nicht, wie hier, der vergiftete positive. Es handelt sich also um einen analogen Fall, wie wir ihn in homogener Phase auf S. 59 und S. 127 kennengelernt haben, nämlich die Beseitigung einer positiven heterogenen Katalyse. Für das Studium der positiven Katalyse ist diese Erscheinung daher ebenso fruchtbar gewesen, wie es andererseits praktisch wichtig ist, die Vergiftung selbst als Schädigung des Kontakts zu bekämpfen oder als „Schutzvergiftung" zu lenken.

Aus Zweckmäßigkeitsgründen teilt man ein in *„bleibende" und „vorübergehende" Vergiftung* [TAYLOR und RIDEAL (364, S. 127ff.)]. Eine bleibende Vergiftung, d. h. eine solche, die nach Entfernung des Giftes aus dem Reaktionsgemisch nicht wieder zurückgeht, bewirken z. B. flüchtige *Siliciumverbindungen* an *Ammoniakkatalysatoren, Schwefelverbindungen* an *Eisen* für die *Ammoniaksynthese,* an *Nickel* für die Hydrierung. Vorübergehende Vergiftungen dagegen verschwinden wieder, wenn man mit giftfreien Gasen zu arbeiten beginnt, indem nämlich nun das Gift den Katalysator wieder verläßt, ohne daß er sich verändert hat. Hierher gehört die schon von FARADAY studierte Vergiftung der *Knallgasvereinigung* an Platin durch *Kohlenoxyd,* ferner die noch zu besprechende Giftwirkung von *Sauerstoff* und seinen Verbindungen auf den *Ammoniakzerfall.* Vor allem sind als vorübergehende Vergiftungen alle die Fälle zu bezeichnen, die wir bei Betrachtung der Geschwindigkeitsgleichungen kennengelernt haben, in denen ein *Re-*

aktionsprodukt nach Maßgabe seiner Menge die Reaktion hemmt, in der es entsteht. Bei Vergrößerung der Strömungsgeschwindigkeit, d. h. Verminderung des Giftpartialdrucks, nehmen ja solche Hemmungen ab [FRANKENBURGER (283)].

Die *bleibende Vergiftung* wird meist darin bestehen, daß das Gift mit dem Katalysator eine *Verbindung* bildet, die ihn oberflächlich mit einer nichtkatalysierenden Haut überzieht. So ist es zu erklären, daß an *Nickel* und *Kupfer* die Geschwindigkeit der *Knallgaskatalyse* in dem Augenblick abrupt fast auf Null sinkt, in dem die dabei entstehende Oxydhaut (s. S. 179) das Metall ganz überzieht [BENTON und EMMET (308), LARSON und SMITH (309)]. Für dieselbe Reaktion an *Silber* und *Gold* konnten CHAPMAN, RAMSBOTTOM und TROTMAN (365) diese Auffassung direkt bestätigen, indem sie beim Abpumpen des vergiftenden Sauerstoffs ein Ansteigen der Aktivität unterhalb eines ganz bestimmten Sauerstoffdruckes (Dissoziationsdruck der Haut; Größenordnung: 0,001 mm) beobachteten.

Dies zeigt schon, daß der Ausdruck „Verbindung mit dem Katalysator" hier weiter gefaßt werden muß als es stöchiometrischen, krystallisierbaren Verbindungen entspräche. *Oberflächenverbindungen* können eben noch in Gebieten stabil sein, wo die entsprechende kompakte Verbindung nicht mehr existenzfähig sein würde, wegen ihrer anders verteilten Bindungskräfte. Goldoxyd ist ja bei Atmosphärendruck und Zimmertemperatur schon instabil und auch der Dissoziationsdruck des Silberoxyds beträgt noch das Hundertfache des angewandten Druckes von 10^{-3} mm (LANDOIT-BÖRNSTEIN). Andererseits ist auch der Ausdruck „bleibend" nur relativ zu definieren, nämlich für Irreversibilität *unter den Bedingungen der Katalyse*, denn wir sahen ja an dem letzten Beispiel, daß auch die Oberflächen- oder Adsorptionsverbindung unter geeigneten anderen Bedingungen zerfallen kann.

Erst recht kann daher eine vorübergehende Vergiftung resultieren, wenn die vergiftende Verbindung eine kompakt-stabile, also instabiler als eine Oberflächenverbindung, ist. Das ist, wie mehrere Arbeiten zeigen, der Fall bei der *Hemmung des Ammoniakzerfalls an Eisen* durch *Wasserdampf*, *Sauerstoff*, *Kohlenoxyd*, die ja benutzt wird, um bei der Verkokung in eisernen Retorten die Ammoniakausbeute zu schützen. In der reduzierenden Atmosphäre des Ammoniaks bilden ja alle diese Gase sofort *Wasser*, so daß wir nur dieses zu betrachten brauchen. A. SCHMIDT (366) konnte nun zeigen, daß die Giftwirkung des Wasserdampfes auf Eisenkatalysatoren gerade unterhalb desjenigen Verhältnisses Wasserdampf : Wasserstoff aufhört, bei dem die Reaktion:

$$Fe_3O_4 + 4\,H_2 \rightleftharpoons 3\,Fe + 4\,H_2O$$

beginnt, in der geschriebenen Richtung zu laufen. Damit wird nämlich die Haut des vorher stabilen Oxyds *reduziert*. Analoges gilt auch für die HCl-Vergiftung durch Chloridbildung. Interessant ist die Feststellung von ALMQUIST und BLACK (367), daß an *verstärktem* Eisen die dort stabilere Oberflächenverbindung erst bei *geringerem* Wasserdampfgehalt reduziert werden kann. Wir kommen hierauf zurück (S. 207ff.).

In den meisten Fällen der vorübergehenden Vergiftung aber handelt es sich um eine ganz spezifische *Oberflächenverbindung*, d. h. um besonders starke *Adsorption des Giftes*, das so die Reaktionspartner von den katalysierenden Teilen der Oberfläche verdrängt. Diese Vorgänge sollen uns jetzt vorwiegend beschäftigen.

Welche Stoffe diese Giftwirkung ausüben, ist nicht nur für verschiedene Katalysatoren, sondern auch für verschiedene Reaktionen verschieden. So hemmt die *Wasserbildung an Eisen-Edelmetall*-Legierungen der Wasserstoff, an *Nickel-Edelmetall-Legierungen* der Sauerstoff [REMY und GÖNNINGEN (368)]. *Wasser* in großer Konzentration vergiftet an verschiedenen Kontakten die *Kohlenoxydverbrennung* [BONE (369)]. Daß *Schwefelverbindungen* ein gefährliches Gift für die meisten *Metallkontakte* bilden, wurde schon erwähnt, in noch höherem Maße gilt dies für *Arsen*verbindungen, z. B. bei dem *Kontaktschwefelsäureprozeß*.

Recht charakteristisch ist vielfach, z. B. in den zuletzt genannten beiden Fällen, die Tatsache, daß schon *sehr geringe* Mengen eines Gifts genügen können, um die Substrate von den katalysierenden Teilen der Oberfläche völlig zu verdrängen, d. h. die Reaktion praktisch völlig zu unterbinden. Dies beruht dann auf einer besonders überlegenen Adsorptionswärme des Giftes an dem betreffenden Kontakt, wie sie z. B. für Schwefel oder Arsen an Metallen aus chemischen Gründen auch zu erwarten ist.

Wenn die Deutung der Vergiftung durch Adsorptionsverdrängung zu Recht besteht, dann muß auch gefordert werden, daß die Anwesenheit der Gifte die *Adsorption selbst* ebenfalls meßbar beeinflußt. Dies ist denn auch in Fällen, die der Beobachtung günstig sind, tatsächlich der Fall. MAXTED (340) hat eine Verminderung der Adsorption an Palladiumschwarz aus Lösungen konstatiert, die dem Giftgehalt des Adsorbens proportional war. Unter reineren Verhältnissen, nämlich gegenüber der Gasphase, fanden z. B. PEASE und STEWART (371) dasselbe, indem die Adsorption von Wasserstoff an Kupfer durch Kohlenoxyd (das die Äthylenhydrierung vergiftet) meßbar vermindert wird.

Wir haben indessen schon betont, daß die direkte Adsorptionsmessung die Verhältnisse an der katalytisch wirksamen Teilfläche nur unvollkommen wiedergeben kann. Es wäre daher für einen Nachweis der Verdrängungsvergiftung günstiger, ein Merkmal zu besitzen, das den Charakter der Giftadsorption nur an den aktiven Stellen anzeigt. Dieses Merkmal liegt in der Tatsache, daß die Reaktionsgeschwindigkeitsverminderung selbst einer (LANGMUIRschen) *Adsorptionsisotherme für das Giftgas* gehorcht.

Wir erinnern uns aus unserer Zusammenstellung der *selbsthemmenden* Reaktionen, daß dem auch wirklich so ist (Fall I 2, S. 157f.). Was die Hemmung durch reaktions*fremde* Gifte anlangt, sei z. B. auf die Arbeiten von CONSTABLE (302, 295) hingewiesen, wonach die *Dehydrierung von Äthylalkohol an Kupfer* durch Wasser, Aceton und Benzol in steigender Reihenfolge gemäß unserer Gleichung I 2c (S. 158) gehemmt wird. Auch in den eben erwähnten Versuchen von PEASE und STEWART (371) ist die in Gegenwart von Kohlenoxyd verbleibende Restgeschwindigkeit der *Äthylenhydrierung* darzustellen durch den vom stark adsorbierten Kohlenoxyd freigelassenen Teil der Oberfläche, d. h. sie ist ceteris paribus proportional

$$1 - \sigma_{CO} = \frac{1}{b_{CO} \cdot p_{CO}}.$$

(s. a. weiter unten). Ähnlich verhält sich auch die Vergiftung der Reaktion

$$CO + H_2O = CO_2 + H_2$$

an *Eisen* durch *Schwefelwasserstoff*, die von EVANS und NEWTON (372) studiert wurde. So ließen sich noch verschiedene Beispiele sammeln.

Aus der so mehr oder weniger bewiesenen Natur der Vergiftung ergeben sich auch Aussagen über den *Temperaturkoeffizienten* der vergifteten Reaktion. Zunächst wird eine *bleibende* Vergiftung, die einfach einen unter den Versuchstemperaturen unveränderlichen Teil der wirksamen Oberfläche ausschaltet, die Aktivierungswärme an der restlichen Oberfläche *unverändert* lassen, also wohl die Geschwindigkeit, nicht aber den Temperaturkoeffizienten beeinflussen. Das hat CONSTABLE (373) an der durch *Fuselöle* aus unreinem Amylalkohol vergifteten *Alkoholdehydrierung* an *Kupfer* direkt nachgewiesen. Anders steht es bei *vorübergehender* Vergiftung, da hier der freigelassene Teil der Oberfläche selbst, wenigstens im Falle eines Adsorptionsgleichgewichts (Oberflächenverbindung) mit der Temperatur veränderlich ist. Für diesen Fall ist uns die Abhängigkeit bereits bekannt: sie ist dieselbe wie bei gehemmten Reaktionen: Die „scheinbare“ Aktivierungswärme q_s ist gleich der wahren q, vermehrt um die *Adsorptionswärme des Giftes* [s. a. TAYLOR und RIDEAL (364, S. 140)], solange dessen Adsorption stark ist; andernfalls wird die Abhängigkeit verwickelter [s. S. 167 und CONSTABLE (302)].

Eine weitere Konsequenz aus der Auffassung der Verdrängungsvergiftung muß sein, daß die zur *völligen Vergiftung* eben hinreichenden Mengen verschiedener Gifte etwa in *molekularem Verhältnis* stehen müssen, d. h. genauer im Verhältnis der gleiche Flächen bedeckenden Molzahlen; völlige Vergiftung bedeutet ja jeweils Bedeckung derselben Flächenbezirke. Auch diese Forderung ist erfüllt. GHOSH und BAKSHI (374) finden, daß die *Dehydrierung* von *Methanol* und *Formaldehyd* an *Ce-verstärktem Kupfer* durch Schwefelkohlenstoff, Chloroform und Brom in der Weise vergiftet wird, daß zur völligen Vergiftung jeweils *gleiche Atomzahlen* Schwefel bzw. Chlor bzw. Brom erforderlich sind. (Der Begriff „völlige Vergiftung“ ist zwar nicht scharf definiert, aber gerade in dem fraglichen Gebiet nahe der Adsorptionssättigung ändert sich ja die adsorbierte Giftmenge nicht mehr wesentlich, so daß diese rohe Definition doch eine scharfe Bestimmung der Grenzgiftmenge bedeutet.)

Andere Forderungen unserer Auffassung sind jedoch durch die Erfahrung keineswegs bestätigt, und gerade diese sind es, die den Vergiftungserscheinungen besonderes Interesse verleihen, sowohl technisch, wie besonders hinsichtlich der Strukturerforschung der Katalysatoren.

Schon MAXTED (370) ist aufgefallen, daß die Verminderung der Adsorption der Ausgangsstoffe durch Vergiftung immer um ein Vielfaches *hinter der Verminderung der Reaktionsgeschwindigkeit zurückblieb.* Dasselbe findet auch PEASE (375). Ein viel zitiertes Beispiel stammt von PEASE und STEWART (371): Quecksilberdampf verminderte an Kupfer die Adsorption des Äthylens auf das 0,8fache, von Wasserstoff auf das 0,05fache, die Hydrierungsgeschwindigkeit aber auf das 0,005fache [während die bloße Massenwirkung das (0,8 $\times$ 0,05)-fache, d. i. das 0,04fache erwarten ließe]. Bei GRIFFIN (376) ist das Mißverhältnis noch krasser.

Weist schon diese Tatsache darauf hin, daß für die Reaktion nicht die *gesamte* meßbare Adsorption maßgebend ist, sondern nur die an gewissen *Teilbezirken*, so wird dies noch deutlicher, wenn man die Adsorptionsisotherme des Kohlenoxyds in den Versuchen von PEASE und STEWART (371) genauer betrachtet, die sich aus der Geschwindigkeitsverminderung der Hydrierung berechnet. Dies hat CONSTABLE (377) getan. Es zeigte sich, daß die Adsorptionskonstante b (s. S. 189) für das Gift nicht von Anfang an konstant ist, sondern zunächst einen *fallenden Gang* aufweist, d. h. das Gift sättigt zunächst Stellen mit ausnehmend starkem Adsorptionsvermögen ab, ehe der Durchschnitt der katalytisch aktiven Bezirke mit konstantem b an die Reihe kommt.

KAEB (378) im BREDIGschen Laboratorium hat gezeigt, daß das *elektrochemische Potential* vergifteter Platinmohre edler ist als das katalytisch voll wirksamer, und zwar ist die Potentialverschiebung zwischen Werten von 3 mV (Gasbeladung) und 200 mV (anorganische Salze) *variabel.* Die Abstufung weist darauf hin, daß durch verschiedene Gifte Stellen bis zu einer verschiedenen Lösungstension hinab ausgeschaltet werden, daß also eine solche *Abstufung der Stellen* vorhanden ist.

Noch deutlicher geht aber die qualitative Differenziertheit der katalytisch wirkenden Oberfläche aus den Erscheinungen der *selektiven Vergiftung* hervor, die wir ja schon bei der selektiven Katalyse überhaupt als ausschlaggebend kennengelernt haben (S. 185). WILLSTÄTTER und HATT (379) fanden, daß *thiophen*haltiges Benzol an *Platin* überhaupt nicht hydrierbar ist, während ein aliphatischer Kohlenwasserstoff wie Limonen *in derselben Lösung* zwar verlangsamt, aber doch vollständig hydriert wurde. Thiophen vergiftet demnach die Hydrierung aromatischer Ringe (auch des Naphthalins) wesentlich stärker als die offener Ketten. Ganz analog sind die Beobachtungen von KUBOTA und YOSHIKAWA (380) an *Nickel.* Die aktivsten Stellen, die aromatische Kerne hydrieren, werden durch *Thiophen* vergiftet, ohne daß dadurch die Fähigkeit des Katalysators, Olefine zu hydrieren, verlorengeht. *Äthylsulfid* unterbindet dann auch diese Funktion, aber die Reduktion von Nitrokörpern bleibt weiter erhalten, bis auch sie durch *Schwefelwasserstoff* ausgeschaltet wird. VAVON und HUSON (381) haben solche Erscheinungen ebenfalls systematisch studiert; RIDEAL und WRIGHT (382) fanden eine differenzierte Oberfläche durch Vergiftung auch an *Kohle*; GHOSH und BAKSHI (374) finden, daß kleine Mengen von *Schwefel-*

kohlenstoff und *Chloroform* an Ce-verstärktem Kupfer die Dehydrierung von *Methanol* nicht, wohl aber die des entstandenen *Formaldehyds* vergiften, diesen also schützen. Andere Beispiele von Schutzvergiftung und ihre Bedeutung haben wir früher schon (S. 186) kennengelernt.

Der *Schluß*, den hauptsächlich TAYLOR (281) aus diesen Tatsachen auf die chemische Differenziertheit auch von Einstoff-Oberflächen gezogen hat, ist demnach *unvermeidlich*, und gerade angesichts der Vergiftungserscheinungen wäre es schwer verständlich, ja, heuristisch ein Rückschritt, wollte man [wie SAUTER (229)] gerade diese auf die katalytische Funktion gestützten Feststellungen als nicht maßgeblich für die Katalysatorstruktur erklären und die „Verschiedenheit der Reaktionsmöglichkeiten aus dem genaueren Studium der (Ad-)Sorption erschließen", von der wir ja schon sahen, daß sie diese Differenziertheit nur sehr abgeschwächt, wenn überhaupt, wiedergibt.

Wir werden im nächsten Abschnitt die Ergebnisse und Vorstellungen kennenlernen, zu denen eine gebührende Berücksichtigung *aller* Beobachtungen, der Adsorption, der Kinetik und der Selektivität in Katalyse und Vergiftung neben theoretischen Überlegungen bis heute schon geführt haben, und werden sehen, daß schon ein recht einheitliches Bild, wenigstens in Umrissen, entworfen werden kann.

Der Zustand eines Katalysators.

Zunächst müssen noch die Erfahrungen besprochen werden, die man über die Veränderlichkeit der katalytischen Eigenschaften eines Materials mit seiner *Zubereitung* und *Vorbehandlung* gemacht hat. Zahlreiche Erfahrungen weisen darauf hin, daß eine möglichst feine Verteilung des Kontaktmaterials seiner Wirkung günstig ist, ja, sie praktisch oft bedingt; so sind Platinmohr, fein verteiltes Kupfer, pyrophores Nickel für viele Reaktionen gute Katalysatoren, während Bleche oder Drähte desselben Materials völlig versagen.

Es liegt nahe, solche Erscheinungen einfach auf die größere *Oberflächenentwicklung* feiner Pulver zurückzuführen; eine einfache Überlegung zeigt ja, daß bei einander geometrisch einigermaßen ähnlichen Körnern die Oberfläche je Gramm dem Korndurchmesser umgekehrt proportional ist. Die Auffassung von dem Einfluß der Oberflächenentwicklung ist also quantitativ prüfbar, indem man gemessene Korngrößen mit der jeweiligen Wirksamkeit verschiedener Präparate vergleicht. Zur *Messung der Korngrößen* können verschiedene Methoden dienen. LOTTERMOSER (383) bedient sich der *mikroskopischen* Methode und stellt tatsächlich eine Zunahme der Wirksamkeit mit sinkender Teilchengröße fest. O. SCHMIDT (316) bestimmt direkt die Oberfläche von aktiven Nickelpräparaten aus ihrer *Lösungsgeschwindigkeit* in Säuren nach dem NERNST-BRUNNERschen Gesetz durch Vergleich mit kompaktem Nickel und findet so, daß die Hydrierungsgeschwindigkeit der spezifischen Oberfläche symbat, nach seiner Meinung proportional, ansteigt. Wir kommen auf diese Versuche zurück.

Hier handelt es sich um Teilchen in der Größenordnung 10^{-4} cm. Bei noch feinerem Material ist eine *röntgenographische* Methode anwendbar, die aus der Unschärfe (Halbwertsbreite) der DEBYE-SCHERRER-Interferenzen die Korngröße, d. h. die Größe krystallographisch einheitlicher Gitterstücke, zu ermitteln gestattet. Sie beruht darauf, daß infolge von Gitterstörungen und Wärmeschwingungen die Interferenzen bei zu geringer Zahl von Netzebenen eines Gitters unscharf werden. Daher liegt die obere Grenze der Methode bei Krystalliten von etwa 100 Atomschichten, also Teilchengrößen von rund 10^{-6} cm [WYCKHOFF und CRITTENDEN (384)]. Ausgebaut wurde das Verfahren besonders von BRILL und PELZER (385). Als Beispiel sei eine ältere Untersuchung von LEVI und HAARDT (386) angeführt, die auf diesem Wege fanden, daß Platinmohr mit steigender Korngröße Hydroperoxyd immer langsamer zersetzt.

Ein gewisses Maß der Oberflächenentwicklung sollte auch die *Adsorptionsfähigkeit* für Gase abgeben. Haben doch z. B. PANETH und VORWERK (238) durch Farbstoffadsorption Pulveroberflächen bestimmen können, ein Verfahren, das auf Katalysatoren wohl noch keine Anwendung gefunden hat[1].

Ein Gebiet, auf dem indessen die Verminderung der *Gasadsorption* bei Oberflächenverminderung sehr deutlich beobachtet wurde, ist das der „*Sinterung*“ der Katalysatoren.

Hierunter versteht man nicht, wie im sonstigen Sprachgebrauch, das Zusammenbacken eines Pulvers infolge oberflächlicher Schmelzung, sondern das Rekrystallisieren kleiner Körnchen und feiner Verteilungen zu gröberen weit unter dem Schmelzpunkt infolge thermischen Platzwechsels und Selbstdiffusion; insbesondere in der Oberfläche sind solche Vorgänge wegen der schwächeren Bindung erleichtert.

Katalysatoren, insbesondere die hochaktiven der Technik, sind thermodynamisch höchst *instabile* Gebilde von lockerer Oberflächenstruktur und großer Oberflächenentwicklung, die meist auf chemischem Wege (Reduktion, Ausfällung) bei möglichst *tiefen* Temperaturen aus anderen Verbindungen hergestellt werden. Wenn solche Gebilde zu hohen Temperaturen ausgesetzt werden, insbesondere auch bei Überhitzung im *Gebrauch*, so stellt sich eine *stabilere* Oberflächenstruktur her, die großen Krystallite wachsen auf Kosten der flüchtigeren kleinen, die rauhe Oberfläche wird glatter und die Wirksamkeit *sinkt*. Daher ist in der Technik insbesondere exothermer Katalysen (und das sind die meisten) die geeignete *Ausbalancierung von Umsatz und Wärmeabfuhr* so wichtig.

Diese Vorgänge der Sinterung sind nun eine weitere ergiebige Quelle der Erkenntnis von der Oberflächenstruktur selbst. Ist die Abnahme der Wirksamkeit beim Sintern der Abnahme der Adsorption und der Abnahme der Oberfläche proportional, oder liegen die Verhältnisse ähnlich wie bei der *Vergiftung?*

Tatsächlich ist das letztere der Fall. Z. B. RUDISILL und ENGELDER (387) fanden, daß *Titanoxyd* beim Sintern für die Alkoholspaltung schlechter wird, aber für die Dehydrierung in *einem anderen Maße* als

[1] Im Gang befindliche Versuche von SCHULTES und Verf. zeigen seine Anwendbarkeit.

für die simultane Dehydratisierung. SABATIER (329) kann durch Hitzebeeinflussung schon bei der *Herstellung* verschiedene Funktionen desselben Katalysators sukzessive zum Verschwinden bringen. Zahlreiche weitere Beispiele dieser Art hat TAYLOR (280, 281) gesammelt. Es sintern also die Stellen verschiedener Art in verschiedenem Maße.

In engem Zusammenhang damit stehen auch Erfahrungen, nach denen die Aktivität von dem *Ausgangsmaterial* der Herstellung abhängt, Erscheinungen, die besonders BISCHOFF und ADKINS (358, 359) studiert haben. Die katalytische Wirkung eines Zink- oder Titan- oder Aluminiumoxyds hängt danach in Größe und auch Selektivität davon ab, ob das Oxyd etwa aus Oxalat oder aus Nitrat oder aus Carbonat usw. hergestellt wurde. Die Autoren möchten dies auf die Verschiedenheit der Raumverhältnisse in entstandenen Pseudogittern zurückführen, von Gesichtspunkten ausgehend, die den besprochenen BALANDIN-BURKschen (S. 174) ähneln. Indes dürfte das verschiedene Ausgangsmaterial an sich eine verschiedene Herstellungstemperatur (Zersetzungstemperatur!) und schon damit ein verschiedenes Verhältnis von Keimbildungs- und Keimwachstumsgeschwindigkeit mit sich bringen, so daß der Einfluß auch bei Entstehung eines *normalen* Gitters vorhanden und von dem einer nachträglichen Sinterung nicht grundsätzlich verschieden sein muß.

Die „aktiven Zentren".

Wir haben im vorstehenden den letzten Schlußstein einer Reihe von Beobachtungen kennengelernt, die alle auf ein und dieselbe Tatsache hindrängen, und haben diese Tatsache auch jeweils, wenigstens andeutungsweise, bereits gefolgert und zur Deutung der Beobachtungen erfolgreich verwertet: es ist die Tatsache von der *Differenziertheit der Oberfläche*, vom Vorhandensein verschiedenartiger „Bezirke" oder „Stellen", oder, um den terminus zu benutzen, der sich eingeführt hat, „*aktiver Zentren*".

Die experimentelle Grundlage besteht in der Variabilität der *Adsorptionswärme* mit der Belegungsdichte, der *verdrängungslosen binären Adsorption*, den graduellen *Adsorptionsverschiedenheiten* desselben Gases in verschiedenen Reaktionen und Druckbereichen, der *selektiven Katalyse*, selektiven *Vergiftung* und *Sinterung*, endlich der hohen Empfindlichkeit der *Katalyse selbst* gegenüber Gift, Herstellung und Sinterung, verglichen mit der Empfindlichkeit der Oberflächenentwicklung und der Adsorption.

Es ist das große Verdienst TAYLORS, in einer Reihe von Arbeiten (280, 281) alle diese Tatsachen gesammelt und unter einheitlichen Gesichtspunkten zu einem *konkreten Bild* von den katalytischen Oberflächen gestaltet zu haben. Er stellt sich die Außenfläche eines realen festen Körpers so vor, daß in ihr, wie Fig. 35 zeigt, nicht nur Atome vorkommen, die nur in einer Richtung an das Gas grenzen (Atome in Gitterebenen), sondern auch solche, die mit zwei (Kantenatome), drei (Eckatome), vier oder fünf (Spitzenatome) Valenzen in den Raum ragen und daher *durch ihre Lage* in stärkerem Maße befähigt sind, Gase zu adsorbieren und ihre Molekeln zu deformieren bzw. zu dissoziieren, wie wir das oben (S. 171ff.) gefordert haben.

Dieses Prinzip enthält offenbar *alle Gesichtspunkte*, die wir zur Deutung der verschiedenen Anomalien jeweils benötigt haben. Wir verstehen so, daß die Adsorptionswärmen von Stelle zu Stelle stark verschieden sind, daß Reaktionen verschiedener Art an verschiedenen Atomarten ablaufen können, daß eine Hemmung die eine Reaktion stark, die andere an anderen Atomen wenig beeinflussen kann, vor allem auch, daß Hitzebehandlung die verschiedenartigen „Zentren" so verschieden stark mitnimmt: Gerade die aktivsten Spitzenatome werden es sein, die sich bei Sinterung zuerst vom Gitterverband lösen und in stabilere Lagen begeben werden.

Wir haben somit in der Hypothese Taylors eine gleichzeitige Deutung großer und verschiedenartiger Erscheinungskomplexe vor uns, die zum mindesten heuristisch außerordentlich fruchtbar sein muß. Die aktiven Zentren leugnen und alle auf sie deutenden Zeichen einer „chemosorbierenden" „Beimengung" zuschreiben [Sauter (229)], heißt ja nur die Nomenklatur verschieben. Man kann einwenden, daß es sich zunächst nur um ein rein qualitatives Prinzip handelt, das ebenso viele Freiheitsgrade läßt (über das ideale Gitter hinaus), als man zur Unterbringung sämtlicher Anomalien braucht. Das ist gewiß richtig, aber immer zahlreicher werden die Anomalien dieser Art und Bedeutung, immer direkter die Hinweise auf die Aktivitätsverschiedenheiten und immer enger vor allem auch der quantitative Rahmen, der sich um das qualitative Bild legt.

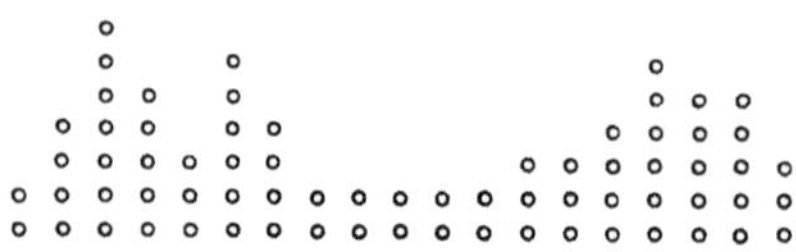

Fig. 35. Profil einer Katalysatoroberfläche nach Taylor.

Von der theoretischen Verständlichkeit der Wirksamkeit „freier Gittervalenzen" abgesehen, besitzen wir in den Versuchen von Frankenburger und Mayrhofer (335) und Mittasch und Frankenburger (336) jetzt wirkliche Beweise dafür, daß ganz oder doch *teilweise* isolierte Atome, und gerade letztere, zu chemischen Wirkungen befähigt sind (Wasserstoff- und Stickstoffbindung, S. 177), die dem kompakten Gittermaterial in jedem meßbaren Ausmaß versagt sind. Hierin liegt ein direkter Beweis für die Taylorsche Lehre.

Es soll nun sofort dem Mißverständnis vorgebeugt werden, als ob die Annahme von „aktiven Zentren" bedeute, daß katalytische Reaktionen *grundsätzlich* an glatten Gitterebenen *niemals* ablaufen können und daß nur die allerlockersten Atome den eigentlichen Katalysator ausmachen. Taylor selbst (274) lehnt eine solche Interpretation ab und weist darauf hin, daß sämtliche Atome der Oberfläche Teilnehmer einer *Verteilung* variabler Energie, Ungesättigtheit und katalytischer Wirksamkeit über die Oberfläche sind.

Die Vorbedingung einer quantitativen Ausgestaltung der Idee von den aktiven Zentren wäre also die Feststellung dieser Verteilung in einzelnen Fällen, d. h. der Zahl von Atomen (Ionen usw.), denen in einer

Oberfläche ein zwischen bestimmten Grenzen liegender Wert einer Eigenschaft (potentielle Energie, Adsorptionswärme, Reaktionsgeschwindigkeit od. dgl.) zukommt. TAYLOR (274) hat solche Messungen anstellen lassen und gibt für einen bestimmten Eisenkontakt z. B. folgende Abstufung der Adsorptionswärmen des Ammoniaks:

cm^3 adsorbiert:	2	4	6	8	10	12	14
λ_{NH_3} in kcal	18	16	14	12,5	11,3	10,5	9,9

Hier kann die adsorbierte Menge Ammoniak als Maß für die Zahl adsorbierender Eisenatome dienen, deren Energie (s. später) so abgestuft ist, wie die bei der Adsorption freiwerdende. Wir bemerken zunächst, daß der Teil der Atome, der die höchste Adsorptionswärme bei seiner Absättigung entfaltet, die aktivsten Zentren also, nur einen *sehr geringen Bruchteil* der Gesamtzahl ausmachen. So wird es verständlich, daß die Reaktionsgeschwindigkeit durch Sinterung oder Gift viel stärker abgebaut wird als die Adsorption.

Bezieht sich diese Statistik noch auf die *überhaupt adsorbierende* Oberfläche, so geben die DOHSEschen Reaktionen (303) in unimolekularen Schichten direkt die Abstufung *der* Zentren an, an denen *meßbare Reaktion* stattfindet. Die adsorbierten Alkohole zerfallen ja (S. 162) proportional ihrer Adsorptionsdichte, d. h. nach erster Ordnung, und die Zerfallskonstante, die man so beobachtet, ist ein Maß für die mittlere Wirksamkeit der jeweils noch bedeckten aktiven Zentren. In der Fig. 36 geben wir die Messungen und Interpolationen DOHSEs für den Zerfall unimolekular adsorbierten Isopropylalkohols an Tonerde wieder.

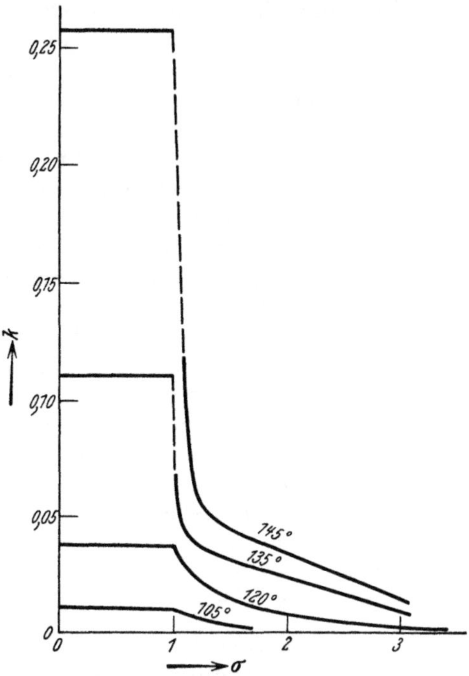

Fig. 36. Gang der Zerfallskonstanten in unimolekularer Schicht mit der Belegungsdichte nach DOHSE (*i*-Propylalkohol an Tonerde).

Das Resultat ist gegenüber dem von DEW und TAYLOR einigermaßen überraschend. Wir sehen, daß die Zerfallskonstante bis zu einer bestimmten temperaturunabhängigen Belegungsdichte hinauf *konstant* ist, und daß dann ein sehr rascher Abfall folgt. Es existiert also eine recht genau abzählbare Anzahl von Zentren *gleicher* und hoher Reaktionsgeschwindigkeit. Der Knick dürfte bei der Belegungsdichte liegen, die der Sättigung dieser Art Zentren entspricht. Bei noch höherer Belegung werden dann erst Zentren geringerer und kontinuierlich verteilter Wirksamkeit bemerkbar.

Es scheint hier ein *Widerspruch* vorzuliegen. Und zwar beschränkt er sich nicht auf diese zwei Meßreihen, sondern geht durch das ganze Gebiet der Grenzflächenchemie hindurch. Der DOHSEsche Sachverhalt entspricht ja ganz dem, was wir bei der mathematischen Behandlung der Kinetik (S. 157ff.) vorausgesetzt haben und voraussetzen durften: für jede Reaktion konstantes k und konstantes b, d. h. nur *eine* Art von wirksamen Zentren mit *gleichen* Eigenschaften. Dieses Bild finden wir also immer dann, wenn wir die *Katalyse selbst* zur Messung heranziehen. Messen wir dagegen die *Adsorption*, wie in der vorhergehenden Tabelle, so stoßen wir immer (s. S. 148) auf eine mehr oder weniger große *Mannigfaltigkeit* von Werten für die Energie.

Dieser Widerspruch in den zwei verschiedenen Aussagen über die Verteilung kann nur so behoben werden, daß wir sagen: Von den vielen Arten von Zentren, die in der Oberfläche vorliegen und die uns die Adsorptionsmessung anzeigt, ist für eine bestimmte Reaktion nur *eine* Art kinetisch so *überragend* wirksam, daß man die kinetischen Befunde immer durch eine einheitliche Oberfläche beschreiben darf.

Das soll nun wieder nicht etwa heißen, daß die anderen Arten von Zentren grundsätzlich nicht katalysieren; es heißt nur, daß ein enger Bereich von Lagen existiert, in dem die Atome so gut katalysieren, daß der Durchschnittseffekt, den man beobachtet, sich nur wenig von dem *unterscheidet*, den diese wirksamsten Atome *allein* hervorbringen würden. Erst wenn man sie vergiftet, fallen andere Zentren mit verändertem b merklich ins Gewicht, wie bei CONSTABLES (377) Berechnung der Versuche von PEASE und STEWART (371) (S. 190) gezeigt.

Dies Überwiegen der aktivsten Zentren ist auch vom *theoretischen* Standpunkt aus zu verstehen. Der hierzu führende Gedankengang stammt im wesentlichen von CONSTABLE (388) und sei hier mit einigen Änderungen, die auf eine Arbeit von CREMER und SCHWAB (389) zurückgehen, wiedergegeben.

Die Zahl dn der Zentren, an denen die Aktivierungswärme zwischen q und $q - dq$ liegt, sei gegeben durch eine noch zu bestimmende Funktion $F(q)$ in der Form:

$$dn = F(q)\,dq\,.$$

Der Beitrag dk dieser Zentren zur Geschwindigkeitskonstante sei gemäß der ARRHENIUSschen Gleichung gegeben durch:

$$dk = c \cdot e^{-q/RT}\,dn = c \cdot F(q) \cdot e^{-q/RT}\,dq\,.$$

q möge variieren können zwischen einer unteren Grenze q_1 und einer oberen Grenze q_2. (Eine untere Grenze muß existieren, da sonst die Reaktionsgeschwindigkeit bei der nachher abgeleiteten Form von $F(q)$ in hohem Grade unendlich würde; ihre Wichtigkeit werden wir noch bemerken. Eine obere Grenze muß existieren, da auch die inaktivsten betrachteten Zentren noch reaktionserleichternd wirken sollen.)

Dann ist die beobachtete Aktivierungswärme, d. h. der Mittelwert des q *für alle reagierenden Substratmolekeln* (nicht etwa für alle Zentren, wegen deren verschiedenem Gewicht!) gegeben durch:

$$\bar{q} = \frac{\int_{q_1}^{q_2} q\,dk}{\int_{q_1}^{q_2} dk} = \frac{\int_{q_1}^{q_2} q \cdot F(q)\,e^{-q/RT}\,dq}{\int_{q_1}^{q_2} F(q)\,e^{-q/RT}\,dq}\,.$$

Zur Auswertung ist die *Kenntnis der Verteilungsfunktion* $F(q)$ erforderlich. Schon die Betrachtung der Zahlen TAYLORS über die Adsorptionswärmen an Eisen scheint nahezulegen, daß F den Charakter einer *Exponentialfunktion* besitzt. Auch die Beziehung MARKS zwischen Adsorptionswärme und Adsorptionsraum (S. 149) dürfte darauf hindeuten. Ein solcher Charakter ist auch theoretisch zu erwarten. Wir gehen zur allgemeinen orientierenden theoretischen Festlegung von F auf E, die „*Überschußenergie*" *der aktiven Atome* gegenüber Atomen in Gitterebenen (CREMER und SCHWAB) oder ihre Spannungsenergie der Lage (CONSTABLE), zurück. Hat die Katalysatoroberfläche bei ihrer Herstellungstemperatur Θ statistisches *Gleichgewicht* erreicht und dieses beibehalten, was vielleicht bei vorgeglühten Katalysatoren der Fall ist, so ist gemäß dem BOLTZMANNschen Prinzip

$$dn = f \cdot e^{-E/R\Theta}\,dE\,.$$

Ist aber, wie bei den meisten praktischen Katalysatoren, die Lagenverteilung der Atome eine rein zufällige, durch die kinetischen Vorgänge bei der Darstellung bedingte, *instabile* Verteilung, so darf man sich nach CONSTABLE vorstellen, daß ihre gegenseitigen Abstände nach einer GAUSSschen *Fehlerfunktion* um einen Normalabstand verteilt sind. Ein plausibler Zusammenhang zwischen diesen Abständen und der potentiellen Energie (diejenige im Normalabstand gleich Null gesetzt) führt dann zu der Gleichung: $dn = f \cdot e^{-E/h}\,dE\,,$

die sich von der vorigen nur dadurch unterscheidet, daß h jetzt *keine* direkte Beziehung zur *Herstellungstemperatur* mehr enthält, sondern nur einen Streuungsparameter darstellt. Auf jeden Fall kommen wir also zu einer *exponentiellen* Verteilung der Überschußenergien, die wir in der zweiten, allgemeineren Form benutzen wollen.

Von E müssen wir nunmehr auf q, die wahre Aktivierungswärme am Katalysatoratom, übergehen. Wir sahen schon, daß die homogene Aktivierungswärme q_h an einem Atom im Gitter herabgesetzt wird um die Adsorptionswärme des aktiven Zustands am normalen Gitteratom, ${}_m\lambda_a$. An einem Atom mit einer Überschußenergie E werde sie demgegenüber nochmals herabgesetzt um E, da dieser Betrag den Mehrgewinn bei Bildung der Oberflächenverbindung anzeigt, der von der Dehnungswärme abgeht (s. S. 173, POLANYI und LONDON). CONSTABLE versieht die Herabsetzung noch sicherheitshalber mit einem Proportionalitätsfaktor, der jedoch nur die Konstanten ändert, die sich später heben. Wir kommen so zu:

$$q = q_h - {}_m\lambda_a - E$$

und daher zu:

$$dn = F(q)\,dq = f \cdot e^{-(q_h - {}_m\lambda_a)/h} \cdot e^{q/h}\,dq = a \cdot e^{q/h}\,dq\,.$$

Damit ist die Verteilungsfunktion F der Aktivierungswärmen bestimmt und kann in die Gleichung für $\bar{q}$ eingesetzt werden. Das ergibt:

$$\bar{q} = \frac{\int\limits_{q_1}^{q_2} q \cdot e^{q(1/h - 1/RT)}\,dq}{\int\limits_{q_1}^{q_2} e^{q(1/h - 1/RT)}\,dq}\,.$$

Mit $1/h - 1/RT = -r$ wird dann:

$$\bar{q} = \frac{e^{-q_1 r}(q_1 + 1/r) - e^{-q_2 r}(q_2 + 1/r)}{e^{-q_1 r} - e^{-q_2 r}}.$$

Da nun $q_2 > q_1$ und nach den vorliegenden Messungen (s. w. u.) r positiv ist, vereinfacht sich dieser Ausdruck annähernd zu:

$$\bar{q} = q_1 + \frac{1}{r}.$$

Damit ist gezeigt, daß auch bei einer *kontinuierlichen* Zentrenverteilung die Reaktion sich annähernd so verhält, als ob sie an nur *einer* Art von Zentren verliefe. Es zeigt sich weiter bei Betrachtung des noch spärlichen Zahlenmaterials, daß $1/r$ nur eine kleine Korrektur ausmacht, so daß tatsächlich der *überwiegende Teil der Reaktion von den alleraktivsten Zentren* mit der unteren Grenzaktivierungswärme getragen wird. Infolge der Form der exponentiellen Beziehung von ARRHENIUS wird eben ihre *geringe Zahl* durch ihren *hohen Beitrag* zur Reaktionsgeschwindigkeit kompensiert. Aus Vergiftungsversuchen [z. B. RIDEAL und WRIGHT (382)] scheint hervorzugehen, daß dieser Bruchteil etwa nach Promillen der Oberfläche zu zählen ist. Wir verstehen jetzt, warum die kinetischen Messungen so gut *konstante* Eigenschaften ergeben für Oberflächen, die nach Ausweis ihrer Adsorptionsisotherme und -wärme ganz *inhomogen* sind.

Es fragt sich, inwieweit die der Betrachtung zugrunde liegenden Anschauungen über die Verteilung *berechtigt* sind. Wir müßten dann erwarten, daß in der Gleichung:

$$k = c \cdot e^{-q/RT},$$

die wir jetzt wieder unbefangen für den schmalen Bereich meßbar wirksamer Zentren hinschreiben können, die „Aktivität" c, von trivialen Faktoren (Flächengröße) abgesehen, gegeben sein muß durch

$$c = a \cdot e^{q/h}.$$

Das bedeutet, daß bei festgehaltenem a (d. h. gleicher Reaktion an ähnlichem Katalysator) eine *große Herabsetzung der Aktivierungswärme* (*kleines q*) *grundsätzlich durch ein kleines c, eine geringe Aktivität, kompensiert wird*, so daß weder extrem gute, noch extrem schlechte Wirkungen innerhalb *einer* solchen Gruppe von Katalysatoren möglich sind.

CONSTABLE hat l. c. diesen Zusammenhang geprüft an Kupferpräparaten, die durch Reduktion aus Oxyd bei verschiedener Temperatur gewonnen waren. Die meßbare Aktivierungswärme für die Alkoholdehydrierung variiert bei ihnen zwischen 25,6 kcal und 21,6 kcal, während gleichzeitig die Aktivität von 13 auf 0,19 sinkt, also entsprechend der Exponentialform sehr rasch, so zwar, daß h innerhalb einer angemessenen Schwankung tatsächlich eine Konstante bleibt.

Hier handelt es sich um einen Kontakt, der unter größter Vorsicht am Sintern verhindert war. h stellt also einen reinen *Streuparameter* dar. Wenn aber der Katalysator vor dem Gebrauch Gelegenheit hatte, durch Erhitzen oder chemischen Platzwechsel eine *Gleichgewichtskonfiguration* anzustreben, so wäre nach CREMER und SCHWAB (389) zu erwarten, daß dann

$$h = R\Theta$$

(s. S. 197) die Temperatur angeben sollte, deren Verteilungsgleichgewicht eingefroren ist, also unter günstigen Umständen die Temperatur der Formierung. CREMER (360) hat Aktivität und Aktivierungswärme der Alkoholspaltungen an (3)-Oxyden der dritten Gruppe gemessen (s. S. 185) und dabei für konstant gesetztes a folgende Konstanz von h gefunden:

Katalysator	Al_2O_3	In_2O_3	Sc_2O_3	Y_2O_3	Ceride	La_2O_3
q (kcal)	13	23	29	30	30	32
$2{,}3 \cdot 10^3 h$	4,3	3,9	4,2	4,3	4,3	4,3

Obgleich also die Aktivierungswärmen wie 13 : 32 laufen, und die Geschwindigkeiten wie 1 : 10^4, ist doch auch bei diesem Beispiel, wo die chemische Natur des Katalysators wechselt, h ausgezeichnet konstant. Überdies scheint auch die Beziehung zur Herstellung erfüllt zu sein, denn es ergibt sich $\Theta = h/R = 940°$ abs., was dunkle Rotglut bedeuten würde. Tatsächlich *wurden* die Katalysatoren vor dem Gebrauch sämtlich auf *diese* Temperatur erwärmt.

CREMER fand ferner, daß dieselbe Beziehung des konstanten h auch für eine Versuchsreihe von GRIMM und SCHWAMBERGER (390) erfüllt ist. Diese Autoren haben die Reaktion

$$C_2H_5Cl = C_2H_4 + HCl$$

an vielen ein- bis vierwertigen *Chloriden* gemessen. Ihr Hauptresultat ist, daß, wie auch bei CREMER, die Aktivierungswärme mit dem Ionenabstand ansteigt. CREMER fand nun, daß auch diese Versuche sich in Wertigkeitsgruppen mit jeweils konstantem h einteilen lassen, und SCHWAB (389) fand auch hier eine gute Übereinstimmung mit den mutmaßlichen Herstellungsbedingungen der Katalysatoren.

Das Material ist noch dürftig. Die exponentielle Beziehung zwischen Aktivität und Aktivierungswärme scheint indessen schon *festzustehen*, gegenüber der linearen von POLANYI und WIGNER (391). (Ob bei durchgesinterten Katalysatoren der angedeutete Zusammenhang mit der *Temperatur* des letzten Platzwechsels *allgemein* besteht, wäre noch nachzuprüfen. Bei den praktischen Kontakten, die *keine* Gleichgewichtssysteme sind, ist er natürlich von vornherein nicht zu erwarten.) Jedenfalls dürfen wir in dem Bestehen dieser Beziehung eine Stütze sehen für unsere Vorstellungen über die Energieverteilung der Zentren.

In jüngster Zeit haben ROGINSKY und ROSENKIEWITSCH (344) gezeigt, daß ihre Auffassung der Reaktionen als *Resonanzeffekte* zwischen *Ausgangs*- und *End*zustand (s. S. 181) eine Beziehung gleicher Form für *alle*, auch homogene monomolekulare Reaktionen erwarten läßt. Sie schließen daraus, daß die CREMERsche Beziehung nur ein *Spezialfall* hiervon und die Auffassung der aktiven Zentren nicht erforderlich sei. Es bleibt abzuwarten, ob der quantenmechanische Effekt bei der heterogenen Katalyse tatsächlich besteht und in welcher Größenordnung; messen können wir ja nur an inhomogenen Oberflächen, die daneben *sicherlich* den Verteilungseffekt aufweisen; bis jetzt wird der letztere allein schon den Tatsachen der Adsorption und der Kinetik gerecht.

Es hat in neuerer Zeit nicht an Versuchen gefehlt, über die *physikalische Natur* der kinetisch homogenen aktiven Zentren definiertere Vorstellungen auszuarbeiten, als dies für die TAYLORsche Rahmenidee und auch für ihre statistische Behandlung zunächst tunlich war. Es ist verlockend, in den aktiven Zentren nicht allgemein etwa mit FRANKENBURGER (283) einen aus einem Energiekontinuum herausgegriffenen Bereich zu sehen, in dem „Zwischengebilde abgestimmter Stabilität" realisierbar sind, sondern anzunehmen, daß sie einer *modellmäßig definierbaren* Stufe in einer *dis*kontinuierlichen Verteilung entsprechen.

Drei Gesichtspunkte legen einen solchen Versuch nahe: Einmal weist schon die Grundvorstellung von den aktiven Zentren als mehr oder weniger vom *Gitter* losgelösten Bausteinen („extra lattice atoms") auf eine diskontinuierliche Verteilung hin. Die *abzählbare Anzahl* der krystallographischen *Richtungen,* in denen ein randständiges Atom seines virtuellen Nachbars beraubt sein kann, d. h. die notwendige Existenz von Flächen-, Kanten-, Eck- usw. Atomen (s. S. 193) ergibt notwendig eine gleiche Anzahl verschiedener Energie*stufen,* zwischen denen Zwischenzustände wohl nicht im ganzen Bereich möglich sind. Eine dieser Stufen, vielleicht die energiereichste, vielleicht eine *sterisch* geeignetere, wird man als aktiv ansehen dürfen.

In dieselbe Richtung weist zweitens die tatsächliche Existenz einer *unteren Grenze* der Aktivierungswärme. Wir sahen, daß nur sie es ist, die uns die Messung definierter Aktivierungswärmen überhaupt ermöglicht, und wir sahen weiter, daß wir tatsächlich diese Grenze annähernd messen. Sie muß dem *höchsten Grad* von Ungesättigtheit entsprechen, der noch den Zusammenhang mit dem Gitter erlaubt und der andererseits eine katalysenfähige Konfiguration darstellt.

Das dritte Argument ist die DOHSEsche Feststellung in Fig. 36, wonach tatsächlich die Verteilungsfunktion im katalytisch aktiven Gebiet horizontal ist, also Atome *gleicher* Energie in endlicher Zahl anzeigt.

Es seien kurz einige Versuche zu solchen Modellvorstellungen besprochen. SMEKAL (392) identifiziert die aktiven Zentren mit seinen *Krystallbaufehlern* oder Lockerstellen, die nach seiner Theorie der metallischen Leitfähigkeit die Realkrystalle in Gitterblöcke von rund 10—100 Atomen Dicke zerlegen. Diese Lockerstellen sind es, von denen sich im elektrischen Felde besonders energiereiche Ionen als Leitungsionen abspalten sollen, von denen im Licht Photoelektronen abgegeben werden (innerer Photoeffekt) usw., kurz, sie stellen besonders reaktionsfähige Stellen im Krystall dar, und wo sie die Oberfläche schneiden, ist zu erwarten, daß besonders aktive Oberflächenatome entstehen. Die Theorie der Lockerionen an Lockerstellen hat neuerdings eine Reihe von Schwierigkeiten gefunden, so daß über sie noch nicht zu entscheiden ist. Aber die Ansicht, daß die aktiven Zentren krystallographisch lockerer gebundene Bausteine sind, stimmt mit sonstigen Überlegungen natürlich gut überein.

BALANDIN (325), dessen Ansichten wir ja schon einmal behandelt haben (S. 174), muß natürlich seine Multipletthypothese der erwiesenen Existenz von Aktivzentren anpassen. Er macht das so, daß seine Multipletts, z. B. das Sextett der Dehydrierung (Fig. 32) nicht Teile ganzer Gitterebenen sein sollen, sondern *Keime* von solchen, die ersten regelmäßigen Zusammenlagerungen der Atome, die noch durch große freie Valenzkräfte (Randspannung nach VOLMER) ausgezeichnet, aber schon regelmäßig angeordnet sind.

Einen allgemeineren Versuch zur Begriffsbestimmung der aktiven Zentren haben SCHWAB und PIETSCH unternommen. Ausgehend von einer Reihe von Versuchsergebnissen, die wir schon erwähnten, kamen sie dazu (s. S. 163), in den aktiven Zentren „*aktive Linien*" zu sehen. Diese Vorstellung erwies sich als mit der Kinetik im Einklang. Später (252) ließen sich auch eine Reihe von *energetischen* Argumenten für eine derartige Auffassung geltend machen. Als aktive Linien sollen *Krystallkanten*, *Korngrenzen* und *Störungsstellen* gelten. Die Auffassung der Kante als aktives Gebilde schließt eng an das an, was wir oben über die Stufenverteilung sagten: sie stellt ein energetisch bevorzugtes Gebiet lockerer Bausteine dar. Eine große Zahl von Beispielen zeigt, daß dieser Charakter sich auch in erhöhter *Reaktivität* auswirkt: *Kanten* wirken bevorzugt als Krystallkeime neuer und auch fremder Krystalle, als Sitz der Austauschadsorption (Austauschadlineation), als Keimstelle für chemische Umwandlungen und Zersetzungen der Krystalle. PIETSCH, KOTOWSKY und BEREND (393) konnten sogar durch direkte Beobachtung von Makrokrystallen zeigen, daß jede beliebige Reaktion in einer Grenzfläche Krystall—Lösung bei unverletzten Krystallen von den Kanten her beginnt und erst allmählich auf die Flächen übergreift (Beispiel: $CuSO_4 \cdot 5H_2O$ in alkoholischer Schwefelwasserstofflösung bekommt schwarze Kanten).

Dasselbe gilt auch von den *Korngrenzen*, die in Mischkatalysatoren verschiedene Bestandteile (hiervon später), in Einstoffkatalysatoren aber verschiedene Einzelkrystallite, also wenigstens krystallographisch ungleichwertige Gebiete trennen. Auch in ihnen sind die Atome mit andersartigen, wohl schwächeren Kräften an das Nachbargitter gebunden als an das eigene. Die große Reaktivität der Korngrenzen ergibt sich aus der metallographisch bekannten stärkeren Verdampfung dieser Gebiete, vor allem aus der Tatsache, daß alle bekannten Reaktionen, bei denen feste Phasen aus festen Phasen entstehen, nur in den Berührungszonen lokalisiert sind (s. S. 222). Daß *Störungsstellen* des Gitteraufbaus, sei es SMEKALsche prinzipielle oder zufällige mechanische Störungen, aktivere Gebiete bilden, liegt auf der Hand.

Für die eigene Reaktivität der aktiven Linien liegt also viel Beobachtungsmaterial vor. Weniger für ihre daraus zu folgernde *katalytische* Wirksamkeit. Was die Kanten angeht, so würde die Lokalisierung der Katalyse an ihnen statt an der ganzen Fläche verlangen, daß die Geschwindigkeit nicht der Oberfläche (bzw. dem reziproken Korndurchmesser) proportional ist, sondern deren *Quadrat*, da, wie leicht zu zeigen, bei einander ähnlichen Krystallen gleicher Gesamtmasse die

Summe aller Kantenlängen mit dem Quadrat der Oberfläche ansteigt. Die oben (S. 191) angeführten Versuche von O. SCHMIDT (316) zeigen in der Tat eine Abweichung von der Proportionalität in dieser Richtung. Weiteres Material, das noch unveröffentlich ist[1], weist in gleiche Richtung. SCHWAB und STAUFFER (in 252) haben auch Kantenkatalysen an Makrokrystallen direkt beobachtet. Beispiele der Katalyse an Korngrenzen haben wir bereits früher (S. 163) angeführt, an Störungsstellen sind katalytische Keimbildungsauslösungen (Kratzen an der Wand!) lange bekannt und auch hier an Makrokrystallen beobachtet worden.

Im ganzen berührt sich diese Auffassung eng mit der allgemeineren der aufgerauhten Oberfläche, indem deren „Berge und Täler“ nun im einzelnen als mikroskopische Kanten und Ecken angesehen werden. Man hat dadurch den Vorteil, den Begriff der Ungesättigtheit durch leichter experimentell faßbare *Gittereigenschaften* ausdrücken zu können.

Diese Erwartung hat sich erfüllt, indem inzwischen KOSSEL (394) innerhalb seiner Theorie des Krystallwachstums die *Anlagerungsenergien* zunächst von gittereigenem Material an verschieden exponierte Gitterstellen (aktive Zentren) elektrostatisch abgeschätzt hat und dadurch zeigte, daß tatsächlich eine Abstufung der Ungesättigtheit in diesem Sinne besteht. STRANSKY (395) gibt z. B. für die in Fig. 37 numerierten Lagen folgende Anlagerungsenergien in relativem Maß an, für reguläre Ionengitter geltend:

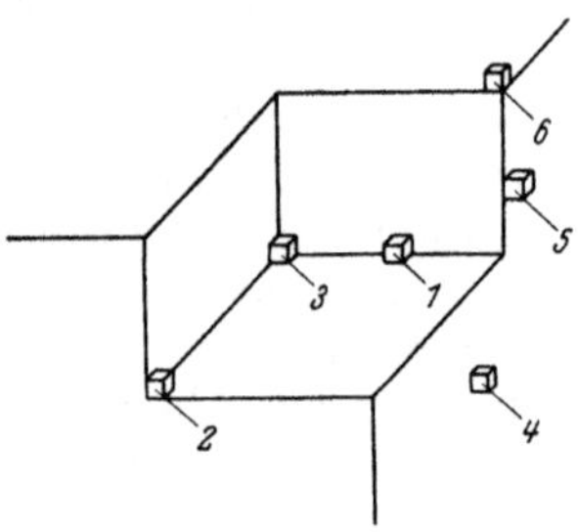

Fig. 37. Hauptlagen für die Anlagerung neuer Bausteine ans Gitter nach STRANSKY.

1	Hohlkante . . .	0,313 e^2/d
2	Hohlkantenende	0,675 ,,
3	Hohlecke . . .	0,807 ,,
4	Fläche	0,132 ,,
5	Kante	0,181 ,,
6	Ecke.	0,494 ,,

d = Gitterabstand

Dieser Energiegewinn bei Anlagerung von Gitterbausteinen dürfte wohl symbat gehen mit dem bei Anlagerung aktivierter Molekeln und damit mit der *Erniedrigung der Aktivierungswärme*. STRANSKY weist nun darauf hin, daß neben den Kanten bisher die *Ecken* nicht genügend berücksichtigt worden seien, die eine Katalyse proportional dem *Kubus* der spezifischen Oberfläche ausüben müßten. Anzeichen dafür sind nicht vorhanden, auch ist es möglich, daß die ganz extrem aktiven Zentren, wie die Ecken, wegen ihres hohen Adsorptionsvermögens dauernd, z. B. mit Reaktionsprodukt, blockiert bleiben. Solche Verhältnisse sind nach HERZFELD (396) studierbar mittels der Beeinflussung des Habitus von Lösungskrystallen durch Lösungsgenossen. Harnstoff in einer Kochsalzlösung besetzt z. B. dauernd die Würfelecken, so daß sie als Keime von Oktaederflächen nicht mehr wirksam sein können. Infolgedessen wird die Oktaederfläche die am langsamsten vorwachsende und damit die schließliche Begrenzungsfläche werden.

[1] SCHWAB u. RUDOLPH, Z. phys. Chem. **13** (1931). Anm. b. d. Korr.

Auf alle Fälle haben die neueren Ansätze zur Theorie des Krystallwachstums gezeigt, daß der Versuch, die aktiven Zentren als in sich homogene und krystallographisch definierte Atomart aufzufassen, von dieser Seite volle Bestätigung und quantitative Grundlagen erhält, so daß seine weitere Verfolgung aussichtsreich erscheint.

Mischkatalysatoren.

Wir haben uns bisher, wenigstens grundsätzlich, auf Katalysatoren beschränkt, deren Material *chemisch einheitlich* war. Die Möglichkeiten der heterogenen Katalyse werden aber um ein Vielfaches erweitert, wenn man Katalysatoren aus *mehreren* Bestandteilen herstellt.

Es bestehen hier naturgemäß verschiedene Möglichkeiten, wie mechanische Gemenge, chemische Verbindungen, Mischkrystalle, Oberflächenverbindungen zwischen den Teilkatalysatoren, und alle ihre Zwischenstufen. Demgemäß besteht auch eine Schwierigkeit in der Definition: Soll man z. B. eine chemische Verbindung zweier Elemente, wie Al_2O_3, als einen „Mehrstoffkatalysator" auffassen?

Diese Frage geht über eine reine Definitionsangelegenheit erheblich hinaus, weil eine solche Auffassung nämlich unter Umständen eine physikalische Deutung gewisser Erscheinungen in sich schließt. Wir wollen sie daher an den Anfang stellen.

Wir erinnern uns, daß die Erscheinungen der selektiven Katalyse und ihrer Veränderlichkeit durch die Behandlung des Katalysators uns (S. 185) zu dem Schluß veranlaßt haben, daß ein Kontakt, wie das Glas beim Ameisensäurezerfall oder das Zinkoxyd beim Alkoholzerfall, aus mindestens zwei verschiedenen „Bezirken" oder, wie wir jetzt sagen können, zwei Arten aktiver Zentren besteht.

Wie nun, wenn die eine Art die *Zinkionen*, die andere Art die *Sauerstoffionen* sind? Diese Theorie wurde ebenfalls von TAYLOR (274) aufgestellt. Er nimmt an, daß in Oxydgittern, die Alkohole sowohl dehydrieren als dehydratisieren, die Metallionen die Dehydrierung bewirken (wie auch im freien Metall), die Sauerstoffionen aber die Wasserabspaltung. Damit ist die Abhängigkeit des Verhältnisses beider Reaktionen von subtilen Bedingungen der Herstellung, der Berührung mit Lösungen usf. leicht verständlich, da das Verhältnis beider Ionengattungen in der freien Oberfläche durch Rekrystallisation, Adsorption und Vergiftung sehr starken Schwankungen unterworfen sein kann. An Wolframoxyd z. B. zeigt TAYLOR, daß es im reduzierten Zustand stärker dehydriert, im oxydierten Zustand stärker entwässert.

Andere Befunde stehen indessen dieser Auffassung entgegen. So müßten allgemein durch Adsorption von *Anionen* die Metallionen vergiftet werden und die *Wasserstoff*entwicklung sinken, durch Adsorption von *Kationen* dagegen die *Äthylen*entwicklung an den Sauerstoffionen gehemmt werden. ADKINS und MILLINGTON (359) finden dagegen nur Effekte in der ersten Richtung, gleichgültig, ob ihr Zinkoxyd mit NaOH oder H_2SO_4 behandelt wurde. Auch ist der Einfluß eines bestimmten Zusatzes für *verschiedene* Alkohole verschieden; die Verhältnisse liegen also viel verwickelter und die chemische Definition der aktiven Zentren als Ionen verschiedenen Vorzeichens scheint noch nicht sicher zu sein.

Wir werden daher für das Folgende von der Einbeziehung chemischer Verbindungen gewöhnlicher Art absehen und unter „Mischkatalysatoren" nur „Mehrstoffkatalysatoren" im Sinne der MITTASCH*schen* (347) *Definition* verstehen:

„Ein Mehrstoffkatalysator ist ein aus zwei oder mehr Bestandteilen derart zusammengesetzter Körper, daß das während der Katalyse bestehende Mengenverhältnis dieser Bestandteile von vornherein bei der Herstellung des Katalysators innerhalb gewisser Grenzen *willkürlich bestimmbar* ist."

Damit werden nicht nur stabile Verbindungen aus dem Begriff der Mischkatalyse ausgeschlossen, sondern auch alle Arten von Zwischenverbindungen, die sich im Lauf der Katalyse bilden, wie Palladiumwasserstoffe oder Platinoxyde [DE LA RIVE (397)]. Letztere sollte man vielleicht nicht unbedingt ausschließen; WILLSTÄTTER (10) sieht gerade in der *stimulierenden* Wirkung, die *Sauerstoff* auf *Hydrierungen* mit *Platin* ausübt, einen typischen Fall von Mischkatalyse, wie wir sie alsbald kennenlernen werden. Es gibt aber noch andere Deutungen für diese Erscheinung, so die von KUHN (398) stammende, daß Sauerstoff die Rekombination nascierenden Wasserstoffs auch am Platin verhindere, und besonders die von BODENSTEIN (324) stammende, wonach eine eingeschaltete Sauerstoffbehandlung nur den bei der Ermüdung entstandenen, nach BREDIG und ALLOLIO (399) unwirksamen Platinwasserstoff zu Platin dehydriert, also entgiftet.

Die Frage, ob es sich hier um eine typische Mischkatalyse handelt, ist aber durch diese anderen Deutungsmöglichkeiten nicht abgetan, zumal wir noch eine Anzahl weiterer derartiger „Stimulierungen" [s. SCHWAB (257, S. 331)] kennen, in denen Sauerstoff, aber auch Wasserstoff, Kohlenoxyd oder Kohlendioxyd in Spuren heterogene Reaktionen befördern.

Betrachten wir jetzt echte „Mischkatalysatoren", so interessiert uns dabei die verbreitete Erscheinung, daß die zwei oder mehr Bestandteile *nicht* einfach *additiv* ihre Wirkungen für eine Reaktion summieren, sondern daß das Gemenge sowohl stärkere Wirkungen als die einzelnen Komponenten, wie auch neuartige Wirkungen ausüben kann.

Es handelt sich also um eine besondere Erscheinung, die einer besonderen Definition bedarf. Sie umfaßt nach PEASE und TAYLOR (400) „Fälle, in denen eine Mischung von zwei oder mehr Stoffen eine größere katalytische Wirkung auszuüben vermag, als man unter der Annahme erwarten sollte, daß jeder Stoff in der Mischung unbeeinflußt und entsprechend seiner vorhandenen Menge wirkt".

Für diese Erscheinung sind verschiedene Bezeichnungen vorgeschlagen worden. Die deutschen Ursprungspatente der „Badischen Anilin- und Sodafabrik", in denen MITTASCH seine ersten Erfahrungen über diese Tatsachen niedergelegt hat, bezeichneten sie als „Aktivatoreffekt", indem der Zusatz, der einen Katalysator zu neuer oder stärkerer Wirkung „aktiviert", „*Aktivator*" genannt wird. Die entsprechenden Patentschriften in englischer Sprache führten die Bezeichnung „*Promotor*“ oder „Promoter“ ein, von der sich indes kein Verbum ableiten läßt; dieser Ausdruck hat sich heute allgemein in der wissenschaftlichen Literatur englischer Sprache eingeführt. Ohne in diese Nomenklaturfrage näher eingehen zu wollen [s. MITTASCH (401); PIETSCH (402)], möchten wir hier, wie schon an anderer Stelle [SCHWAB (257)] den Ausdruck „*Verstärker*“ und „verstärken“ benutzen. Er wurde schon vor 30 Jahren, wie wir sahen (S. 64), von BRODE (118) für die entsprechende Erscheinung in der homogenen Lösungskatalyse benutzt.

Entdeckt wurde die Verstärkung, als MITTASCH nach geeigneten großtechnischen Katalysatoren für die HABER-BOSCH-Synthese suchte. Er beobachtete (347), daß die Nitridbildung aus Silicium durch die Anwesenheit von Alkali verbessert wurde, und die Möglichkeit, daß das auch bei der Ammoniakbildung der Fall sein könnte, ließ ihn dann systematisch eine große Zahl von Zusätzen zu Metallen ausprobieren.

Als allgemeine Regel zeigte sich, daß *Metalle*, wie Eisen, Molybdän und Wolfram, Nickel und Kobalt für die *Ammoniaksynthese* durch schwer schmelzbare und schwer reduzierbare *Oxyde* verstärkt werden, also durch Al_2O_3, MgO, seltne Erden, Cr_2O_3, MnO. Der klassische technische Ammoniakkontakt besteht aus Eisen, das viel Al_2O_3 und etwas K_2O enthält.

Niedrig schmelzende Metalle, wie Blei, wirken *vergiftend*, ebenso Schwefelverbindungen. Viele Zusätze, wie Bor oder Kohlenstoff, sind auch ganz *indifferent*, d. h. die Wirkungen sind additiv bzw. entsprechen der des Eisengehaltes für sich.

Auch die *Metalle untereinander* können sich verstärken (Wechselverstärkung). So wurden folgende Mischungen als Ammoniakkatalysatoren erkannt:

FeMo	NiMo	CoMo	PdMo
FeW	NiW	CoW	PdW
FeLi	NiLi	CoLi	PtMo
FeSr	NiCa	CoNa	PtW

Selbst Metalle, von denen jedes an sich *unwirksam* ist, können *gemischt* gute Ammoniakausbeuten liefern, z. B. AlMg oder CrZn, oder ternäre Mischungen, wie AlCrNa, MoPdK, $MoPdUO_2$ (die „Formeln“ sollen dabei nichts über das Mischungsverhältnis aussagen).

Für die *Hydrierung* sind ähnliche Effekte möglich, z. B. ist *Nickel* durch *Tonerde* verstärkbar. Die *Ammoniakoxydation* zu Salpetersäure nach OSTWALD ist nicht mehr auf das teuere Platin angewiesen, seit die Eigenschaften des Gemisches $Bi_2O_3-Fe_2O_3$ bekannt sind. Die Kontakte für die *Methanolreaktionen* und die mit ihnen möglichen selektiven Reaktionslenkungen haben wir schon gelegentlich der Besprechung der selektiven Katalyse überhaupt (S. 182) erwähnt. Hierher gehört auch der „*Hopcalit*“, ein Gemisch, das in seiner einfachsten Form aus CuO und MnO_2 besteht und das die selektive Verbrennung von CO im Generatorgas zu CO_2 unter Erhaltung des Wasserstoffs für die Ammoniakherstellung erlaubt.

Die Art und der Umfang, in dem die Verstärkung auftritt, sind recht verschiedenartig. MITTASCH (346) gibt hierzu ein sehr instruktives klassifikatorisches Bild, das Fig. 38 zeigt.

Wenn die Verbindungslinie der verschiedenen Wirksamkeiten (Ausbeuten oder besser Geschwindigkeitskonstanten) nach der Zusammensetzung eine gerade Linie ist, sprechen wir von *Additivität* oder Ausbleiben der Verstärkung, z. B. Bor oder Kohlenstoff mit Eisen bei der Ammoniaksynthese [MITTASCH (347)], ZnO und MgO beim N_2O-Zerfall [SCHWAB und SCHULTES (332)].

Wenn diese Linie gegen die Zusammensetzungsachse *konvex* ist, liegt *Vergiftung* vor [S, Se, Te, As, P, Pb, Bi in Metallen bei der Ammoniaksynthese, MITTASCH und FRANKENBURGER (403), Cr_2O_3 in anderen Oxyden beim Stickoxydulzerfall SCHWAB, und SCHULTES (332)].

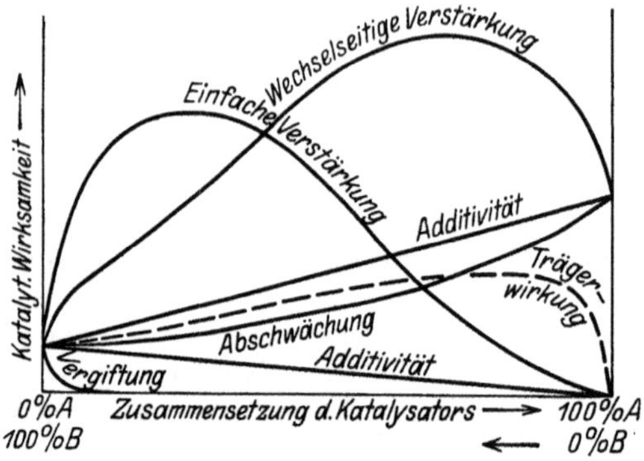

Fig. 38.
Wirksamkeit von Mischkatalysatoren nach MITTASCH.

Erhebt sich die Wirkung der Mischung nur wenig über die der reinen Komponente *B*, bleibt aber auch bei großer Verdünnung mit *A fast konstant* (gestrichelte Linie), so sprechen wir von *Trägerwirkung* und bezeichnen den Verstärker *A* als Träger. Hierher gehören die bekannten Methoden, Kontaktstoffe, wie Platin oder Palladium oder Kupfer auf Asbest, Bimsstein, Porzellanscherben, Bariumsulfat aufzutragen; auch das tonerdeverstärkte Hydrierungsnickel.

Erhebt sich die Kurve *wesentlich* über die gerade Verbindungslinie, so unterscheiden wir: *einfache* Verstärkung, wenn der Zusatz *A* allein unwirksam ist, und *Wechselverstärkung* (coactivation), wenn *beide* Komponenten an sich schon Katalysatoren sind. Beispiele sind in den angeführten Systemen reichlich vertreten.

Für Katalysen mit kolloiden Katalysatoren in Lösungen kommen hierzu noch „geschützte Katalysatoren“, die ein *Schutzkolloid* enthalten. Seine Funktion entspricht der eines Trägers; wir werden diese Gruppe aber gesondert betrachten (S. 227), ebenso wie die gemischten Enzyme.

Die Ursachen für diese sehr wichtige Erscheinung sind keineswegs bei allen Systemen einheitlich, und nicht einmal für einen Einzelfall läßt sich oft mit Sicherheit angeben, daß nur *ein* Verstärkungsmechanismus vorliegt. Schon in den ersten Veröffentlichungen, d. i. Patentschriften, über dieses Thema haben MITTASCH und seine Mitarbeiter diese Vielheit der teils chemischen, teils physikalischen Möglichkeiten betont.

Zunächst ist zu beachten, daß, wie wir sahen (S.191), ein Katalysator um so wirksamer ist, je feiner er verteilt ist. Dies legt die auch schon von den Entdeckern ausgesprochene Vermutung nahe, daß ein zugesetzter Fremdkörper das Zusammenwachsen der Einzelkrystalle bei der Herstellung oder im Gebrauch zu größeren Krystallen verhindert, so daß das verstärkte Produkt einfach eine *größere Oberfläche* hat. Dafür sprechen z. B. die Beobachtungen von BAXTER (404; eine der ersten Arbeiten über heterogene Verstärkung), daß die Gasadsorption unreiner Metalle größer ist als die der atomgewichtsreinen. Die Verstärkung der Hydrierung mit Nickel durch allerlei Zusätze wird von ARMSTRONG und HILDITCH (405) hierauf zurückgeführt. Ganz ausreichen dürfte diese Deutung wohl nicht, da hier auch Reaktionslenkungen [MITTASCH (347)] beobachtet werden. Es wäre dies das Prinzip der reinen Trägerwirkung. Solche Katalysatoren werden dann auch relativ *hitzebeständig* sein, wie BRAY und DOSS (406) an Hopcaliten auch finden.

Entscheidend für den Beweis ist hier wieder die Röntgenuntersuchung, erstmalig in den Händen von WYCKOFF und CRITTENDEN (384). Sie stellen zunächst fest, daß in dem zur Formierung des $Fe-Al_2O_3-K_2O$-Katalysators für Ammoniak benutzten Oxydgemisch das Fe_3O_4 überschüssiges FeO an den Verstärker ($2\ Al_2O_3 : 1\ K_2O$) abgibt, der damit eine homogene Verbindung, einen *Spinell*, bildet, wie das Verschwinden des FeO-Gitters anzeigt. Bei der nachherigen Reduktion dieser homogenen Phase entsteht dann, an der Linienbreite kenntlich, das Eisen in äußerst feiner Verteilung. Weiterhin verhindert dann der Verstärker, daß bei Erhitzung des fertigen Kontakts die Eisenteilchen zu größeren Aggregaten zusammenwachsen.

Diese röntgenographischen Befunde wurden durch auf dieser Vorstellung aufgebaute Modellversuche von FRANKENBURGER und MAYRHOFER (335) bestätigt. Während reines Eisen, aus dem Dampf niedergeschlagen, wenig Wasserstoff und keinen Stickstoff zu binden vermag, steigt insbesondere die Wasserstoffaufnahme sofort stark an, wenn das Eisen zusammen mit einer „Störsubstanz", d. i. einem Verstärker, auf die Wand destilliert wird. Als Störsubstanz wurde Eis oder Kochsalz gewählt. Diese *Modellkontakte* sind auch wärmebeständiger als das reine Eisen, indem sie erst bei höheren Temperaturen als dieses ($-150°$ bei Eis, $+30°$ bei Kochsalz) ihre Rekrystallisation durch Wiederabgabe des Wasserstoffs anzeigen.

Indessen liegen auch hier wieder ähnliche Verhältnisse vor wie bei sonstigen Verteilungsmethoden: nicht nur die Größe, auch die *Aktivität* der Oberfläche, d. h. ihr Gehalt an aktiven Zentren, wird durch den Verstärker vermehrt. W. W. RUSSEL und TAYLOR (407) stellen fest, daß die Vermehrung der Adsorption nur etwa den fünften Teil der Reaktionsbeschleunigung ausmacht.

Vielleicht noch weitergehende Aussagen enthält eine Arbeit von ALMQUIST und BLACK (367). Wir erinnern uns, daß wir die Deutung der *Sauerstoffvergiftung von Eisen* (S. 187) als Verbindungsbildung dadurch gestützt sahen, daß das Aufhören der Katalyse demjenigen Verhältnis Wasserdampf/Wasserstoff im Gas entsprach, bei dem das Gasgemisch thermodynamisch gerade Eisen oxydieren kann. Dies bezog sich auf verhältnismäßig kompaktes Eisen. Die genannten

Autoren haben nun analoge Versuche mit verstärktem Eisen, nämlich mit dem technischen Ammoniakkontakt, gemacht. Dabei zeigte sich nun, daß hier schon viel *geringere* Wasserdampftensionen genügen, um das fein verteilte Eisen zu oxydieren, d. h. zu vergiften. Die Verringerung des kritischen Verhältnisses H_2O/H_2 hängt hierbei direkt mit einer Verringerung der Wärmetönung der Reaktion zusammen, d. h. mit der *Überschußenergie* der aktiven Zentren. Diese ergibt sich daraus rechnerisch zu vielen kcal. Auch direkte Messungen von Adsorptionswärmen an verstärkten Katalysatoren von FRYLING (268) zeigen deren Vergrößerung bei gleicher Belegungsdichte, also eine Zunahme des aktiven Bruchteils.

SCHENCK und WESSELKOCK (408) haben die Methode, die Verstärkung durch die Zusammensetzung eines Gleichgewichtsgasgemisches quantitativ zu charakterisieren, weiter ausgebaut. Als Maß der Überschußenergie verwenden sie die Reaktion:

$$CO_2 + Me \rightleftharpoons CO + MeO,$$

d. h. sie bestimmen denjenigen Gehalt des Gasgemisches an CO_2, der gerade noch eine Sauerstoffaufnahme in der Bodenphase bewirkt. Aus dem Gleichgewicht

$$2\,CO + O_2 \rightleftharpoons 2\,CO_2$$

ergibt sich die zugehörige Sauerstofftension zu

$$[O_2] = \frac{K \cdot [CO_2]^2}{[CO]^2}.$$

Es stellt sich heraus, daß *Eisen, Kobalt* und *Nickel* in ihrer Oxydierbarkeit verstärkt werden durch alle die *Oxyde*, die, wie CaO, MgO, MnO, dasselbe (Kochsalz-)Gitter und ähnliche Gitterkonstanten besitzen wie die Oxyde FeO, CoO und NiO, also mit ihnen homogene Phasen, *Mischkrystalle*, bilden können. Die Verstärkung ist um so größer, je näher die Gitterkonstanten von Oxyd und Verstärker beieinander liegen, mit nur einer Ausnahme. Auch Al_2O_3, das zwar nicht Mischkrystalle, aber eine homogene *Verbindung*, einen Spinell, bildet, wirkt in diesem Sinne. Ternäre Mischungen, wie $CoO/Al_2O_3/MgO$, wirken noch besser. Während bei 900° über reinem Kobalt erst 95% CO_2 Oxydation bewirken, genügen über dieser Mischung 7,5%. Daraus berechnet sich die *Überschußenergie E* nach

$$e^{E/1173\,R} = \left(\frac{95}{5}\right)^2 : \left(\frac{7,5}{92,5}\right)^2 = 55000$$

zu $E = 22$ kcal, einem sehr beträchtlichen Wert. Die aus der homogenen Phase, Mischkrystall oder Spinell, herausreduzierten Eisenpartikeln besitzen also eine um diesen Betrag erhöhte Verbrennungswärme.

Nach SCHENCK ist dies das Mehr an Energiegewinn bei der Oxydation infolge Entstehung der homogenen Phase, also eine Art Lösungswärme. Die Kohleabspaltung aus CH_4, die Zementierung, bei der kein Oxyd entsteht, wird denn auch nicht verstärkt. Da aber andererseits ganz analoge Systeme gute verstärkte Ammoniakkatalysatoren sind, was danach nicht zu erwarten wäre, bleibt offen, ob nicht doch die Überschußenergie sich auch bei anderen Betätigungen als Oxydationen, nämlich bei der aktivierenden Adsorption, äußern kann, d. h. mehr in einem besonders kanten- und eckenreichen Zustand besteht.

Jedenfalls ist durch diese Versuche ein aussichtsreicher Weg der *energetischen Messung* beschritten und die Tatsache nachgewiesen, daß eine Verstärkung existiert, die in der Vermehrung und Erhaltung der energiereichen Zentren einer Komponente besteht. Wir wollen sie als „*physikalische*" oder „*strukturelle*" Verstärkung bezeichnen, den Effekt der Stabilisierung gegen Überhitzung aber als „*Sinterungsverhinderung*".

Neben diesem Mechanismus sind aber noch andere möglich, in denen nicht der Verteilungszustand der einen Komponente den Ausschlag gibt, sondern aus anderen Gründen die in der Oberfläche der Mischung notwendig vorhandenen *Phasengrenzlinien* topochemisch Bedingung und Ort einer erhöhten Reaktionsgeschwindigkeit sind. So weist CASSEL (409) und vor ihm schon K. A. HOFMANN (410) darauf hin, daß folgender Mechanismus denkbar ist:

Die eine Komponente des Katalysators adsorbiere fast nur den einen, die andere Komponente fast nur den anderen Reaktionsteilnehmer. Dann werden nur an der Phasengrenze beide Teilnehmer in genügender Konzentration und in genügend aufgelockertem, d. h. adsorbiertem Zustand zusammenkommen können, während jede Komponente allein nicht gut katalysiert. Zweidimensionale Diffusion in der Oberfläche (S. 142) erleichtert solche Effekte.

Oder es ist möglich, daß jeweils der eine Bestandteil die intermediäre Reaktion des Substrats *mit* dem anderen beschleunigt und umgekehrt, was wiederum nur an der Phasengrenze möglich ist. Wie das zu verstehen ist, geht aus bemerkenswerten Befunden von B. NEUMANN (279) hervor. Wir haben bereits gesehen (S. 178), daß die Katalyse der *Kontaktschwefelsäurereaktion* durch *Oxyde* als eine abwechselnde Oxydation und Reduktion des Katalysators aufgefaßt werden kann. Ist nun die Reduktion des Katalysators durch SO_2 der langsamste Vorgang, so werden *schnell reduzierende* Zusätze eine Verstärkung hervorrufen. So werden die schwer reduzierbaren Oxyde Fe_2O_3 und Cr_2O_3 durch SnO_2 verstärkt, da das intermediäre SnO ein starkes Reduktionsmittel ist. Ist aber die Wiederoxydation des Kontakts durch O_2 geschwindigkeitsbestimmend, so werden *rasch oxydierende* Zusätze beschleunigend wirken. So wird V_2O_5, das sich aus intermediärem V_2O_4 nicht allzu rasch zurückbildet, in seiner Wirkung durch Silber gut verstärkt, da das intermediäre Ag_2O ein starkes Oxydationsmittel ist.

Wenn diese Ansicht vom Sachverhalt richtig ist, darf weder Eisenoxyd durch Silber, noch Vanadinsäure durch Zinnsäure verstärkt werden, da weder Silber ein sonderliches Reduktions- noch SnO_2 ein sonderliches Oxydationsmittel ist. Das ist denn auch mit voller Schärfe der Fall. Hier liegt also Verstärkung infolge einer Reaktion der Phasen des Katalysators miteinander vor, die naturgemäß wieder an die Phasengrenze gebunden ist. Wir können sie als „*chemische Verstärkung*" kennzeichnen, ohne daß dieser Ausdruck eng genug wäre.

Ein analoger Fall liegt wahrscheinlich im *Hopcalit* vor, wo nach HOSKINS und BRAY (411) die beiden Oxyde gegenseitig ihre Reduktion durch CO beschleunigen. Natürlich gehören dieser Gruppe auch alle die auf S. 163 erwähnten Fälle an, wo Gasreaktionen des Sauerstoffs, insbesondere die Knallgasreaktion, an der Grenzlinie Metall/Metalloxyd vor sich gehen, wie z. B. die *Knallgaskatalyse an Kupfer*, die außer den l. c. genannten Autoren besonders von PEASE und TAYLOR (438) und OKAYAMA (341) geklärt wurde. Hier besteht die Bindung an die Phasengrenze in dem nur dort vor sich gehenden Übergang von Metall in Oxyd und umgekehrt, also den Teilvorgängen:

$$2\,Cu + O_2 \rightarrow 2\,CuO$$

$$2\,H_2 + 2\,CuO \rightarrow 2\,Cu + 2\,H_2O.$$

HINSHELWOOD (12, S. 182) erklärt es für wünschenswert, mehr Untersuchungen über die Promotorwirkung an Reaktionen nur eines *einzigen* Ausgangsgases anzustellen, um die soeben genannten Grenzlinieneffekte von einer etwaigen „wirklichen" Promotorwirkung zu trennen. Auf diesen Vorschlag kommen wir noch zurück (S. 211). Er unterstellt, daß neben den soeben genannten Möglichkeiten noch die einer andersartigen Wirksamkeit der Grenzlinie besteht.

Diese Ansicht ist denn auch von verschiedenen Seiten ausgesprochen worden. So folgert BALANDIN (325) aus seiner Multiplett-hypothese (S. 174), daß an Phasengrenzen *Dubletts neuer Art* auftreten können, deren eines Zentrum dem einen, deren anderes dem anderen Bestandteil des Mischkatalysators angehört. In ganz derselben Weise macht auch BURK die Wirksamkeit der Phasengrenze plausibel. Es ist bekannt, daß der Ammoniakzerfall an Platin durch Wasserstoff gehemmt wird (S. 158), und aus eigenen Versuchen schloß BURK (412), daß an Molybdän Stickstoff eine Hemmung ausübe [s. jedoch KUNSMAN (413); immerhin ist die Affinität des Molybdäns zum Stickstoff bekannt]. Wenn nun Platin vorwiegend Wasserstoff und Molybdän vorwiegend Stickstoff adsorbiert, so werden von einer an der Phasengrenze einer Mischung Pt—Mo „adlineierten" Ammoniakmolekel die Wasserstoffatome zur Platinseite, das Stickstoffatom zur Molybdänseite hingezogen werden, so daß erleichterte Spaltung durch diese multiple Adsorption eintritt. In der Tat fand BURK an solchen Mischungen erhöhte Reaktionsgeschwindigkeit und eine Aktivierungswärme, die gegenüber denen an den Einzelkomponenten erniedrigt war (die Werte sind in der Tabelle S. 167 oben enthalten).

Hier sehen wir eine Ursache für die Wirksamkeit von Phasengrenzlinien vor uns, die von anderer und grundsätzlicherer Natur ist, als die durch Adsorptions-, Transport- oder chemische Vorgänge bedingte Lokalisierung daselbst: Die ganz *spezifische Feldgestaltung* an solchen Stellen. Mit großem Nachdruck hat besonders WILLSTÄTTER (10) diesen Gesichtspunkt betont, daß „Gemische die Eigenschaften neuer chemischer Verbindungen" haben können, indem die Atomfelder der Komponenten sich gegenseitig überlagern und *verändern*. Diesen Vorgang des spezifischen Zusammenwirkens bezeichnet er als „*Synergie*" und definiert diese so, „daß in Gemischen elementarer Stoffe die physikalischen und chemischen Eigenschaften einer elementaren Komponente durch den Einfluß einer oder mehrerer anderen Komponenten wesentliche Abänderungen erleiden“ (10).

Den Ausgangspunkt bildeten für WILLSTÄTTER seine vielfältigen Erfahrungen über Wechselverstärkung bei Enzymen (s. diese, S. 231f.). Aber auch die physikalisch-chemische Lehre von der Katalyse hat solche synergetischen Effekte erwarten lassen. Auch HABER (342) weist darauf hin, daß die an der Berührungsstelle verschiedener Stoffe entstehenden neuartigen Felder auch neuartige Momente in adsorbierten Molekeln induzieren und dadurch zur Mischkatalyse führen können. MITTASCH hat ebenfalls von jeher (s. z. B. 347) diese Möglichkeit betont. So weist er darauf hin, daß die Verstärkung von Osmium als Ammoniakkontakt durch Alkali nicht von rein struktureller Natur sein kann, da auch reines Osmium keiner Sinterung unterliegt. Der Mischkatalysator Nickel-Molybdän, in dem nach einer Untersuchung von KUSS und KEUNECKE (414) die Verbindung NiMo den Katalysator, Ni den Verstärker darstellt, zeigt ebenfalls Merkmale, die durch strukturelle Verstärkung nicht deutbar sind. Ausgehend von den chemisch bedingten Lokalisierungen, die ja letzten Endes wegen der Wesensgleichheit von Zwischenverbindung und Adsorptionsbetätigung auch als spezifische Synergien aufgefaßt werden können, haben auch SCHWAB und PIETSCH die bevorzugte Feldwirkung der Korngrenzen besonders betont (252, s. bes. ebda. S. 586). Solche Grenzlinien sind wegen des Auftretens von nicht additiven Resonanzbeziehungen im Sinne der LONDONschen Aktivierungstheorie (S. 171) naturgemäß auch zu jeder Art von spezifischer Reaktions*lenkung* über die Möglichkeiten der Einstoffkontakte hinaus befähigt. Zweckmäßig wird man solche Effekte, die wohl bei den meisten Mischkatalysatoren eine gewisse, bei vielen die Hauptrolle spielen, als „*synergetische*“ *Verstärkung* bezeichnen.

Man kann sich nun die Frage vorlegen, ob ein *Merkmal* existiert, mit dessen Hilfe sich strukturelle Verstärkung und synergetische Verstärkung voneinander unterscheiden lassen, ohne deshalb vorauszusetzen, daß diese Unterscheidung bereits alle überhaupt möglichen Verstärkereffekte umfaßt (s. weiter unten). SCHWAB und SCHULTES (332) haben dies an einem einfachen Beispiel versucht. Sie wählten dazu eine Einstoffreaktion, weil hier eine Reihe anderer Möglichkeiten wegfallen (s. S. 210), und zwar den *Zerfall des Stickoxyduls*:

$$2\,N_2O \rightarrow 2\,N_2 + O_2.$$

Kupferoxyd ist schon von 300° ab ein guter Katalysator für diesen Zerfall. Vorheriges Glühen schädigt seine Wirksamkeit in der Weise, daß die *Zahl* der aktiven Zentren durch Sinterung geringer wird, ihre Art oder Lage aber dieselbe bleibt, wie aus der *Konstanz der Aktivierungswärme* von 24 kcal hervorgeht. In geglühten Mischungen mit *Zinkoxyd* und mit *Magnesiumoxyd* ist die Wirksamkeit des Kupferoxyds über die Additivität hinaus gesteigert. In der Zinkmischung verhält sich aber die Geschwindigkeit als Funktion der Zusammensetzung so, daß zwar die Additivität (gerade Linie in Fig. 38) *überschritten* wird, bezogen auf das ebenfalls *geglühte* CuO, daß aber *Additivität* herrscht, bezogen auf das aktivere *ungeglühte* CuO. Beim Glühen in der Mischung ist also die Aktivität des CuO *nicht* herabgesetzt worden, ZnO hat sinterungsverhindernd, *strukturell* verstärkt.

Anders bei Zusatz von *Magnesiumoxyd*. Hier wird die Additivität viel stärker überschritten, so, daß auch der Gehalt an ungeglühtem Kupferoxyd der Geschwindigkeit nicht Rechnung tragen kann. Hieraus wird man auf einen andersartigen Einfluß über eine Sinterungsverhinderung hinaus, auf *Synergie*, schließen.

Das Mittel zur Sicherstellung dieser Schlüsse ist nun die Beobachtung des Temperaturkoeffizienten, der *Aktivierungswärme*. Da die Aktivierungswärme an CuO, wie gezeigt, von seinem Sinterungsgrad nicht abhängt, darf auch strukturelle Verstärkung sie nicht ändern. In der Tat mißt man auch an den zinkhaltigen Mischungen praktisch *dieselben* 24 kcal wie an reinem CuO. Bei synergetischer Verstärkung dagegen, wo Zentren *neuer* Art, nämlich Zweistoffzentren, in Form der Phasengrenzlinie entstehen, muß die Aktivierungswärme verändert, und zwar erniedrigt sein. Die wirksamsten CuO-MgO-Mischungen zeigen denn auch nur noch ein q von 22,4 kcal, also eine Erniedrigung weit außerhalb der Meßfehler, bis 11%[1]. Für Mischungen ZnO-MgO, deren Komponenten beide schwache Katalysatoren sind und sich gegenseitig *nicht* verstärken, liegt die Aktivierungswärme *zwischen* denen der Komponenten, wie zu erwarten.

Die Beobachtung der Aktivierungswärme hat sich daher in diesem absichtlich einfachen Modell tatsächlich als geeignet erwiesen, um die Entstehung oder Nichtentstehung neuartiger Aktivzentren nachzuweisen.

Eine Beobachtung existiert, die der Auffassung von einer lokalisierten Wirkung der Verstärker als „Katalysatoren im Katalysator" zu widersprechen scheint: Aus Potentialmessungen an platinverstärkter Kohle als Wasserstoffelektrode (Katalyse der Reaktion: $H_2 \rightarrow 2\,H^{\cdot}$) schließt FRUMKIN (415), daß ein Platinatom das Potential von 10^4 umgebenden Kohleatomen ändern kann. Es scheint demnach eine rätselhafte *Fernwirkung* vorzuliegen; nach FRUMKIN verhält sich das Platinatom wie die Hauptstadt eines zentralistisch regierten Staates, die das Leben eines großen Gebietes beleben oder abdrosseln kann. Eine Erklärung kann noch von keiner Seite gegeben werden.

Wir haben uns bisher im Prinzip auf die Verstärkung bei einfachen Reaktionen beschränkt und sagten schon, daß damit nicht alle Möglichkeiten einer Überadditivität erschöpft werden können.

Sobald die Reaktion in *Teilreaktionen*, Neben- oder Folgereaktionen aufgespalten ist oder werden kann, ist nach MEDSFORTH (416) noch die Möglichkeit zu beachten, daß von einem Mehrstoffkatalysator ein Bestandteil *eine* notwendige Folgereaktion beschleunigt, die der andere nicht beeinflussen kann. Solche Vorgänge, die über isolierbare gas-

[1] An MgO selbst ist q *höher*, nämlich 29 kcal.

förmige oder gelöste Zwischenstoffe verlaufen, sind natürlich auch nicht an die Berührungsstellen der Mischungsbestandteile gebunden.

So meint MEDSFORTH (l. c.), daß die *Reduktion von Kohlenoxyd* (und -dioxyd) zu ungesättigten Kohlenwasserstoffen deshalb nur an verstärktem Nickel vor sich geht, weil Nickel allein nur die Teilreaktion (s. das Schema S. 182)

$$CO + 2\,H_2 \rightarrow CH_3OH,$$

nicht aber die Folgereaktion:

$$CH_3OH \rightarrow H_2O + {>}CH_2$$

katalysiert, die aber bekanntlich an Oxyden [z. B. DOHSE (303)] vor sich geht. Daß durch Zusammenstellung geeigneter Katalysatoren, die sich von den Teilreaktionen des Methanolschemas verschiedene auswählen, auf dem gekennzeichneten Wege Reaktionslenkungen sehr spezifischer Art möglich sind, sahen wir ja schon früher (S. 182).

Eine andere solcherart auflösbare Reaktion haben wir auch in der *Ammoniakverbrennung* (S. 183f.) kennengelernt. Der hierfür geeignete Mischkontakt Fe_2O_3-Bi_2O_3 wirkt nach neueren Untersuchungen [MITTASCH (347)] hier lediglich *additiv* und doch verstärkt gegenüber den Komponenten bezüglich der *Ausbeute*. Die ist so zu verstehen, daß die verschiedenartige Selektivität beider Komponenten verschiedene Lagen von Anfangstemperatur und Temperaturoptimum der Ausbeute bewirkt, so daß bei additiver Überlagerung zwar keine Teilreaktion beschleunigt, aber das Gebiet hoher Ausbeuten verbreitert wird.

Wir haben solche Fälle, wo die zwei Katalysatoren aufeinanderfolgende Vorgänge getrennt beschleunigen, ja auch in der homogenen Katalyse an dem Paar $Cu^{\cdot\cdot}$—$Fe^{\cdot\cdot}$ kennengelernt (S. 64), sie sind also für die heterogene Katalyse mehr wegen ihrer technischen Nutzbarkeit charakteristisch. Auch die Möglichkeit, daß der Verstärker oder Träger als *Acceptor* für Gifte oder hemmende Reaktionsprodukte dient [z. B. ROSENMUND (417)], ist in diesem Sinne schon praktisch ausgewertet worden.

Damit wollen wir das Gebiet der Mischkatalysatoren verlassen. Wir sahen, daß es im allgemeinen mit den Mitteln unserer heutigen Vorstellungen von den Katalysatoren überhaupt schon behandelt werden kann, und daß es seinerseits auch Beiträge zu diesen Vorstellungen geliefert hat. Es darf aber nicht übersehen werden, daß entsprechend den vielfältigen Kombinationsmöglichkeiten von Gemischen und Reaktionstypen hier noch sehr viel zu tun bleibt, und daß daher unsere Aufzählung einer Reihe von Möglichkeiten noch alles andere als eine Theorie der Mischkatalyse ist.

Heterogene Kettenkatalyse.

Wir haben bereits bei der homogenen Gaskatalyse gesehen (S. 36), welch starke Wirkungen ein Katalysator im Prinzip auszuüben vermag, wenn er die Auslösung einer spontan weiterlaufenden Kettenreaktion bewirkt. Es entsteht die Frage, ob auch *durch heterogene Katalyse*

Kettenbeginn bewirkt werden kann. Die Frage ist erst in jüngster Zeit aufgeworfen worden, seit sich die Kenntnis der Kettenreaktionen und die der heterogenen Katalyse so weit entgegengekommen sind, daß man vermuten kann, auch Reaktionen, in denen ein als Kettenträger fungierendes energiereiches Zwischengebilde entsteht, könnten durch geeignete Katalysatoren heterogen durch Deformation oder Energieabnahme (Dreierstoß) beschleunigt werden.

Es muß dann gefordert werden, daß das entstehende kettentragende Produkt aus der Oberfläche in den Gasraum *entweicht*, also die bei der heterogenen Primärreaktion freiwerdende Energie aus der Oberfläche *herausbringt* und im Gas zur Auslösung der sekundären Kettenschritte benutzt. Ist ein solches Entstehen energiereicher Körper in heterogener Reaktion und ihr Verdampfen in den Gasraum *beobachtet?*

Die Frage muß mit *ja* beantwortet werden. Schon der Haber-Just-Effekt (418), also die Emission freier Elektronen bei der Einwirkung von Phosgen auf metallisches Natrium, stellt einen derartigen Vorgang dar. Später haben Polanyi und Bogdandy (419) feste Schwefelsäure mit atomarem Natrium bombardiert und dabei gefunden, daß die bei der Umsetzung entstehenden H-Atome nicht etwa katalytisch rekombiniert werden, sondern die Oberfläche als beschleunigte Atome verlassen. Sie nehmen also tatsächlich die Reaktionsenergie teils als kinetische, teils als chemische Energie mit und können sie im Gasraum weitergeben, z. B. bei ihrer Rekombination den Natriumdampf zum Leuchten anregen. Polanyi und Frommer (420) fanden ganz analoge Vorgänge bei der gleichzeitigen Einwirkung von Chlor auf Aluminium und Kupfer. Aus Chlor und Aluminium entsteht primär ein flüchtiges instabiles Zwischenprodukt, das wieder seine chemische Energie aus der Oberfläche wegführt und bei weiteren Umwandlungen im Gasraum weitergibt, indem es das gleichzeitig entstandene CuCl zum Leuchten anregt. Die Metalle sind in einem Chlorstrom bei geeigneten Druck- und Temperaturbedingungen von einem mit dem charakteristischen CuCl-Spektrum leuchtenden Saum umgeben. Frankenburger und Zimmermann (421) beobachteten ganz analoge Leuchterscheinungen bei der gleichzeitigen Einwirkung von Sauerstoff und Stickstoff auf Lithium.

Die Bedingung der Entbindung von Kettenträgern in den freien Raum hinein ist also erfüllt. *Ein* Fall ist auch ganz sichergestellt, in dem auf diesem Wege eine *Katalyse* zustande kommt. Es handelt sich um die von Haber und Alyea (422) entdeckte Erscheinung der erleichterten *Wandzündung von Knallgas.* Wir sahen auf S. 40f., daß im freien Gasraum Knallgas erst oberhalb einer gewissen Grenztemperatur (bei gegebenem Druck) gezündet werden kann, weil bei tieferen Temperaturen weniger Ketten in der Zeiteinheit begonnen als abgebrochen werden. Es zeigte sich nun, daß diese Grenztemperatur bei rein homogener Reaktion (gekreuzte Gasstrahlen) viel, oft um über 100°, *höher liegt als bei Berührung mit einer Wand* (Quarzstab im Kreuzungspunkt), deren Temperatur die des Gases nicht übersteigt. Da die Radikale H und OH die Kettenträger sind (S. 32), liegt es nahe, sich die Primärreaktion

$$H_2 + O_2 \rightarrow 2\,OH$$

als katalytisch beeinflußt vorzustellen. Die Wand wird dann zu einer Quelle von OH-Molekeln, die im Gasraum unter Kettenentwicklung weiter reagieren. Ebenso verhält sich übrigens nach Versuchen von THOMPSON (423) auch das Gemisch Sauerstoff-Schwefelkohlenstoff.

BENNEWITZ und NEUMANN (424) haben in geistreicher Versuchsanordnung versucht, einen solchen Kettenauslöseeffekt auch bei solchen heterogenen Katalysen nachzuweisen, die man bisher im Sinne unserer Darstellungen als völlig in der Grenzfläche ablaufend dachte. Als Beispiel wählen sie die *Hydrierung des Äthylens an Platin.* Sie zeigen zunächst theoretisch durch Aufstellung der Impulsbilanz, daß im stationären Zustand (Adsorptionsgleichgewichte eingestellt), wo für jede die Oberfläche verlassende Äthanmolekel eine Wasserstoff- und eine Äthylenmolekel unelastisch auftreffen, *der Katalysator einen mechanischen Impuls* erhalten muß. In diesem Spezialfall resultiert aus der Rechnung ein Sog ins Gas hinein, dessen Größe aus dem Umsatz berechenbar sein müßte. Wird also der Katalysator als Drehwage oder Radiometerflügel ausgebildet, so muß er eine Drehung erfahren. Ältere Versuche anderer Autoren an anderen (nicht katalytischen) Reaktionen bestätigen die Richtigkeit dieser Erwartung.

Die Versuche zeigten aber bisher, daß der erwartete Sog an dem Platinflügel vollständig *ausbleibt,* ja, bisweilen ein kleiner Druckeffekt auftritt, der auf die nicht berücksichtigte Wärmewirkung der Reaktion zurückgeführt wird. Aus dem Ausbleiben des Sogs schließen die Verfasser, daß höchstens der tausendste Teil des gesamten Umsatzes wirklich am Kontakt verläuft und einen Sog liefert, während die *hauptsätzliche* Umsetzung als *hierdurch ausgelöste Kettenreaktion* homogen verläuft, etwa über H-Atome und freies Äthyl als Zwischenstufen.

Es scheint nicht, daß diese Annahme schon als völlig bewiesen erachtet werden kann, zumal noch andere Möglichkeiten einer Deutung wenigstens prinzipiell bestehen und ein Kettenmechanismus grundsätzlich nur als bewiesen angesehen werden kann, wenn er auch *reaktionskinetisch* gestützt ist.

In dieser Richtung hat CHRISTIANSEN (425) das Problem in Angriff genommen. Er hatte gefunden, daß die Reaktion

$$CH_3OH + H_2O \rightarrow CO_2 + 3\,H_2$$

an Tonerde nach einer Geschwindigkeitsgleichung verläuft, in deren *Nenner* die *Produkte* von Konzentrationen auftreten. Wir sahen nun schon (S. 156ff.), daß die Anwendung der LANGMUIRschen Isotherme auf die Kinetik dahin führt, daß nur Glieder $b\,p$ als Summanden, aber nie die Produkte von solchen im Nenner der Geschwindigkeitsausdrücke auftreten. Dagegen sind solche Glieder im Nenner der Geschwindigkeit von *Kettenreaktionen* (S. 40):

$$\varphi = \varphi_1 \frac{w}{1 - p w}$$

durchaus zu erwarten, da die Wahrscheinlichkeiten w meist Produkte von Einzelwahrscheinlichkeiten von Folgereaktionen sind. Daraus schließt Christiansen, daß seine Reaktion eine Kettenreaktion ist, und daß diese Möglichkeit allgemeinere Bedeutung besitzt.

Auch dies Argument ist noch nicht schlüssig, denn bei Adsorption an getrennten Bezirken ohne Verdrängung (S. 162) liefern auch *heterogene* Mechanismen Produkte von Konzentrationen, und gerade an dem benutzten Mischkontakt Cu/MgO ist eine solche Möglichkeit nicht von der Hand zu weisen.

Immerhin verdient die heterogene Kettenkatalyse im Auge behalten zu werden. Christiansen läßt die Frage offen, ob die Kette im Gasraum oder aber *in der Oberfläche* verläuft. Letzteres ist aus zwei Gründen denkbar: einmal wissen wir heute, daß die Adsorbate eine zweidimensionale Wärmebewegung unter Umständen ausführen können, und andererseits haben wir die bevorzugte Existenz aktiver Produkte in Oberflächen wegen ihrer freien Valenzen und daher großen Adsorptionswärme schon kennengelernt.

Ein Beispiel sei noch angeführt, bei dem derartige Vorstellungen möglicherweise angebracht sind. Wir erinnern uns (S. 158, 167), daß *Ammoniak an Platin* nach einer Geschwindigkeitsgleichung

$$\frac{dx}{dt} = \frac{k[NH_3]}{[H_2]}$$

und mit einer scheinbaren Aktivierungswärme von 44 kcal zerfällt. An anderen Metallen ist der Mechanismus bis auf den variabeln Grad der Hemmung gleich, und auch die Aktivierungswärme wenig verschieden. Bei Drucken aber, die größer sind als etwa 10 mm, ist an Platin der Mechanismus völlig verändert, die Gleichung lautet nunmehr

$$\frac{dx}{dt} = \frac{k[NH_3]}{[H_2]} \cdot \frac{[NH_3]}{[H_2] \cdot ([H_2] + b[NH_3])},$$

und die scheinbare Aktivierungswärme beträgt rund 140 kcal [Schwab und Schmidt (294)]. Die Vermehrung der Aktivierungswärme um 100 kcal ist so bedeutend, daß Desorptionswärmen des Reaktionsprodukts (s. S. 166) *nicht* die Ursache sein dürften. Auch ist die gefundene Geschwindigkeitsgleichung auf Langmuirscher Grundlage nicht oder nur sehr gezwungen zu deuten. Wenn dagegen eine Reaktions*kette* vorliegt (frdl. Privatbemerkung der Herren Dohse und Dunkel), so kann der erhöhte Temperaturkoeffizient einfach daher kommen, daß die Ketten*länge* mit der Temperatur ansteigt, ein Anstieg, der sich dem normalen der Primärreaktion überlagert. Nahegelegt wäre dies dadurch, daß auch hier die Produkte von Konzentrationen im Nenner auftreten. Bei niederen Drucken käme eine solche Kette nicht zur Ausbildung.

Negative heterogene Katalyse.

Hierunter haben wir die Erscheinung zu verstehen, daß ein *in fremder Phase* befindlicher Stoff die Geschwindigkeit einer Reaktion vermindert. Auf den ersten Blick schon gilt hier a fortiori das, was über die homogene negative Katalyse gesagt wurde (S. 126): es ist nicht einzusehen, wie die Geschwindigkeit der homogenen Gasreaktion irgendwo im Raum vermindert werden könnte, nur durch die Tatsache, daß anderswo sich eine Wand mit bestimmten Eigenschaften befindet. Hingegen ist auch hier die Hemmung ohne weiteres verständlich, wenn die Reaktion eine Kettenreaktion ist, die an der Wand abgebrochen wird.

Wir haben eine Anzahl hierhergehöriger Hemmungen bereits an anderer Stelle kennengelernt, als wir nämlich die Beeinflussung des Wandabbruchs durch gasförmige Zusätze als homogene Katalyse besprochen haben (S. 42ff.). Wir wollen sie hier noch einmal erwähnen und etwas vervollständigen.

HINSHELWOOD und THOMPSON (73) sowie GIBSON und HINSHELWOOD (74) fanden, daß die langsame Vereinigung von *Knallgas* zwischen 500 und 570° durch Vergrößerung der Gefäßwand nicht beschleunigt wird, wie bei tieferen Temperaturen, sondern *gehemmt*, daß sie also in diesem Gebiet eine homogene Reaktion ist, deren Ketten an den Wänden abbrechen.

In anderen Fällen kann sogar direkt ausgesagt werden, *welche* Zwischenstoffe durch die Wand entfernt werden. So zeigten JOST und JUNG (72), daß die Vereinigung von Brom und Wasserstoff im Licht bei geringen Drucken durch die Gefäßwände gehemmt wird, indem die Rekombination der kettenfortpflanzenden *Bromatome* dann nicht, wie bei hohen Drucken, in Dreierstößen mit Gasmolekeln, sondern in solchen mit der Wand erfolgt. Wir sahen schon, daß der Diffusionswiderstand von Fremdgasen diese Rekombination verzögert. In ganz derselben Weise sind es bei der photochemischen Phosgenbildung die *Chloratome* [BODENSTEIN, LENHER und WAGNER (48)], die an der Wand verschwinden. (Da dies Verschwinden nach erster Ordnung erfolgt, ist eigentlich unsere Ableitung des $\sqrt{Cl_2}$-Gesetzes auf S. 37 für die Lichtreaktion nicht streng; im Prinzip bleibt sie aber bestehen, weil ein anderer Zwischenkörper, das ClO, homogen nach zweiter Ordnung rekombiniert.)

POLANYI, BOGDANDY und HARTEL (87, 88) zeigen, daß die Ketten der natriuminduzierten *Wasserstoff-Chlor-* und *Methan-Chlor-*Reaktion (s. S. 47) an den Wänden des Gefäßes durch Verschwinden der Zwischenstoffe H, CH_3 und Cl abbrechen.

Für die photochemische *Chlorknallgasreaktion* wurde ein solcher Abbruch durch CREMER (67; S. 46) formuliert und an Hand der Tatsache plausibel gemacht, daß die Form und Größe der Geschwindigkeit verschieden ist, je nach dem Material und Reinheitsgrad der Wände. Diese Annahme wurde dann durch TRIFONOFF (140) direkt bestätigt. Mit vermindertem Druck muß die Wahrscheinlichkeit, daß die Ketten im Gasraum durch Sauerstoff (s. S. 46) abgebrochen werden, immer mehr zurücktreten gegenüber der, daß sie an der Wand abbrechen. TRIFONOFF fand, daß die Zunahme der HCl-Konzentration bei hohen Drucken unabhängig von der Gefäßgröße ist, weil es sich hier noch um einen reinen Volumeffekt handelt, d. h. die Ketten homogen abgebrochen werden. Unterhalb 30 mm Druck aber ist die Diffusionsgeschwindigkeit so groß geworden, daß nunmehr die Geschwindigkeit dem Quadrat des Gefäßdurchmessers proportional wird; dies ist aber zu erwarten (s. weiter unten), wenn die Diffusion an die Wand die Ketten abbricht[1]. Bei noch geringeren Drucken (unterhalb 0,21 mm) bleibt die Reaktion überhaupt aus, weil alle Ketten abbrechen, ehe sie zur Ausbildung kommen. Ein ähnliches Resultat findet SPRENGER (427) auch bei dem Zerfall von N_2O_5 bei kleinen Drucken.

Von anderen hierhergehörigen Beispielen sei nur noch die Wirkung der *Antiklopfmittel* erwähnt (s. S. 47ff.), die nach BODENSTEIN (93, 230), ebenfalls durch ein Abbrechen der Explosionsketten an der festen Oberfläche der Metallpartikelchen erklärt werden kann. Auch die Unterdrückung des *Mündungsfeuers* der *Geschütze* durch Zusatz von Chlorkalium zum Pulver soll auf einem Abbrechen der Flammenreaktion an den Salzkryställchen beruhen.

Wir sehen demnach, daß wir ein sehr allgemeines Prinzip vor uns haben. Und es gibt auch eine sehr allgemeine Erklärung für diese Wandwirkung. Das ist die *Dreierstoßhypothese* [BORN und FRANCK (79)], von der wir ja schon bei homogenem Kettenabbruch Gebrauch gemacht haben, also die Behauptung oder vielmehr heute schon Tatsache (S. 44), daß Additionsreaktionen einfacher Gebilde häufiger dann oder nur dann vonstatten gehen, wenn ein dritter Stoßpartner, z. B. eine feste Wand, zugegen ist, der die entstehende Reaktionswärme abführt. So verstehen wir, daß die Wandhemmung eine so allgemeine Esscheinung darstellt.

Andererseits ist aber eine deutliche *Spezifität* der Wirkung auch hier nicht zu verkennen. Nach CREMER (67) wirken feuchte Glaswände rekombinierend auf Chloratome, trockene Quarzwände dagegen nicht. Auch die Rekombination der H-Atome an Metallen u. dgl. [BONHOEFFER (76)] findet *nicht* statt, wenn die Wand mit Wasser überzogen ist [s. bes. SENFTLEBEN und RIECHEMEYER (83), sowie V. WARTENBERG und SCHULZE (428)]. POLANYI (87, 88) findet, daß der Abbruch seiner induzierten Ketten durch das gebildete NaCl 30mal langsamer erfolgt als durch die ursprüngliche Glaswand. Insbesondere sahen wir schon (S. 49), daß auch der Antiklopfeffekt nicht durch feste Körper jeder Art hervorgebracht werden kann, sondern daß dazu speziell Metalle befähigt sind, und sahen auch, zu welchen chemischen Schlüssen diese Feststellung geführt hat.

Man wird auch hier die Ursache der Selektivität in einer selektiven chemischen Verwandtschaft, d. i. bei heterogenen Vorgängen einer *selektiven Adsorption*, sehen. Da alle die angeführten Abbruchsvorgänge sich reaktionskinetisch als Vorgänge *erster* Ordnung (und nicht zweiter) darstellen, muß denn auch dem eigentlichen „Dreierstoß" eine Adsorption eines der beiden Partner vorangegangen sein, so daß der zweite bei oder nach seiner Ankunft an der Wand mit Sicherheit auf einen

[1] Nach neuen Feststellungen von BODENSTEIN und UNGER (426) ist indes in diesem Beispiel nur der erste Teilvorgang des Kettenabbruchs eine Wandreaktion, und zwar die Bildung einer gasförmigen Verbindung mit dem Wandmaterial, etwa SiCl. Der zweite Vorgang ist dann eine *homogene* Vereinigung der Cl-Atome mit diesem Zwischenstoff.

schon vorhandenen stößt. Es ist auch hier wieder zu betonen, daß die leichte Adsorbierbarkeit aktiver Atome oder Radikale ja direkt aus unseren Vorstellungen über Adsorption folgt. Da diese Adsorption durch spezifische Valenzkräfte beherrscht wird, ist es verständlich, daß ihre Wirksamkeit auch spezifisch sein kann.

Sobald die Wirksamkeit der Wandstöße aber einen gewissen Grad überschreitet, wird auch hier im Sinne unserer anfänglichen Ausführungen auf S. 155 nicht mehr die Reaktion die Geschwindigkeit bestimmen, sondern die langsamere *Diffusion zur Wand.* Insbesondere bei Atomrekombinationen, wo ja die Anwesenheit der Wand meist schon hinreichende Bedingung zu einer trägheitsfreien Vereinigung ist, dürfte das eintreten können, und die Befolgung der Diffusionsgesetze gibt denn auch die besten Beweise für die Theorie der Wandhemmung und in vielen Fällen sogar Anhaltspunkte für ihre quantitative Abschätzung.

Nach einer gaskinetischen Formel von SMOLUCHOWSKY beträgt die **Zeit *t*, die** ein Teilchen im Mittel zur Zurücklegung einer Strecke x **durch Diffusion** braucht (x ist strenggenommen nicht die mittlere **Verschiebung**, sondern die Wurzel aus dem „mittleren Verschiebungsquadrat“ x^2):

$$t = \frac{3\pi x^2}{4 L \bar{c}},$$

wo L die mittlere freie Weglänge, c die mittlere Molekulargeschwindigkeit ist. Bei diffundierenden aktiven Teilchen ist offenbar x der durchschnittliche Weg, den die Kette im freien Gas zurücklegt, ehe sie an der Wand abbricht, also etwa gleich dem *Gefäßdurch- oder halbmesser,* die dazu verfügbare Zeit t aber ein Maß für die *Kettenlänge.* Das ist aber gerade das experimentelle Resultat TRIFONOFFS (S. 217), daß bei kleinen Drucken die Kettenlänge proportional dem *Quadrat* des Gefäßdurchmessers ist; hierin kann wohl der beste Beweis für den Kettenabbruch an der Wand gesehen werden. Andererseits kann nach dieser Formel die Häufigkeit des Abbruchs, also *das k der abbrechenden Teilreaktion,* aus den Gefäßdimensionen und den zu Konzentration und Temperatur gehörenden L und c abgeschätzt werden, und auch diese Abschätzungen sind in Übereinstimmung mit der Erfahrung. So ist es verständlich, daß der Wandabbruch erst bei kleinen Drucken merklich wird (großes L), wie JOST und JUNG bei Brom finden, und wie BODENSTEIN, LENHER und WAGNER bei Cl in der Phosgenreaktion auch quantitativ zeigen. Ja, man kann durch diese Bestimmung von k_{Abbruch} auch die andern k in der Geschwindigkeitsgleichung der Kette vielfach einzeln berechnen und kommt dabei zu Werten, die, insbesondere in dem letzten Beispiel, die richtigen Zusammenhänge von Absolutwert und Temperaturkoeffizienten bimolekularer Elementarreaktionen

$$k = Z \cdot e^{-q/RT}$$

aufweisen. Auf diesem Wege eröffnet gerade der Abbruch der Ketten an der Wand die Möglichkeit, die *Kette selbst* nicht nur formal, sondern auch *quantitativ* in ihre Einzelschritte zu zerlegen.

Katalyse an festen Substraten.

Wir gehen jetzt zur Besprechung der Fälle über, die wir anfangs zurückgestellt haben, in denen das *Substrat den dichteren Aggregatszustand* einnimmt als der Katalysator, insbesondere also der seinerzeit (S. 135) zurückgestellten Fälle VI, VII und VIII mit gasförmigem, flüssigem und festem Katalysator. Wegen der geänderten Beweglichkeitsverhältnisse ist hier die Kinetik, wegen der geänderten Kohäsionsverhältnisse auch die Energetik und die „Adsorption" völlig verändert. Neben Katalysen, die auf den alten Prinzipien der Deformation durch Valenzbeanspruchung beruhen, treffen wir hier daher auch ganz neue Arten der Reaktionsbeschleunigung.

Gase als Katalysatoren.

Die Reaktionen fester Phasen, die durch *Gase* beschleunigt werden, sind begreiflicherweise selten, da wir ja schon sahen, daß eine Beeinflussung der festen Substrate durch diese wenig wahrscheinlich ist. Die Fälle, die beobachtet sind, scheinen denn auch auf andere Momente zurückzugehen. W. JANDER und STAMM (429) finden, daß gewisse Reaktionen im festen Zustand durch Anwesenheit von *Wasserdampf* merklich beschleunigt werden. Es handelt sich um die Systeme:

$$CaO + SiO_2 \rightarrow CaSiO_3$$
$$La_2O_3 + 3\,SiO_2 \rightarrow La_2Si_3O_9$$
$$BaCO_3 + SiO_2 \rightarrow BaSiO_3 + CO_2$$
$$CaCO_3 + MoO_3 \rightarrow CaMoO_4 + CO_2$$
$$BaCO_3 + WO_3 \rightarrow BaWO_4 + CO_2.$$

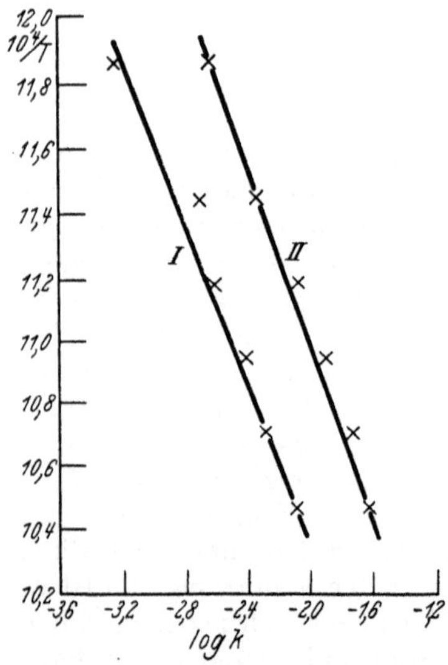

Fig. 39. Wasserdampfkatalyse der Reaktion zwischen Baryumkarbonat und Wolframtrioxyd nach W. JANDER. (*I* spontan, *II* katalytisch.)

Fig. 39 zeigt für das letzte Beispiel, daß die Geschwindigkeit vergrößert wird, ohne daß die Aktivierungswärme (Neigung der logarithmischen Geraden) sich merklich ändert.

Um hieraus eine Deutung der Wasserkatalyse abzuleiten, müssen wir zunächst ein Bild von derartigen Reaktionen zweier fester Teilnehmer besitzen, wie es sich aus den Arbeiten von TAMMANN (zitiert bei JANDER und STAMM, l. c.) ergibt. Danach entsteht an der Berührungsfläche zweier Körner aus beiden Ausgangsstoffen zunächst eine Schicht des Reaktionsprodukts, und die *Diffusion* eines oder beider Ausgangsstoffe *durch diese Schicht* infolge Platzwechsels in ihr ist der geschwindigkeitsbestimmende Vorgang, den man mißt. Die „Aktivierungswärme" ist also hier die kritische Schwingungsenergie oder „*Auflockerungswärme*", die eine Komponente im Gitter des Reaktionsprodukts zum Platzwechsel befähigt. Diese Größe wird also durch Wasser nicht so herabgesetzt, wie wir das von Adsorptionskatalysen gewöhnt sind. Daß trotzdem die Diffusion, also nunmehr die *Zahl* der überhaupt lockerbaren Teilchen, erhöht wird, kann nach JANDER zwei Gründe haben: Wasser kann sich im Gitter lösen, dadurch dieses dehnen und so die Geschwindigkeit der Teilchenbewegung erhöhen; oder es kann für ein Entstehen feinkörnigeren Reaktionsprodukts mit mehr Lockerbausteinen nach SMEKAL (392) oder Kantendiffusion nach SCHWAB und PIETSCH (252) sorgen.

Für die letztere Möglichkeit entscheiden sich auch SPENCER und TOPLEY (430). Sie finden eine Beschleunigung der umkehrbaren Reaktion

$$Ag_2CO_3 \rightleftharpoons Ag_2O + CO_2$$

wiederum durch Wasserdampf. Sie halten es für die beste Deutung, daß die Adsorption von Wasser (d. i. vielleicht die Bildung eines Silberhydroxyds) die Zu- und Wegdiffusion des Kohlendioxyds über die Oberflächen und Grenzlinien hin erleichtert.

Flüssige Katalysatoren.

Es sind in der täglichen Erfahrung des Chemikers so zahlreiche Beispiele für diesen Typus bekannt, daß es vielleicht überflüssig ist, besondere Arbeiten zu zitieren. Es ist eine allgemein bekannte Tatsache, daß Reaktionen zwischen festen Stoffen, z. B. die Umwandlung des Schwefels, des Phosphors u. dgl., stark beschleunigt werden, wenn *Lösungsmittel* bzw. gesättigte Lösung beide Phasen berühren. Die Gründe können mannigfaltigster Art sein. Einmal kann die Lösung wirklich als Medium erhöhter Reaktionsgeschwindigkeit wirken, also im Sinne einer Deformationskatalyse (S. 123 u. 134). Andererseits haben wir aber soeben gesehen und werden noch weiter sehen, daß Reaktionen im festen Zustand nicht nur ganz charakteristischen Hemmungen durch *Diffusionsträgheit*, sondern noch mehr einer *topochemischen Beschränkung* auf Berührungsflächen unterliegen. Beide Schwierigkeiten werden ausgeschaltet, wenn der Vorgang über Auflösung — homogene Reaktion — Abscheidung geleitet wird.

Daneben kann auch noch eine Wirkung einer Flüssigkeit darin bestehen, daß sie eine *vergiftende Haut*, etwa eine Oxydschicht, *beseitigt* und so die Berührung der zu verbindenden Komponenten erst ermöglicht. Das ist die Funktion von oxydlösenden „Flußmitteln", wie Zinkchlorid, Kolophonium, Salmiak oder Borax beim *Löten*.

Feste Katalysatoren.

Wir kommen nunmehr zu dem wichtigsten und auch interessantesten der drei Fälle, dem, daß ein *fester Stoff* die Reaktion eines anderen beschleunigt. Insbesondere in der Form, daß das *Reaktionsprodukt selbst* diese beschleunigende Wirkung ausübt, sind fast alle Reaktionen im festen Zustand Katalysen. Wir wollen nur einige davon anführen, die genauer untersucht sind. Wir folgen dabei Zusammenstellungen von VOLMER (431) und von SCHWAB und PIETSCH (252).

$$2\,NaHCO_3 \rightarrow \mathbf{Na_2CO_3} + H_2O + CO_2$$
$$2\,Ag_2O \rightarrow 4\,\mathbf{Ag} + O_2$$
$$AgMnO_4 \rightarrow (\mathbf{AgMnO_3}) + {}^1/_2\,O_2$$
$$S_{monokul} \rightarrow \mathbf{S_{rhomb}}$$
$$CuO + H_2 \rightarrow \mathbf{Cu} + H_2O$$
$$NiO + H_2 \rightarrow \mathbf{Ni} + H_2O$$
$$CuO + CO \rightarrow \mathbf{Cu} + CO_2$$
$$CuSO_4 \cdot 5\,H_2O \rightarrow \mathbf{CuSO_4} + 5\,H_2O$$
$$BaCl_2 \cdot 2\,H_2O \rightarrow \mathbf{BaCl_2} + 2\,H_2O$$
$$Ag_2C_2O_4 \rightarrow 2\,\mathbf{Ag} + 2\,CO_2$$
$$6\,Li + N_2 \rightarrow 2\,\mathbf{Li_3N}$$
$$3\,Ca + N_2 \rightarrow \mathbf{Ca_3N_2}$$
$$Hg + J_2 \rightarrow \mathbf{HgJ_2}$$
$$2\,KMnO_4 \rightarrow K_2O + 2\,\mathbf{MnO_2} + 1^1/_2\,O_2$$

Es wurde überall das Reaktionsprodukt, das katalytisch wirkt, durch **halbfetten** Druck hervorgehoben. Die Reaktionen sind alle dadurch ausgezeichnet, daß die *neue Phase selbst als Katalysator* wirkt. Die Reaktion geht also überhaupt nur dort vor sich, wo das alte Substrat an sie angrenzt. Infolgedessen besteht sie in einem Wachsen des Reaktionsprodukts auf Kosten des Ausgangsstoffs, in einem Vorschieben der Phasengrenze in diesen hinein. In manchen Fällen, so bei allen Verwitterungserscheinungen von Salzhydraten, bei der Schwefelumwandlung, der Nitridbildung, der Umwandlung von HgJ_2 ist dieses Wachsen direkt geometrisch visuell zu beobachten.

In anderen Fällen geht dieser Habitus aus der Reaktionskinetik mit Sicherheit hervor. Das Charakteristische dieser (wie aller) *autokatalytischen* Reaktionen ist, daß die Reaktionsgeschwindigkeit im Anfang *ansteigt*, weil ja die Größe der Phasengrenzfläche ansteigt, dann durch ein Maximum geht und erst gegen Schluß fällt, wenn die Umgrenzungen der Ausgangsphase wegen deren Aufbrauch wieder kleiner werden. Erstmalig hat diesen Verlauf wohl LEWIS (432) am Silberoxyd festgestellt.

Wir wollen die Kinetik eines solchen Falles, nämlich der thermischen *Zersetzung des Kaliumpermanganats*, im Anschluß an ROGINSKY und SCHULZ (331) näher betrachten. Zunächst müssen irgendwelche Punkte da sein, von denen überhaupt eine Reaktion ausgeht, sog. Reaktions*keime*. Diese wird man wieder in aktiven Zentren erblicken dürfen, die an der Oberfläche, an Kanten und Ecken, vorliegen oder durch Erhitzen entstehen. Ist nun die Geschwindigkeit dieser Keimbildung für den Gesamtvorgang bestimmend, d. h. wachsen die einmal gebildeten Keime so rasch, daß sie sofort das ganze Korn „auffressen“, so wird Reaktion erster Ordnung ohne Autokatalyse vorliegen [TOPLEY und HUME (433)]. Wenn andererseits von vornherein so viele Keime da sind, daß sie die ganze Oberfläche bedecken, so wird von ihnen aus eine Hohlsphäre des Reaktionsprodukts mit sinkendem Flächeninhalt ins Innere wachsen, d. h. wieder keine Autokatalyse beobachtbar sein. Diesen Fall haben SPENCER und TOPLEY (430) bei der Dissoziation des *Silberkarbonats* beobachtet. Auch bei Kaliumpermanganat wird die

Periode der Selbstbeschleunigung durch feines Pulvern, d. h. Vermehrung der Keimzahl an der Oberfläche, wesentlich verkürzt.

Charakteristischer ist dagegen der Fall, daß die Keime zwar so weit voneinander entfernt sind, daß sie nicht als gemeinsame Hohlsphäre wachsen, aber doch zahlreich genug, daß ihr *Wachstum* und nicht ihre Bildung geschwindigkeitsbestimmend wird. Dann wächst sich jeder Keim zu einer *Sphäre mit wachsender Oberfläche* aus, und erst, wenn diese Sphären sich berühren und zusammenwachsen, nimmt die Grenzfläche und damit die Geschwindigkeit wieder ab.

Der Inhalt einer solchen Zone oder Sphäre heiße x, ihre Oberfläche s. Dann gilt

$$\frac{dx}{dt} = \text{const} \cdot s,$$

oder da

$$s \sim x^{2/3},$$

$$\frac{dx}{dt} = k \cdot x^{2/3}.$$

Es seien N Keime vorhanden. Der gesamte Umsatz zur Zeit t beträgt dann

$$X = Nx$$

und die Geschwindigkeit

$$\frac{dX}{dt} = \frac{k \cdot X^{2/3}}{N^{2/3}}.$$

Die Geschwindigkeit steigt also zunächst an, in dem Maße, wie die $^2/_3$te Potenz des schon erfolgten Umsatzes steigt. Bei nicht allzu groben Pulvern von $KMnO_4$ fanden ROGINSKY und SCHULZ diesen Anstieg bestätigt. TOPLEY und HUME (433) finden dieselbe oder doch eine eng verwandte Formel für die Anfangsstadien der Entwässerung von $CaCO_3 \cdot 6\,H_2O$.

Gegen Schluß der Reaktion sind nur noch Zwickel von Ausgangsstoff zwischen den zusammengewachsenen Sphären des Reaktionsproduktes übrig. Diese nehmen nun weiter proportional ihrer Oberfläche ab, also:

$$-\frac{d(a-x)}{dt} = \frac{dx}{dt} = k'(a-x)^{2/3}$$

und

$$\frac{dX}{dt} = \frac{k'}{N^{2/3}}(A-X)^{2/3}.$$

Ungefähr nach diesem Gesetz fällt in beiden zitierten Fällen die Geschwindigkeit gegen Ende nach Null ab.

Ganz nach denselben Gesetzen verläuft auch die Reduktion von CuO [LARSON und SMITH (309)] und NiO [BENTON und EMMET (434)] durch Wasserstoff oder Kohlenoxyd [PALMER (435)], die Umwandlung des Schwefels [FRAENKEL und GOETZ (436)] und alle anderen oben angeführten Reaktionen.

Es entsteht zunächst die Frage, *warum* diese Autokatalyse ein anscheinend so allgemeines Gesetz der Reaktionen fest → fest darstellt. Da besteht denn auch [VOLMER (431); SCHWAB und PIETSCH (252)] ein sehr allgemeiner thermodynamischer Grund, den wohl OSTWALD (für Gips) zuerst klar ausgesprochen hat:

„Daß überhaupt solche Formen entstehen, kann nur begriffen werden, wenn man annimmt, daß die Verwitterung nur an solchen Stellen eintreten kann, wo Hydrat und Anhydrit aneinander grenzen, da *nur hier die Bedingung des bestimmten Zersetzungsdruckes, die Koexistenz beider Phasen, gegeben ist.* Der homogen gebliebene Teil des Krystalls hat auf diesen Wert ebensowenig Einfluß, wie der vollständig verwitterte."

Dieser Gedankengang, der sich zunächst auf die Entwässerung des Gipses bezieht, läßt sich offenbar ganz allgemein anwenden. LANGMUIR (437) hat ihn in anderer Form, der eines indirekten Beweises, etwa so ausgesprochen:

Nehmen wir an, Gips könne sich an der gesamten Oberfläche von Anhydrit aus diesem und Wasserdampf bilden, und Anhydrit durch Verdampfen von Wasser aus irgendeiner Stelle in der Gipsoberfläche, so können wir für Hin- und Rückreaktion dieselben Ansätze machen wie bei Ableitung der LANGMUIRschen Adsorptionsisotherme. Die Bildungsgeschwindigkeit des Gipses ist:

$$k_1 \cdot p \cdot \text{Anhydritfläche},$$

seine Zerfallsgeschwindigkeit

$$k_2 \cdot \text{Gipsfläche}.$$

Für den Gleichgewichtsdruck des Wassers über Gips erhalten wir so:

$$p = \frac{k_2}{k_1} \frac{\text{Gipsfläche}}{\text{Anhydritfläche}}.$$

Da aber die *Phasenregel* (drei Phasen, zwei Komponenten, also nur eine Freiheit, die Temperatur) einen definierten Zersetzungsdruck verlangt, ist diese Abhängigkeit vom Phasenverhältnis *falsch* und eine Umsetzung daher in beiden Richtungen nur an der *gleichen* Fläche möglich. Eine solche „Fläche", die beide Umsetzungen ausführen kann, ist aber *nur die Berührungslinie* beider Phasen. An dieser ist also die Umsetzung lokalisiert. (Im Falle von Mischphasen gilt dies natürlich nicht, doch sind auch da die Umsetzungen gewöhnlich rascher als der Konzentrationsausgleich durch Diffusion.)

Diese thermodynamische Begründung enthält noch keinerlei Vorstellungen über den katalytischen Mechanismus, der nun die Lokalisierung der Reaktion an der Phasengrenze bewirkt. Insbesondere gilt sie zunächst nur für den Gleichgewichtszustand und kann daher, wie überhaupt thermodynamische Ableitungen (s. S. 12), nichts Bindendes über die Geschwindigkeiten in weiter Entfernung vom Gleichgewicht aussagen. Und um solche Vorgänge, bei denen die Rückreaktion weit außerhalb des Meßbereichs liegt, handelt es sich meist.

Es ist also die Frage zu beantworten, welcher *molekulare Mechanismus* dafür verantwortlich ist, daß die Reaktion in der Phasengrenze so ungeheuer viel schneller ist als die praktisch nicht vorhandene im Phaseninnern. Hier bestehen grundsätzlich zwei Möglichkeiten, die wir schon einmal gestreift haben (S. 179). Wir wählen mit VOLMER (l. c.) als Beispiel die Reaktion

$$2\,Ag_2O \rightarrow 4\,Ag + O_2,$$

die von LEWIS (l. c.) studiert wurde. Wir können sie in zwei Stufen zerlegen, nämlich in eine rein *chemische* Spaltung des Oxyds in Silberatome und Sauerstoffmolekeln

$$1) \quad 2\,Ag_2O \rightarrow 4\,Ag\ (gasf.) + O_2$$

und in die *Abscheidung* des Silbers an dem schon vorhandenen Keimsilber als Krystall:

$$2) \quad 4\,Ag\ (gasf.) \rightarrow Ag_4\ (fest).$$

Ist nun die Reaktion 1) geschwindigkeitsbestimmend, so kommt die Katalyse auf die eines rein chemischen Vorganges, also auf eine *Herabsetzung der Aktivierungswärme* durch Adsorption und Deformation an aktiven Korngrenzlinien [SCHWAB und PIETSCH (252)] hinaus. Ist aber die Reaktion 2) geschwindigkeitsbestimmend, d. h. bleibt der Vorgang schließlich stehen, weil der entstandene Silberdampf, der keinen Krystallisationskeim vorfindet, sich bis zu dem zu 1) gehörigen Gleichgewicht aufstaut, so wirkt vorhandenes festes Silber einfach *keimbildend*, d. h. es hebt die Übersättigung des Silberdampfes hinsichtlich festen Silbers auf, es leitet eine geordnete Abscheidung ein infolge einer *orientierenden* Wirkung auf adsorbierte Silberatome.

Diese zweite Wirkung ist nur möglich, wenn das Gleichgewicht 1) bei solchen Silberdrucken liegt, daß eine *spontane* Keimbildung *nicht* möglich ist. Zur spontanen Keimbildung gehört eine bestimmte Übersättigung, die das „metastabile Gebiet" abgrenzt und aus der Oberflächenspannung des zu bildenden Bodenkörpers abgeschätzt werden kann (VOLMER, l. c.).

Im Falle des Silbers in vorliegendem Beispiel führt die Einstellung des Gleichgewichts 1) zu einer Übersättigung des Silberdampfes von etwa 10^4 mal, und die Abschätzung der metastabilen Grenze zeigt, daß ein derart übersättigter Dampf noch nicht sicher zur spontanen Krystallisation befähigt ist. Es besteht also die Möglichkeit, daß hier *nur* die Reaktion 2) durch *Orientierung* beschleunigt wird.

Für die von PEASE und TAYLOR studierte Reaktion (438):

$$CuO + H_2 \rightarrow Cu + H_2O$$

und ihre Umkehrung durch O_2, die beide autokatalytisch sind (s. S. 163), hat OKAYAMA (341) dieselbe Überlegung angestellt und kommt zu einem umgekehrten Ergebnis. Die Oxydation wird durch CuO noch katalysiert bei $10^{18 \div 30}$ facher Übersättigung, die Reduktion durch Kupfer noch bei 10^{15} facher Übersättigung, und das sind Werte, bei denen man doch schon spontane Krystallisation erwarten sollte. Hier ist demnach eine echte *energetische Katalyse* der Reaktion 1) anzunehmen. Immerhin ist es schwierig, eine Grenze anzugeben, da z. B. ESTERMANN (439) noch eine Keimwirkung festen Cadmiums in 10^{10} fach übersättigtem Cadmiumdampf feststellte.

Sehr wahrscheinlich ist aber dennoch meist, auch *neben* der Keimbildungskatalyse, mit einer echten Katalyse durch Herabsetzung der Aktivierungswärme zu rechnen. Die Korngrenzen, an denen unsere Reaktionen laufen, stellen ja Linien besonders ungesättigten Charakters dar, an denen Synergieeffekte ohne weiteres zu erwarten sind. Daß dem so ist, wird durch andere Befunde direkt gestützt: das Reaktionsprodukt ist in seiner Wirkung oft *durch andere Stoffe ersetzbar.*

Wenn Silberoxyd auch in Berührung mit *Platin* sich beschleunigt zersetzt, so beweist das noch nichts, denn es ist eine Keimbildung auch für fremdes Material bei einiger krystallographischer Ähnlichkeit häufig beobachtet [Beispiele bei SCHWAB und PIETSCH (252)]. Aber auch *Braunstein* beschleunigt diese Reaktion, obgleich er sicher keinen Keim für Silberkrystalle darstellen kann. Die Zersetzung des *Silberpermanganats* [SIEVERTS und TEBERATH (440)] wird sogar durch *Bimssteinpulver* beschleunigt, die Bildung des Calciumnitrids [v. ANTROPOFF und GERMAN (441)] durch Natrium(nitrid?). ROGINSKY, SAPOGENIKOFF und KUTSCHERENKO (442) finden, daß die Zersetzung von *Quecksilberoxyd* durch die Oxyde von Ni, Fe, Mn, Co, Cu, Pb, Zn, Cr, Cd sehr stark, durch die von Mg, Ti, Si, U, Al immer noch auf das 5—6fache beschleunigt wird.

Die Zersetzung des *Kaliumpermanganats* [ROGINSKY und SCHULZ (331)] wird stark beschleunigt durch die Oxyde von

$$\text{Ni, Co, Mn}^{\text{IV}}\text{, Fe, Cu,}$$

schwächer durch die von

$$\text{Mn}^{\text{III}}\text{, Ag, Sn, Pb, Cr, Al,}$$

nicht aber durch die von

$$\text{W}^{\text{IV}}\text{, Mg, Ca, Si.}$$

Besonders in dem letzten Beispiel fällt auf, daß von irgendeiner Isomorphiebeziehung keine Rede ist, daß dagegen im Durchschnitt diejenigen Stoffe gut katalysieren, die dunkel gefärbt sind, also stark deformierte und deformierbare Elektronenstrukturen im Sinne von FAJANS enthalten, daß sie vielfach paramagnetisch sind (unpaare Valenzelektronen!) und oft Leiter erster Klasse. Solche Stoffe haben wir ja auch schon an anderer Stelle (S. 175) als gute Deformationskatalysatoren kennengelernt.

Aus solchen Beobachtungen scheint hervorzugehen, daß wir es bei der Autokatalyse und Fremdstoffkatalyse von Reaktionen fester Stoffe wenigstens vielfach mit einem Vorgang zu tun haben, der grundsätzlich wesensgleich ist mit der Herabsetzung der Aktivierungswärme durch die aktiven Zentren bei anderen heterogenen Katalysen. Darin liegt nicht nur eine wichtige Feststellung für die Kenntnis dieser Reaktionen selbst, sondern diese Tatsache erlaubt uns den *Rückschluß*, daß die Grenzlinien, die chemisch verschiedene Gebiete der Oberfläche trennen, tatsächlich als Gebiete spezifisch veränderter und verstärkter Feldwirkung angesehen werden dürfen, als aktive Zentren im TAYLORschen Sinne. Damit werden alle Schlüsse, die wir seinerzeit über die Aktivität von Kanten und Korngrenzen überhaupt gezogen haben, vor allem aber auch die wichtige Vorstellung der Synergie bei Mehrstoffkatalysatoren auf eine sichere Grundlage gestellt.

Mikroheterogene und Bio-Katalyse.

Es bleibt jetzt noch übrig, eine Form der Katalyse kurz zu betrachten, die gewissermaßen in der Mitte steht zwischen der homogenen und der heterogenen Katalyse, nämlich die Katalyse mit *kolloidalen* oder mikroheterogenen Katalysatoren. Es handelt sich der Natur dieses Verteilungszustandes entsprechend hier vorwiegend um Katalysen in Lösung. Hierher gehören einerseits die Katalysen durch *kolloidale Metalle*, andererseits die durch organische Kolloide, die sog. *Fermente* oder *Enzyme*, die die Katalysatoren der chemischen Umsetzungen im lebenden Organismus darstellen.

Beide Gebiete besitzen eine derartige Ausdehnung, daß sie, besonders das letztere, zu einem besonderen Wissenszweig angewachsen sind, vorzüglich durch die intensive Bearbeitung der Enzymatik seitens WILLSTÄTTERS und seiner Schule. Es kann daher nicht unsere Aufgabe sein, im vorliegenden Rahmen diese Erscheinungen in der bisherigen Ausführlichkeit zu besprechen. Es liegen hier viele mehr und weniger ausführliche Monographien aus berufensten Federn vor, auf die deshalb verwiesen sei. [Wir nennen: WILLSTÄTTER (443), OPPENHEIMER-KUHN (444), WALDSCHMIDT-LEITZ (445), GRASSMANN (446), v. EULER (447), O. WARBURG (448).

Wir werden uns daher hier darauf beschränken, beide Gebiete [wegen der kolloidalen Metalle vgl. HÜCKEL (449), BREDIG (450)] vom Standpunkt der *Analogien* zu besprechen, die sowohl zwischen ihnen selbst (BREDIG und Mitarbeiter), wie zwischen ihnen und den bisher besprochenen Formen der Katalyse bestehen.

Die *Herstellung der kolloidalen Metalle* kann auf zweierlei Weise geschehen. Entweder zerstäubt man die Metalle unter Wasser in einem elektrischen Lichtbogen, dessen Elektroden sie bilden [BREDIG (450)] bzw. unter organischen Medien in einem Induktionsfunken [THE SVEDBERG (451)]. Nickel für technische Hydrierungen wird durch Reduktion mit Wasserstoff aus Verbindungen bei mäßiger Temperatur (wegen der Sinterungsgefahr) in dem flüssigen Substrat selbst hergestellt. Auf diese Weisen erhält man die Metalle ohne Beimengungen, was besonders für die reaktionskinetische Erforschung ihrer Wirksamkeit (BREDIG) erwünscht ist.

Der andere Weg, der besonders zur Herstellung stabiler Hydrierungskatalysatoren für präparative Zwecke beschritten wurde, beruht auf der Verwendung von *Schutzkolloiden*. Diese erlauben den Katalysator in höheren Konzentrationen anzuwenden, indem sie seine Flockung verhindern. Die Schutzkolloide üben also eine Art strukturelle Verstärkung (s. S. 206, 209) aus. Man geht so vor, daß man Verbindungen der betreffenden Metalle (meist Platin, Iridium, Palladium) in Gegenwart des Schutzkolloids [Protalbinsäure oder Lysalbinsäure nach PAAL, Gummi arabicum oder Gelatine nach SKITA; Literatur und Einzelheiten bei HÜCKEL (449)] in Lösung reduziert.

Weniger einfach liegen die Verhältnisse bei den organischen kolloiden Katalysatoren, die wir als *Enzyme* bezeichnen. Über ihre *stoffliche Natur* sind wir noch durchweg im unklaren. Wenn sie auch schon BERZELIUS (s. S. 3) unter seine Definition der Katalysatoren einbegriffen hat, so wissen wir doch erst seit BUCHNER (452), daß sie auch außerhalb der lebenden Zelle wirksam, also stoffliche Katalysatoren sind. Hingegen ist uns ihre chemische Natur noch unbekannt, weil es noch nicht gelungen ist, Enzyme zu isolieren, d. h. von den Begleitstoffen völlig zu trennen, mit denen sie in der Natur vorkommen. Jedoch wissen wir, daß eine solche Trennung grundsätzlich möglich sein muß. WILLSTÄTTER hat den Weg hierzu gewiesen und beschritten. Er nutzt die *selektive Adsorbierbarkeit der Enzyme* gegenüber ihren Begleitstoffen an sauren (Kaolin) oder basischen (Tonerde) Adsorbentien aus. So ist es der Experimentierkunst von WILLSTÄTTER und seinen Mitarbeitern gelungen, beispielsweise aus der Bauchspeicheldrüse eine fettspaltende Lipase, eine stärkespaltende Amylase, das proteinspaltende Trypsin und das peptidspaltende Erepsin voneinander zu trennen.

Indessen ist es bisher auch nach diesen Methoden noch nicht gelungen, die Enzyme so weit von Begleitstoffen zu reinigen, daß irgendwelche Aussagen über ihre chemische Natur gemacht werden könnten. Aber die Verfolgung der Wirkungssteigerung durch immer weitergehende Anreicherung hat doch die Wahrscheinlichkeit, daß Enzyme chemische Individuen sind, wesentlich erhöht.

Daß sie ferner Kolloide sind, ist zunächst für die zugänglichen Präparate direkt nachweisbar. Ob sie es grundsätzlich sein müssen, ist indes ungewiß, wenn auch wahrscheinlich. WILLSTÄTTER (10) betrachtet ein Enzym als eine spezifisch *aktive Atomgruppe auf einem kolloiden Träger*.

Durch den kolloiden Zustand ist auch die *Kinetik* der mikroheterogenen Katalyse gegeben. BREDIG und TELETOW (453) haben die Kinetik des Hydroperoxydzerfalls an platiniertem Platinblech einerseits mit der an kolloidem Platin andererseits verglichen. Im ersten Falle haben wir wegen der geringen Diffusionsgeschwindigkeit in der wässerigen Lösung den auf S. 155 besprochenen Fall vor uns, daß die Reaktionsgeschwindigkeit groß gegen die Diffusionsgeschwindigkeit des Substrats ist und daher letztere gemessen wird. Daher messen wir hier erste Ordnung mit recht geringem Temperaturkoeffizienten. Die Geschwindigkeit des Rührens der Lösung hat großen Einfluß auf die Geschwindigkeit, da sie die Dicke der adhärierenden Diffusionsschicht bestimmt.

Bei der mikroheterogenen Katalyse liegen dagegen die Verhältnisse anders. Zwar messen wir auch hier erste Ordnung sowohl bei Platin, wie bei tierischer „Katalase“ (d. i. peroxydspaltendem Enzym):

Blutkatalase (SENTER)			Platinsol (BREDIG u. MÜLLER VON BERNECK)		
Zeit	(H_2O_2)	k	Zeit	(H_2O_2)	k
0	39,7	—	0	47,4	—
5	32,2	0,0175	10	37,9	0,0097
10	26,7	0,0163	20	30,0	0,0099
20	17,8	0,0176	30	23,6	0,0101
30	11,6	0,0185	40	18,2	0,0104
50	4,8	0,0191	60	11,0	0,0106

Jedoch ist der Temperaturkoeffizient bedeutend höher, in der Größenordnung chemischer Reaktionen. Es ist ja auch verständlich, daß kolloide Teilchen mit ihrer lebhaften BROWN*schen Bewegung* nicht in gleicher Weise von einer konstanten Diffusionsschicht umgeben sind. Deshalb ist hier auch die Rührgeschwindigkeit ohne Einfluß.

Gehen wir gar zu alkalischer Lösung über, so wird die makroheterogene Katalyse kaum beeinflußt, die Kolloidkatalyse dagegen ändert sogar ihre Ordnung: Sie verläuft hier nach nullter Ordnung; wir wissen schon (s. S. 157), daß das geschwindigkeitsbestimmende Reaktion in der an Substrat völlig gesättigten Oberfläche der Submikronen bedeutet. Im besonderen sind auch alle Hydrierungsreaktionen durch kolloide Metalle von nullter Ordnung, verlaufen also an einer substratgesättigten Oberfläche. Hierüber sowie über einige Anomalien bei diesen Vorgängen vgl. W. HÜCKEL (449, S. 61ff.). Auch in den obigen Tabellen finden wir bereits einen Übergang zu diesem Zustand: die Konstanten erster Ordnung steigen mit wachsendem Umsatz etwas an. Dieser Sachverhalt, der in anderen Fällen noch deutlicher ist, besagt aber nichts anderes, als eine Reaktion nach der uns wohlbekannten Gleichung der *mittelstark gesättigten* Adsorptionsschicht (S. 157):

$$\frac{dx}{dt} = \frac{k \cdot p}{1 + bp},$$

wo p diesmal die Substratkonzentration in Lösung bedeutet.

Eine Kinetik dieser Form findet sich in der Tat bei sehr vielen Enzymreaktionen *in voller Schärfe*, insbesondere bei der Inversion des Rohrzuckers durch Saccharase aus Hefe und überhaupt bei der Hydrolyse von Estern durch „Esterasen“.

Es ist nun interessant, daß diese Gleichung *ohne* Rücksicht auf die mikroheterogene Natur dieser Katalyse für den enzymatischen Spezialfall von HENRI (454) und besonders von MICHAELIS und MENTEN (455) auf einem ganz anderen Wege, nämlich über Zwischenverbindungen in *homogener* Phase, abgeleitet werden konnte.

Ist (R) die Konzentration des Rohrzuckers, (E) die Gesamtkonzentration angewandten Enzyms und (ER) die Konzentration der reaktionsvermittelnden Zwischenverbindung Rohrzucker—Enzym, die als ARRHENIUSscher Zwischenkörper gedacht wird, so liefert das Massenwirkungsgesetz:

$$\frac{(R) \cdot [(E) - (ER)]}{(ER)} = K$$

oder

$$(ER) = \frac{(R)(E)}{(R) + K}.$$

Wird nun der Zerfall selbst monomolekular für ER angenommen, so folgt:

$$\frac{dx}{dt} = k(ER) = \frac{k(R)(E)}{(R) + K} = \frac{k/K(R)}{1 + 1/K(R)}(E).$$

Man sieht, daß dieser Ausdruck völlig identisch ist mit dem, den man bei Adsorption eines Substrats der Konzentration (R) an einer Oberfläche (E) erhalten hat. Die Analogie ist natürlich mehr als formal; an die Stelle der verfügbaren Oberfläche ist eben die verfügbare Enzymmenge getreten, an die Stelle der besetzten Oberfläche σ die Konzentration der Verbindung ER, an die Stelle des Adsorptionskoeffizienten b die Gleichgewichtskonstante $1/K$. In beiden Auffassungen ist die (Adsorptions-)Verbindung Katalysator—Substrat ARRHENIUSscher Zwischenkörper der Reaktion. Es sei daran erinnert, daß wir diesen Spezialfall bereits einmal bei Betrachtung der homogenen Katalyse nach SPITALSKY (S. 56) abgeleitet haben.

Man sieht so, daß die Analogie zwischen Enzymatik und heterogener Katalyse *nicht beweist*, daß erstere wirklich eine mikroheterogene Katalyse ist. Hierauf haben u. a. HITCHCOCK (456), SCHWAB (257), und neuerdings WEIDENHAGEN (457) hingewiesen. Dagegen bilden die Enzyme, zusammen mit den kolloiden Metallen, das *Bindeglied* zwischen homogener und heterogener Katalyse. Wenn es einmal gelingen sollte, und wenn es prinzipiell möglich sein sollte, die aktiven Gruppen eines Enzyms von kolloidalen Trägergerüsten zu isolieren und in homogener Lösung zu studieren, so würde das, wie gezeigt, an der Kinetik primär nichts ändern; ein solches homogenes Enzym könnten wir als einen Katalysator ansehen, dessen aktive Zentren (s. S. 193ff.) sämtlich freigelegt sind.

Auch hinsichtlich der *Hemmung durch die Reaktionsprodukte* sind heterogene und enzymatische Kinetik völlig analog; für die Hemmung der Zuckerinversion durch Glukose oder Fructose haben MICHAELIS und MENTEN dieselben Gleichungen abgeleitet und anwenden können, die uns für gehemmte heterogene Reaktionen (S. 157f.) schon geläufig sind. Daneben existiert aber noch eine zweite Form der Hemmung, beispielsweise durch Glycerin, die nicht auf Verdrängung des Substrats vom Enzym beruht, sondern die Zerfallsgeschwindigkeit k der Verbindung beeinflußt. Sie ist bis heute schwer mit Sicherheit zu deuten.

Eine weitere Übereinstimmung verbindet die enzymatischen Reaktionen zwar weniger mit der heterogenen Katalyse überhaupt, aber doch eng mit der mikroheterogenen Metallkatalyse, nämlich die Abhängigkeit der Wirksamkeit der Katalysatoren von der *Wasserstoff-*

ionenkonzentration des Mediums. In genau derselben Form findet man sowohl bei kolloiden Metallen wie bei allen Enzymen, daß die Reaktionsgeschwindigkeit bei einem bestimmten p_H durch ein Maximum geht. Es ist, insbesondere von MICHAELIS, versucht worden, dies durch eine amphotere Dissoziation der Enzyme zu erklären, wobei jeweils nur das Anion oder nur das Kation oder nur der Neutralteil (Zwitterion) katalytisch wirken soll. Diese Deutung erfaßt wohl nicht alle in Frage kommenden Momente, einmal, weil sie oft nur einen *ein*seitigen Anstieg mit p_H deuten kann, vor allem aber, weil die Affinitätskonstante K sich nicht mit p_H ändert. Letzteres würde für eine Beeinflussung des k, also des Zerfalls der Zwischenverbindung, sprechen, während die Tatsache, daß die Lage des Optimums mit dem Substrat oft veränderlich ist, auf *dessen* Elektrolytnatur als mit maßgebend hinweist. Für den Fall der kolloiden Metalle kann man wohl ähnliche Annahmen, z. B. die oberflächliche Bildung von intermediären Hydroxyden unter bestimmtem p_H, machen. Daß auch hier die Dissoziation des Substrates maßgebend ist, sahen wir deutlich schon an der Silberkatalyse des Hydroperoxyds (S. 177), wo dessen Säurenatur das Optimum bedingt. Bei Enzymen kommt dazu noch die Möglichkeit, daß Begleitstoffe, die für ihr kolloidchemisches Verhalten maßgebend sind, das Optimum bestimmen. Deshalb verschiebt sich seine Lage oft mit weitergehender Reinigung (s. a. S. 57).

Der *Vergiftung* durch oft schon geringe Mengen von Fremdstoffen sind unsere hochdispersen Katalysatoren, und zwar die anorganischen wie die organischen, ebenfalls zugänglich. Bemerkenswerterweise sind es sogar vielfach *dieselben* Gifte, die z. B. Platinsol und organische Katalasen vergiften. Schwefelwasserstoff, Blausäure, Mercurichlorid nehmen hier eine hervorragende Stelle ein. Jedoch sind wieder verschiedene Katalysatoren für dasselbe Gift verschieden empfindlich. Während Blutkatalase durch Blausäure stark vergiftet wird, ist bei proteinspaltenden Enzymen, wie Trypsin und Papain, das Gegenteil der Fall. Dagegen scheinen Fälle, in denen, wie bei heterogenen Katalysen häufig, ein Katalysator nur für einen *Teil* seiner Reaktionen vergiftet wird, bei Enzymen *nicht* beobachtet zu sein, wohl ein Zeichen dafür, daß schon die heute zugänglichen Präparate in ihrem wirksamen Bestandteil *einheitlicher* sind als künstliche Kontaktoberflächen.

Besonders charakteristisch für die Enzyme sind aber Erscheinungen, die sich der *Verstärkung* in anorganischen Mischkatalysatoren an die Seite stellen lassen. Besonders WILLSTÄTTER (10) hat mit Nachdruck die Übereinstimmung betont, die in dieser Hinsicht zwischen den katalytischen Vorgängen in der belebten Natur und denen in der chemischen Großindustrie besteht. Analoge Erscheinungen bei kolloiden Metallen kennen wir kaum, wenn man nicht etwa mit BREDIG (450) die schon besprochene (S. 177) Beschleunigung der Hydroperoxydspaltung an Silber durch Hydroxylionen hierhin rechnen will.

Am verbreitetsten sind die Verstärkungen durch „*Aktivatoren*" oder „*Koenzyme*" bei den proteinspaltenden pflanzlichen und tierischen „*Proteasen*". Dieselben Stoffe, die für Katalasen, wie wir sahen, starke

Gifte sind, nämlich insbesondere Schwefelwasserstoff und Blausäure, wirken gegenüber der Protease Papain als Verstärker. Besonders interessant sind die Verhältnisse bei dem Trypsin, einem eiweißspaltenden Ferment der Bauchspeichelsrüse. In reiner Form dargestellt, ist es nur gegenüber einer beschränkten Zahl von Proteinsubstanzen wirksam. Im Darm aber wird es durch ein dort vorhandenes Koenzym, die Enterokinase, insofern verstärkt, als es nunmehr auch höhere Eiweißkörper, wie Albumin oder Fibrin, meßbar rasch spaltet.

Die Beispiele, in denen so, ganz analog der technischen Kontaktkatalyse, die Wirksamkeit der Enzyme erhöht bzw. ihre Spezifität oder Selektivität verschoben wird, lassen sich noch stark vermehren. Auch Dreistoffkatalysatoren sind bekannt.

Die Vorstellungen, die man sich zur *Deutung* dieser Erscheinungen macht, sind ganz analog den bei der heterogenen Mischkatalyse (s. S. 209ff.) besprochenen. Zur Aufstellung des *Synergiebegriffs* haben gerade auch diese enzymatischen Erscheinungen viel beigetragen. Auch hier stellt man sich vor, daß die durch Adsorption oder (was dasselbe sein dürfte) chemisch miteinander verbundenen Mischungskomponenten dort, wo sie sich berühren, Stellen besonderer Valenzbetätigung schaffen, an denen die Substrate stärker und wirksamer ans Enzym (durch Vermittlung des Verstärkers) gebunden werden, als durch dieses allein. Insbesondere die Theorie Eulers (447), wonach von vornherein die beiden zukünftigen Spaltstücke des Substrats durch *zwei* verschiedene Bindungen (im Sinne einer Dublettheorie oder multiplen Adsorption nach S. 210ff.) gebunden sein müssen, läßt derartige Effekte im Zweistoffsystem erwarten.

Was die *Selektivität* der Katalyse bei unseren mikroheterogenen Systemen angeht, so ist diese recht ausgesprochen. Für verschiedene Gruppen von Reaktionen bedient sich der Organismus, ebenso wie die Technik, verschiedener Katalysatoren. So kennt man in Pflanze und Tier *Esterasen*, die nur Ester hydrolysieren, *Proteasen*, die nur Eiweißstoffe spalten (verdauen), und unter diesen wieder eine Selektivität je nach der strukturellen *Stellung* der zu hydrolysierenden HN-CO-Gruppe, *Aminoacylasen*, die Aminosäuren spalten, *Carbohydrasen*, die Kohlehydrate, wie Polysaccharide und Glykoside, hydrolysieren, *Oxydasen*, die Sauerstoff, und *Dehydrasen*, die Wasserstoff übertragen, *Katalasen*, die Hydroperoxyd spalten, und *Gärungsenzyme*. Die Einteilung ist naturgemäß willkürlich, sie kann an verschiedenen Stellen verfeinert oder zusammengefaßt werden.

Eine ganze Anzahl dieser Funktionen kann nun auch durch kolloide Metalle als „*anorganische Fermente*" (Bredig) nachgeahmt werden. So kennen wir bereits deren katalatische Wirkung; als Dehydrasen und natürlich auch umgekehrt als Hydrierungskatalysatoren betätigen sich viele Metalle bei der Hydrierung organischer Stoffe; insbesondere lassen sich Formaldehyd und Ameisensäure durch kolloide Edelmetalle dehydrieren:

$$CH_2O \rightarrow CO + H_2$$

$$CH_2O_2 \rightarrow CO_2 + H_2.$$

Die erstere Reaktion in Gegenwart von Methylenblau als Acceptor für den Wasserstoff, also die Reduktion dieses Farbstoffs durch Formaldehyd, wird als „SCHARDINGERsche Reaktion" auch von einem Ferment der Milch bewirkt. Auch in dieser Beziehung ist ein Modell in Form kolloiden Platins usw. vorhanden.

Die Einordnung all dieser katalytischen Enzymwirkungen in den Ablauf der *Lebensvorgänge* ist zur Zeit eine Hauptaufgabe der physiologischen Chemie, da man in allen lebenswichtigen Organen gewisse spezifische Enzyme auffindet und somit annehmen muß, daß die chemischen Vorgänge des Lebens hauptsächlich katalytische Vorgänge sind. Während nun die besprochenen hydrolytischen Reaktionen im wesentlichen dazu dienen, die aufgenommenen *Nährstoffe* in einfachere Bausteine zu zerlegen oder in ihrer Umkehrung aus diesen körpereigenes Material aufzubauen, laufen daneben die erwähnten Vorgänge der Oxydation und Reduktion, Hydrierung und Dehydrierung als Lieferanten der *Energie* für die mechanischen und endotherm-chemischen Lebensvorgänge.

Auf der einen Seite haben wir es hier zunächst mit der Aufnahme molekularen Sauerstoffs aus der Luft, der *Atmung* im weitesten Sinne, zu tun. Hier hat WARBURG die Wirksamkeit besonderer Atmungsfermente gezeigt, im tierischen Organismus häminartiger, eisenhaltiger Körper. Im Modellversuch lassen sie sich wieder auf anorganischem Wege, nämlich durch eisenverstärkte Kohlepräparate, nachahmen. Modell wie Original sind in ihrer sauerstoffübertragenden (s. weiter unten) Wirkung durch dieselben typischen Atmungsgifte, wie Blausäure und Narkotica, vergiftbar. Diese Stoffe dürften in beiden Fällen mit den aktiven Eisenzentren komplexe Verbindungen eingehen und so deren Valenzen an der Adsorption der zu oxydierenden organischen Substrate verdrängend verhindern.

Eine analoge Rolle spielen auf der anderen Seite die Katalysatoren, die in der Pflanze den umgekehrten Vorgang, die *Assimilation*, bewirken. Sie machen, wie das Chlorophyll, für diesen endothermen Vorgang die Lichtenergie nutzbar, indem sie einerseits als Photosensibilisatoren, andererseits aber auch gleichzeitig als auflockernde Adsorptionskatalysatoren wirken.

Es ist hier die Frage offen, ob die Fermente den molekularen *Sauerstoff* aktivieren und auf die Substrate unter Oxydation übertragen (WARBURG), oder ob sie, wie WIELAND es sehr allgemein wahrscheinlich gemacht hat, in Wahrheit *Wasserstoff* in den Substraten auflockern und ihn auf Sauerstoff unter Bildung von Hydroperoxyd übertragen, also *Hydrogenasen* bzw. umgekehrt *Dehydrasen* sind.

Dies gilt ganz allgemein für die weiteren Vorgänge, die das Schicksal der Oxydations- oder Dehydrierungsprodukte bei ihrem Übergang aus dem Blut in die verwertenden Organe bestimmen. Insbesondere kommt hier der *Muskel* in Frage, der auf Kosten des bei der Atmung geschaffenen Oxydations- oder richtiger Dehydrierungspotentials arbeitet. Der Mechanismus ist noch nicht geklärt, jedenfalls aber geht der Abfall dieser Energie und gleichzeitig die Bildung der Körper- und Abfallstoffe noch über eine ganze Reihe von Zwischenstufen abgestuften Dehydrierungsgrades, die alle durch spezifische Dehydrasen ineinander übergehen. Unter ihnen scheint z. B. das Glutathion eine Rolle zu spielen, indem es in seiner Disulfidform Wasserstoff-Donatoren bindet, aus ihnen Wasserstoff aufnimmt (vgl. die quantenmechanische Bindungsauflockerung im Substrat bei Bindung an den Katalysator, S. 173), und dabei in die Sulfhydrylform übergeht, die dann den Wasserstoff auf von ihr angelagerte Wasserstoff-Acceptoren überträgt. Dies sei nur als ein Beispiel der Mechanismen gegeben.

Was hier aus dem sehr ausgedehnten Wissensgebiet der physiologischen Chemie naturgemäß nur ganz allgemein und andeutungsweise umrissen wurde, soll nur zeigen, daß hier ein ganz gewaltiges Anwendungsgebiet der mikroheterogenen Katalyse und der Katalyse überhaupt liegt, das noch dazu von der größten prinzipiellen Bedeutung ist.

Literatur.

1. STRUNTZ, F., Albertus Magnus, S. 86. Slg: Menschen, Völker, Zeiten **15.** Wien u. Leipzig.
2. SPUNDA, F., Paracelsus, S. 91f. Slg: Menschen, Völker, Zeiten **6.** Wien u. Leipzig.
3. Ebenda S. 102f.
4. Diese und viele andere historische Daten entstammen G. WOKER, Die Katalyse **1**, Allg. Teil. Slg: Die chemische Analyse **11**. Stuttgart 1910.
5. BERZELIUS, Jber. Chem. **15**, 237 (1836).
6. MITSCHERLICH, Liebigs Ann. **44**, 186 (1842).
7. OSTWALD, W. Physik. Z. **3**, 313 (1902).
8. BREDIG, G., Ulmanns Enzykl. d. techn. Chem. **6**, 670 (1909).
9. ABEL, E., Z. Elektrochem. **19**, 933 (1913).
10. WILLSTÄTTER, R., Österr. Chem.-Ztg **32**, Nr 13 (1929) — Verein. d. Freunde d. Techn. Hochsch. Darmstadt **1927**, H. 9 — Faraday Lecture, 1927.
11. EGGERT, J., Lehrb. d. phys. Chem. 2. Aufl. Leipzig 1930.
12. HINSHELWOOD, C. N., Reakt.-Kinetik gasf. Syst. Leipzig: Dtsch v. Pietsch u. Wilcke 1928.
13. WIELAND, H., u. W. FRANKE, Liebigs Ann. **475**, 19 (1929), und frühere Arbeiten.
14. SMITS, A., Z. physik. Chem. **100**, 477 (1922); **111**, 161 (1924).
15. SABATIER, P., C. r. Acad. Sci. Paris **185**, 17 (1927).
16. SABATIER, P., u. FERNANDEZ, C. r. Acad. Sci. Paris **185**, 241 (1927).
17. MITTASCH, A., u. KUSS, Z. Elektrochem. **34**, 159 (1928).
18. ABEL, E., Z. Elektrochem. **13**, 555 (1907).
19. BAUR, E., Réunion Intern. Chim. phys., S. 182ff. Paris 1928.
20. SCHWAB, G.-M., Erg. exakt. Naturwiss. **7**, 292 (1928).
21. HERZFELD, K. F., Z. physik. Chem. **98**, 161 (1921).
22. POLANYI, M., u. WIGNER, Z. physik. Chem. (A) **139**, 439 (1928).
23. HINSHELWOOD, C. N., Trans. Faraday Soc. **24**, 552 (1928).
24. KISS, A. v., Rec. Trav. chim. Pays-Bas et Belg. (Amsterd.) **42**, 112 (1923); **43**, 68 (1924) — Chem. Weekbl. **24**, 466 (1927).
25. TRAUTZ, M., Z. anorg. u. allg. Chem. **102**, 98 (1918).
26. TRAUTZ, M., u. DALAL, Z. anorg. u. allg. Chem. **102**, 149 (1918).
27. GLASS, V. S., u. C. N. HINSHELWOOD, J. chem. Soc. Lond. **1929**, 1815.
28. CLUSIUS, K., u. C. N. HINSHELWOOD, Z. Elektrochem. **36**, 748 (1930).
29. MIYAMOTO, Sci. Pap. Inst. phys. chem. Res. **4**, 257 (1926).
30. HINSHELWOOD, C. N., u. P. J. ASKEY, Proc. roy. Soc. Lond. (A) **115**, 215 (1927).
31. HINSHELWOOD, C. N., u. P. J. ASKEY, ebenda (A) **116**, 163 (1927).
32. GLASS, V. S., u. C. N. HINSHELWOOD, J. chem. Soc. Lond. **1929**, 1804.
33. SCHUMACHER, H. J., u. G. SPRENGER, Naturwiss. **17**, 997 (1929).
34. RIESENFELD, E. H., u. WASMUTH, Z. physik. Chem. (A) **143**, 397 (1929).
35. SCHUMACHER, H. J., u. G. SPRENGER, Z. physik. Chem. (B) **6**, 446 (1930).
36. RIDEAL, E. K., Trans. Faraday Soc. **24**, 571 (1928).
37. KISTIAKOWSKY, G., Z. physik. Chem. **117**, 337 (1925).
38. KALLMANN, H., u. LONDON, Z. physik. Chem. (B) **2**, 207 (1929).
39. EYBER, G., Z. physik. Chem. (A) **144**, 1 (1929).
40. TRAMM, H., Z. physik. Chem. **105**, 356 (1923).
41. BAKER, H. B., J. chem. Soc. Lond. **65**, 611 (1894).
42. BRINER, E., J. Chim. physique **23**, 848 (1926).
43. COEHN, A., u. H. TRAMM, Ber. dtsch. chem. Ges. **56**, 458 (1923).
44. COEHN, A., u. G. JUNG, Z. physik. Chem. **110**, 705 (1924).
45. COEHN, A., u. TH. SPITTA, Z. physik. Chem. (B) **9**, 401 (1930).

46. DIXON, H. B., Phil. Trans. **175**, 617 (1884).
47. BERTHELOT, M., u. VIEILLE, C. r. Acad. Sci. Paris **95**, 151 (1882).
48. BODENSTEIN, M., u. PLAUT, Z. physik. Chem. **110**, 399 (1924) — BODENSTEIN, M., ebenda **130**, 422 (1927) — SCHUMACHER, H. J., ebenda **129**, 241 (1927) — BODENSTEIN, M., u. ONODA, ebenda **131**, 153 (1928) — BODENSTEIN, M., LENHER u. C. WAGNER, ebenda (B) **3**, 459 (1929).
49. DANIELS, F., WULFF u. KARRER, J. amer. chem. Soc. **44**, 2402 (1922).
50. SPRENGER, G., Z. physik. Chem. **136**, 49 (1928).
51. SCHUMACHER, H. J., u. G. SPRENGER, Z. physik. Chem. (A) **140**, 281 (1929).
52. SCHUMACHER, H. J., u. G. SPRENGER, Z. physik. Chem. **136**, 77 (1928); (B) **2**, 267 (1929).
53. WIELAND, H., Ber. dtsch. chem. Ges. **45**, 679, 2606 (1912).
54. BONHOEFFER, K. F., u. F. HABER, Z. physik. Chem. (A) **137**, 263 (1928).
55. COEHN, A., u. G. JUNG, Ber. dtsch. chem. Ges. **56**, 696 (1923).
56. FRANCK, J., u. E. RABINOWITSCH, Z. Elektrochem. **36**, 798 (1930).
57. RIESENFELD, E., u. SCHUMACHER, Z. physik. Chem. (A) **138**, 268 (1928).
58. KORNFELD, G., Z. physik. Chem. **131**, 97 (1927) — Réunion Intern. d. Chim. phys., S. 154. Paris 1928.
59. WEIGERT, F., u. KELLERMANN, Z. physik. Chem. **107**, 1 (1923).
60. KORNFELD, G., u. MÜLLER, Z. physik. Chem. **117**, 242 (1925).
61. SEMENOFF, N., s. 66.
62. CHRISTIANSEN, J., Z. physik. Chem. **103**, 99 (1923).
63. BODENSTEIN, M., E. PADELT u. H. J. SCHUMACHER, Z. physik. Chem. (B) **5**, 209 (1929).
64. KORNFELD, G., u. W. STEINER, Z. Physik **45**, 325 (1927).
65. KISTIAKOWSKY, G., J. amer. chem. Soc. **49**, 2194 (1927).
66. SEMENOFF, N., Z. Physik **48**, 571 (1928); **46**, 109 (1927) — Z. physik. Chem. (B) **2**, 161 (1929).
67. CREMER, E., Z. physik. Chem. **128**, 285 (1927).
68. GIBSON, C. H., u. C. N. HINSHELWOOD, Trans. Faraday Soc. **24**, 559 (1928).
69. KOPP, KOWALSKY, SAGULIN, N. SEMENOFF, Z. physik. Chem. (B) **6**, 307 (1929).
70. HARTECK, P., u. KOPSCH, Naturwiss. **17**, 727 (1929).
71. SCHUMACHER, H. J., Z. physik. Chem. (B) **10**, 7 (1930).
72. JOST, W., u. G. JUNG, Z. physik. Chem. (B) **3**, 83 (1929). — JOST, W., ebenda S. 95.
73. HINSHELWOOD, C. N., u. THOMPSON, Proc. roy. Soc. Lond. (A) **118**, 170 (1928).
74. GIBSON, C. H., u. C. N. HINSHELWOOD, Proc. roy. Soc. Lond. (A) **119**, 591 (1928).
75. SEMENOFF, N., Z. physik. Chem. (B) **2**, 169 (1929).
76. WOOD, R. W., Philosophic. Mag. (6) **42**, 729 (1921); **44**, 538 (1922) — Proc. roy. Soc. Lond. (A) **97**, 455 (1921); **102**, 1 (1922). — BONHOEFFER, K. F., Z. physik. Chem. **113**, 199 (1924).
77. NORRISH, R. G., J. chem. Soc. Lond. **123**, 1006 (1925).
78. HERZFELD, K. F., Z. Physik **8**, 132 (1922).
79. BORN, M., u. J. FRANCK, Z. Physik **31**, 411 (1925).
80. BONHOEFFER, K. F., u. KAMINSKY, Z. physik. Chem. **127**, 385 (1927).
81. KNESER, Erg. exakt. Naturwiss. **8**, 240 (1929).
82. BONHOEFFER, K. F., Erg. exakt. Naturwiss. **6**, 215 (1927).
83. SENFTLEBEN u. RIECHEMEYER, Physik. Z. **30**, 745 (1929) — Naturwiss. **18**, 645 (1930).
84. CHRISTIANSEN, J. A., Trans. Faraday Soc. **24**, 596 (1928).
85. CHAPMAN u. MACMAHON, J. chem. Soc. Lond. **95**, 959 (1909).
86. BODENSTEIN, M., u. DUX, Z. physik. Chem. **85**, 297 (1913).
87. POLANYI, M., Z. Elektrochem. **33**, 554 (1927).
88. POLANYI, M., BOGDANDY u. HARTEL, Trans. Faraday Soc. **24**, 606 (1928).
89. EGERTON, A., Réunion Intern. de Chim. phys., S. 489. Paris 1928.
90. BERL, E., K. HEISE u. K. WINNACKER, Z. physik. Chem. (A) **139**, 453 (1928).
91. EGERTON, A., Trans. Faraday Soc. **24**, 697 (1928).
92. BERL, E., u. K. WINNACKER, Z. physik. Chem. (A) **145**, 161 (1929).
93. BODENSTEIN, M., Sitzgsber. preuß. Akad. Wiss., Physik.-math. Kl. **29**, 3 (1928) — Z. Elektrochem. **35**, 535 (1929).

94. Berl, E., u. K. Winnacker, Z. physik. Chem. (A) **148**, 261 (1930).
95. Moureu, C., u. C. Dufraisse, C. r. Acad. Sci. Paris **174**, 258 (1922); **176**, 624 (1923) — Conseil de chimie, Institut Intern. de chimie Solvay, S. 524. Paris 1925.
96. Wieland, H., z. B. Ber. dtsch. chem. Ges. **45**, 484 (1912) u. a.
97. Lewis, G. N., J. chem. Soc. Lond. **127**, 1555 (1925).
98. Lowry, T. M., u. Richards, J. chem. Soc. Lond. **127**, 1385 (1925). — Lowry, T. M., u. Faulkner, J. chem. Soc. Lond. **127**, 1883 (1925).
99. Lowry, T. M., Trans. Faraday Soc. **24**, 545 (1928).
100. Böseken, J., Trans. Faraday Soc. **24**, 611 (1928).
101. Böseken, J., Kon. Akad. Wetensch. Amsterd. **31**, 226 (1923).
102. Kendall, J., u. L. Harrison, Trans. Faraday Soc. **24**, 588 (1928).
103. Scheffer u. Kohnstamm, Proc. Amsterd. **13**, 789 (1911); **15**, 1109 (1913).
104. Thiel, E. van, Kon. Akad. Wetensch. Amsterd. **31**, 232 (1923).
105. Ostwald, Wi., Physik. Z. **3**, 313 (1902).
106. Skrabal, A., Trans. Faraday Soc. **24**, 687 (1928).
107. Arrhenius, S., Z. physik. Chem. **4**, 226 (1889).
108. Skrabal, A., Z. Elektrochem. **33**, 322 (1927).
109. Bjerrum, N., Z. physik. Chem. **108**, 82 (1924).
110. Rice, K. O., Trans. Faraday Soc. **24**, 678 (1928).
111. Lowry, T. M., J. chem. Soc. Lond. **129**, 2554 (1927).
112. Spitalsky, E., Z. physik. Chem. **122**, 257 (1926).
113. Spitalsky, E., u. Koboseff, Z. physik. Chem. **127**, 129 (1927).
114. Bredig, G., u. J. H. Walton, Z. Elektrochem. **9**, 114 (1903). — Walton, J. H., Z. physik. Chem. **47**, 185 (1904).
115. Abel, E., Z. Elektrochem. **14**, 598 (1908).
116. Noyes u. Scott, Z. physik. Chem. **18**, 118 (1895); **19**, 601 (1896).
117. Abel, E., Z. Elektrochem. **18**, 705 (1912). — Abel, E., u. Braun, Mh. Chem. **34**, 425 (1912).
118. Brode, J., Z. physik. Chem. **37**, 257 (1901).
119. Abel, E., Mh. Chem. **34**, 821 (1912).
120. Schilow, N., u. N. Buligin, Chem.-Ztg **37**, 512 (1913).
121. Bredig, G., u. J. W. Brown, Z. physik. Chem. **46**, 502 (1903).
122. Riesenfeld, E. H., Z. anorg. u. allg. Chem. **74**, 48 (1912).
123. Abel, E., Z. Elektrochem. **9**, 938 (1913).
124. Ostwald, Wi., Z. physik. Chem. **1**, 78 (1887).
125. Ostwald, Wi., J. prakt. Chem. **29**, 401 (1884).
126. Arrhenius, S., Z. physik. Chem. **28**, 319 (1899).
127. Siehe Register der Z. physik. Chem. **1—50** unter „Zuckerinversion", „Esterverseifung".
128. Lapworth, A., J. chem. Soc. Lond. **93**, 2163 (1908); **93**, 2187 (1908); **107**, 857 (1915).
129. Rice, K. O., J. amer. chem. Soc. **45**, 2808 (1923).
130. Brönsted, J., Trans. Faraday Soc. **24**, 630 (1928).
131. Goldschmidt, H., Ber. dtsch. chem. Ges. **28**, 3218 (1895).
132. Goldschmidt, H., Ber. dtsch. chem. Ges. **29**, 2208 (1896).
133. Goldschmidt, H., u. E. Sunde, Ber. dtsch. chem. Ges. **39**, 711 (1906).
134. Goldschmidt, H., Z. Elektrochem. **15**, 4 (1909).
135. Goldschmidt, H., u. O. Udby, Z. physik. Chem. **60**, 728 (1907).
136. Goldschmidt, H., u. O. Udby, Z. physik. Chem. **70**, 627 (1910).
137. Goldschmidt, H., H. Haaland u. R. Sommerschild Melbye, Z. physik. Chem. (A) **143**, 278 (1929).
138. Fränkel, H. W., Z. physik. Chem. **60**, 202 (1907).
139. Bredig, G., u. H. Fränkel, Ber. dtsch. chem. Ges. **39**, 1756 (1906).
140. Millar, W. S., Z. physik. Chem. **85**, 129 (1913).
141. Bredig, G., Z. Elektrochem. **18**, 535 (1912).
142. Abel, E., Z. Elektrochem. **18**, 545 (1912).
143. Goldschmidt, H., Z. Elektrochem. **17**, 684 (1911).
144. Braune, H., Z. physik. Chem. **85**, 170 (1913).
145. Hantzsch, A., Ber. dtsch. chem. Ges. **58**, 612 (1925).

146. Snethlage, H. S., Z. physik. Chem. **85**, 211 (1913) — Z. Elektrochem. **18**, 539 (1912).
147. Spohr, Z. physik. Chem. **2**, 194 (1888).
148. Dawson, H. M., u. F. Powis, J. chem. Soc. Lond. **103**, 2135 (1913).
149. Taylor, H. S., J. amer. chem. Soc. **37**, 551 (1915).
150. Taylor, H. S., Z. Elektrochem. **20**, 201 (1914).
151. Taylor, H. S., Medd. Nobel-Inst. **2**, 34—37 (1913).
152. Blanksma, J., Rec. Trav. chim. Pays-Bas et Belg. (Amsterd.) **21**, 366 (1902).
153. Blanksma, J., Rec. Trav. chim. Pays-Bas et Belg. (Amsterd.) **22**, 290 (1903).
154. Acree, S. F., u. J. M. Johnson, Amer. chem. J. **37**, 410 (1907).
155. Acree, S. F., Amer. chem. J. **49**, 345 (1913).
156. Bredig, G., u. K. Fajans, Ber. dtsch. chem. Ges. **41**, 752 (1908). — Fajans, K., Z. physik. Chem. **73**, 25 (1910).
157. Dawson, H. M., u. C. K. Reimann, J. chem. Soc. Lond. **107**, 1426 (1915).
158. Dawson, H. M., Trans. Faraday Soc. **24**, 641 (1928).
159. Lowry, T. M., u. G. F. Smith, J. chem. Soc. Lond. **129**, 2539 (1927).
160. Euler, H. v., Z. physik. Chem. **32**, 348 (1900).
161. Euler, H. v., Z. physik. Chem. **36**, 641 (1901) — Ber. dtsch. chem. Ges. **33**, 3202 (1900).
162. Wegscheider, R., Z. physik. Chem. **39**, 257 (1902); **41**, 62 (1902).
163. Euler, H. v., Z. physik. Chem. **40**, 498 (1902).
164. Euler, H. v., u. A. Ölander, Z. physik. Chem. **131**, 107 (1927).
165. Ölander, A., Z. physik. Chem. **129**, 3 (1927).
166. Kuhn, R., u. Jakob, Z. physik. Chem. **113**, 389 (1924).
167. Euler, H. v., Trans. Faraday Soc. **24**, 651 (1928).
168. Lowry, T. M., Trans. chem. Soc. Lond. **123**, 828 (1923).
169. Lowry, T. M., u. Magson, J. chem. Soc. Lond. **93**, 119 (1908).
170. Lowry, T. M., u. Owen, Proc. roy. Soc. Lond. (A) **118**, 505 (1928).
171. Lowry, T. M., Réunion Intern. de Chim. phys., S. 219. Paris 1928.
172. Brönsted, J., Rec. Trav. chim. Pays-Bas et Belg. (Amsterd.) **4**, 718 (1923).
173. Brönsted, J., J. physic. Chem. **30**, 777 (1926).
174. Lowry, T. M., u. G. L. Wilson, Trans. Faraday Soc. **24**, 683 (1928).
175. Brönsted, J., u. Pedersen, Z. physik. Chem. **108**, 158 (1924).
176. Brönsted, J., u. Guggenheim, J. amer. chem. Soc. **49**, 2554 (1927).
177. Price, Th. S., Z. physik. Chem. **27**, 474 (1898).
178. Harned, H. S., u. H. Seltz, J. amer. chem. Soc. **44**, 1475 (1922).
179. Harned, H. S., u. R. Pfanstiel, J. amer. chem. Soc. **44**, 2193 (1922).
180. Åkerlöf, G., Z. physik. Chem. **98**, 260 (1921).
181. Åkerlöf, G., J. amer. chem. Soc. **48**, 3046 (1926).
182. Grube, G., u. G. Schmidt, Z. physik. Chem. **119**, 19 (1926).
183. Jones, G. M., u. W. C. Lewis, J. chem. Soc. Lond. **117**, 1120 (1920).
184. Harned, H. S., u. G. Åkerlöf, Trans. Faraday Soc. **24**, 666 (1928).
185. Brönsted, J., Z. physik. Chem. **102**, 169 (1922).
186. Kiss, A. v., u. Bruckner, Z. physik. Chem. **128**, 71 (1927).
187. Brönsted, J., Z. physik. Chem. **115**, 337 (1925).
188. Hückel, E., Erg. exakt. Naturwiss. **3**, 243 (1924).
189. Brönsted, J., u. K. la Mer, Journ. amer. chem. Soc. **46**, 555 (1924).
190. Brönsted, J., J. amer. chem. Soc. **44**, 938 (1922).
191. Christiansen, J., Z. physik. Chem. **113**, 35 (1924).
192. Senter, G., u. Bulle, J. chem. Soc. Lond. **101**, 2528 (1912).
193. Senter, G., u. Ward, J. chem. Soc. Lond. **101**, 2534 (1912).
194. Senter, G., Z. physik. Chem. **70**, 518 (1910).
195. Dawson, H. M., u. Key, J. chem. Soc. Lond. **1928**, 1239.
196. Dawson, H. M., in General Discussion Trans. Faraday Soc. **24**, 721ff. (1928).
197. Smith, D., J. amer. chem. Soc. **49**, 43 (1927).
198. Lueck, R. H., J. amer. chem. Soc. **44**, 757 (1922).
199. Dimroth, O., Liebigs Ann. **377**, 127 (1910).
200. Trautz, M., Z. physik. Chem. **67**, 93 (1909).
201. Halban, H. v., Z. physik. Chem. **67**, 129 (1909).
202. Halban, H. v., u. A. Kirsch, Z. physik. Chem. **82**, 325 (1913).

203. HALBAN, H. v., Z. physik. Chem. **84**, 129 (1913).
204. EYRING, H., u. F. DANIELS, J. amer. chem. Soc. **52**, 1472 (1930).
205. MENSCHUTKIN, N., Z. physik. Chem. **6**, 41 (1890).
206. MENSCHUTKIN, N., Z. physik. Chem. **34**, 157 (1900).
207. EYRING, H., u. F. DANIELS, J. amer. chem. Soc. **52**, 1486 (1930).
208. SCHEIBE, G., FELGER u. RÖSSLER, Ber. dtsch. chem. Ges. **60**, 1406 (1927).
209. SCHEIBE, G., ebenda S. 1418.
210. NORRISH, R. G. W., u. F. F. P. SMITH, J. chem. Soc. Lond. **1928**, 129.
211. WALDEN, P., Chem.-Ztg **31**, 904 (1907).
212. NERNST, W., Theoretische Chemie, S. 661. 11.—15. Aufl. Stuttgart 1926.
213. RASCHIG, F., Ber. dtsch. chem. Ges. **40**, 4587 (1907).
214. BODENSTEIN, M., Z. physik. Chem. (A) **139**, 397 (1928).
215. GRIMM, H. G., u. H. RUF, Réunion Intern. de Chim. phys., S. 205. Paris 1928.
216. BIGELOFF, S. L., Z. physik. Chem. **26**, 493 (1898).
217. TITOFF, A., Z. physik. Chem. **45**, 641 (1903).
218. LUTHER, R., Z. angew. Chem. **19**, 2049 (1906).
219. BÄCKSTRÖM, H., Trans. Faraday Soc. **24**, 706 (1928).
220. SLATOR, A., J. chem. Soc. Lond. **85**, 1697 (1904).
221. BREDIG, G., u. D. LICHTY, Z. Elektrochem. **12**, 460 (1906).
222. CHRISTIANSEN, J., J. physic. Chem. **28**, 145 (1924).
223. MOUREU, H., Trans. Faraday Soc. **24**, 708 (1928).
224. TAYLOR, H. S., J. physic. Chem. **27**, 322 (1923).
225. BÄCKSTRÖM, H. L. I., J. amer. chem. Soc. **49**, 1460 (1927).
226. BÄCKSTRÖM, H. L. I., Trans. Faraday Soc. **24**, 601 (1928) — Medd. Nobel-Inst. **6**, Nr 15 u. 16 (1927).
227. BREDIG, G., Habilit.-Schr. Leipzig 1901, S. 92; vgl. WI. OSTWALD, Anm. 7.
228. HUGHES, R. E., Philosophic. Mag. **35**, 531 (1893).
229. SAUTER, E., Kolloid-Z. **46**, 148 (1928); **49**, 450 (1929) — Z. Elektrochem. **36**, 874 (1930) — Heterogene Katalyse. Dresden u. Leipzig 1930.
230. BODENSTEIN, M., Z. Elektrochem. **35**, 535 (1929).
231. McBAIN, Nature **117**, 550 (1926).
232. POLANYI, M., u. WELKE, Z. physik. Chem. **132**, 371 (1928).
233. GOLDMANN, F., u. POLANYI, Z. physik. Chem. **132**, 321 (1928).
234. HÜCKEL, E., Adsorption und Capillarkondensation. Leipzig 1928.
235. CASSEL, H., Erg. exakt. Naturwiss. **6**, 104 (1927).
236. JAQUET, E., Theorie der Adsorption von Gasen, Fortschr. d. Chem., Phys. u. phys. Chem. **18**, H. 7 (1925).
237. LANGMUIR, I., J. amer. chem. Soc. **40**, 1361 (1918).
238. PANETH, F., u. VORWERK, Z. physik. Chem. **101**, 445, 480 (1922).
239. ROWE, R., Philosophic. Mag. (7) **1**, 1042 (1926).
240. BENTON, A. F., J. amer. chem. Soc. **48**, 1850 (1926).
241. BRAY, W. C., u. H. D. DRAPER, Proc. nat. Acad. Sci. U.S.A. **12**, 295 (1926).
242. LENHER, S., J. chem. Soc. Lond. **1926**, 1785.
243. HOOVER, G., u. E. K. RIDEAL, J. amer. chem. Soc. **49**, 104, 116 (1927).
244. MAGNUS, A., Z. physik. Chem. (A) **142**, 401 (1929).
245. SEMENOFF, N., Z. physik. Chem. (B) **7**, 471 (1930).
246. ESTERMANN, J., Z. Elektrochem. **31**, 441 (1925).
247. LANGMUIR, I., J. amer. chem. Soc. **38**, 2221 (1916).
248. HERZFELD, K. F., Kinetische Theorie der Wärme, S. 29. Braunschweig 1925.
249. VOLMER, M., Z. physik. Chem. **115**, 253 (1925).
250. VOLMER, M., u. ADHIKARI, Z. physik. Chem. **119**, 46 (1926).
251. ADHIKARI, G., u. I. FELMAN, Z. physik. Chem. **131**, 347 (1928).
252. SCHWAB, G.-M., u. E. PIETSCH, Z. physik. Chem. (B) **1**, 385 (1929) — Z. Elektrochem. **35**, 573 (1929).
253. REICHINSTEIN, D., Z. Elektrochem. **21**, 359 (1915); **31**, 593 (1925).
254. PALMER, W. G., Proc. roy. Soc. Lond. (A) **110**, 133 (1926).
255. CASSEL, H., Physik. Z. **26**, 862 (1925).
256. GLASER, A., Handb. d. Exp.-Phys. Bd. **8**, Teil 2 (Leipzig 1929).
257. SCHWAB, G.-M., Erg. exakt. Naturwiss. **7**, 276 (1928).
258. GERMER, L. H., Z. Physik **54**, 408 (1929).

259. Rupp, E., Z. Elektrochem. **35**, 586 (1929).
260. Polanyi, M., Z. Elektrochem. **35**, 584 (1929).
261. Hurst, W., u. E. K. Rideal, J. chem. Soc. Lond. **125**, 694 (1924).
262. Schwab, G.-M., Z. Elektrochem. **35**, 585 (1929) (Diskussion).
263. Taylor, H. S., G. Kistiakowsky u. Flosdorf, J. amer. chem. Soc. **49**, 2200 (1927).
264. Magnus, A., u. Giebenhain, Z. physik. Chem. (A) **143**, 265 (1929).
265. Magnus, A., u. Kiefer, Z. anorg. u. allg. Chem. **179**, 216 (1929).
266. Taylor, H. S., u. G. Kistiakowsky, Z. physik. Chem. **125**, 341 (1927).
267. Kälberer, H., u. H. Mark, Z. physik. Chem. **139**, 151 (1928). — Kälberer, H., u. C. Schuster, ebenda **141**, 270 (1929). — Dunkel, M., u. H. Mark, Mh. Chem. **53/54** (Wegscheider-Band), 764 (1929). — Kälberer, H., H. Mark u. C. Schuster, Z. Elektrochem. **35**, 600 (1929).
268. Fryling, C. F., J. physic. Chem. **30**, 818 (1927).
269. Foresti, B., Gazz. chim. ital. **54**, 132 (1924); **55**, 185 (1925).
270. Garner, W. E., Trans. Faraday Soc. **22** Nr 71 (1926) — Nature **124**, 409 (1929).
271. Flosdorf, W., u. G. Kistiakowsky, J. physic. Chem. **34**, 1907 (1930).
272. Herzfeld, K. F., J. amer. chem. Soc. **51**, 2608 (1929).
273. Beebe, R. A., u. H. S. Taylor, J. amer. chem. Soc. **46**, 43 (1924).
274. Taylor, H. S., Z. Elektrochem. **35**, 545 (1929).
275. Beebe, R. A., J. physic. Chem. **30**, 1538 (1926).
276. Dew, W. A., u. H. S. Taylor, J. physic. Chem. **31**, 277 (1927).
277. Garner, W. E., u. McKie, J. chem. Soc. Lond. **1927**, 2451.
278. Ward, A., u. E. K. Rideal, J. chem. Soc. Lond. **1927**, 3117.
279. Neumann, B., Z. Elektrochem. **35**, 42 (1929).
280. Taylor, H. S., J. physic. Chem. **30**, 145 (1926).
281. Taylor, H. S., Proc. roy. Soc. Lond. (A) **108**, 105 (1925).
282. Magnus, A., E. Sauter u. H. Kratz, Z. anorg. u. allg. Chem. **174**, 142 (1928).
283. Frankenburger, W., Z. Elektrochem. **35**, 278 (1929).
284. Bredig, G., u. Teletow, Z. Elektrochem. **12**, 582 (1906).
285. Bodenstein, M., u. Fink, Z. physik. Chem. **60**, 1 (1907).
286. Bodenstein, M., Z. physik. Chem. (B) **2**, 345 (1929).
287. Stock, A., u. M. Bodenstein, Ber. dtsch. chem. Ges. **40**, 570 (1907).
288. Hinshelwood, C. N., u. Prichard, J. chem. Soc. Lond. **127**, 1552 (1925).
289. Hinshelwood, C. N., u. R. Burk, J. chem. Soc. Lond. **127**, 1105 (1925).
290. Hinshelwood, C. N., u. Prichard, J. Chem. Soc. Lond. **127**, 327 (1925).
291. Cassel, H., u. Glückauf, Z. physik. Chem. (B) **9**, 427 (1930).
292. Green, T. E., u. C. N. Hinshelwood, J. chem. Soc. Lond. **1926**, 1709.
293. Bachmann, P. W., u. G. B. Taylor, J. physic. Chem. **33**, 447 (1929).
294. Schwab, G.-M., u. H. Schmidt, Z. physik. Chem. (B) **3**, 337 (1929) — Z. Elektrochem. **35**, 605 (1929).
295. Constable, F. H., Nature **117**, 230 (1926).
296. Constable, F. H., Proc. Cambridge philos. Soc. **23**, 172 (1926).
297. Schwab, G.-M., Z. physik. Chem. **128**, 161 (1927).
298. Prichard, C. R., u. C. N. Hinshelwood, J. chem. Soc. Lond. **127**, 806 (1925).
299. Norrish, R. G. W., u. E. K. Rideal, J. chem. Soc. Lond. **123**, 1689 (1921).
300. Langmuir, I., Trans. Faraday Soc. **17**, 621 (1922).
301. Eucken, A., Lehrb. d. chem. Phys., S. 628ff. 3. Aufl. Leipzig 1930.
302. Constable, F. H., Proc. Cambridge philos. Soc. **23**, 593, 176 (1926).
303. Dohse, H., u. H. Kälberer, Z. physik. Chem. (B) **5**, 131 (1929). — Dohse, H., ebenda (B) **6**, 343 (1929); (B) **8**, 159 (1930) — Z. Elektrochem. **36**, 677 (1930).
304. Hutchinson, W. K., u. C. N. Hinshelwood, J. chem. Soc. Lond. **1926**, 1556.
305. Hinshelwood, C. N., u. Prichard, J. chem. Soc. Lond. **127**, 1546 (1925).
306. Hinshelwood, C. N., u. R. Burk, J. chem. Soc. Lond. **127**, 2896 (1925).
307. Hinshelwood, C. N., Proc. roy. Soc. Lond. (A) **106**, 242 (1924).
308. Benton, A. F., u. Emmet, J. amer. chem. Soc. **46**, 2728 (1924).
309. Larson, A. T., u. F. Smith, J. amer. chem. Soc. **47**, 346 (1925).
310. Bredig, G., u. A. Stark, Z. physik. Chem. (B) **2**, 282 (1929). — Antropoff, A. v., ebenda **62**, 513 (1908); dort weitere Zitate.
311. Polanyi, M., Z. Elektrochem. **27**, 143 (1921).

312. PEASE, J., u. HARRIS, J. amer. chem. Soc. **49**, 2503 (1927).
313. BODENSTEIN, M., Z. physik. Chem. **29**, 665 (1899).
314. PALMER, W. G., Proc. roy. Soc. Lond. (A) **115**, 227 (1927).
315. COEHN, A., Z. Elektrochem. **35**, 676 (1929).
316. SCHMIDT, O., Z. physik. Chem. **118**, 193 (1925).
317. BENNEWITZ, K., u. P. GÜNTHER, Z. physik. Chem. **111**, 257 (1924).
318. SCHWAB, G.-M., u. E. PIETSCH, Z. physik. Chem. **121**, 189 (1926); **126**, 473 (1927) — Z. Elektrochem. **32**, 430 (1926).
319. KISTIAKOWSKY, G., J. physic. Chem. **30**, 1356 (1926).
320. LONDON, F., Z. Elektrochem. **35**, 552 (1929).
321. POLANYI, M., Z. Elektrochem. **35**, 561 (1929).
322. RASCHIG, F., Z. angew. Chem. **19**, 1748 (1906).
323. BÖSEKEN, J., Rec. Trav. chim. Pays-Bas et Belg. (Amsterd.) **45**, 458 (1926).
324. BODENSTEIN, M., Liebigs Ann. **440**, 177 (1924).
325. BALANDIN, A. A., Z. physik. Chem. (B) **2**, 289 (1929).
326. BALANDIN, A. A., Z. physik. Chem. (B) **3**, 167 (1929).
327. BURK, R., J. physic. Chem. **30**, 1134 (1926).
328. ZELINSKY, N. D., u. A. BALANDIN, Z. physik. Chem. **126**, 267 (1927).
329. SABATIER, P., Katalyse in der organischen Chemie. Deutsch von FINKELSTEIN u. HÄUBER. Leipzig 1927.
330. MERESCHKOWSKY, B. K., Bull. Soc. Chim. biol. Paris **39**, 41 (1926).
331. ROGINSKY, S., u. E. SCHULTZ, Z. physik. Chem. (A) **138**, 21 (1928).
332. SCHWAB, G.-M., u. H. SCHULTES, Z. physik. Chem. (B) **9**, 265 (1930).
333. GOLDSCHMIDT, V. M., Z. techn. Physik **8**, 251 (1927).
334. RUSSELL, A. S., Nature **117**, 47 (1926).
335. FRANKENBURGER, W., u. K. MAYRHOFER, Z. Elektrochem. **35**, 590 (1929).
336. MITTASCH, A., u. W. FRANKENBURGER, Z. physik. Chem. (A) **139** (Haber-Band), 386 (1928).
337. MITTASCH, A., KUSS u. EMMERT, Z. Elektrochem. **34**, 829 (1928).
338. WIEGEL, E., Z. physik. Chem. **143**, 881 (1929).
339. PALMER, W. G., u. CONSTABLE, Proc. roy. Soc. Lond. (A) **107**, 255 (1925). — CONSTABLE, F. H., ebenda (A) **113**, 254 (1927).
340. KRUYT, H. R., Z. Elektrochem. **35**, 539 (1929).
341. OKAYAMA, J., Z. Elektrochem. **34**, 294 (1928).
342. HABER, F., Z. Elektrochem. **35**, 533 (1929).
343. BORN, M., u. J. FRANCK, Nachr. Ges. Wiss. Göttingen, Math.-physik. Kl., Abt. II **1930**, 77.
344. ROGINSKY, S., u. ROSENKIEWITSCH, Z. physik. Chem. (B) **10**, 47 (1930).
345. SWIETOSLAWSKY, W., J. Chim. physique **22**, 73 (1925).
346. MITTASCH, A., Ber. dtsch. chem. Ges. **59**, 13 (1926).
347. MITTASCH, A., Z. Elektrochem. **36**, 569 (1930).
348. ALVARADO, A. M., J. amer. chem. Soc. **50**, 790 (1928).
349. DORRELL, G. W., J. chem. Soc. Lond. **127**, 2399 (1925).
350. ANDRUSSOW, L., Ber. dtsch. chem. Ges. **59**, 458 (1926); **60**, 536, 2005 (1927) — Z. angew. Chem. **39**, 321 (1926); **40**, 166 (1927) — Z. anorg. u. allg. Chem. **166**, 60 (1927). — S. auch MALIAREWSKY u. MALIAREWSKAYA, Z. angew. Chem. **38**, 1113 (1925).
351. BODENSTEIN, M., Z. angew. Chem. **40**, 174 (1927).
352. PARTINGTON, J. R., Nature **117**, 590 (1926).
353. RASCHIG, F., Z. angew. Chem. **40**, 1183 (1927).
354. NAGEL, A. v., Z. Elektrochem. **36**, 754 (1930).
355. HINSHELWOOD, C. N., HARTLEY u. TOPLEY, Proc. roy. Soc. Lond. (A) **100**, 575 (1922).
356. CONSTABLE, F. H., Proc. roy. Soc. Lond. (A) **113**, 254 (1927).
357. ADKINS, H., u. LAZIER, J. amer. chem. Soc. **48**, 1671 (1926).
358. BISCHOFF, F., u. H. ADKINS, J. amer. chem. Soc. **47**, 807 (1925).
359. ADKINS, H., u. P. E. MILLINGTON, J. amer. chem. Soc. **51**, 2449 (1929).
360. CREMER, E., Z. physik. Chem. (A) **144**, 231 (1929).
361. ARMSTRONG, E. F., u. HILDITCH, Proc. roy. Soc. Lond. **97**, 262 (1920).
362. SABATIER, P., J. ind. a. engin. Chem. **18**, 1005 (1926).

363. Hara, T., Mem. Coll. Sc. Engin. Imp. Univ. Kyoto (A) **9**, 405 (1926).
364. Taylor, H. S., u. E. K. Rideal, Catalysis in Theory and Practice. London 1926.
365. Chapman, D. L., Ramsbottom u. Trotman, Proc. roy. Soc. Lond. (A) **107**, 92 (1925).
366. Schmidt, A., Z. angew. Chem. **38**, 1146 (1925).
367. Almquist, J. A., u. Black, J. amer. chem. Soc. **48**, 2814, 2820 (1926).
368. Remy, H., u. Gönningen, Z. anorg. u. allg. Chem. **148**, 279 (1925); **149**, 283 (1925). — Remy u. Schäfer, ebenda **136**, 149 (1925).
369. Bone, W. A., Proc. roy. Soc. Lond. (A) **112**, 474 (1927).
370. Maxted, E. B., J. chem. Soc. Lond. **115**, 1050 (1919); **117**, 1280 u. 1501 (1920); **119**, 225 u. 1280 (1921); **121**, 1760 (1922); **127**, 73 (1925).
371. Pease, J., u. Stewart, J. amer. chem. Soc. **47**, 1235 (1925).
372. Evans, R. M., u. Newton, J. ind. a. engin. Chem. **18**, 513 (1926).
373. Constable, F. H., Proc. Cambridge philos. Soc. **22**, 738 (1925).
374. Ghosh, J. C., u. J. B. Bakshi, J. Ind. chem. Soc. **6**, 749 (1929) — Zbl. **1930** *I*, 1265.
375. Pease, J., J. amer. chem. Soc. **45**, 2235 (1923).
376. Griffin, C. W., J. amer. chem. Soc. **49**, 2136 (1927).
377. Constable, F. H., Proc. Cambridge philos. Soc. **23**, 832 (1927).
378. Käb, G., Z. physik. Chem. **115**, 224 (1925).
379. Willstätter, R., u. D. Hatt, Ber. dtsch. chem. Ges. **45**, 1471 (1912).
380. Kubota, B., u. K. Yoshikawa, Sci. Pap. Inst. phys. chem. Res. **3**, 223 (1925).
381. Vavon, G., u. A. Huson, C. r. Acad. Sci. Paris **175**, 277 (1922).
382. Rideal, E. K., u. Wright, J. chem. Soc. Lond. **127**, 1347 (1925).
383. Lottermoser, A., u. W. Eichler, Z. Elektrochem. **35**, 610 (1929).
384. Wyckhoff, R. W. G., u. Crittenden, J. amer. chem. Soc. **47**, 2866 (1925).
385. Brill, R., u. Pelzer, Z. Kristallogr. **68**, 387 (1928); **72**, 398 (1930).
386. Levi, G. R., u. Haardt, Atti Accad. Nat. Linc. (6) **2**, 419 (1925); (6) **3**, 91, 215 (1926) — Gazz. chim. ital. **56**, 424 (1926).
387. Rudisill, W. A., u. C. Engelder, J. physic. Chem. **30**, 106 (1926).
388. Constable, F. H., Proc. roy. Soc. Lond. (A) **108**, 355 (1925).
389. Cremer, E., u. G.-M. Schwab, Z. physik. Chem. (A) **144**, 243 (1929). — Schwab, G.-M., ebenda (B) **5**, 406 (1929).
390. Grimm, H. G., u. E. Schwamberger, Réunion Intern. de Chim. phys., S. 214. Paris 1928.
391. Polanyi, M., u. E. Wigner, Z. physik. Chem. (A) **139** (Haber-Band), 439 (1928).
392. Smekal, A., Z. Elektrochem. **35**, 567 (1929).
393. Pietsch, E., A. Kotowsky u. G. Berend, Z. Elektrochem. **35**, 582 (1929) — Z. physik. Chem. (B) **5**, 1 (1929).
394. Kossel, W., Leipziger Vorträge **1928**, 1ff. (Quantentheorie und Chemie) — Naturwiss. **18**, 901 (1930).
395. Stransky, I. N., Z. Elektrochem. **36**, 25 (1930).
396. Herzfeld, K. F., Colloid Sympos. Annual **1930**, 51.
397. de la Rive, Ann. Physique **46**, 189 (1834).
398. Kuhn, R., Naturwiss. **13**, 169 (1925).
399. Bredig, G., u. Allolio, Z. physik. Chem. **126**, 41 (1927).
400. Pease, J., u. H. S. Taylor, J. physic. Chem. **24**, 241 (1920).
401. Mittasch, A., Z. Elektrochem. **35**, 96, 920 (1929).
402. Pietsch, E., Z. Elektrochem. **35**, 366 (1929).
403. Mittasch, A., u. W. Frankenburger, Z. Elektrochem. **35**, 920 (1929).
404. Baxter, G. P., Amer. chem. J. **22**, 351 (1899).
405. Armstrong, E. F., u. Hilditch, Proc. roy. Soc. Lond. (A) **103**, 586 (1923).
406. Bray, W. C., u. G. J. Doss, J. amer. chem. Soc. **48**, 2060 (1926).
407. Russell, W. W., u. H. S. Taylor, J. physic. Chem. **29**, 1325 (1925).
408. Schenck, R., u. H. Wesselkock, Z. anorg. u. allg. Chem. **184**, 39 (1929).
409. Cassel, H., Naturwiss. **14**, 103 (1926).
410. Hofmann, K. A., Ber. dtsch. chem. Ges. **49**, 2369 (1915).
411. Hoskins, W. M., u. W. C. Bray, J. chem. Soc. Lond. **48**, 1454 (1926).

412. Burk, R., Proc. nat. Acad. Sci. U.S.A. **13**, 67 (1927).
413. Kunsman, C., J. amer. chem. Soc. **50**, 2100 (1927).
414. Kuss, A., u. Keunecke, Z. Elektrochem. **36**, 690 (1930).
415. Frumkin, A., Z. physik. Chem. (A) **141**, 158 (1929).
416. Medsforth, S., J. chem. Soc. Lond. **113**, 1452 (1923).
417. Rosenmund, K. W., Ber. dtsch. chem. Ges. **56**, 2262 (1923) — Z. angew. Chem. **38**, 145 (1925).
418. Haber, F., u. Just, Z. Elektrochem. **20**, 483 (1914) — Ann. Physik **36**, 308 (1911) — Physik. Z. **12**, 1035 (1911).
419. Polanyi, M., u. St. v. Bogdandy, Naturwiss. **14**, 1205 (1926).
420. Frommer, L., u. M. Polanyi, Z. physik. Chem. **6**, 371 (1929).
421. Frankenburger, W., u. Zimmermann, Z. physik. Chem. (B) **10**, 238 (1930).
422. Alyea, H., u. F. Haber, Naturwiss. **18**, 441 (1930) — Z. physik. Chem. (B) **10**, 193 (1930).
423. Thompson, H. W., Z. physik. Chem. (B) **10**, 273 (1930).
424. Bennewitz, K., u. W. Neumann, Z. physik. Chem. (B) **7**, 247 (1930).
425. Christiansen, J., u. Hufmann, Z. physik. Chem. (A) **151**, 269 (1930). — Christiansen, J., 7. Phys.-chem. Konf. Leningrad 1930.
426. Bodenstein, M., u. Unger, Z. physik. Chem. (B) **11**, 253 (1931).
427. Sprenger, G., Z. physik. Chem. **136**, 49 (1928).
428. Wartenberg, H. v., u. G. Schulze, Z. physik. Chem. (B) **6**, 261 (1929).
429. Jander, W., u. Stamm, Z. anorg. u. allg. Chem. **190**, 65 (1930).
430. Spencer, W. D., u. B. Topley, J. chem. Soc. Lond. **1929**, 2633.
431. Volmer, M., Z. Elektrochem. **35**, 555 (1929).
432. Lewis, G. M., Z. physik. Chem. **52**, 310 (1905).
433. Topley, B., u. Hume, Proc. roy. Soc. Lond. (A) **120**, 211 (1928).
434. Benton, A. F., u. P. H. Emmet, J. amer. chem. Soc. **48**, 632 (1926).
435. Palmer, W. G., Trans. amer. electrochem. Soc. **51**, 445 (1927).
436. Fränkel, W., u. W. Götz, Z. anorg. u. allg. Chem. **144**, 45 (1925).
437. Langmuir, J., J. amer. chem. Soc. **38**, 2265 (1916).
438. Pease, J., u. H. S. Taylor, J. amer. chem. Soc. **43**, 2179 (1921); **44**, 1635 (1922).
439. Estermann, J., Z. Elektrochem. **31**, 441 (1925).
440. Sieverts, A., u. Teberath, Z. physik. Chem. **100**, 463 (1922).
441. Antropoff, A. v., u. German, Z. physik. Chem. (A) **137**, 209 (1928).
442. Roginsky, S., L. Sapogenikoff u. N. Kutscherenko, Zbl. **1929** *II*, 2747 — Ukrain. chem. J. **4**, 99 (1929).
443. Willstätter, R., Untersuchungen über Enzyme. Berlin 1928.
444. Oppenheimer, J., u. R. Kuhn, Die Fermente und ihre Wirkungen. Leipzig 1925.
445. Waldschmidt-Leitz, E., Die Enzyme. Braunschweig 1926.
446. Grassmann, W., Neue Methoden und Ergebnisse der Enzymforschung. München 1928.
447. Euler, H. v., Biokatalysatoren (Slg Ahrens). Stuttgart 1930.
448. Warburg, O., Katalytische Wirkungen der lebenden Substanz. Berlin 1928.
449. Hückel, W., Katalyse mit kolloiden Metallen. Leipzig 1927.
450. Bredig, G., Colloid Chemistry **2**, 329ff. (1928). Hrsg. v. J. Alexander.
451. The Svedberg, Methoden zur Herstellung kolloider Lösungen. Dresden u. Leipzig 1923.
452. Buchner, H., Ber. dtsch. chem. Ges. **30**, 117 (1897).
453. Bredig, G., u. Teletow, Z. Elektrochem. **12**, 581 (1906).
454. V. Henri, Helvet. chim. Acta **39**, 194 (1902).
455. Michaelis, L., u. Menten, Biochem. Z. **49**, 333 (1913).
456. Hitchcock, D. J., J. amer. chem. Soc. **48**, 2870 (1926).
457. Weidenhagen, R., u. Landt, Z. Ver. dtsch. Zuckerind. **80**, 25 (1930). — Tödt, F., u. R. Weidenhagen, ebenda **80**, 81 (1930).

Namenverzeichnis.

Sachverzeichnis.

GPSR Compliance

The European Union's (EU) General Product Safety Regulation (GPSR) is a set of rules that requires consumer products to be safe and our obligations to ensure this.

If you have any concerns about our products, you can contact us on ProductSafety@springernature.com

In case Publisher is established outside the EU, the EU authorized representative is:

Springer Nature Customer Service Center GmbH
Europaplatz 3
69115 Heidelberg, Germany

Batch number: 10682411

Printed by Printforce, the Netherlands